上海市住房和城乡建设管理委员会

上海市水利工程概算定额

SH R1—21—2021

同济大学出版社

2021 上 海

图书在版编目(CIP)数据

上海市水利工程概算定额 SHR1-21-2021 / 上海市水务工程定额管理站主编. —上海：同济大学出版社，2021.10

ISBN 978-7-5608-6257-6

Ⅰ. ①上… Ⅱ. ①上… Ⅲ. ①水利工程—建筑概算定额—上海 Ⅳ. ①TV512

中国版本图书馆 CIP 数据核字(2021)第 184488 号

上海市水利工程概算定额 SH R1—21—2021

上海市水务工程定额管理站 主编

责任编辑 朱 勇 **责任校对** 徐春莲 **封面设计** 陈益平

出版发行 同济大学出版社 www.tongjipress.com.cn

(地址:上海市四平路 1239 号 邮编:200092 电话:021-65985622)

经 销 全国各地新华书店

印 刷 江苏凤凰数码印务有限公司

开 本 890 mm×1240 mm 1/16

印 张 29.5

字 数 944 000

版 次 2021 年 10 月第 1 版 2021 年 10 月第 1 次印刷

书 号 ISBN 978-7-5608-6257-6

定 价 298.00 元(含宣贯材料)

上海市建设工程概算定额修编委员会

主　　任： 姚　凯

副 主 任： 裴　晓　王扣柱　王晓杰　周建国　顾晓君　姜执伟

委　　员： 陈　雷　马　燕　贾海林　杨文悦　方　琪　苏耀军

孙晓东　应敏伟　杨志杰　汪结春　莫　非　徐　忠

上海市建设工程概算定额修编工作组

组　　长： 马　燕

副 组 长： 方　琪　孙晓东　涂荣秀　许倩华　应敏伟　林海榕

夏　杰　陈　超　汪崇庆

组　　员： 朱　迪　蒋宏彦　程德慧　汪一江　张红梅　黄　英

辛　隽　乐　翔　田洁莹　彭　磊　张　竹　康元鸣

上海市水利工程概算定额

主 管 部 门: 上海市水务局

主 编 单 位: 上海市水务工程定额管理站

参 编 单 位: 上海事通工程造价咨询监理有限公司
上海市水利工程设计研究院有限公司
上海翔波工程咨询有限公司
上海戎禾城市规划设计有限公司

主要编制人员: 黄 英 陈淑烨 张 泉 范 苇 濮忆秋 骆 卫
黄丹彬 蔡旻章 李存生 李 峰 吴继伟 徐欣卉
赵胜利 吴仁钥

审 查 专 家: 戴富元 茅黎英 张敬国 陈忠兰 唐 斌

上海市住房和城乡建设管理委员会文件

沪建标定〔2021〕497号

上海市住房和城乡建设管理委员会
关于批准发布《上海市民防工程概算定额
(SH A7—21—2021)》和《上海市水利工程
概算定额(SH R1—21—2021)》的通知

各有关单位：

为进一步完善本市建设工程计价依据，满足工程建设全生命周期的计价需求，根据《上海市建设工程定额体系表2020》及《2018年度上海市建设工程及城市基础设施养护维修定额编制计划》，《上海市民防工程概算定额(SH A7—21—2021)》和《上海市水利工程概算定额(SH R1—21—2021)》已完成编制并经有关部门会审，现予以批准发布，自2021年11月1日起实施。原《上海市民防工程概算定额(2010)》和《上海市水利工程概算定额(2010)》同时废止。

本次发布的新定额由市住房城乡建设管理委负责管理，《上海市民防工程概算定额(SH A7—21—2021)》由上海市民防监督管理事务中心负责组织实施和解释，《上海市水利工程概算定额(SH R1—21—2021)》由上海市水务工程定额管理站负责组织实施和解释。

特此通知

上海市住房和城乡建设管理委员会

2021年7月29日

总　说　明

一、《上海市水利工程概算定额》(以下简称本定额)共分十三章,包括:

第一章　土方开挖工程

第二章　土石方填筑工程

第三章　疏浚和吹填工程

第四章　砌筑工程

第五章　桩基和地基处理工程

第六章　现浇混凝土工程

第七章　预制混凝土工程

第八章　田间管道工程

第九章　生态植物工程

第十章　金属结构及设备安装工程

第十一章　机械设备安装工程

第十二章　其他工程

第十三章　措施工程

二、本定额适用于本市行政区域范围内新建、改建、扩建的水利工程。

三、采用本定额进行概算编制的,应遵循定额中定额编号、工程量计算规则、项目划分及计量单位。

四、本定额是编制设计概算(书)的参考依据,是进行项目建设投资评审、设计方案比选的参考依据,是编制估算指标的基础。

五、本定额以国家和本市现行建设工程强制性标准、推荐性标准、设计规范、标准图集、施工验收规范、技术操作规程、质量评定标准、产品标准和安全操作规程为依据编制,并参考了国家和本市行业标准,以及典型工程案例,有代表性的工程设计、施工和其他资料。

六、本定额综合了本市水利工程预算定额的内容和含量,包括了水利工程的工料机消耗量,其他相关费用应依据国家和本市现行取费规定计算。

七、本定额主要是在《上海市水利工程预算定额(SH R1—31—2016)》(以下简称2016水利预算定额)基础上,以主要分项工程综合相关工序的综合定额,即按主要分项工程规定的计量单位、计算规则及综合相关工序的预算定额计算而得的人工、材料及制品、机械台班的消耗标准,体现了上海地区社会平均水平。

八、按照“量价分离”原则,本定额只列出人工、材料、施工机械(工程船舶)台(艘)班消耗量。

本定额仅列示主要材料和机械的品种、规格和数量,次要的及零星材料和小型机械列入“其他材料费”和“其他机械费”中,并以百分比(%)表示,其计算基数如下:

1. 其他材料费,以列示材料费之和为计算基数。

2. 其他机械费,以列示机械费之和为计算基数。

九、本定额所采用的材料(包括构配件、零件、半成品及成品)均为符合质量标准和设计要求的合格产品;若品种、规格、型号、强度等级与设计不符时,可按各章节规定调整。定额未注明材料规格、强度等级的,应按设计要求选用。

十、本定额中未包含止水、伸缩缝、支座、脚手架、支架、冒水孔、系船设施、灯柱、堆料场地、大型施工机械进出场及安拆等“零星项目”。“零星项目”费用按定额直接费的百分比计算。不同类别的工程应套用其相应的百分比。

十一、本定额的“工作内容”仅扼要说明主要施工过程和工序，次要的施工过程、施工工序和必要的辅助工作虽未列出，但已包括在定额内。

十二、本定额的人工工日、机械使用每台班均按 8 小时制定，如采取其他班制，定额不作调整。

十三、材料、成品及半成品场内运输，除章说明另有规定外，定额中均已包括 150 m 场内运输，运距不同不作调整。

十四、本定额中周转性材料(钢模板、钢管支撑、木模板等)按规定的材料周转次数摊销计入定额内，且已包括回库维修的消耗量。

十五、本定额的施工机械台班消耗量，已考虑了机械幅度差。定额中机械品种及型号规格按综合取定。

十六、本定额中混凝土及砂浆均采用预拌混凝土及预拌砂浆；如采用现拌混凝土或现拌砂浆，定额不作调整。定额中混凝土及砂浆的养护均为自然养护。

十七、内河工程水工建筑物在无围堰等挡水措施且需赶潮施工时，高程(上海吴淞零点，以下同)2.20 m以下的项目(不包括打桩及搭拆支架、船上抛石)，其相应定额中的人工和机械台班应乘以 1.75 系数。沿江海岸(长江口至杭州湾沿江海岸，崇明、长兴、横沙三岛沿江海岸)工程，在无围堰等挡水措施且需赶潮施工时，高程在 2.50 m 以下的项目(不包括船上抛投)，其相应定额中的人工和机械台班应乘以 2.0 系数。

十八、除各章节有特殊说明外，围涂工程另有如下规定：

1. 龙口合龙充泥管袋施工，根据不同施工地点、滩地高程、工况条件在下列幅度内调整：

(1) 滩地高程在 2.5 m 以下，人工工日增加 30%～80%，材料耗量增加 30%～50%，机械台班增加 10%～30%；

(2) 滩地高程在 2.5 m 以上，人工工日增加 10%～40%，材料耗量增加 0%～30%，机械台班增加 0%～10%。

2. 龙口保护施工(包括非汛期日常维护)，根据不同施工地点、滩地高程、工况条件在下列幅度内调整：

(1) 滩地高程在 2.5 m 以下，人工工日增加 10%～30%；

(2) 滩地高程在 2.5 m 以上，人工工日增加 0%～20%。

3. 杭州湾地区、滩地高程较低、工况条件相对较差的工程取上限；其他地区、滩地高程较高、工况条件相对较好的工程取下限。

4. 龙口合龙、龙口保护与赶潮施工同时发生时，定额调整系数按连乘计算。

十九、本定额中缺少的子目，可套用其他相关概算定额，或根据节约、合理的原则，按实际情况编制补充定额，报上海市水务工程定额管理站备案。

二十、本定额中注有“×××以上”“×××以外”“大于×××”表示的，均不包括数字本身；“×××以下”“×××以内”“小于×××”表示的，均包括数字本身。数字用”上、下限”表示的，适用于大于下限、小于或等于上限的数字范围。

二十一、定额说明中未注明(或省略)尺寸单位的宽度、厚度、断面等，均以“mm”为单位。

二十二、凡本说明未尽事宜，详见各章说明。

上海市水利工程概算费用计算说明

一、直接费

直接费是指建筑及安装工程施工过程中的直接消耗，构成工程实体和有助于工程形成的各项费用（包括人工费、材料费、施工机具使用费和零星项目费）。直接费中不包含增值税可抵扣进项税额。

1. 人工费

人工费是指单位工作日内，支付给直接从事建筑安装工程施工作业的生产工人和附属单位工人的各项费用。

2. 材料费

材料费是指单位材料价格和从供货单位运至工地耗费的所有费用之和，不包含增值税可抵扣进项税额。

3. 施工机具使用费

施工机具使用费由建筑及安装工程施工作业所发生的使用施工机具、仪器仪表使用费或其租赁费组成，不包含增值税可抵扣进项税额。

4. 零星项目费

零星项目费是指因受设计文件编制深度的限制，未能反映的零星工程项目所发生的费用。零星工程费是以直接费为基数，乘以相应的费率计算。

二、企业管理费和利润

1. 企业管理费

企业管理费是指建筑安装企业组织施工生产和经营管理所需的费用，不包含增值税可抵扣进项税额。

2. 利润

利润是指施工企业完成所承包工程所获得的盈利。

企业管理费和利润以直接费中的人工费为基数，乘以相应的费率计算（特殊情况下疏拓及吹填工程以直接费中人工费＋机械费为基数）。

三、安全防护、文明施工费

安全防护、文明施工费是指按照国家现行的建筑施工安全、施工现场环境与卫生标准和有关规定，用于购置和更新施工安全防护用具及设施、改善安全生产条件和作业环境所需要的费用，不包含增值税可抵扣进项税额。

安全防护、文明施工费以直接费与企业管理费和利润之和为基数，乘以相应的费率计算。

四、施工措施费

施工措施费是指施工企业在完成建筑产品时，为承担的社会义务、施工准备、施工方案发生的所有措施费用（不包括已列入直接费和企业管理费所包括的费用），不包含增值税可抵扣进项税额。

按照国家和本市颁布的有关法律、法规、规章、规范性文件、标准以及施工组织设计等计算施工措施费用。

五、规费

规费是指按国家法律、法规规定，由上海市政府和上海市有关权力部门规定施工单位必须缴纳，应计入建筑安装工程造价的费用。主要包括社会保险费(养老、失业、医疗、生育和工伤保险费)和住房公积金。

规费以直接费中的人工费为基数,乘以相应的费率计算。

六、增值税

增值税即为当期销项税额。

当期销项税额以税前工程造价为基数,乘以增值税税率计算。

七、上海市水利工程概算费用计算顺序表

上海市水利工程概算费用计算顺序表

<table>
<tr><th>序号</th><th colspan="2">项目</th><th>计算式</th><th>备注</th></tr>
<tr><td>一</td><td rowspan="5">直接费</td><td>工、料、机费</td><td rowspan="3">按概算定额子目规定计算</td><td rowspan="3">包括说明</td></tr>
<tr><td>二</td><td>其中:人工费</td></tr>
<tr><td>三</td><td>其中:施工机械使用费</td></tr>
<tr><td>四</td><td>零星项目费</td><td>(一)×费率</td><td></td></tr>
<tr><td>五</td><td>其中:零星项目人工费</td><td>(四)×30%</td><td></td></tr>
<tr><td rowspan="2">六</td><td colspan="2" rowspan="2">企业管理费和利润</td><td>[(二)+(五)]×费率</td><td>其他类别工程</td></tr>
<tr><td>[(二)+(三)+(五)]×费率</td><td>疏拓及吹填工程</td></tr>
<tr><td>七</td><td rowspan="2">措施费</td><td>安全防护、文明施工措施费</td><td>[(一)+(四)+(六)]×费率</td><td></td></tr>
<tr><td>八</td><td>施工措施费</td><td>按有关规定计算</td><td></td></tr>
<tr><td>九</td><td colspan="2">小计</td><td>(一)+(四)+(六)+(七)+(八)</td><td></td></tr>
<tr><td>十</td><td rowspan="2">规费</td><td>社会保险费</td><td>[(二)+(五)]×费率</td><td></td></tr>
<tr><td>十一</td><td>住房公积金</td><td>[(二)+(五)]×费率</td><td></td></tr>
<tr><td>十二</td><td colspan="2">增值税</td><td>[(九)+(十)+(十一)]×增值税税率</td><td></td></tr>
<tr><td>十三</td><td colspan="2">建筑安装工程费</td><td>(九)+(十)+(十一)+(十二)</td><td></td></tr>
</table>

目　录

第一章　土方开挖工程

说　　明

一、本章定额包括挖一般土方、挖沟渠槽土方、挖基坑土方、运土、推土机推土、土地整理、土方及泥浆外运，共 7 节内容。

二、本章定额适用于一般土方、沟渠槽土方、构筑物基坑土方等；如遇水下挖泥、河道疏浚土方，可套用第三章相应定额。

三、本章定额中关于一般土方、沟渠槽土方、基坑土方的界定。

1. 开挖底宽≤4 m、开挖底长>3 倍开挖底宽，且开挖上口宽≤16 m 为沟渠槽土方；开挖底长≤3 倍开挖底宽为基坑土方；超出上述范围，则为一般土方。

2. 泵、闸、涵洞等引、排水水工构筑物，其内、外防冲槽（包括防冲槽）之间的为基坑土方；如不设防冲槽，则内、外消力池或翼墙末端之间的土方为基坑土方。

3. 护砌开挖土方均为沟渠槽土方。

4. 沟、渠设计断面内的土方为一般土方或沟渠槽土方。

5. 沟渠槽土方与一般土方交叉部分为一般土方。

四、挖土土质类别划分详见表 1-1。如遇其他类型土方，可参照表 1-1 有关土质特征和开挖难易程度比照使用。

五、土方工程量按自然方计算。人工挖松方时，取Ⅰ、Ⅱ类挖土定额的 80%。

六、本章定额均未考虑降排水，使用时可套用第十三章相应定额。

七、人工挖基坑土方最大挖深为 6 m，超过 6 m 时，每增深 1 m 按深度 6 m 以内定额递增 20%计算。机械挖土定额适用于 0～6 m，若深度超过 6 m 时，每增深 1 m 按机械挖土定额递增 18%计算。

八、基坑开挖定额中未包括施工围护，发生时另计。

九、人工运土与挖土定额配套使用时，人工运土基本运距定额乘以 0.8 系数。

十、运土距离计算。

沟、渠、槽土方的运土起点为开挖断面的重心，终点为堆土区的重心。基坑土方的起点为基坑的上边口，终点为堆土区重心。不足计量单位之数均按定额计量单位之数计算。

在运土（重载）方向无坡度时，起、终点间的水平距离即为运距；在运土（重载）方向有上坡或下坡时，应把坡边起止点的高差折成水平距离[如坡边起止点的实际坡长（斜距）大于高差折平的距离时，取大者]作为运距。上、下坡高差折平距离见表 1-2。

十一、堆土区规定。

堆土断面内、外边坡均为 1∶1，堆土高度 2 m 以内，顶宽 0.5 m 及以上。

表 1-1　土质类别

土质类别	土质名称	自然容重 (t/m^3)	外形特征	开挖工具及方法
Ⅰ	砂土、种植土	1.65～1.75	疏松、黏着力差或易透水，略有黏性	用锹或略加脚踩开挖
Ⅱ	壤土、含壤种植土	1.75～1.85	开挖时能成块，并易打碎	用锹需用脚踩开挖
Ⅲ	黏土、干燥黄土、干淤泥、含少量砾石黏土	1.80～1.95	粘手，看不见砂粒或干硬	用锹需用力加脚踩开挖
Ⅳ	坚硬黏土、砾质黏土、含卵石黏土	1.90～2.10	土壤结构坚硬，将土分裂后成块状或含黏粒砾石较多	用镐、三齿耙撬挖
	淤泥、流沙		开挖时不能成块	

表 1-2 上、下坡高差折平距离

单位：m

工具类别	升高折平	上坡折平（不论坡度大小）															下坡折平
		高差整数															
	高差小数	1	2	3	4	5	6	7	8	9	10	11	12	13	14	15	
人工运土	0.0	24	51	81	114	150	189	231	276	324	375	429	486	546	609	675	14
	0.1	27	54	84	117	154	193	235	281	329	380	435	492	552	615	682	
	0.2	29	57	87	121	158	197	240	285	334	386	440	498	558	622	689	
	0.3	32	60	91	124	161	201	244	290	339	391	446	504	565	628	695	
	0.4	34	63	94	128	165	205	249	295	344	396	451	510	571	635	702	
	0.5	37	66	97	132	169	210	253	300	349	402	457	516	577	642	709	
	0.6	40	69	100	135	173	214	258	304	354	407	463	522	583	648	716	
	0.7	43	72	104	139	177	218	262	308	359	412	469	528	590	655	723	
	0.8	45	75	107	143	181	222	267	314	365	418	474	534	596	662	730	
	0.9	48	78	111	146	185	227	271	319	370	423	480	540	603	668	737	

工程量计算规则

一、边坡放坡比例：土方开挖边坡由设计确定。如无设计，一般土质按不同开挖深度取下列边坡比例，见表 1-3。

表 1-3 一般土质土方开挖坡比

挖土深度	放坡比例
深 1.00 m 以内	不放坡
深 1.01～2.50 m	1∶0.5
深 2.51～4.00 m	1∶1
深度大于 4 m	按土体稳定理论计算后进行放坡

二、工作面余度：结构土方开挖时，如有需要，可按结构物基础底外边线，每边增加开挖宽度（即工作面余度）0.50～1.00 m。

三、开挖土方系按上述规定或设计要求计算的自然方以立方米计算。

四、土方的体积计算：土方分为自然方、实方和松方三种。自然方、实方和松方的体积换算关系见表 1-4。

表 1-4 自然方、实方和松方的体积关系

土方干密度（t/m^3）	自然方	实方	松方
1.45 以上	1	0.858	1.320

自然方：指未经扰动自然状态下的土方；

实方：指填筑、回填、压实后的土方；

说　　明

松方:指自然方经人工或机械开挖松动而未经夯实过的土方(松动期在2个月以内)。

五、余缺土计算:余土与缺土应作土方平衡,确定土方是否外运或缺土处理。

外运(缺土)数量=全部需用土方一本地可利用土方

挖土不能作填土使用部分,应作余土外运处理,所缺土方另行计取。当填土有密实度要求时,挖、填土方平衡计算要考虑体积变化系数。

第一节　挖一般土方

工作内容：1，2. 挖土、装土或就近堆放、修整坡面等全部过程。
3. 人工挖淤泥，就近堆放或装筐。
4. 机械挖淤泥和流砂、装车、清理机下余泥。

定　额　编　号			H-1-1-1	H-1-1-2	H-1-1-3	H-1-1-4
项　　目			人工挖土			机械挖淤泥、流砂
			土壤类别Ⅰ、Ⅱ类土	土壤类别Ⅲ、Ⅳ类土	淤泥、流砂	
			m^3	m^3	m^3	m^3
预算定额编号	预算定额名称	预算定额单位	数　　量			
50-1-1-1	挖一般土方 人工挖土 土壤类别Ⅰ、Ⅱ类土	m^3	1.0000			
50-1-1-2	挖一般土方 人工挖土 土壤类别Ⅲ类土	m^3		0.7000		
50-1-1-3	挖一般土方 人工挖土 土壤类别Ⅳ类土	m^3		0.3000		
50-1-1-4	挖一般土方 人工挖土 淤泥	m^3			0.5000	
50-1-1-5	挖一般土方 人工挖土 流砂	m^3			0.5000	
50-1-1-6	挖一般土方 机械挖淤泥、流砂	m^3				1.0000

工作内容：1，2. 挖土、装土或就近堆放、修整坡面等全部过程。
3. 人工挖淤泥，就近堆放或装筐。
4. 机械挖淤泥和流砂、装车、清理机下余泥。

定　额　编　号				H-1-1-1	H-1-1-2	H-1-1-3	H-1-1-4
项　　目				人工挖土			机械挖淤泥、流砂
				土壤类别Ⅰ、Ⅱ类土	土壤类别Ⅲ、Ⅳ类土	淤泥、流砂	
名　　称			单位	m^3	m^3	m^3	m^3
人工	00210105	土方工	工日	0.1674	0.3551	0.4975	0.0512
机械	99010040	履带式单斗液压挖掘机 0.6 m^3	台班				0.0120

工作内容：挖土、装车或就地抛土。

定　额　编　号			H-1-1-5
项　　目			机械挖土
			m^3
预算定额编号	预算定额名称	预算定额单位	数　　量
50-1-1-7	挖一般土方 机械挖土	m^3	1.0000

工作内容：挖土、装车或就地抛土。

定　额　编　号				H-1-1-5
项　　目				机械挖土
名　　称			单位	m^3
人工	00210105	土方工	工日	0.0060
机械	99010060	履带式单斗液压挖掘机 1 m^3	台班	0.0035

第二节　挖沟渠槽土方

工作内容:1，2. 挖土、装土或抛土至沟、渠(槽)边 1 m 以外，修整底面和边坡。
3，4. 挖土、装土或抛土至沟、渠(槽)边 1 m 以外。

<table>
<tr><td colspan="3">定　额　编　号</td><td>H-1-2-1</td><td>H-1-2-2</td><td>H-1-2-3</td><td>H-1-2-4</td></tr>
<tr><td colspan="3" rowspan="3">项　　目</td><td>土壤类别
Ⅰ、Ⅱ类土</td><td>土壤类别
Ⅲ、Ⅳ类土</td><td>土壤类别
Ⅰ、Ⅱ类土</td><td>土壤类别
Ⅲ、Ⅳ类土</td></tr>
<tr><td colspan="2">需修坡</td><td colspan="2">不需修坡</td></tr>
<tr><td>m³</td><td>m³</td><td>m³</td><td>m³</td></tr>
<tr><td>预算定额编号</td><td>预算定额名称</td><td>预算定额单位</td><td colspan="4">数　　量</td></tr>
<tr><td>50-1-2-1</td><td>挖沟、渠、槽土方 挖土 土壤类别 Ⅰ、Ⅱ类土 需修坡</td><td>m³</td><td>1.0000</td><td></td><td></td><td></td></tr>
<tr><td>50-1-2-2</td><td>挖沟、渠、槽土方 挖土 土壤类别 Ⅲ类土 需修坡</td><td>m³</td><td></td><td>0.7000</td><td></td><td></td></tr>
<tr><td>50-1-2-3</td><td>挖沟、渠、槽土方 挖土 土壤类别 Ⅳ类土 需修坡</td><td>m³</td><td></td><td>0.3000</td><td></td><td></td></tr>
<tr><td>50-1-2-4</td><td>挖沟、渠、槽土方 挖土 土壤类别 Ⅰ、Ⅱ类土 不需修坡</td><td>m³</td><td></td><td></td><td>1.0000</td><td></td></tr>
<tr><td>50-1-2-5</td><td>挖沟、渠、槽土方 挖土 土壤类别 Ⅲ类土 不需修坡</td><td>m³</td><td></td><td></td><td></td><td>0.7000</td></tr>
<tr><td>50-1-2-6</td><td>挖沟、渠、槽土方 挖土 土壤类别 Ⅳ类土 不需修坡</td><td>m³</td><td></td><td></td><td></td><td>0.3000</td></tr>
</table>

工作内容:1，2. 挖土、装土或抛土至沟、渠(槽)边 1 m 以外，修整底面和边坡。
3，4. 挖土、装土或抛土至沟、渠(槽)边 1 m 以外。

<table>
<tr><td colspan="4">定　额　编　号</td><td>H-1-2-1</td><td>H-1-2-2</td><td>H-1-2-3</td><td>H-1-2-4</td></tr>
<tr><td colspan="4" rowspan="2">项　　目</td><td>土壤类别
Ⅰ、Ⅱ类土</td><td>土壤类别
Ⅲ、Ⅳ类土</td><td>土壤类别
Ⅰ、Ⅱ类土</td><td>土壤类别
Ⅲ、Ⅳ类土</td></tr>
<tr><td colspan="2">需修坡</td><td colspan="2">不需修坡</td></tr>
<tr><td colspan="3">名　　称</td><td>单位</td><td>m³</td><td>m³</td><td>m³</td><td>m³</td></tr>
<tr><td>人工</td><td>00210105</td><td>土方工</td><td>工日</td><td>0.0974</td><td>0.1289</td><td>0.0530</td><td>0.0648</td></tr>
<tr><td>机械</td><td>99010020</td><td>履带式单斗液压挖掘机 0.4 m³</td><td>台班</td><td>0.0030</td><td>0.0037</td><td>0.0030</td><td>0.0037</td></tr>
</table>

第三节　挖 基 坑 土 方

工作内容：挖土、装土或抛土至坑边 1 m 以外，修整底面和边坡。

定　额　编　号			H-1-3-1	H-1-3-2	H-1-3-3	H-1-3-4
项　　目			人工挖基坑			
			坑深 2 m 内		坑深 4 m 内	
			Ⅰ、Ⅱ类土	Ⅲ、Ⅳ类土	Ⅰ、Ⅱ类土	Ⅲ、Ⅳ类土
			m^3	m^3	m^3	m^3
预算定额编号	预算定额名称	预算定额单位	数　　量			
50-1-3-1	人工挖基坑 坑深 2 m 内Ⅰ、Ⅱ类土	m^3	1.0000			
50-1-3-2	人工挖基坑 坑深 2 m 内Ⅲ类土	m^3		0.7000		
50-1-3-3	人工挖基坑 坑深 2 m 内Ⅳ类土	m^3		0.3000		
50-1-3-4	人工挖基坑 坑深 4 m 内Ⅰ、Ⅱ类土	m^3			1.0000	
50-1-3-5	人工挖基坑 坑深 4 m 内Ⅲ类土	m^3				0.7000
50-1-3-6	人工挖基坑 坑深 4 m 内Ⅳ类土	m^3				0.3000

工作内容：挖土、装土或抛土至坑边 1 m 以外，修整底面和边坡。

定　额　编　号				H-1-3-1	H-1-3-2	H-1-3-3	H-1-3-4
项　　目				人工挖基坑			
				坑深 2 m 内		坑深 4 m 内	
				Ⅰ、Ⅱ类土	Ⅲ、Ⅳ类土	Ⅰ、Ⅱ类土	Ⅲ、Ⅳ类土
名　　称			单位	m^3	m^3	m^3	m^3
人工	00210105	土方工	工日	0.3187	0.7128	0.3732	0.7673

工作内容:1，2. 挖土、装土或抛土至坑边 1 m 以外，修整底面和边坡。
3，4. 机械挖土，人工配合，装车。

<table>
<tr><td colspan="3">定 额 编 号</td><td>H-1-3-5</td><td>H-1-3-6</td><td>H-1-3-7</td><td>H-1-3-8</td></tr>
<tr><td colspan="3" rowspan="4">项 目</td><td colspan="2">人工挖基坑</td><td colspan="2">无支撑机械挖基坑</td></tr>
<tr><td colspan="2">坑深 6 m 内</td><td rowspan="2">坑深 4 m 以内</td><td rowspan="2">坑深 6 m 以内</td></tr>
<tr><td>Ⅰ、Ⅱ类土</td><td>Ⅲ、Ⅳ类土</td></tr>
<tr><td>m^3</td><td>m^3</td><td>m^3</td><td>m^3</td></tr>
<tr><td>预算定额编号</td><td>预算定额名称</td><td>预算定额单位</td><td colspan="4">数 量</td></tr>
<tr><td>50-1-3-7</td><td>人工挖基坑 坑深 6 m 内Ⅰ、Ⅱ类土</td><td>m^3</td><td>1.0000</td><td></td><td></td><td></td></tr>
<tr><td>50-1-3-8</td><td>人工挖基坑 坑深 6 m 内Ⅲ类土</td><td>m^3</td><td></td><td>0.7000</td><td></td><td></td></tr>
<tr><td>50-1-3-9</td><td>人工挖基坑 坑深 6 m 内Ⅳ类土</td><td>m^3</td><td></td><td>0.3000</td><td></td><td></td></tr>
<tr><td>50-1-3-10</td><td>无支撑机械挖基坑 坑深 4 m 以内</td><td>m^3</td><td></td><td></td><td>1.0000</td><td></td></tr>
<tr><td>50-1-3-11</td><td>无支撑机械挖基坑 坑深 6 m 以内</td><td>m^3</td><td></td><td></td><td></td><td>1.0000</td></tr>
</table>

工作内容:1，2. 挖土、装土或抛土至坑边 1 m 以外，修整底面和边坡。
3，4. 机械挖土，人工配合，装车。

<table>
<tr><td colspan="4">定 额 编 号</td><td>H-1-3-5</td><td>H-1-3-6</td><td>H-1-3-7</td><td>H-1-3-8</td></tr>
<tr><td colspan="4" rowspan="3">项 目</td><td colspan="2">人工挖基坑</td><td colspan="2">无支撑机械挖基坑</td></tr>
<tr><td colspan="2">坑深 6 m 内</td><td rowspan="2">坑深 4 m 以内</td><td rowspan="2">坑深 6 m 以内</td></tr>
<tr><td>Ⅰ、Ⅱ类土</td><td>Ⅲ、Ⅳ类土</td></tr>
<tr><td colspan="3">名 称</td><td>单位</td><td>m^3</td><td>m^3</td><td>m^3</td><td>m^3</td></tr>
<tr><td>人工</td><td>00210105</td><td>土方工</td><td>工日</td><td>0.4867</td><td>0.8853</td><td>0.0154</td><td>0.0273</td></tr>
<tr><td rowspan="2">机械</td><td>99010060</td><td>履带式单斗液压挖掘机 1 m^3</td><td>台班</td><td></td><td></td><td>0.0018</td><td></td></tr>
<tr><td>99010080</td><td>履带式单斗液压挖掘机 1.25 m^3</td><td>台班</td><td></td><td></td><td></td><td>0.0019</td></tr>
</table>

工作内容：机械挖土，人工配合，装车。

<table>
<tr><td colspan="3">定　额　编　号</td><td>H-1-3-9</td><td>H-1-3-10</td></tr>
<tr><td colspan="3" rowspan="3">项　　目</td><td colspan="2">有支撑机械挖基坑</td></tr>
<tr><td>坑深 4 m 以内</td><td>坑深 6 m 以内</td></tr>
<tr><td>m^3</td><td>m^3</td></tr>
<tr><td>预算定额编号</td><td>预算定额名称</td><td>预算定额单位</td><td colspan="2">数　　量</td></tr>
<tr><td>50-1-3-12</td><td>有支撑机械挖基坑 坑深 4 m 以内</td><td>m^3</td><td colspan="2">1.0000</td></tr>
<tr><td>50-1-3-13</td><td>有支撑机械挖基坑 坑深 6 m 以内</td><td>m^3</td><td colspan="2">1.0000</td></tr>
</table>

工作内容：机械挖土，人工配合，装车。

<table>
<tr><td colspan="4">定　额　编　号</td><td>H-1-3-9</td><td>H-1-3-10</td></tr>
<tr><td colspan="4" rowspan="2">项　　目</td><td colspan="2">有支撑机械挖基坑</td></tr>
<tr><td>坑深 4 m 以内</td><td>坑深 6 m 以内</td></tr>
<tr><td colspan="3">名　　称</td><td>单位</td><td>m^3</td><td>m^3</td></tr>
<tr><td>人工</td><td>00210105</td><td>土方工</td><td>工日</td><td>0.0243</td><td>0.0330</td></tr>
<tr><td rowspan="2">机械</td><td>99010060</td><td>履带式单斗液压挖掘机 1 m^3</td><td>台班</td><td>0.0019</td><td></td></tr>
<tr><td>99010080</td><td>履带式单斗液压挖掘机 1.25 m^3</td><td>台班</td><td></td><td>0.0020</td></tr>
</table>

第四节 运　土

工作内容: 1. 人工装土、运土、卸土、空回、清理场地等全部操作过程。
2. 运土。
3. 人工装、运、卸淤泥和流砂、空回、清理场地等全部操作过程。
4. 运淤泥、流砂。

定额编号			H-1-4-1	H-1-4-2	H-1-4-3	H-1-4-4
项目			人工运土		人工运淤泥、流砂	
			基本运距 50 m	每增运距 50 m	基本运距 50 m	每增运距 50 m
			m^3	m^3	m^3	m^3
预算定额编号	预算定额名称	预算定额单位	数量			
50-1-4-1	人工运土 基本运距 50 m	m^3	1.0000			
50-1-4-2	人工运土 每增运距 50 m	m^3		1.0000		
50-1-4-3	人工运淤泥、流砂 基本运距 50 m	m^3			1.0000	
50-1-4-4	人工运淤泥、流砂 每增运距 50 m	m^3				1.0000

工作内容: 1. 人工装土、运土、卸土、空回、清理场地等全部操作过程。
2. 运土。
3. 人工装、运、卸淤泥和流砂、空回、清理场地等全部操作过程。
4. 运淤泥、流砂。

定额编号				H-1-4-1	H-1-4-2	H-1-4-3	H-1-4-4
项目				人工运土		人工运淤泥、流砂	
				基本运距 50 m	每增运距 50 m	基本运距 50 m	每增运距 50 m
名称			单位	m^3	m^3	m^3	m^3
人工	00210105	土方工	工日	0.1218	0.0368	0.2384	0.0578

工作内容：1. 配合装车、运、卸、空回等全部操作过程。
2. 装车、运、卸、空回等全部操作过程。
3. 运土。

定　额　编　号			H-1-4-5	H-1-4-6	H-1-4-7
项　　目			汽车运土		
			运距 500 m 以内（配合装车）	运距 500 m 以内（装车）	运距每增加 500 m
			m^3	m^3	m^3
预算定额编号	预算定额名称	预算定额单位	数　　量		
50-1-4-7	汽车运土 运距 500 m 以内(配合装车)	m^3	1.0000		
50-1-4-8	汽车运土 运距 500 m 以内(装车)	m^3		1.0000	
50-1-4-9	汽车运土 运距每增加 500 m	m^3			1.0000

工作内容：1. 配合装车、运、卸、空回等全部操作过程。
2. 装车、运、卸、空回等全部操作过程。
3. 运土。

定　额　编　号				H-1-4-5	H-1-4-6	H-1-4-7
项　　目				汽车运土		
				运距 500 m 以内（配合装车）	运距 500 m 以内（装车）	运距每增加 500 m
名　　称			单位	m^3	m^3	m^3
人工	00210105	土方工	工日	0.0269	0.0333	
机械	99070220	轮胎式装载机 1 m^3	台班		0.0047	
	99070680	自卸汽车 12 t	台班	0.0067	0.0067	0.0011

第五节　推土机推土

工作内容：推土、空回、整理推土等操作过程。

定额编号			H-1-5-1	H-1-5-2
项目			推距 20 m	推距每增 10 m
			m^3	m^3
预算定额编号	预算定额名称	预算定额单位	数量	
50-1-5-1	机械推土方 推距 20 m	m^3	1.0000	
50-1-5-2	机械推土方 推距每增 10 m	m^3		1.0000

工作内容：推土、空回、整理推土等操作过程。

定额编号				H-1-5-1	H-1-5-2
项目				推距 20 m	推距每增 10 m
名称			单位	m^3	m^3
人工	00210105	土方工	工日	0.0038	0.0013
机械	99070050	履带式推土机 90 kW	台班	0.0022	0.0007

第六节　土 地 整 理

工作内容：1. 高差不超过±30 cm 的挖、填、平整等。
2. 厚度在 30 cm 以内的挖土，20 m 基本运距的运填，削坡找平等。
3. 挖土筑埂、整修、夯实。
4. 表层种植土剥离，20 m 以内堆放。

定额编号			H-1-6-1	H-1-6-2	H-1-6-3	H-1-6-4
项目			土地平整	人工削放坡及找平	田埂修筑	表层种植土剥离堆放
			m^2	m^2	m^3	m^2
预算定额编号	预算定额名称	预算定额单位	数量			
50-1-7-1	土地平整 人工平土	m^2	0.1000			
50-1-7-2	土地平整 机械平土	m^2	0.9000			
50-1-7-3	土地整理 人工削放坡及找平	m^2		1.0000		
50-1-7-4	土地整埋 出埂修筑	m^3			1.0000	
50-1-7-5	土地整理 表层种植土剥离堆放	m^2				1.0000

工作内容：1. 高差不超过±30 cm 的挖、填、平整等。
2. 厚度在 30 cm 以内的挖土，20 m 基本运距的运填，削坡找平等。
3. 挖土筑埂、整修、夯实。
4. 表层种植土剥离，20 m 以内堆放。

定额编号				H-1-6-1	H-1-6-2	H-1-6-3	H-1-6-4
项目				土地平整	人工削放坡及找平	田埂修筑	表层种植土剥离堆放
名称			单位	m^2	m^2	m^3	m^2
人工	00210105	土方工	工日	0.0048	0.0536	0.5355	0.0389
机械	99130030	平地机 120 kW	台班	0.0009			
		其他机械费	%	5.0000			

工作内容:5 m 内取土回填、平土等。

定 额 编 号			H-1-6-5
项 目			种植土回填
			m^3
预算定额编号	预算定额名称	预算定额单位	数 量
50-1-7-6	土地整理 种植土回填	m^3	1.0000

工作内容:5 m 内取土回填、平土等。

定 额 编 号				H-1-6-5
项 目				种植土回填
名 称			单位	m^3
人工	00210105	土方工	工日	0.1222

第七节　土方及泥浆外运

定额编号			H-1-7-1	H-1-7-2
项目			土方场外运输	泥浆场外运输
			m^3	m^3
预算定额编号	预算定额名称	预算定额单位	数量	
50-1-8-1	土方场外运输	m^3	1.0000	
50-1-8-2	泥浆场外运输	m^3		1.0000

定额编号				H-1-7-1	H-1-7-2
项目				土方场外运输	泥浆场外运输
名称			单位	m^3	m^3
机械	99510010	工程渣土外运	m^3	1.0000	
	99510040	泥浆外运	m^3		1.0000

第二章　土石方填筑工程

说　明

一、本章定额包括回填土，回填砂、碎石，原槽土掺灰，碎石及三渣基层，筑土堤，内河抛石，笼装块石，江海抛沉块体(块石)，共8节内容。

二、本章定额回填土按5 m以内取土编制。如无取土，人工每立方米减0.0967工日。

三、回填土土方及堤坝土方系指设计断面内经压实后的实方。

四、间隔填土中的道碴含量及路拌水泥稳定土基层水泥掺量不同时，可对道碴及水泥用量进行调整，人工及机械含量不作调整。

五、厂拌石灰土中石灰含量为10%，如设计配合比与定额标明配合比不同时，有关材料可以调整换算。

六、道路基层铺筑为压实厚度。定额中已包含因压实厚度大于20 cm而需分层摊铺的垫层清理和扎毛等工作内容，不得重复计算。

七、河道回填土套用“筑土堤机械填筑”定额。

八、根据设计要求清除堤基表层腐殖土，如设计未对清基厚度作说明，厚度按0.3 m计算。

九、筑土堤中仅考虑机械填筑，要求干密度≥1.45 t/m^3。

十、挡墙生态石笼编笼按成品网片现场编笼计算。挡墙石笼按成笼定位后装块石封口固定计算，如为装笼后整体安装就位，定额不作调整。

十一、滩地高程－1.0 m以下的江海抛沉块石工程，人工及机械(船舶)乘以0.50系数。

工程量计算规则

一、回填土、砂、碎石等按设计图纸体积以立方米计算。

二、碎石及三渣基层工程量按设计图中铺设面积以平方米计算。横断面宽度：

1. 当路堑施工时，按侧石内侧宽度计算。

2. 当路堤施工时，按侧石内侧宽度每侧增加15 cm计算(设计图纸已注明加宽除外)。

三、筑土堤清除堤基表层腐殖土按挖除体积以立方米计算，原土夯实按夯实面积以平方米计算，机械填筑按设计图纸体积以立方米计算。

四、合金钢丝笼成笼数量按设计图示展开面积以平方米计算。

五、生态石笼装块石按设计体积以立方米计算。

六、铺铁丝网(合金铅丝网)按实际铺设面积以平方米计算。

七、抛沉块石、抛沉袋装碎石工程量按设计图示尺寸以立方米计算。

八、抛沉实心方块、异形块体工程量按抛沉体的实体体积以立方米计算。

九、理砌块石按所理砌表面积以平方米计算。

第一节　回　填　土

工作内容：1. 5 m 内取土分层回填、铺平、敲碎土块、人工填筑、机械夯实。
2，3. 填土、填道碴、分层夯实、材料 30 m 运输。
4. 装袋、缝口、材料运输及填筑等。

定　额　编　号			H-2-1-1	H-2-1-2	H-2-1-3	H-2-1-4
项　　目			回填土	间隔填土		回填袋装土
				道碴：土=1：1	道碴：土=1：2	
			m^3	m^3	m^3	m^3
预算定额编号	预算定额名称	预算定额单位	数　　量			
50-2-1-1	回填土 人工夯实	m^3	0.1000			
50-2-1-2	回填土 人填机夯	m^3	0.9000			
50-2-1-3	回填土 间隔填土 道碴：土=1：1	m^3		1.0000		
50-2-1-4	回填土 间隔填土 道碴：土=1：2	m^3			1.0000	
50-2-1-5	回填土 回填袋装土	m^3				1.0000

工作内容：1. 5 m 内取土分层回填、铺平、敲碎土块、人工填筑、机械夯实。
2，3. 填土、填道碴、分层夯实、材料 30 m 运输。
4. 装袋、缝口、材料运输及填筑等。

定　额　编　号				H-2-1-1	H-2-1-2	H-2-1-3	H-2-1-4
项　　目				回填土	间隔填土		回填袋装土
					道碴：土=1：1	道碴：土=1：2	
名　　称			单位	m^3	m^3	m^3	m^3
人工	00210105	土方工	工日	0.2126	0.4231	0.4030	0.6312
材料	02190201	尼龙绳	kg				0.0187
	02311201	聚丙烯编织袋	只				34.3800
	04050313	道碴 50～70	t		0.8108	0.6089	
		其他材料费	%				1.0000
机械	99130350	内燃夯实机 700 N·m	台班	0.0365	0.0539	0.0539	

工作内容:配料拌合、洒水、分层夯实等。

定　额　编　号			H-2-1-5	H-2-1-6
项　目			回填水泥土	
			水泥掺量3%	水泥掺量±1%
			m^3	m^3
预算定额编号	预算定额名称	预算定额单位	数　量	
50-2-1-6	回填土 回填水泥土(水泥掺量3%)	m^3	1.0000	
50-2-1-7	回填土 水泥掺量±1%	m^3		1.0000

工作内容:配料拌合、洒水、分层夯实等。

定　额　编　号				H-2-1-5	H-2-1-6
项　目				回填水泥土	
				水泥掺量3%	水泥掺量±1%
名　称			单位	m^3	m^3
人工	00210105	土方工	工日	0.2450	
材料	04010112	水泥 42.5级	t	0.0551	0.0184
	34110101	水	m^3	0.1000	
机械	99130350	内燃夯实机 700 N·m	台班	0.0680	

第二节　回填砂、碎石

工作内容：1. 填砂、浇水、振实、清理等。
2. 回填碎石、夯实、清理等。

定额编号			H-2-2-1	H-2-2-2
项目			回填黄砂	回填碎石
			m^3	m^3
预算定额编号	预算定额名称	预算定额单位	数量	
50-2-2-1	回填砂、碎石 回填黄砂	m^3	1.0000	
50-2-2-2	回填砂、碎石 回填碎石	m^3		1.0000

工作内容：1. 填砂、浇水、振实、清理等。
2. 回填碎石、夯实、清理等。

定额编号				H-2-2-1	H-2-2-2
项目				回填黄砂	回填碎石
名称			单位	m^3	m^3
人工	00210103	综合工	工日	0.2777	0.3610
材料	04030115	黄砂 中粗	t	1.7680	
	04050217	碎石 5～40	t		1.7595
	34110101	水	m^3	0.0840	
机械	99050940	混凝土振捣器 平板式	台班	0.0714	
	99130350	内燃夯实机 700 N·m	台班		0.0714

第三节　原槽土掺灰

工作内容: 掺灰翻拌、找平、压实、清理场地。

定额编号			H-2-3-1	H-2-3-2
项目			石灰含量8%	石灰含量±1%
			m^3	m^3
预算定额编号	预算定额名称	预算定额单位	数量	
50-2-3-1	原槽土掺灰 石灰含量8%	m^3	1.0000	
50-2-3-2	原槽土掺灰 石灰含量±1%	m^3		1.0000

工作内容: 掺灰翻拌、找平、压实、清理场地。

定额编号				H-2-3-1	H-2-3-2
项目				石灰含量8%	石灰含量±1%
名称			单位	m^3	m^3
人工	00210103	综合工	工日	0.0263	
材料	04090402	生石灰	t	0.1327	0.0166
机械	99070050	履带式推土机 90 kW	台班	0.0089	
	99070310	履带式拖拉机 75 kW	台班	0.0016	
	99130110	内燃光轮压路机 轻型	台班	0.0024	
	99130120	内燃光轮压路机 重型	台班	0.0076	

第四节　碎石及三渣基层

工作内容：1，2. 放样、摊铺、找平、洒水、碾压、清理场地。

3，4. 清理底层、放样、摊铺、路拌水泥土、找平、碾压、薄膜覆盖养护、清理场地。

定额编号			H-2-4-1	H-2-4-2	H-2-4-3	H-2-4-4
项目			厂拌石灰稳定土基层		路拌水泥稳定土基层 水泥掺量 5%	
			厚 20 cm	±1 cm	厚 20 cm	±1 cm
			100 m^2	100 m^2	100 m^2	100 m^2
预算定额编号	预算定额名称	预算定额单位	数量			
50-2-4-1	碎石及三渣基层 厂拌石灰稳定土基层 厚 20 cm	100 m^2	1.0000			
50-2-4-2	碎石及三渣基层 厂拌石灰稳定土基层 ±1 cm	100 m^2		1.0000		
50-2-4-3	碎石及三渣基层 路拌水泥稳定土基层 厚 20 cm 水泥掺量 5%	100 m^2			1.0000	
50-2-4-4	碎石及三渣基层 路拌水泥稳定土基层 ±1 cm	100 m^2				1.0000

工作内容：1，2. 放样、摊铺、找平、洒水、碾压、清理场地。

3，4. 清理底层、放样、摊铺、路拌水泥土、找平、碾压、薄膜覆盖养护、清理场地。

定额编号				H-2-4-1	H-2-4-2	H-2-4-3	H-2-4-4
项目				厂拌石灰稳定土基层		路拌水泥稳定土基层 水泥掺量 5%	
				厚 20 cm	±1 cm	厚 20 cm	±1 cm
名称			单位	100 m^2	100 m^2	100 m^2	100 m^2
人工	00210103	综合工	工日	5.2105	0.1904	1.5074	0.0566
材料	02090101	塑料薄膜	m^2			35.0000	
	04010112	水泥 42.5 级	t			1.7000	0.0850
	34110101	水	m^3	3.5000			
	80310201	厂拌石灰土	t	38.7559	1.9378		
		其他材料费	%	0.5000			
机械	99010060	履带式单斗液压挖掘机 1 m^3	台班			0.1037	0.0052
	99050040	稳定土拌和机 230 kW	台班			0.0741	0.0037
	99130050	平地机 150 kW	台班			0.0370	0.0019
	99130110	内燃光轮压路机 轻型	台班	0.0476	0.0017		
	99130120	内燃光轮压路机 重型	台班	0.1909	0.0086	0.0630	0.0031
	99130280	钢轮振动压路机 10 t	台班			0.0519	
	99130310	钢轮振动压路机 18 t	台班				0.0026
	99130350	内燃夯实机 700 N · m	台班			0.0593	0.0030

工作内容：1，2. 放样、摊铺、找平、洒水、碾压、初期养护、清理场地。
　　　　　3，4. 放样、摊铺、找平、洒水、碾压、清理场地。

定额编号			H-2-4-5	H-2-4-6	H-2-4-7	H-2-4-8
项目			厂拌粉煤灰粗粒径三渣基层		砾石砂垫层	
			厚 25 cm	±1 cm	厚 15 cm	±1 cm
			100 m^2	100 m^2	100 m^2	100 m^2
预算定额编号	预算定额名称	预算定额单位	数量			
50-2-4-5	碎石及三渣基层 厂拌粉煤灰粗粒径三渣基层 厚 25 cm	100 m^2	1.0000			
50-2-4-6	碎石及三渣基层 厂拌粉煤灰粗粒径三渣基层 ±1 cm	100 m^2		1.0000		
50-2-4-7	碎石及三渣基层 砾石砂垫层 厚 15 cm	100 m^2			1.0000	
50-2-4-8	碎石及三渣基层 砾石砂垫层 ±1 cm	100 m^2				1.0000

工作内容：1，2. 放样、摊铺、找平、洒水、碾压、初期养护、清理场地。
　　　　　3，4. 放样、摊铺、找平、洒水、碾压、清理场地。

定额编号				H-2-4-5	H-2-4-6	H-2-4-7	H-2-4-8
项目				厂拌粉煤灰粗粒径三渣基层		砾石砂垫层	
				厚 25 cm	±1 cm	厚 15 cm	±1 cm
名称			单位	100 m^2	100 m^2	100 m^2	100 m^2
人工	00210103	综合工	工日	3.6125	0.1139	1.7340	0.0433
材料	04030701	砾石砂	t			33.1628	2.2109
	34110101	水	m^3	3.5000		2.6010	0.1734
	80310321	厂拌粉煤灰三渣 50～70	t	59.6700	2.3868		
		其他材料费	%	0.5000		0.5000	
机械	99130110	内燃光轮压路机 轻型	台班			0.0476	0.0017
	99130120	内燃光轮压路机 重型	台班			0.0818	0.0046
	99130320	钢轮振动压路机 20 t	台班	0.0595	0.0022		

工作内容:放样、摊铺、找平、洒水、碾压、清理场地。

定额编号			H-2-4-9	H-2-4-10
项目			碎石垫层	
			厚 15 cm	±1 cm
			100 m²	100 m²
预算定额编号	预算定额名称	预算定额单位	数量	
50-2-4-9	碎石及三渣基层 碎石垫层 厚 15 cm	100 m²	1.0000	
50-2-4-10	碎石及三渣基层 碎石垫层 ±1 cm	100 m²		1.0000

工作内容:放样、摊铺、找平、洒水、碾压、清理场地。

定额编号				H-2-4-9	H-2-4-10
项目				碎石垫层	
				厚 15 cm	±1 cm
名称			单位	100 m²	100 m²
人工	00210103	综合工	工日	2.9495	0.1573
材料	04050209	碎石 5～15	t	3.5777	0.2385
	04050215	碎石 5～25	t	6.2100	0.4140
	04050313	道碴 50～70	t	21.7500	1.4500
	34110101	水	m³	2.5230	0.1700
		其他材料费	%	0.5000	
机械	99130110	内燃光轮压路机 轻型	台班	0.0476	0.0017
	99130120	内燃光轮压路机 重型	台班	0.1909	0.0086

第五节　筑　土　堤

工作内容:1. 挖土、装土、30 m人力挑抬运土及平整。
2. 人工夯实原状土。
3. 人工碎土、平土、碾压、必要的洒水等。

定　额　编　号			H-2-5-1	H-2-5-2	H-2-5-3
项　　目			清除堤基表层腐殖土	原土夯实	机械填筑
			m^3	m^2	m^3
预算定额编号	预算定额名称	预算定额单位	数　　量		
50-2-5-1	筑土堤 清除堤基表层腐殖土	m^3	1.0000		
50-2-5-2	筑土堤 原土夯实	m^2		1.0000	
50-2-5-3	筑土堤 机械填筑	m^3			1.0000

工作内容:1. 挖土、装土、30 m人力挑抬运土及平整。
2. 人工夯实原状土。
3. 人工碎土、平土、碾压、必要的洒水等。

定　额　编　号				H-2-5-1	H-2-5-2	H-2-5-3
项　　目				清除堤基表层腐殖土	原土夯实	机械填筑
名　　称			单位	m^3	m^2	m^3
人工	00210105	土方工	工日	0.2686	0.0158	0.1117
机械	99130110	内燃光轮压路机 轻型	台班			0.0029
	99130120	内燃光轮压路机 重型	台班			0.0022

第六节　内 河 抛 石

工作内容：装石、材料运输、抛石等。

定　额　编　号			H-2-6-1	H-2-6-2
项　　目			陆上抛石	船上抛石
			m^3	m^3
预算定额编号	预算定额名称	预算定额单位	数　　量	
50-2-6-1	内河抛石 陆上	m^3	1.0000	
50-2-6-2	内河抛石 船上	m^3		1.0000

工作内容：装石、材料运输、抛石等。

定　额　编　号				H-2-6-1	H-2-6-2
项　　目				陆上抛石	船上抛石
名　　称			单位	m^3	m^3
人工	00210103	综合工	工日	0.5340	0.4423
材料	04110507	块石 100～400	t	1.7340	1.7340
机械	99410530	铁驳船 80 t	t·d		7.5000

第七节　笼 装 块 石

工作内容：1. 放样、定位、材料运输、成笼、封笼。
2. 放样、定位、铺设底层合金钢丝（或镀塑铁丝）网片、固定厚度拉结钢丝及周边钢丝网片、装石完成后铺设表层网片、固定与底层拉结钢丝及周边网片。
3，4. 放样、定位、安放空笼、运块石装笼、封口。

定额编号			H-2-7-1	H-2-7-2	H-2-7-3	H-2-7-4
项目			合金钢丝笼成笼		笼装块石	
			挡墙	护坡	挡墙	护坡
			100 m^2	100 m^2	m^3	m^3
预算定额编号	预算定额名称	预算定额单位	数量			
50-2-7-1	笼装块石 合金钢丝笼成笼 挡墙	100 m^2	1.0000			
50-2-7-2	笼装块石 合金钢丝笼成笼 护坡	100 m^2		1.0000		
50-2-7-3	笼装块石 挡墙	m^3			1.0000	
50-2-7-4	笼装块石 护坡	m^3				1.0000

工作内容：1. 放样、定位、材料运输、成笼、封笼。
2. 放样、定位、铺设底层合金钢丝（或镀塑铁丝）网片、固定厚度拉结钢丝及周边钢丝网片、装石完成后铺设表层网片、固定与底层拉结钢丝及周边网片。
3，4. 放样、定位、安放空笼、运块石装笼、封口。

定额编号				H-2-7-1	H-2-7-2	H-2-7-3	H-2-7-4
项目				合金钢丝笼成笼		笼装块石	
				挡墙	护坡	挡墙	护坡
名称			单位	100 m^2	100 m^2	m^3	m^3
人工	00210103	综合工	工日	1.2042	1.0838	0.4335	0.3468
材料	01030445	合金钢丝	kg	11.6467	5.8233		
	03152151	合金钢丝网片	m^2	102.0000	102.0000		
	04110507	块石 100～400	t			1.8700	1.8700

工作内容：1. 底层块石理砌粗平、铺设铁丝网、固定等全部工作内容。
2. 底层块石理砌粗平、铺设合金钢丝网、固定等全部工作内容。

定额编号			H-2-7-5	H-2-7-6
项目			铺铁丝网	铺合金钢丝网
			m^2	m^2
预算定额编号	预算定额名称	预算定额单位	数量	
50-2-7-5	笼装块石 铺铁丝网	m^2	1.0000	
50-2-7-6	笼装块石 铺合金钢丝网	m^2		1.0000

工作内容：1. 底层块石理砌粗平、铺设铁丝网、固定等全部工作内容。
2. 底层块石理砌粗平、铺设合金钢丝网、固定等全部工作内容。

定额编号				H-2-7-5	H-2-7-6
项目				铺铁丝网	铺合金钢丝网
名称			单位	m^2	m^2
人工	00210103	综合工	工日	0.1522	0.1522
材料	01030445	合金钢丝	kg		0.0986
	03152101	镀锌铁丝网	m^2	1.0200	
	03152151	合金钢丝网片	m^2		1.0200
	03152501	镀锌铁丝	kg	0.0986	
		其他材料费	%	2.0000	2.0000

第八节 江海抛沉块体(块石)

工作内容:1. 装袋、缝口、装船、水运、定位、抛沉。
2. 装船、1 km 内运输、安放。
3. 定位、起仓、搬运、抛石。
4. 理坡、码砌。

<table>
<tr><td colspan="3">定 额 编 号</td><td>H-2-8-1</td><td>H-2-8-2</td><td>H-2-8-3</td><td>H-2-8-4</td></tr>
<tr><td colspan="3" rowspan="3">项 目</td><td colspan="3">江海船上抛沉</td><td rowspan="2">理砌块石</td></tr>
<tr><td>袋装碎石</td><td>异形块体、实心方块</td><td>块石</td></tr>
<tr><td>m^3</td><td>m^3</td><td>m^3</td><td>m^2</td></tr>
<tr><td>预算定额编号</td><td>预算定额名称</td><td>预算定额单位</td><td colspan="4">数 量</td></tr>
<tr><td>50-2-8-1</td><td>江海船上抛沉 袋装碎石</td><td>m^3</td><td>1.0000</td><td></td><td></td><td></td></tr>
<tr><td>50-2-8-2</td><td>江海船上抛沉 实心方块</td><td>m^3</td><td></td><td>0.5000</td><td></td><td></td></tr>
<tr><td>50-2-8-3</td><td>江海船上抛沉 异形块体</td><td>m^3</td><td></td><td>0.5000</td><td></td><td></td></tr>
<tr><td>50-2-8-4</td><td>江海船上抛沉 块石</td><td>m^3</td><td></td><td></td><td>1.0000</td><td></td></tr>
<tr><td>50-2-8-5</td><td>理砌块石</td><td>m^2</td><td></td><td></td><td></td><td>1.0000</td></tr>
</table>

工作内容：1. 装袋、缝口、装船、水运、定位、抛沉。
2. 装船、1 km 内运输、安放。
3. 定位、起仓、搬运、抛石。
4. 理坡、码砌。

定额编号				H-2-8-1	H-2-8-2	H-2-8-3	H-2-8-4
项目				江海船上抛沉			理砌块石
				袋装碎石	异形块体、实心方块	块石	
名称			单位	m^3	m^3	m^3	m^2
人工	00210103	综合工	工日	0.3754	0.2173	0.2208	0.1904
材料	02190201	尼龙绳	kg	0.0220			
	02311201	聚丙烯编织袋	只	40.2574			
	04050217	碎石 5～40	t	1.5484			
	04110507	块石 100～400	t			1.8700	
	04272120	混凝土预制块体	m^3		1.0000		
	05030101	成材	m^3		0.0003		
		其他材料费	%	1.0000			
机械	99091160	旋转扒杆起重船 25 t	艘班		0.0233		
	99410110	方驳 400 t	艘班		0.0452		
	99410220	拖轮 176 kW	艘班	0.0010		0.0010	
	99410230	拖轮 294 kW	艘班		0.0083		
	99410320	锚艇 35 kW	艘班	0.0020		0.0020	
	99410450	机艇 44 kW	艘班		0.0226		
	99410560	钢质趸船 350 t	艘班	0.0020		0.0020	
		其他机械费	%		2.8200		

第三章　疏浚和吹填工程

说　明

一、本章定额包括内河船舶疏浚、水力冲挖土方(ϕ100 泥浆泵)、水力冲挖土方(ϕ150 泥浆泵)、绞吸式挖泥船取土、抓斗式挖泥船取土、链斗式挖泥船取土、吹泥船、充泥管袋、填芯吹填土、闭气吹填土、其他工程,共 11 节内容。

二、本章定额适用于本市内河河道、湖泊、港池、码头等的开挖、清淤、拓宽以及围涂造地中的取土、吹填土方等工程。

三、施工工况:由于风、雾、雨、浪、潮汐、水位、流速及行船避让、水下芦苇、树根、障碍物等不可避免的外界原因(非施工单位原因)而影响挖泥船正常工作的时间。本章定额内河船舶疏浚适用于一级到五级工况,挖泥船取土及吹填土方工程适用于一级到七级工况,工况影响时间及工况系数详见各节说明。

四、土质级别的划分:

1. 内河船舶疏浚、取土及吹填土方工程土质分类根据《疏浚与吹填工程设计规范》(JTS 181—5—2012)结合上海地区土壤特点,按土质名称及其物理力学指标划分为 8 级,见表 3-1。

2. 水力冲挖土类分级按冲挖土质名称、物理指标以及外形特征划分为 4 级,见表 3-2。

五、排泥场地围堰的填筑和维护,可套用第十三章相应定额。

六、运距指运泥船由挖泥区中心(按疏浚或取土土方量分布计算)至卸泥区中心(或吹泥点)的航程(或距离)。

七、外海取土工程应根据工况等级、土壤类别选择相应的船舶与排泥管。

八、挖泥船挖深=施工期平均水位-挖泥设计底高程-平均泥层厚度/2。

九、本章中充泥管袋、填芯吹填土及闭气吹填土定额仅适用于土料含泥量(颗粒直径≤0.005 mm)≤10%、砂性土细颗粒(颗粒直径≤0.03 mm)含量≤40%的塘堤围涂工程。

十、充泥管袋(外棱体中心滩地高程在-0.5 m 以上)、填芯吹填土、闭气吹填土定额按就地取土编制;如采用外来土方,则取土费用或土方来源费另计,同时人工和机械乘以 0.80 系数。

表 3-1　疏浚、取土及吹填土方工程土壤特性和分级

岩土类型	级别	状态	强度及结构特征	判别指标		
				标贯击数 N	天然重度 γ(kN/m³)	液性指数 I_L
有机质土、淤泥类	1	流动~极软	可能是密实的或松软的,强度和结构在水平或垂直方向上可能相差很大,并存在气体	—	$\gamma<16.6$	$I_L>1.0$
淤泥质土类	2	软	极易用手指捏成形	$N\leqslant4$	$\gamma\leqslant17.6$	$I_L>0.75$
黏性土类	3	中等	稍用力捏可成形	$N\leqslant8$	$\gamma\leqslant18.7$	$I_L\leqslant0.75$
	4	硬	手指需用力捏成形	$N\leqslant15$	$\gamma\leqslant19.5$	$I_L\leqslant0.50$
	5	坚硬	不能用手指捏成形,可用大拇指压出凹痕	$N>15$	$\gamma>19.5$	$I_L<0.25$
砂(粉)土类	6	松散	较容易将ϕ12 mm 钢筋插入土中	$N\leqslant10$	$\gamma\leqslant18.6$	
	7	中密	用 2~3 kg 重锤很容易将ϕ12 mm 钢筋打入土中	$N\leqslant30$	$\gamma\leqslant19.6$	
	8	密实	用 2~3 kg 重锤可将ϕ 12 mm 钢筋打入土中 30 mm	$N>30$	$\gamma>19.6$	

表 3-2 水力冲挖土类划分

土类	土类名称	自然湿密度（g/cm³）	外形特征	简单判别方法
一	稀淤	1.50～1.80	含水饱和，搅动即成糊状	用容器装运
	流砂		含水饱和，能缓缓流动，挖而复涨	
二	砂土	1.65～1.75	颗粒较粗，无凝聚性和可塑性，空隙大，易透水	用铁锹开挖
	砂壤土		土质松软，由砂与壤土组成，易成浆	
三	烂淤	1.70～1.85	行走陷足，粘锹粘筐	用铁锹开挖
	壤土		手触感觉有砂的成分，可塑性好	
	含根种植土		有植物根系，能成块，易打碎	
四	黏土	1.75～1.90	颗粒较细，粘手滑腻，能压成块	用三齿叉撬挖
	干燥黄土		粘手，看不见砂粒	
	干淤土		水分在饱和点以下，质软易挖	

工程量计算规则

一、内河船舶疏浚：以疏浚设计断面为标准计算水下自然方工程量，再按地质柱状剖面图分别计算各类土质工程量。

二、水力冲挖：以设计断面为标准计算自然方工程量，再按地质柱状剖面图分别计算各类土质工程量。

三、挖泥船取土及吹泥船：以实际取土自然方计算工程量，再按地质柱状剖面图分别计算各类土质工程量。实际取土自然方按设计吹填体积加吹填过程中的沉降量、流失量和固结量，沉降量、流失量和固结量可根据技术规范和历史资料或采用设计计算、试验结果来确定。

四、充泥管袋、填芯吹填土按设计断面实方计算；闭气吹填土按实际取土自然方计算；外坡保护工程量按高程 4.0 m 以下实际保护面积计算。

第一节　内河船舶疏浚

说　　明

一、本节定额包括抓斗式挖泥船疏浚和两栖式清淤机疏浚，其中抓斗式挖泥船按斗容划分。

二、抓斗式挖泥船疏浚工作内容：挖泥、装驳、运泥、离靠驳、移船、卸泥等驳及辅助工作等。

三、抓斗式挖泥船配封底泥驳；卸泥根据不同卸泥方式套用相应定额。

四、两栖式清淤机疏浚工作内容：在水深 1.5 m 以内作业，挖土、就近堆放或装船；如疏浚的淤泥采用水上运输，拖轮及泥驳可套用 0.3 m^3 抓斗式挖泥船中相应规格船舶的消耗量。

五、内河船舶疏浚定额按一级工况编制，工程实际工况与定额不同时，可按表 3-3 工况艘班系数调整定额。

表 3-3　内河船舶疏浚挖泥船工况级别与工况艘班系数

工况级别	一	二	三	四	五
平均每艘班影响时间(h)	≤1.3	≤1.8	≤2.4	≤2.9	≤3.4
工况艘班系数	1.00	1.12	1.27	1.44	1.64

注：如无实测资料，对非通航河道，按一级工况计算；对通航河道，按二级工况计算。

六、挖泥船定额中的人工是指从事辅助工作的用工，不包括卸泥、排泥场地围堰的填筑和维护用工。

七、使用本节定额的几项规定：

1. 抓斗式挖泥船定额包括两个部分，第一部分为基本运距以内的挖泥船、拖轮、泥驳及机艇的艘班数；第二部分为超过基本运距后，每超过 1 km 增加的拖轮、泥驳艘班数。

2. 本节中基本运距根据抓斗式挖泥船的斗容不同而不同(表 3-4)，实际运距超过基本运距时，不管实际配套如何，按定额相应增加拖轮、泥驳艘班数。超过基本运距不足 1 km 时，按 1 km 计算。运距超过 10 km 时，超过部分按增运 1 km 的拖轮、泥驳艘班乘以 0.90 系数。

表 3-4　各种规格的抓斗式挖泥船基本运距

挖泥船斗容(m^3)	0.3	0.5	0.75	1.0	1.5
基本运距(km)	2	2	3	3	4

3. 当抓斗式挖泥船单独作业时，定额乘以 0.87 系数。

定额编号			H-3-1-1	H-3-1-2	H-3-1-3	H-3-1-4
项目			0.3 m^3 抓斗式挖泥船			0.5 m^3 抓斗式挖泥船
			1、2 级土	3、4、5 级土	6 级土	1、2 级土
			10 000 m^3	10 000 m^3	10 000 m^3	10 000 m^3
预算定额编号	预算定额名称	预算定额单位	数量			
50-3-1-1	内河船舶疏浚 0.3 m^3 抓斗式挖泥船 1、2 级土	10 000 m^3	1.0000			
50-3-1-2	内河船舶疏浚 0.3 m^3 抓斗式挖泥船 3 级土	10 000 m^3		0.5000		
50-3-1-3	内河船舶疏浚 0.3 m^3 抓斗式挖泥船 4 级土	10 000 m^3		0.4000		
50-3-1-4	内河船舶疏浚 0.3 m^3 抓斗式挖泥船 5 级土	10 000 m^3		0.1000		
50-3-1-5	内河船舶疏浚 0.3 m^3 抓斗式挖泥船 6 级土	10 000 m^3			1.0000	
50-3-1-6	内河船舶疏浚 0.5 m^3 抓斗式挖泥船 1、2 级土	10 000 m^3				1.0000

定额编号				H-3-1-1	H-3-1-2	H-3-1-3	H-3-1-4
项目				0.3 m^3 抓斗式挖泥船			0.5 m^3 抓斗式挖泥船
				1、2 级土	3、4、5 级土	6 级土	1、2 级土
名称			单位	10 000 m^3	10 000 m^3	10 000 m^3	10 000 m^3
人工	00210105	土方工	工日	68.1825	71.2935	100.0050	56.8188
机械	99011020	抓斗式挖泥船 0.3 m^3	艘班	34.0913	35.6462	49.9995	
	99011030	抓斗式挖泥船 0.5 m^3	艘班				28.4094
	99410050	泥驳 60 m^3	艘班	100.5650	103.6749	132.3815	89.2019
	99410195	拖轮 90 kW	艘班	34.0913	35.6462	49.9995	28.4094
	99410445	机艇 30 kW	艘班	11.9325	12.4762	17.5005	9.9438
		其他机械费	%	3.0000	3.0000	3.0000	3.0000
每增运 1 km							
机械	99410050	泥驳 60 m^3	艘班	9.0994	8.1212	8.9288	9.0994
	99410195	拖轮 90 kW	艘班	9.0994	8.1212	8.9288	9.0994

定　额　编　号			H-3-1-5	H-3-1-6	H-3-1-7	H-3-1-8
项　　目			0.5 m^3 抓斗式挖泥船		0.75 m^3 抓斗式挖泥船	
			3、4、5 级土	6 级土	1、2 级土	3、4、5 级土
			10 000 m^3	10 000 m^3	10 000 m^3	10 000 m^3
预算定额编号	预算定额名称	预算定额单位	数　　量			
50-3-1-7	内河船舶疏浚 0.5 m^3 抓斗式挖泥船 3 级土	10 000 m^3	0.5000			
50-3-1-8	内河船舶疏浚 0.5 m^3 抓斗式挖泥船 4 级土	10 000 m^3	0.4000			
50-3-1-9	内河船舶疏浚 0.5 m^3 抓斗式挖泥船 5 级土	10 000 m^3	0.1000			
50-3-1-10	内河船舶疏浚 0.5 m^3 抓斗式挖泥船 6 级土	10 000 m^3		1.0000		
50-3-1-11	内河船舶疏浚 0.75 m^3 抓斗式挖泥船 1、2 级土	10 000 m^3			1.0000	
50-3-1-12	内河船舶疏浚 0.75 m^3 抓斗式挖泥船 3 级土	10 000 m^3				0.5000
50-3-1-13	内河船舶疏浚 0.75 m^3 抓斗式挖泥船 4 级土	10 000 m^3				0.4000
50-3-1-14	内河船舶疏浚 0.75 m^3 抓斗式挖泥船 5 级土	10 000 m^3				0.1000

定　额　编　号				H-3-1-5	H-3-1-6	H-3-1-7	H-3-1-8
项　　目				0.5 m^3 抓斗式挖泥船		0.75 m^3 抓斗式挖泥船	
				3、4、5 级土	6 级土	1、2 级土	3、4、5 级土
名　　称			单位	10 000 m^3	10 000 m^3	10 000 m^3	10 000 m^3
人工	00210105	土方工	工日	59.4113	83.3375	45.4563	47.5288
机械	99011030	抓斗式挖泥船 0.5 m^3	艘班	29.7051	41.6663		
	99011040	抓斗式挖泥船 0.75 m^3	艘班			18.9394	19.8034
	99410050	泥驳 60 m^3	艘班	91.7934	115.7156	70.2588	71.9868
	99410195	拖轮 90 kW	艘班	29.7051	41.6663	18.9394	19.8034
	99410445	机艇 30 kW	艘班	10.3968	14.5838	7.5756	7.6717
		其他机械费	%	3.0000	3.0000	3.0000	3.0000
每增运 1 km							
机械	99410050	泥驳 60 m^3	艘班	8.1212	8.9288	9.0994	8.1213
	99410195	拖轮 90 kW	艘班	8.1212	8.9288	9.0994	8.1213

<table>
<tr><td colspan="3">定　额　编　号</td><td>H-3-1-9</td><td>H-3-1-10</td><td>H-3-1-11</td><td>H-3-1-12</td></tr>
<tr><td colspan="3" rowspan="3">项　　目</td><td>0.75 m³ 抓斗式挖泥船</td><td colspan="3">1.0 m³ 抓斗式挖泥船</td></tr>
<tr><td>6 级土</td><td>1、2 级土</td><td>3、4、5 级土</td><td>6 级土</td></tr>
<tr><td>10 000 m³</td><td>10 000 m³</td><td>10 000 m³</td><td>10 000 m³</td></tr>
<tr><td>预算定额编号</td><td>预算定额名称</td><td>预算定额单位</td><td colspan="4">数　　量</td></tr>
<tr><td>50-3-1-15</td><td>内河船舶疏浚 0.75 m³ 抓斗式挖泥船 6 级土</td><td>10 000 m³</td><td>1.0000</td><td></td><td></td><td></td></tr>
<tr><td>50-3-1-16</td><td>内河船舶疏浚 1.0 m³ 抓斗式挖泥船 1、2 级土</td><td>10 000 m³</td><td></td><td>1.0000</td><td></td><td></td></tr>
<tr><td>50-3-1-17</td><td>内河船舶疏浚 1.0 m³ 抓斗式挖泥船 3 级土</td><td>10 000 m³</td><td></td><td></td><td>0.5000</td><td></td></tr>
<tr><td>50-3-1-18</td><td>内河船舶疏浚 1.0 m³ 抓斗式挖泥船 4 级土</td><td>10 000 m³</td><td></td><td></td><td>0.4000</td><td></td></tr>
<tr><td>50-3-1-19</td><td>内河船舶疏浚 1.0 m³ 抓斗式挖泥船 5 级土</td><td>10 000 m³</td><td></td><td></td><td>0.1000</td><td></td></tr>
<tr><td>50-3-1-20</td><td>内河船舶疏浚 1.0 m³ 抓斗式挖泥船 6 级土</td><td>10 000 m³</td><td></td><td></td><td></td><td>1.0000</td></tr>
</table>

<table>
<tr><td colspan="4">定　额　编　号</td><td>H-3-1-9</td><td>H-3-1-10</td><td>H-3-1-11</td><td>H-3-1-12</td></tr>
<tr><td colspan="4" rowspan="2">项　　目</td><td>0.75 m³ 抓斗式挖泥船</td><td colspan="3">1.0 m³ 抓斗式挖泥船</td></tr>
<tr><td>6 级土</td><td>1、2 级土</td><td>3、4、5 级土</td><td>6 级土</td></tr>
<tr><td colspan="3">名　　称</td><td>单位</td><td>10 000 m³</td><td>10 000 m³</td><td>10 000 m³</td><td>10 000 m³</td></tr>
<tr><td>人工</td><td>00210105</td><td>土方工</td><td>工日</td><td>66.6625</td><td>37.9001</td><td>36.0401</td><td>51.7875</td></tr>
<tr><td rowspan="8">机械</td><td>99011040</td><td>抓斗式挖泥船 0.75 m³</td><td>艘班</td><td>27.7775</td><td></td><td></td><td></td></tr>
<tr><td>99011050</td><td>抓斗式挖泥船 1.0 m³</td><td>艘班</td><td></td><td>13.0688</td><td>12.4272</td><td>17.8575</td></tr>
<tr><td>99410050</td><td>泥驳 60 m³</td><td>艘班</td><td>87.9350</td><td></td><td></td><td></td></tr>
<tr><td>99410060</td><td>泥驳 100 m³</td><td>艘班</td><td></td><td>42.3275</td><td>41.0443</td><td>51.9050</td></tr>
<tr><td>99410195</td><td>拖轮 90 kW</td><td>艘班</td><td>27.7775</td><td></td><td></td><td></td></tr>
<tr><td>99410215</td><td>拖轮 147 kW</td><td>艘班</td><td></td><td>13.0688</td><td>12.4272</td><td>17.8575</td></tr>
<tr><td>99410445</td><td>机艇 30 kW</td><td>艘班</td><td>11.1113</td><td>5.2275</td><td>4.9710</td><td>7.1425</td></tr>
<tr><td></td><td>其他机械费</td><td>%</td><td>3.0000</td><td>3.0000</td><td>3.0000</td><td>3.0000</td></tr>
<tr><td colspan="8">每增运 1 km</td></tr>
<tr><td rowspan="4">机械</td><td>99410050</td><td>泥驳 60 m³</td><td>艘班</td><td>8.9288</td><td></td><td></td><td></td></tr>
<tr><td>99410060</td><td>泥驳 100 m³</td><td>艘班</td><td></td><td>4.8288</td><td>4.3432</td><td>4.7350</td></tr>
<tr><td>99410195</td><td>拖轮 90 kW</td><td>艘班</td><td>8.9288</td><td></td><td></td><td></td></tr>
<tr><td>99410215</td><td>拖轮 147 kW</td><td>艘班</td><td></td><td>4.8288</td><td>4.3432</td><td>4.7350</td></tr>
</table>

定额编号			H-3-1-13	H-3-1-14	H-3-1-15	H-3-1-16
项目			1.5 m^3 抓斗式挖泥船			两栖式清淤机
			1、2 级土	3、4、5 级土	6 级土	1、2 级土
			10 000 m^3	10 000 m^3	10 000 m^3	10 000 m^3
预算定额编号	预算定额名称	预算定额单位	数量			
50-3-1-21	内河船舶疏浚 1.5 m^3 抓斗式挖泥船 1、2 级土	10 000 m^3	1.0000			
50-3-1-22	内河船舶疏浚 1.5 m^3 抓斗式挖泥船 3 级土	10 000 m^3		0.5000		
50-3-1-23	内河船舶疏浚 1.5 m^3 抓斗式挖泥船 4 级土	10 000 m^3		0.4000		
50-3-1-24	内河船舶疏浚 1.5 m^3 抓斗式挖泥船 5 级土	10 000 m^3		0.1000		
50-3-1-25	内河船舶疏浚 1.5 m^3 抓斗式挖泥船 6 级土	10 000 m^3			1.0000	
50-3-1-26	内河船舶疏浚 两栖式清淤机 1、2 级土	10 000 m^3				1.0000

定额编号				H-3-1-13	H-3-1-14	H-3-1-15	H-3-1-16
项目				1.5 m^3 抓斗式挖泥船			两栖式清淤机
				1、2 级土	3、4、5 级土	6 级土	1、2 级土
名称			单位	10 000 m^3	10 000 m^3	10 000 m^3	10 000 m^3
人工	00210105	土方工	工日	29.6251	28.1213	41.3000	81.8318
机械	99011060	抓斗式挖泥船 1.5 m^3	艘班	8.7125	8.2698	12.1475	
	99011320	两栖式清淤机 0.3 m^3	艘班				47.2375
	99410070	泥驳 280 m^3	艘班	28.2200	27.3345	35.0900	
	99410245	拖轮 370 kW	艘班	8.7125	8.2698	12.1475	
	99410445	机艇 30 kW	艘班	3.4850	3.3079	4.8588	
		其他机械费	%	3.0000	3.0000	3.0000	5.0000
每增运 1 km							
机械	99410070	泥驳 280 m^3	艘班	1.3794	1.2407	1.3525	
	99410245	拖轮 370 kW	艘班	1.3794	1.2407	1.3525	

定 额 编 号			H-3-1-17
项 目			两栖式清淤机
			3 级土
			10 000 m^3
预算定额编号	预算定额名称	预算定额单位	数 量
50-3-1-27	内河船舶疏浚 两栖式清淤机 3 级土	10 000 m^3	1.0000

定 额 编 号				H-3-1-17
项 目				两栖式清淤机
				3 级土
名 称			单位	10 000 m^3
人工	00210105	土方工	工日	70.7726
机械	99011320	两栖式清淤机 0.3 m^3	艘班	40.8500
		其他机械费	%	5.0000

第二节 水力冲挖土方(ϕ100 泥浆泵)

说 明

一、本节定额适用于排泥长度 2 km 以内的水力冲挖土方。

二、工作内容:开工展布、水力冲挖、吸排泥、作业面转移及收工集合等。

三、水力冲挖土方定额按排高(泥浆泵中心点至排泥管出口处断面中心点的高差)5 m 制定。排高每增(减)1 m,ϕ100 mm 泵型折合成排距增(减)25 m。

四、本节定额的排距按实际必需铺设的排泥管长度计算。排泥管长度超过 1 km 时,超过部分按每增加 250 m 调整定额耗量,每万立方米消耗量调整见表 3-5。

表 3-5 排泥长度每增加 250 m 定额消耗量增加

土壤等级	土方工(工日)	高压水泵(组班)	水枪(组班)	泥浆泵(台班)	排泥管(百米·班)
一级土	7.73	7.27	7.27	86.92	217.30
二级土	9.92	9.31	9.31	111.25	278.14
三级土	13.70	12.87	12.87	153.84	384.61
四级土	21.05	19.78	19.78	236.42	591.04

五、本节定额按电网电编制,如实际采用柴油机发电,应计算柴油发电机台班数,定额柴油发电机按 120 kW 配置,实际与定额不同不作调整,台班耗量=泥浆泵台班耗量×系数,柴油发电机消耗量系数详见表 3-6。

表 3-6 柴油发电机消耗量系数

排泥管线长度(m)	系数
≤250	0.33
250～500	0.29
500～1 000	0.25
1 000～2000	0.22

六、筑、拆拦河围堰、抽水,可套用第十三章相应定额。

定额编号			H-3-2-1	H-3-2-2	H-3-2-3	H-3-2-4
项目			一级土			
			输泥管线长度			
			≤100 m	200 m	300 m	400 m
			10 000 m^3	10 000 m^3	10 000 m^3	10 000 m^3
预算定额编号	预算定额名称	预算定额单位	数量			
50-3-2-2	水力冲挖土方(ϕ100 泥浆泵)一级土 输泥管线长度 100 m	10 000 m^3	1.0000			
50-3-2-4	水力冲挖土方(ϕ100 泥浆泵)一级土 输泥管线长度 200 m	10 000 m^3		1.0000		
50-3-2-6	水力冲挖土方(ϕ100 泥浆泵)一级土 输泥管线长度 300 m	10 000 m^3			1.0000	
50-3-2-8	水力冲挖土方(ϕ100 泥浆泵)一级土 输泥管线长度 400 m	10 000 m^3				1.0000

定额编号				H-3-2-1	H-3-2-2	H-3-2-3	H-3-2-4
项目				一级土			
				输泥管线长度			
				≤100 m	200 m	300 m	400 m
名称			单位	10 000 m^3	10 000 m^3	10 000 m^3	10 000 m^3
人工	00210105	土方工	工日	29.2667	33.7333	41.2167	42.5667
机械	99440196	高压水泵 15 kW	组班	70.2400	80.9580	88.3260	91.2120
	99440250	泥浆泵 ϕ100	台班	70.2400	80.9580	152.3420	162.3260
	99450910	水枪 ϕ65	组班	70.2400	80.9580	88.3260	91.2120
	99460230	排泥管 ϕ100×L100 m	百米·班	70.2400	161.9160	264.9780	364.8480
		其他机械费	%	2.0000	2.0000	2.0000	2.0000

定　额　编　号			H-3-2-5	H-3-2-6	H-3-2-7	H-3-2-8
项　目			一级土			
			输泥管线长度			
			500 m	600 m	700 m	800 m
			10 000 m^3	10 000 m^3	10 000 m^3	10 000 m^3
预算定额编号	预算定额名称	预算定额单位	数　量			
50-3-2-10	水力冲挖土方(ϕ100 泥浆泵）一级土 输泥管线长度 500 m	10 000 m^3	1.0000			
50-3-2-12	水力冲挖土方(ϕ100 泥浆泵）一级土 输泥管线长度 600 m	10 000 m^3		1.0000		
50-3-2-14	水力冲挖土方(ϕ100 泥浆泵）一级土 输泥管线长度 700 m	10 000 m^3			1.0000	
50-3-2-16	水力冲挖土方(ϕ100 泥浆泵）一级土 输泥管线长度 800 m	10 000 m^3				1.0000

定　额　编　号				H-3-2-5	H-3-2-6	H-3-2-7	H-3-2-8
项　目				一级土			
				输泥管线长度			
				500 m	600 m	700 m	800 m
名　称			单位	10 000 m^3	10 000 m^3	10 000 m^3	10 000 m^3
人工	00210105	土方工	工日	43.9500	51.0667	52.7333	61.3667
机械	99440196	高压水泵 15 kW	组班	94.1900	97.2660	100.4440	103.7240
	99440250	泥浆泵 ϕ100	台班	173.8360	244.0760	254.7940	326.1780
	99450910	水枪 ϕ65	组班	94.1900	97.2660	100.4440	103.7240
	99460230	排泥管 ϕ100×L100 m	百米·班	470.9500	583.5960	703.1080	829.7920
		其他机械费	%	2.0000	2.0000	2.0000	2.0000

定额编号			H-3-2-9	H-3-2-10	H-3-2-11	H-3-2-12
项目			一级土		二级土	
			输泥管线长度			
			900 m	1 000 m	≤100 m	200 m
			10 000 m³	10 000 m³	10 000 m³	10 000 m³
预算定额编号	预算定额名称	预算定额单位	数量			
50-3-2-18	水力冲挖土方(ϕ100 泥浆泵)一级土 输泥管线长度 900 m	10 000 m³	1.0000			
50-3-2-20	水力冲挖土方(ϕ100 泥浆泵)一级土 输泥管线长度 1 000 m	10 000 m³		1.0000		
50-3-2-22	水力冲挖土方(ϕ100 泥浆泵)二级土 输泥管线长度 100 m	10 000 m³			1.0000	
50-3-2-24	水力冲挖土方(ϕ100 泥浆泵)二级土 输泥管线长度 200 m	10 000 m³				1.0000

定额编号				H-3-2-9	H-3-2-10	H-3-2-11	H-3-2-12
项目				一级土		二级土	
				输泥管线长度			
				900 m	1 000 m	≤100 m	200 m
名称			单位	10 000 m³	10 000 m³	10 000 m³	10 000 m³
人工	00210105	土方工	工日	63.3667	65.4500	37.4667	43.1833
机械	99440196	高压水泵 15 kW	组班	107.1120	110.6100	89.9080	103.6260
	99440250	泥浆泵 ϕ100	台班	336.1620	347.6720	89.9080	103.6260
	99450910	水枪 ϕ65	组班	107.1120	110.6100	89.9080	103.6260
	99460230	排泥管 ϕ100×L100 m	百米·班	964.0080	1 106.1000	89.9080	207.2520
		其他机械费	%	2.0000	2.0000	2.0000	2.0000

定　额　编　号			H-3-2-13	H-3-2-14	H-3-2-15	H-3-2-16
项　　目			二级土			
			输泥管线长度			
			300 m	400 m	500 m	600 m
			10 000 m^3	10 000 m^3	10 000 m^3	10 000 m^3
预算定额编号	预算定额名称	预算定额单位	数　　量			
50-3-2-26	水力冲挖土方(ϕ100 泥浆泵) 二级土 输泥管线长度 300 m	10 000 m^3	1.0000			
50-3-2-28	水力冲挖土方(ϕ100 泥浆泵) 二级土 输泥管线长度 400 m	10 000 m^3		1.0000		
50-3-2-30	水力冲挖土方(ϕ100 泥浆泵) 二级土 输泥管线长度 500 m	10 000 m^3			1.0000	
50-3-2-32	水力冲挖土方(ϕ100 泥浆泵) 二级土 输泥管线长度 600 m	10 000 m^3				1.0000

定　额　编　号				H-3-2-13	H-3-2-14	H-3-2-15	H-3-2-16
项　　目				二级土			
				输泥管线长度			
				300 m	400 m	500 m	600 m
名　　称			单位	10 000 m^3	10 000 m^3	10 000 m^3	10 000 m^3
人工	00210105	土方工	工日	52.7667	54.4833	56.2667	65.3667
机械	99440196	高压水泵 15 kW	组班	113.0560	116.7500	120.5620	124.5000
	99440250	泥浆泵 ϕ100	台班	194.9960	207.7760	222.5080	312.4160
	99450910	水枪 ϕ65	组班	113.0560	116.7500	120.5620	124.5000
	99460230	排泥管 ϕ100×L100 m	百米·班	339.1680	467.0000	602.8100	747.0000
		其他机械费	%	2.0000	2.0000	2.0000	2.0000

定额编号			H-3-2-17	H-3-2-18	H-3-2-19	H-3-2-20
项目			二级土			
			输泥管线长度			
			700 m	800 m	900 m	1 000 m
			10 000 m^3	10 000 m^3	10 000 m^3	10 000 m^3
预算定额编号	预算定额名称	预算定额单位	数量			
50-3-2-34	水力冲挖土方(φ100 泥浆泵)二级土 输泥管线长度 700 m	10 000 m^3	1.0000			
50-3-2-36	水力冲挖土方(φ100 泥浆泵)二级土 输泥管线长度 800 m	10 000 m^3		1.0000		
50-3-2-38	水力冲挖土方(φ100 泥浆泵)二级土 输泥管线长度 900 m	10 000 m^3			1.0000	
50-3-2-40	水力冲挖土方(φ100 泥浆泵)二级土 输泥管线长度 1 000 m	10 000 m^3				1.0000

定额编号				H-3-2-17	H-3-2-18	H-3-2-19	H-3-2-20
项目				二级土			
				输泥管线长度			
				700 m	800 m	900 m	1 000 m
名称			单位	10 000 m^3	10 000 m^3	10 000 m^3	10 000 m^3
人工	00210105	土方工	工日	67.5000	78.5500	81.1167	83.7667
机械	99440196	高压水泵 15 kW	组班	128.5660	132.7660	137.1020	141.5800
	99440250	泥浆泵 φ100	台班	326.1340	417.5040	430.2840	445.0160
	99450910	水枪 φ65	组班	128.5660	132.7660	137.1020	141.5800
	99460230	排泥管 φ100×L100 m	百米·班	899.9620	1 062.1280	1 233.9180	1 415.8000
		其他机械费	%	2.0000	2.0000	2.0000	2.0000

定额编号			H-3-2-21	H-3-2-22	H-3-2-23	H-3-2-24
项目			三级土			
			输泥管线长度			
			≤100 m	200 m	300 m	400 m
			10 000 m^3	10 000 m^3	10 000 m^3	10 000 m^3
预算定额编号	预算定额名称	预算定额单位	数量			
50-3-2-42	水力冲挖土方(ϕ100 泥浆泵) 三级土 输泥管线长度 100 m	10 000 m^3	1.0000			
50-3-2-44	水力冲挖土方(ϕ100 泥浆泵) 三级土 输泥管线长度 200 m	10 000 m^3		1.0000		
50-3-2-46	水力冲挖土方(ϕ100 泥浆泵) 三级土 输泥管线长度 300 m	10 000 m^3			1.0000	
50-3-2-48	水力冲挖土方(ϕ100 泥浆泵) 三级土 输泥管线长度 400 m	10 000 m^3				1.0000

定额编号				H-3-2-21	H-3-2-22	H-3-2-23	H-3-2-24
项目				三级土			
				输泥管线长度			
				≤100 m	200 m	300 m	400 m
名称			单位	10 000 m^3	10 000 m^3	10 000 m^3	10 000 m^3
人工	00210105	土方工	工日	51.8000	59.7000	72.9500	75.3333
机械	99440196	高压水泵 15 kW	组班	124.3240	143.2960	156.3360	161.4420
	99440250	泥浆泵 ϕ100	台班	124.3240	143.2960	269.6640	287.3160
	99450910	水枪 ϕ65	组班	124.3240	143.2960	156.3360	161.4420
	99460230	排泥管 ϕ100×L100 m	百米·班	124.3240	286.5920	469.0080	645.7680
		其他机械费	%	2.0000	2.0000	2.0000	2.0000

定额编号			H-3-2-25	H-3-2-26	H-3-2-27	H-3-2-28
项目			三级土			
			输泥管线长度			
			500 m	600 m	700 m	800 m
			10 000 m^3	10 000 m^3	10 000 m^3	10 000 m^3
预算定额编号	预算定额名称	预算定额单位	数量			
50-3-2-50	水力冲挖土方(ϕ100 泥浆泵）三级土 输泥管线长度 500 m	10 000 m^3	1.0000			
50-3-2-52	水力冲挖土方(ϕ100 泥浆泵）三级土 输泥管线长度 600 m	10 000 m^3		1.0000		
50-3-2-54	水力冲挖土方(ϕ100 泥浆泵）三级土 输泥管线长度 700 m	10 000 m^3			1.0000	
50-3-2-56	水力冲挖土方(ϕ100 泥浆泵）三级土 输泥管线长度 800 m	10 000 m^3				1.0000

定额编号				H-3-2-25	H-3-2-26	H-3-2-27	H-3-2-28
项目				三级土			
				输泥管线长度			
				500 m	600 m	700 m	800 m
名称			单位	10 000 m^3	10 000 m^3	10 000 m^3	10 000 m^3
人工	00210105	土方工	工日	77.8000	90.3833	93.3333	108.6167
机械	99440196	高压水泵 15 kW	组班	166.7160	172.1600	177.7840	183.5900
	99440250	泥浆泵 ϕ100	台班	307.6880	432.0120	450.9840	577.3320
	99450910	水枪 ϕ65	组班	166.7160	172.1600	177.7840	183.5900
	99460230	排泥管 ϕ100×L100 m	百米·班	833.5800	1 032.9600	1 244.4880	1468.7200
		其他机械费	%	2.0000	2.0000	2.0000	2.0000

定　额　编　号			H-3-2-29	H-3-2-30	H-3-2-31	H-3-2-32
项　　目			三级土		四级土	
			输泥管线长度			
			900 m	1 000 m	≤100 m	200 m
			10 000 m^3	10 000 m^3	10 000 m^3	10 000 m^3
预算定额编号	预算定额名称	预算定额单位	数　　量			
50-3-2-58	水力冲挖土方(ϕ100 泥浆泵）三级土 输泥管线长度 900 m	10 000 m^3	1.0000			
50-3-2-60	水力冲挖土方(ϕ100 泥浆泵）三级土 输泥管线长度 1 000 m	10 000 m^3		1.0000		
50-3-2-62	水力冲挖土方(ϕ100 泥浆泵）四级土 输泥管线长度 100 m	10 000 m^3			1.0000	
50-3-2-64	水力冲挖土方(ϕ100 泥浆泵）四级土 输泥管线长度 200 m	10 000 m^3				1.0000

定　额　编　号				H-3-2-29	H-3-2-30	H-3-2-31	H-3-2-32
项　　目				三级土		四级土	
				输泥管线长度			
				900 m	1 000 m	≤100 m	200 m
名　　称			单位	10 000 m^3	10 000 m^3	10 000 m^3	10 000 m^3
人工	00210105	土方工	工日	112.1667	115.8333	79.6000	91.7667
机械	99440196	高压水泵 15 kW	组班	189.5880	195.7800	191.0520	220.2580
	99440250	泥浆泵 ϕ100	台班	595.0040	615.3760	191.0520	220.2580
	99450910	水枪 ϕ65	组班	189.5880	195.7800	191.0520	220.2580
	99460230	排泥管 ϕ100×L100 m	百米·班	1 706.2920	1 957.8000	191.0520	440.5160
		其他机械费	%	2.0000	2.0000	2.0000	2.0000

定额编号			H-3-2-33	H-3-2-34	H-3-2-35	H-3-2-36
项目			四级土			
			输泥管线长度			
			300 m	400 m	500 m	600 m
			10 000 m^3	10 000 m^3	10 000 m^3	10 000 m^3
预算定额编号	预算定额名称	预算定额单位	数量			
50-3-2-66	水力冲挖土方(ϕ100 泥浆泵)四级土 输泥管线长度 300 m	10 000 m^3	1.0000			
50-3-2-68	水力冲挖土方(ϕ100 泥浆泵)四级土 输泥管线长度 400 m	10 000 m^3		1.0000		
50-3-2-70	水力冲挖土方(ϕ100 泥浆泵)四级土 输泥管线长度 500 m	10 000 m^3			1.0000	
50-3-2-72	水力冲挖土方(ϕ100 泥浆泵)四级土 输泥管线长度 600 m	10 000 m^3				1.0000

定额编号				H-3-2-33	H-3-2-34	H-3-2-35	H-3-2-36
项目				四级土			
				输泥管线长度			
				300 m	400 m	500 m	600 m
名称			单位	10 000 m^3	10 000 m^3	10 000 m^3	10 000 m^3
人工	00210105	土方工	工日	112.1167	115.7833	119.5500	138.9000
机械	99440196	高压水泵 15 kW	组班	240.2460	248.0920	256.1960	264.5640
	99440250	泥浆泵 ϕ100	台班	414.3600	441.5260	472.8320	663.8840
	99450910	水枪 ϕ65	组班	240.2460	248.0920	256.1960	264.5640
	99460230	排泥管 ϕ100×L100 m	百米·班	612.7380	992.3680	1 280.9800	1 587.3840
		其他机械费	%	2.0000	2.0000	2.0000	2.0000

定　额　编　号			H-3-2-37	H-3-2-38	H-3-2-39	H-3-2-40
项　　目			四级土			
			输泥管线长度			
			700 m	800 m	900 m	1 000 m
			10 000 m^3	10 000 m^3	10 000 m^3	10 000 m^3
预算定额编号	预算定额名称	预算定额单位	数　　量			
50-3-2-74	水力冲挖土方(ϕ100 泥浆泵）四级土 输泥管线长度 700 m	10 000 m^3	1.0000			
50-3-2-76	水力冲挖土方(ϕ100 泥浆泵）四级土 输泥管线长度 800 m	10 000 m^3		1.0000		
50-3-2-78	水力冲挖土方(ϕ100 泥浆泵）四级土 输泥管线长度 900 m	10 000 m^3			1.0000	
50-3-2-80	水力冲挖土方(ϕ100 泥浆泵）四级土 输泥管线长度 1 000 m	10 000 m^3				1.0000

定　额　编　号				H-3-2-37	H-3-2-38	H-3-2-39	H-3-2-40
项　　目				四级土			
				输泥管线长度			
				700 m	800 m	900 m	1 000 m
名　　称			单位	10 000 m^3	10 000 m^3	10 000 m^3	10 000 m^3
人工	00210105	土方工	工日	143.4333	166.9333	172.3833	178.0167
机械	99440196	高压水泵 15 kW	组班	273.2060	282.1300	291.3440	300.8600
	99440250	泥浆泵 ϕ100	台班	693.0900	887.2020	914.3580	945.6640
	99450910	水枪 ϕ65	组班	273.2060	282.1300	291.3440	300.8600
	99460230	排泥管 ϕ100×L100 m	百米•班	1 912.4420	2 257.0400	2 622.0960	3008.6000
		其他机械费	%	2.0000	2.0000	2.0000	2.0000

第三节　水力冲挖土方(ϕ150 泥浆泵)

说　　明

一、本节定额适用于排泥管长度 4 km 以内的水力冲挖土方。

二、水力冲挖土方定额按排高(泥浆泵中心点至排泥管出口处断面中心点的高差)5 m 制定。实际排高每增(减)1 m，ϕ150 mm 泵型折合成排距增(减)100 m。

三、本节定额的排距按实际必需铺设的排泥管长度计算。排泥管长度超过 2 km 时，超过部分按每增加 500 m 调整定额耗量，每万立方米消耗量调整见表 3-7。

表 3-7　排泥长度每增加 500 m 定额消耗量增加

土壤等级	土方工 (工日)	高压水泵 (组班)	水枪 (组班)	泥浆泵 (台班)	排泥管 (百米·班)
一级土	10.93	14.75	14.75	56.39	281.97
二级土	14.00	18.88	18.88	72.18	360.92
三级土	19.35	26.10	26.10	99.82	499.09
四级土	29.75	40.11	40.11	153.39	766.96

四、本节定额按电网电编制，如实际采用柴油机发电，应计算柴油发电机台班数，定额柴油发电机按 160 kW 配置，实际与定额不同不作调整，台班耗量＝泥浆泵台班耗量×系数，柴油发电机消耗量系数详见表 3-8。

表 3-8　柴油发电机消耗量系数

排泥管线长度(m)	系数
≤500	0.33
500～1 000	0.29
1 000～1 500	0.27
1 500～2 500	0.25
2 500～4 000	0.24

五、其余同第二节水力冲挖土方(ϕ100 泥浆泵)。

定额编号			H-3-3-1	H-3-3-2	H-3-3-3	H-3-3-4
项目			一级土			
			输泥管线长度			
			≤400 m	600 m	800 m	1 000 m
			10 000 m^3	10 000 m^3	10 000 m^3	10 000 m^3
预算定额编号	预算定额名称	预算定额单位	数量			
50-3-3-2	水力冲挖土方(ϕ150 泥浆泵) 一级土 输泥管线长度 400 m	10 000 m^3	1.0000			
50-3-3-4	水力冲挖土方(ϕ150 泥浆泵) 一级土 输泥管线长度 600 m	10 000 m^3		1.0000		
50-3-3-6	水力冲挖土方(ϕ150 泥浆泵) 一级土 输泥管线长度 800 m	10 000 m^3			1.0000	
50-3-3-8	水力冲挖土方(ϕ150 泥浆泵) 一级土 输泥管线长度 1 000 m	10 000 m^3				1.0000

定额编号				H-3-3-1	H-3-3-2	H-3-3-3	H-3-3-4
项目				一级土			
				输泥管线长度			
				≤400 m	600 m	800 m	1 000 m
名称			单位	10 000 m^3	10 000 m^3	10 000 m^3	10 000 m^3
人工	00210105	土方工	工日	20.3833	30.2833	32.2833	34.4333
机械	99440196	高压水泵 15 kW	组班	73.3980	87.3540	93.1540	99.3400
	99440255	泥浆泵 ϕ150	台班	48.9320	88.3580	98.8500	112.7880
	99450910	水枪 ϕ65	组班	73.3980	87.3540	93.1540	99.3400
	99460240	排泥管 ϕ150×L100 m	百米·班	195.7280	349.4160	496.8160	662.2600
		其他机械费	%	2.0000	2.0000	2.0000	2.0000

定额编号			H-3-3-5	H-3-3-6	H-3-3-7	H-3-3-8
项目			一级土			
			输泥管线长度			
			1 200 m	1 400 m	1 600 m	1 800 m
			10 000 m^3	10 000 m^3	10 000 m^3	10 000 m^3
预算定额编号	预算定额名称	预算定额单位	数量			
50-3-3-10	水力冲挖土方(ϕ150 泥浆泵)一级土 输泥管线长度 1 200 m	10 000 m^3	1.0000			
50-3-3-12	水力冲挖土方(ϕ150 泥浆泵)一级土 输泥管线长度 1 400 m	10 000 m^3		1.0000		
50-3-3-14	水力冲挖土方(ϕ150 泥浆泵)一级土 输泥管线长度 1 600 m	10 000 m^3			1.0000	
50-3-3-16	水力冲挖土方(ϕ150 泥浆泵)一级土 输泥管线长度 1 800 m	10 000 m^3				1.0000

定额编号				H-3-3-5	H-3-3-6	H-3-3-7	H-3-3-8
项目				一级土			
				输泥管线长度			
				1 200 m	1 400 m	1 600 m	1 800 m
名称			单位	10 000 m^3	10 000 m^3	10 000 m^3	10 000 m^3
人工	00210105	土方工	工日	45.3333	48.3500	62.1667	66.2833
机械	99440196	高压水泵 15 kW	组班	105.9340	112.9680	120.4680	128.4660
	99440255	泥浆泵 ϕ150	台班	149.6260	161.7200	201.1460	211.6380
	99450910	水枪 ϕ65	组班	105.9340	112.9680	120.4680	128.4660
	99460240	排泥管 ϕ150×L100 m	百米·班	847.4640	1 054.3680	1 284.9920	1 541.5920
		其他机械费	%	2.0000	2.0000	2.0000	2.0000

定额编号			H-3-3-9	H-3-3-10	H-3-3-11	H-3-3-12
项目			一级土	二级土		
			输泥管线长度			
			2 000 m	≤400 m	600 m	800 m
			10 000 m^3	10 000 m^3	10 000 m^3	10 000 m^3
预算定额编号	预算定额名称	预算定额单位	数量			
50-3-3-18	水力冲挖土方(φ150 泥浆泵)一级土 输泥管线长度 2 000 m	10 000 m^3	1.0000			
50-3-3-20	水力冲挖土方(φ150 泥浆泵)二级土 输泥管线长度 400 m	10 000 m^3		1.0000		
50-3-3-22	水力冲挖土方(φ150 泥浆泵)二级土 输泥管线长度 600 m	10 000 m^3			1.0000	
50-3-3-24	水力冲挖土方(φ150 泥浆泵)二级土 输泥管线长度 800 m	10 000 m^3				1.0000

定额编号				H-3-3-9	H-3-3-10	H-3-3-11	H-3-3-12
项目				一级土	二级土		
				输泥管线长度			
				2 000 m	≤400 m	600 m	800 m
名称			单位	10 000 m^3	10 000 m^3	10 000 m^3	10 000 m^3
人工	00210105	土方工	工日	70.7000	26.0833	38.7667	41.3167
机械	99440196	高压水泵 15 kW	组班	136.9960	93.9520	111.8140	119.2360
	99440255	泥浆泵 φ150	台班	225.5760	62.6340	113.0980	126.5280
	99450910	水枪 φ65	组班	136.9960	93.9520	111.8140	119.2360
	99460240	排泥管 φ150×L100 m	百米·班	1 826.6000	250.5360	447.2520	635.9200
		其他机械费	%	2.0000	2.0000	2.0000	2.0000

定额编号			H-3-3-13	H-3-3-14	H-3-3-15	H-3-3-16
项目			二级土			
			输泥管线长度			
			1 000 m	1 200 m	1 400 m	1 600 m
			10 000 m^3	10 000 m^3	10 000 m^3	10 000 m^3
预算定额编号	预算定额名称	预算定额单位	数量			
50-3-3-26	水力冲挖土方(ϕ150 泥浆泵) 二级土 输泥管线长度 1 000 m	10 000 m^3	1.0000			
50-3-3-28	水力冲挖土方(ϕ150 泥浆泵) 二级土 输泥管线长度 1 200 m	10 000 m^3		1.0000		
50-3-3-30	水力冲挖土方(ϕ150 泥浆泵) 二级土 输泥管线长度 1 400 m	10 000 m^3			1.0000	
50-3-3-32	水力冲挖土方(ϕ150 泥浆泵) 二级土 输泥管线长度 1 600 m	10 000 m^3				1.0000

定额编号				H-3-3-13	H-3-3-14	H-3-3-15	H-3-3-16
项目				二级土			
				输泥管线长度			
				1 000 m	1 200 m	1 400 m	1 600 m
名称			单位	10 000 m^3	10 000 m^3	10 000 m^3	10 000 m^3
人工	00210105	土方工	工日	44.0833	58.0333	61.8833	79.5667
机械	99440196	高压水泵 15 kW	组班	127.1560	135.5940	144.6000	154.2000
	99440255	泥浆泵 ϕ150	台班	144.3680	191.5220	207.0020	257.4660
	99450910	水枪 ϕ65	组班	127.1560	135.5940	144.6000	154.2000
	99460240	排泥管 ϕ150×L100 m	百米·班	847.7000	1 084.7520	1 349.6000	1 644.8000
		其他机械费	%	2.0000	2.0000	2.0000	2.0000

定额编号			H-3-3-17	H-3-3-18	H-3-3-19	H-3-3-20
项目			二级土		三级土	
			输泥管线长度			
			1 800 m	2 000 m	≤400 m	600 m
			10 000 m^3	10 000 m^3	10 000 m^3	10 000 m^3
预算定额编号	预算定额名称	预算定额单位	数量			
50-3-3-34	水力冲挖土方(ϕ150 泥浆泵) 二级土 输泥管线长度 1 800 m	10 000 m^3	1.0000			
50-3-3-36	水力冲挖土方(ϕ150 泥浆泵) 二级土 输泥管线长度 2 000 m	10 000 m^3		1.0000		
50-3-3-38	水力冲挖土方(ϕ150 泥浆泵) 三级土 输泥管线长度 400 m	10 000 m^3			1.0000	
50-3-3-40	水力冲挖土方(ϕ150 泥浆泵) 三级土 输泥管线长度 600 m	10 000 m^3				1.0000

定额编号				H-3-3-17	H-3-3-18	H-3-3-19	H-3-3-20
项目				二级土		三级土	
				输泥管线长度			
				1 800 m	2 000 m	≤400 m	600 m
名称			单位	10 000 m^3	10 000 m^3	10 000 m^3	10 000 m^3
人工	00210105	土方工	工日	84.8500	90.5000	36.0833	53.6000
机械	99440196	高压水泵 15 kW	组班	164.4360	175.3540	129.9160	154.6180
	99440255	泥浆泵 ϕ150	台班	270.8960	288.7380	86.6100	156.3940
	99450910	水枪 ϕ65	组班	164.4360	175.3540	129.9160	154.6180
	99460240	排泥管 ϕ150×L100 m	百米·班	1 973.2320	2 338.0400	346.4400	618.4680
		其他机械费	%	2.0000	2.0000	2.0000	2.0000

定 额 编 号			H-3-3-21	H-3-3-22	H-3-3-23	H-3-3-24
项 目			三级土			
			输泥管线长度			
			800 m	1 000 m	1 200 m	1 400 m
			10 000 m³	10 000 m³	10 000 m³	10 000 m³
预算定额编号	预算定额名称	预算定额单位	数 量			
50-3-3-42	水力冲挖土方(ϕ150 泥浆泵)三级土 输泥管线长度 800 m	10 000 m³	1.0000			
50-3-3-44	水力冲挖土方(ϕ150 泥浆泵)三级土 输泥管线长度 1 000 m	10 000 m³		1.0000		
50-3-3-46	水力冲挖土方(ϕ150 泥浆泵)三级土 输泥管线长度 1 200 m	10 000 m³			1.0000	
50-3-3-48	水力冲挖土方(ϕ150 泥浆泵)三级土 输泥管线长度 1 400 m	10 000 m³				1.0000

定 额 编 号				H-3-3-21	H-3-3-22	H-3-3-23	H-3-3-24
项 目				三级土			
				输泥管线长度			
				800 m	1 000 m	1 200 m	1 400 m
名 称			单位	10 000 m³	10 000 m³	10 000 m³	10 000 m³
人工	00210105	土方工	工日	57.1500	60.9500	80.2333	85.5833
机械	99440196	高压水泵 15 kW	组班	164.8800	175.8300	187.5040	199.9540
	99440255	泥浆泵 ϕ150	台班	174.9640	199.6340	264.8380	286.2440
	99450910	水枪 ϕ65	组班	164.8800	175.8300	187.5040	199.9540
	99460240	排泥管 ϕ150×L100 m	百米·班	879.3600	1 172.2000	1 500.0240	1 866.2280
		其他机械费	%	2.0000	2.0000	2.0000	2.0000

定额编号			H-3-3-25	H-3-3-26	H-3-3-27	H-3-3-28
项目			三级土			四级土
			输泥管线长度			
			1 600 m	1 800 m	2 000 m	≤400 m
			10 000 m^3	10 000 m^3	10 000 m^3	10 000 m^3
预算定额编号	预算定额名称	预算定额单位	数量			
50-3-3-50	水力冲挖土方(ϕ150 泥浆泵) 三级土 输泥管线长度 1 600 m	10 000 m^3	1.0000			
50-3-3-52	水力冲挖土方(ϕ150 泥浆泵) 三级土 输泥管线长度 1 800 m	10 000 m^3		1.0000		
50-3-3-54	水力冲挖土方(ϕ150 泥浆泵) 三级土 输泥管线长度 2 000 m	10 000 m^3			1.0000	
50-3-3-56	水力冲挖土方(ϕ150 泥浆泵) 四级土 输泥管线长度 400 m	10 000 m^3				1.0000

定额编号				H-3-3-25	H-3-3-26	H-3-3-27	H-3-3-28
项目				三级土			四级土
				输泥管线长度			
				1 600 m	1 800 m	2 000 m	≤400 m
名称			单位	10 000 m^3	10 000 m^3	10 000 m^3	10 000 m^3
人工	00210105	土方工	工日	110.0333	117.3167	125.1333	55.4500
机械	99440196	高压水泵 15 kW	组班	213.2280	227.3860	242.4820	199.6440
	99440255	泥浆泵 ϕ150	台班	356.0280	374.6000	399.2700	133.0960
	99450910	水枪 ϕ65	组班	213.2280	227.3860	242.4820	199.6440
	99460240	排泥管 ϕ150×L100 m	百米·班	2 274.4320	2 728.6200	3 233.0800	532.3840
		其他机械费	%	2.0000	2.0000	2.0000	2.0000

定额编号			H-3-3-29	H-3-3-30	H-3-3-31	H-3-3-32
项目			四级土			
			输泥管线长度			
			600 m	800 m	1 000 m	1 200 m
			10 000 m^3	10 000 m^3	10 000 m^3	10 000 m^3
预算定额编号	预算定额名称	预算定额单位	数量			
50-3-3-58	水力冲挖土方(φ150 泥浆泵）四级土 输泥管线长度 600 m	10 000 m^3	1.0000			
50-3-3-60	水力冲挖土方(φ150 泥浆泵）四级土 输泥管线长度 800 m	10 000 m^3		1.0000		
50-3-3-62	水力冲挖土方(φ150 泥浆泵）四级土 输泥管线长度 1 000 m	10 000 m^3			1.0000	
50-3-3-64	水力冲挖土方(φ150 泥浆泵）四级土 输泥管线长度 1 200 m	10 000 m^3				1.0000

定额编号				H-3-3-29	H-3-3-30	H-3-3-31	H-3-3-32
项目				四级土			
				输泥管线长度			
				600 m	800 m	1 000 m	1 200 m
名称			单位	10 000 m^3	10 000 m^3	10 000 m^3	10 000 m^3
人工	00210105	土方工	工日	82.3667	87.8167	93.6667	123.3000
机械	99440196	高压水泵 15 kW	组班	237.6040	253.3780	270.2020	288.1380
	99440255	泥浆泵 φ150	台班	240.3340	268.8720	306.7840	406.9820
	99450910	水枪 φ65	组班	237.6040	253.3780	270.2020	288.1380
	99460240	排泥管 φ150×L100 m	百米·班	950.4120	1 351.3440	1 801.3400	2 305.1040
		其他机械费	%	2.0000	2.0000	2.0000	2.0000

定　额　编　号			H-3-3-33	H-3-3-34	H-3-3-35	H-3-3-36
项　　目			四级土			
			输泥管线长度			
			1 400 m	1 600 m	1 800 m	2 000 m
			10 000 m^3	10 000 m^3	10 000 m^3	10 000 m^3
预算定额编号	预算定额名称	预算定额单位	数　　量			
50-3-3-66	水力冲挖土方(ϕ150 泥浆泵）四级土 输泥管线长度 1 400 m	10 000 m^3	1.0000			
50-3-3-68	水力冲挖土方(ϕ150 泥浆泵）四级土 输泥管线长度 1 600 m	10 000 m^3		1.0000		
50-3-3-70	水力冲挖土方(ϕ150 泥浆泵）四级土 输泥管线长度 1 800 m	10 000 m^3			1.0000	
50-3-3-72	水力冲挖土方(ϕ150 泥浆泵）四级土 输泥管线长度 2 000 m	10 000 m^3				1.0000

定　额　编　号				H-3-3-33	H-3-3-34	H-3-3-35	H-3-3-36
项　　目				四级土			
				输泥管线长度			
				1 400 m	1 600 m	1 800 m	2 000 m
名　　称			单位	10 000 m^3	10 000 m^3	10 000 m^3	10 000 m^3
人工	00210105	土方工	工日	131.5167	169.1000	180.2833	192.3000
机械	99440196	高压水泵 15 kW	组班	307.2720	327.6720	349.4280	372.6280
	99440255	泥浆泵 ϕ150	台班	439.8780	547.1180	575.6560	613.5660
	99450910	水枪 ϕ65	组班	307.2720	327.6720	349.4280	372.6280
	99460240	排泥管 ϕ150×L100 m	百米·班	2 867.8720	3 495.1680	4 193.1360	4 968.3600
		其他机械费	%	2.0000	2.0000	2.0000	2.0000

第四节　绞吸式挖泥船取土

说　　明

一、绞吸式挖泥船的船型按其名义生产效率划分。

二、工作内容：挖泥、吹泥、移船、移锚、移排泥管等施工作业。

三、本节按四级工况编制了定额子目，工程实际工况与定额不同时，可按表 3-9 工况艘班系数在四级工况定额基础上调整定额。

表 3-9　绞吸式挖泥船取土工况级别与工况艘班系数

工况级别	一	二	三	四	五	六	七
平均每艘班影响时间(h)	≤0.4	≤0.8	≤1.2	≤1.6	≤2.0	≤2.4	≤2.8
工况艘班系数	0.81	0.87	0.93	1.00	1.08	1.18	1.3

注：如平均每艘班影响时间大于 2.8 h，则不执行定额，按艘班计算。对一般工程，如缺少实测统计资料，可参考四级工况系数。

四、使用本节定额的几项规定：

1. 绞吸式挖泥船的排泥管线长为标准岸管长度，其数值按下式计算：

标准岸管长度（m）＝岸管长度（m）＋浮管长度（m）×1.67＋水下管长度（m）×1.14＋超排高(m)×50。

超排高是指排高（挖泥船泥泵中心点至排泥管出口处断面中心点的高差）超过标准排高的部分。2 500 m^3/h 绞吸式挖泥船标准排高为 10 m，1 600 m^3/h 绞吸式挖泥船标准排高为 6 m。

2. 胶管和弯头因素已在定额中综合考虑。

3. 本节 1 600 m^3/h 绞吸式挖泥船基本挖深按 7.0 m 编制，2 500 m^3/h 绞吸式挖泥船基本挖深按 8.0 m编制；挖深超过基本挖深时，每增加 1 m，定额增加 0.01 系数。1 600 m^3/h 绞吸式挖泥船最大挖深为 22 m，2 500 m^3/h 绞吸式挖泥船最大挖深为 30 m。

4. 绞吸式挖泥船耗量中不包含排泥管，排泥管根据实际用量分别套用相应每 100 m 岸管、浮管、水下管定额。1 600 m^3/h 绞吸式挖泥船配 700 mm 管径排泥管，2 500 m^3/h 绞吸式挖泥船配 800 mm 管径排泥管。

定　额　编　号			H-3-4-1	H-3-4-2	H-3-4-3	H-3-4-4
项　　目			1 600 m^3/h 绞吸式挖泥船			
			四级工况			
			1 级土			
			管线长			
			4.0 km	4.5 km	5.0 km	5.5 km
			10 000 m^3	10 000 m^3	10 000 m^3	10 000 m^3
预算定额编号	预算定额名称	预算定额单位	数　　量			
50-3-4-33	1 600 m^3/h 绞吸式挖泥船 四级工况 1 级土 管线长 4.0 km	10 000 m^3	1.0000			
50-3-4-34	1 600 m^3/h 绞吸式挖泥船 四级工况 1 级土 管线长 4.5 km	10 000 m^3		1.0000		
50-3-4-35	1 600 m^3/h 绞吸式挖泥船 四级工况 1 级土 管线长 5.0 km	10 000 m^3			1.0000	
50-3-4-36	1 600 m^3/h 绞吸式挖泥船 四级工况 1 级土 管线长 5.5 km	10 000 m^3				1.0000

定　额　编　号				H-3-4-1	H-3-4-2	H-3-4-3	H-3-4-4
项　　目				1 600 m^3/h 绞吸式挖泥船			
				四级工况			
				1 级土			
				管线长			
				4.0 km	4.5 km	5.0 km	5.5 km
名　　称			单位	10 000 m^3	10 000 m^3	10 000 m^3	10 000 m^3
机械	99011163	绞吸式挖泥船 1 600 m^3/h(四级工况挖泥)	艘班	1.0818	1.1900	1.2982	1.4334
	99410340	锚艇 485 kW	艘班	0.5409	0.5950	0.6491	0.7167
每 100 m 岸管							
机械	99460020	岸管φ700×L100 m(1～5 级土)	百米·班	1.0818	1.1900	1.2982	1.4334
每 100 m 浮管							
机械	99460120	浮管φ700×L100 m(1～5 级土)	百米·班	1.0818	1.1900	1.2982	1.4334
每 100 m 水下管							
机械	99460320	水下管φ700×L100 m(1～5 级土)	百米·班	1.0818	1.1900	1.2982	1.4334

定 额 编 号			H-3-4-5	H-3-4-6	H-3-4-7	H-3-4-8
项 目			1 600 m^3/h 绞吸式挖泥船			
			四级工况			
			2 级土			
			管线长			
			4.0 km	4.5 km	5.0 km	5.5 km
			10 000 m^3	10 000 m^3	10 000 m^3	10 000 m^3
预算定额编号	预算定额名称	预算定额单位	数 量			
50-3-4-37	1 600 m^3/h 绞吸式挖泥船 四级工况 2 级土 管线长 4.0 km	10 000 m^3	1.0000			
50-3-4-38	1 600 m^3/h 绞吸式挖泥船 四级工况 2 级土 管线长 4.5 km	10 000 m^3		1.0000		
50-3-4-39	1 600 m^3/h 绞吸式挖泥船 四级工况 2 级土 管线长 5.0 km	10 000 m^3			1.0000	
50-3-4-40	1 600 m^3/h 绞吸式挖泥船 四级工况 2 级土 管线长 5.5 km	10 000 m^3				1.0000

定 额 编 号				H-3-4-5	H-3-4-6	H-3-4-7	H-3-4-8
项 目				1 600 m^3/h 绞吸式挖泥船			
				四级工况			
				2 级土			
				管线长			
				4.0 km	4.5 km	5.0 km	5.5 km
名 称			单位	10 000 m^3	10 000 m^3	10 000 m^3	10 000 m^3
机械	99011163	绞吸式挖泥船 1 600 m^3/h(四级工况挖泥)	艘班	1.6511	1.8162	1.9813	2.1876
	99410340	锚艇 485 kW	艘班	0.8258	0.9083	0.9909	1.0941
每 100 m 岸管							
机械	99460020	岸管 ϕ700×L100 m(1～5 级土)	百米•班	1.6511	1.8162	1.9813	2.1876
每 100 m 浮管							
机械	99460120	浮管 ϕ700×L100 m(1～5 级土)	百米•班	1.6511	1.8162	1.9813	2.1876
每 100 m 水下管							
机械	99460320	水下管 ϕ700×L100 m(1～5 级土)	百米•班	1.6511	1.8162	1.9813	2.1876

定额编号			H-3-4-9	H-3-4-10	H-3-4-11	H-3-4-12
项目			1 600 m^3/h 绞吸式挖泥船			
			四级工况			
			3 级土			
			管线长			
			4.0 km	4.5 km	5.0 km	5.5 km
			10 000 m^3	10 000 m^3	10 000 m^3	10 000 m^3
预算定额编号	预算定额名称	预算定额单位	数量			
50-3-4-41	1 600 m^3/h 绞吸式挖泥船 四级工况 3 级土 管线长 4.0 km	10 000 m^3	1.0000			
50-3-4-42	1 600 m^3/h 绞吸式挖泥船 四级工况 3 级土 管线长 4.5 km	10 000 m^3		1.0000		
50-3-4-43	1 600 m^3/h 绞吸式挖泥船 四级工况 3 级土 管线长 5.0 km	10 000 m^3			1.0000	
50-3-4-44	1 600 m^3/h 绞吸式挖泥船 四级工况 3 级土 管线长 5.5 km	10 000 m^3				1.0000

定额编号				H-3-4-9	H-3-4-10	H-3-4-11	H-3-4-12
项目				1 600 m^3/h 绞吸式挖泥船			
				四级工况			
				3 级土			
				管线长			
				4.0 km	4.5 km	5.0 km	5.5 km
名称			单位	10 000 m^3	10 000 m^3	10 000 m^3	10 000 m^3
机械	99011163	绞吸式挖泥船 1 600 m^3/h(四级工况挖泥)	艘班	2.1636	2.3800	2.5963	2.8668
	99410340	锚艇 485 kW	艘班	1.0818	1.1900	1.2982	1.4334
每 100 m 岸管							
机械	99460020	岸管ϕ700×L100 m(1～5 级土)	百米·班	2.1636	2.3800	2.5963	2.8668
每 100 m 浮管							
机械	99460120	浮管ϕ700×L100 m(1～5 级土)	百米·班	2.1636	2.3800	2.5963	2.8668
每 100 m 水下管							
机械	99460320	水下管ϕ700×L100 m(1～5 级土)	百米·班	2.1636	2.3800	2.5963	2.8668

定 额 编 号			H-3-4-13	H-3-4-14	H-3-4-15	H-3-4-16
项 目			1 600 m^3/h 绞吸式挖泥船			
			四级工况			
			4 级土			
			管线长			
			4.0 km	4.5 km	5.0 km	5.5 km
			10 000 m^3	10 000 m^3	10 000 m^3	10 000 m^3
预算定额编号	预算定额名称	预算定额单位	数 量			
50-3-4-45	1 600 m^3/h 绞吸式挖泥船 四级工况 4 级土 管线长 4.0 km	10 000 m^3	1.0000			
50-3-4-46	1 600 m^3/h 绞吸式挖泥船 四级工况 4 级土 管线长 4.5 km	10 000 m^3		1.0000		
50-3-4-47	1 600 m^3/h 绞吸式挖泥船 四级工况 4 级土 管线长 5.0 km	10 000 m^3			1.0000	
50-3-4-48	1 600 m^3/h 绞吸式挖泥船 四级工况 4 级土 管线长 5.5 km	10 000 m^3				1.0000

定 额 编 号				H-3-4-13	H-3-4-14	H-3-4-15	H-3-4-16
项 目				1 600 m^3/h 绞吸式挖泥船			
				四级工况			
				4 级土			
				管线长			
				4.0 km	4.5 km	5.0 km	5.5 km
名 称			单位	10 000 m^3	10 000 m^3	10 000 m^3	10 000 m^3
机械	99011163	绞吸式挖泥船 1 600 m^3/h(四级工况挖泥)	艘班	2.4039	2.6443	2.8847	3.1852
	99410340	锚艇 485 kW	艘班	1.2024	1.3226	1.4429	1.5932
每 100 m 岸管							
机械	99460020	岸管 ϕ700×L100 m(1～5 级土)	百米·班	2.4039	2.6443	2.8847	3.1852
每 100 m 浮管							
机械	99460120	浮管 ϕ700×L100 m(1～5 级土)	百米·班	2.4039	2.6443	2.8847	3.1852
每 100 m 水下管							
机械	99460320	水下管 ϕ700×L100 m(1～5 级土)	百米·班	2.4039	2.6443	2.8847	3.1852

定　额　编　号			H-3-4-17	H-3-4-18	H-3-4-19	H-3-4-20
项　目			1 600 m³/h 绞吸式挖泥船			
			四级工况			
			5 级土			
			管线长			
			4.0 km	4.5 km	5.0 km	5.5 km
			10 000 m³	10 000 m³	10 000 m³	10 000 m³
预算定额编号	预算定额名称	预算定额单位	数　量			
50-3-4-49	1 600 m³/h 绞吸式挖泥船 四级工况 5 级土 管线长 4.0 km	10 000 m³	1.0000			
50-3-4-50	1 600 m³/h 绞吸式挖泥船 四级工况 5 级土 管线长 4.5 km	10 000 m³		1.0000		
50-3-4-51	1 600 m³/h 绞吸式挖泥船 四级工况 5 级土 管线长 5.0 km	10 000 m³			1.0000	
50-3-4-52	1 600 m³/h 绞吸式挖泥船 四级工况 5 级土 管线长 5.5 km	10 000 m³				1.0000

定　额　编　号				H-3-4-17	H-3-4-18	H-3-4-19	H-3-4-20
项　目				1 600 m³/h 绞吸式挖泥船			
				四级工况			
				5 级土			
				管线长			
				4.0 km	4.5 km	5.0 km	5.5 km
名　称			单位	10 000 m³	10 000 m³	10 000 m³	10 000 m³
机械	99011163	绞吸式挖泥船 1 600 m³/h(四级工况挖泥)	艘班	4.0068	4.4075	4.8082	5.3090
	99410340	锚艇 485 kW	艘班	2.0034	2.2037	2.4041	2.6545
每 100 m 岸管							
机械	99460020	岸管φ700×L100 m(1～5 级土)	百米·班	4.0068	4.4075	4.8082	5.3090
每 100 m 浮管							
机械	99460120	浮管φ700×L100 m(1～5 级土)	百米·班	4.0068	4.4075	4.8082	5.3090
每 100 m 水下管							
机械	99460320	水下管φ700×L100 m(1～5 级土)	百米·班	4.0068	4.4075	4.8082	5.3090

定　额　编　号			H-3-4-21	H-3-4-22	H-3-4-23	H-3-4-24
项　　目			1 600 m^3/h 绞吸式挖泥船			
			四级工况			
			6 级土			
			管线长			
			4.0 km	4.5 km	5.0 km	5.5 km
			10 000 m^3	10 000 m^3	10 000 m^3	10 000 m^3
预算定额编号	预算定额名称	预算定额单位	数　　量			
50-3-4-53	1 600 m^3/h 绞吸式挖泥船 四级工况 6 级土 管线长 4.0 km	10 000 m^3	1.0000			
50-3-4-54	1 600 m^3/h 绞吸式挖泥船 四级工况 6 级土 管线长 4.5 km	10 000 m^3		1.0000		
50-3-4-55	1 600 m^3/h 绞吸式挖泥船 四级工况 6 级土 管线长 5.0 km	10 000 m^3			1.0000	
50-3-4-56	1 600 m^3/h 绞吸式挖泥船 四级工况 6 级土 管线长 5.5 km	10 000 m^3				1.0000

定　额　编　号				H-3-4-21	H-3-4-22	H-3-4-23	H-3-4-24
项　　目				1 600 m^3/h 绞吸式挖泥船			
				四级工况			
				6 级土			
				管线长			
				4.0 km	4.5 km	5.0 km	5.5 km
名　　称			单位	10 000 m^3	10 000 m^3	10 000 m^3	10 000 m^3
机械	99011164	绞吸式挖泥船 1 600 m^3/h(四级工况挖砂)	艘班	1.7487	2.0547	2.3607	2.8416
	99410340	锚艇 485 kW	艘班	0.8748	1.0279	1.1810	1.4216
每 100 m 岸管							
机械	99460030	岸管 ϕ700×L100 m(6～7 级土)	百米·班	1.7487	2.0547	2.3607	2.8416
每 100 m 浮管							
机械	99460130	浮管 ϕ700×L100 m(6～7 级土)	百米·班	1.7487	2.0547	2.3607	2.8416
每 100 m 水下管							
机械	99460330	水下管 ϕ700×L100 m(6～7 级土)	百米·班	1.7487	2.0547	2.3607	2.8416

定额编号			H-3-4-25	H-3-4-26	H-3-4-27	H-3-4-28
项目			1 600 m^3/h 绞吸式挖泥船			
			四级工况			
			7 级土			
			管线长			
			4.0 km	4.5 km	5.0 km	5.5 km
			10 000 m^3	10 000 m^3	10 000 m^3	10 000 m^3
预算定额编号	预算定额名称	预算定额单位	数量			
50-3-4-57	1 600 m^3/h 绞吸式挖泥船 四级工况 7 级土 管线长 4.0 km	10 000 m^3	1.0000			
50-3-4-58	1 600 m^3/h 绞吸式挖泥船 四级工况 7 级土 管线长 4.5 km	10 000 m^3		1.0000		
50-3-4-59	1 600 m^3/h 绞吸式挖泥船 四级工况 7 级土 管线长 5.0 km	10 000 m^3			1.0000	
50-3-4-60	1 600 m^3/h 绞吸式挖泥船 四级工况 7 级土 管线长 5.5 km	10 000 m^3				1.0000

定额编号				H-3-4-25	H-3-4-26	H-3-4-27	H-3-4-28
项目				1 600 m^3/h 绞吸式挖泥船			
				四级工况			
				7 级土			
				管线长			
				4.0 km	4.5 km	5.0 km	5.5 km
名称			单位	10 000 m^3	10 000 m^3	10 000 m^3	10 000 m^3
机械	99011164	绞吸式挖泥船 1 600 m^3/h(四级工况挖砂)	艘班	3.4893	4.0999	4.7106	5.6701
	99410340	锚艇 485 kW	艘班	1.7451	2.0505	2.3559	2.8358
每 100 m 岸管							
机械	99460030	岸管 ϕ700×L100 m(6～7 级土)	百米·班	3.4893	4.0999	4.7106	5.6701
每 100 m 浮管							
机械	99460130	浮管 ϕ700×L100 m(6～7 级土)	百米·班	3.4893	4.0999	4.7106	5.6701
每 100 m 水下管							
机械	99460330	水下管 ϕ700×L100 m(6～7 级土)	百米·班	3.4893	4.0999	4.7106	5.6701

定 额 编 号			H-3-4-29	H-3-4-30	H-3-4-31	H-3-4-32
项 目			1 600 m^3/h 绞吸式挖泥船			
			四级工况			
			8 级土			
			管线长			
			4.0 km	4.5 km	5.0 km	5.5 km
			10 000 m^3	10 000 m^3	10 000 m^3	10 000 m^3
预算定额编号	预算定额名称	预算定额单位	数 量			
50-3-4-61	1 600 m^3/h 绞吸式挖泥船 四级工况 8 级土 管线长 4.0 km	10 000 m^3	1.0000			
50-3-4-62	1 600 m^3/h 绞吸式挖泥船 四级工况 8 级土 管线长 4.5 km	10 000 m^3		1.0000		
50-3-4-63	1 600 m^3/h 绞吸式挖泥船 四级工况 8 级土 管线长 5.0 km	10 000 m^3			1.0000	
50-3-4-64	1 600 m^3/h 绞吸式挖泥船 四级工况 8 级土 管线长 5.5 km	10 000 m^3				1.0000

定 额 编 号				H-3-4-29	H-3-4-30	H-3-4-31	H-3-4-32
项 目				1 600 m^3/h 绞吸式挖泥船			
				四级工况			
				8 级土			
				管线长			
				4.0 km	4.5 km	5.0 km	5.5 km
名 称			单位	10 000 m^3	10 000 m^3	10 000 m^3	10 000 m^3
机械	99011164	绞吸式挖泥船 1 600 m^3/h(四级工况挖砂)	艘班	5.4090	6.3556	7.3022	8.7896
	99410340	锚艇 485 kW	艘班	2.7045	3.1778	3.6511	4.3948
每 100 m 岸管							
机械	99460040	岸管 ϕ700×L100 m(8 级土)	百米·班	5.4090	6.3556	7.3022	8.7896
每 100 m 浮管							
机械	99460140	浮管 ϕ700×L100 m(8 级土)	百米·班	5.4090	6.3556	7.3022	8.7896
每 100 m 水下管							
机械	99460340	水下管 ϕ700×L100 m(8 级土)	百米·班	5.4090	6.3556	7.3022	8.7896

定　额　编　号			H-3-4-33	H-3-4-34	H-3-4-35	H-3-4-36
项　　目			2 500 m³/h 绞吸式挖泥船			
			四级工况			
			1 级土			
			管线长			
			4.5 km	5.0 km	5.5 km	6.0 km
			10 000 m³	10 000 m³	10 000 m³	10 000 m³
预算定额编号	预算定额名称	预算定额单位	数　　量			
50-3-4-129	2 500 m³/h 绞吸式挖泥船 四级工况 1 级土 管线长 4.5 km	10 000 m³	1.0000			
50-3-4-130	2 500 m³/h 绞吸式挖泥船 四级工况 1 级土 管线长 5.0 km	10 000 m³		1.0000		
50-3-4-131	2 500 m³/h 绞吸式挖泥船 四级工况 1 级土 管线长 5.5 km	10 000 m³			1.0000	
50-3-4-132	2 500 m³/h 绞吸式挖泥船 四级工况 1 级土 管线长 6.0 km	10 000 m³				1.0000

定　额　编　号				H-3-4-33	H-3-4-34	H-3-4-35	H-3-4-36
项　　目				2 500 m³/h 绞吸式挖泥船			
				四级工况			
				1 级土			
				管线长			
				4.5 km	5.0 km	5.5 km	6.0 km
名　　称			单位	10 000 m³	10 000 m³	10 000 m³	10 000 m³
机械	99011173	绞吸式挖泥船 2 500 m³/h(四级工况挖泥)	艘班	0.6921	0.7613	0.8305	0.9170
	99410340	锚艇 485 kW	艘班	0.3465	0.3812	0.4158	0.4591
每 100 m 岸管							
机械	99460070	岸管 ϕ800×L100 m(1～5 级土)	百米·班	0.6921	0.7613	0.8305	0.9170
每 100 m 浮管							
机械	99460170	浮管 ϕ800×L100 m(1～5 级土)	百米·班	0.6921	0.7613	0.8305	0.9170
每 100 m 水下管							
机械	99460370	水下管 ϕ800×L100 m(1～5 级土)	百米·班	0.6921	0.7613	0.8305	0.9170

定额编号			H-3-4-37	H-3-4-38	H-3-4-39	H-3-4-40
项目			2 500 m³/h 绞吸式挖泥船			
			四级工况			
			2 级土			
			管线长			
			4.5 km	5.0 km	5.5 km	6.0 km
			10 000 m³	10 000 m³	10 000 m³	10 000 m³
预算定额编号	预算定额名称	预算定额单位	数量			
50-3-4-133	2 500 m³/h 绞吸式挖泥船 四级工况 2 级土 管线长 4.5 km	10 000 m³	1.0000			
50-3-4-134	2 500 m³/h 绞吸式挖泥船 四级工况 2 级土 管线长 5.0 km	10 000 m³		1.0000		
50-3-4-135	2 500 m³/h 绞吸式挖泥船 四级工况 2 级土 管线长 5.5 km	10 000 m³			1.0000	
50-3-4-136	2 500 m³/h 绞吸式挖泥船 四级工况 2 级土 管线长 6.0 km	10 000 m³				1.0000

定额编号				H-3-4-37	H-3-4-38	H-3-4-39	H-3-4-40
项目				2 500 m³/h 绞吸式挖泥船			
				四级工况			
				2 级土			
				管线长			
				4.5 km	5.0 km	5.5 km	6.0 km
名称			单位	10 000 m³	10 000 m³	10 000 m³	10 000 m³
机械	99011173	绞吸式挖泥船 2 500 m³/h(四级工况挖泥)	艘班	1.0571	1.1628	1.2685	1.4006
	99410340	锚艇 485 kW	艘班	0.5288	0.5816	0.6345	0.7006
每 100 m 岸管							
机械	99460070	岸管φ800×L100 m(1～5 级土)	百米·班	1.0571	1.1628	1.2685	1.4006
每 100 m 浮管							
机械	99460170	浮管φ800×L100 m(1～5 级土)	百米·班	1.0571	1.1628	1.2685	1.4006
每 100 m 水下管							
机械	99460370	水下管φ800×L100 m(1～5 级土)	百米·班	1.0571	1.1628	1.2685	1.4006

定 额 编 号			H-3-4-41	H-3-4-42	H-3-4-43	H-3-4-44
项 目			2 500 m³/h 绞吸式挖泥船			
			四级工况			
			3 级土			
			管线长			
			4.5 km	5.0 km	5.5 km	6.0 km
			10 000 m³	10 000 m³	10 000 m³	10 000 m³
预算定额编号	预算定额名称	预算定额单位	数 量			
50-3-4-137	2 500 m³/h 绞吸式挖泥船 四级工况 3 级土 管线长 4.5 km	10 000 m³	1.0000			
50-3-4-138	2 500 m³/h 绞吸式挖泥船 四级工况 3 级土 管线长 5.0 km	10 000 m³		1.0000		
50-3-4-139	2 500 m³/h 绞吸式挖泥船 四级工况 3 级土 管线长 5.5 km	10 000 m³			1.0000	
50-3-4-140	2 500 m³/h 绞吸式挖泥船 四级工况 3 级土 管线长 6.0 km	10 000 m³				1.0000

定 额 编 号				H-3-4-41	H-3-4-42	H-3-4-43	H-3-4-44
项 目				2 500 m³/h 绞吸式挖泥船			
				四级工况			
				3 级土			
				管线长			
				4.5 km	5.0 km	5.5 km	6.0 km
名 称			单位	10 000 m³	10 000 m³	10 000 m³	10 000 m³
机械	99011173	绞吸式挖泥船 2 500 m³/h(四级工况挖泥)	艘班	1.3842	1.5226	1.6610	1.8341
	99410340	锚艇 485 kW	艘班	0.6921	0.7613	0.8305	0.9170
每 100 m 岸管							
机械	99460070	岸管ϕ800×L100 m(1～5 级土)	百米·班	1.3842	1.5226	1.6610	1.8341
每 100 m 浮管							
机械	99460170	浮管ϕ800×L100 m(1～5 级土)	百米·班	1.3842	1.5226	1.6610	1.8341
每 100 m 水下管							
机械	99460370	水下管ϕ800×L100 m(1～5 级土)	百米·班	1.3842	1.5226	1.6610	1.8341

定额编号			H-3-4-45	H-3-4-46	H-3-4-47	H-3-4-48
项目			2 500 m^3/h 绞吸式挖泥船			
			四级工况			
			4 级土			
			管线长			
			4.5 km	5.0 km	5.5 km	6.0 km
			10 000 m^3	10 000 m^3	10 000 m^3	10 000 m^3
预算定额编号	预算定额名称	预算定额单位	数量			
50-3-4-141	2 500 m^3/h 绞吸式挖泥船 四级工况 4 级土 管线长 4.5 km	10 000 m^3	1.0000			
50-3-4-142	2 500 m^3/h 绞吸式挖泥船 四级工况 4 级土 管线长 5.0 km	10 000 m^3		1.0000		
50-3-4-143	2 500 m^3/h 绞吸式挖泥船 四级工况 4 级土 管线长 5.5 km	10 000 m^3			1.0000	
50-3-4-144	2 500 m^3/h 绞吸式挖泥船 四级工况 4 级土 管线长 6.0 km	10 000 m^3				1.0000

定额编号				H-3-4-45	H-3-4-46	H-3-4-47	H-3-4-48
项目				2 500 m^3/h 绞吸式挖泥船			
				四级工况			
				4 级土			
				管线长			
				4.5 km	5.0 km	5.5 km	6.0 km
名称			单位	10 000 m^3	10 000 m^3	10 000 m^3	10 000 m^3
机械	99011173	绞吸式挖泥船 2 500 m^3/h(四级工况挖泥)	艘班	1.5381	1.6919	1.8457	2.0380
	99410340	锚艇 485 kW	艘班	0.7695	0.8465	0.9234	1.0196
每 100 m 岸管							
机械	99460070	岸管 ϕ800×L100 m(1～5 级土)	百米·班	1.5381	1.6919	1.8457	2.0380
每 100 m 浮管							
机械	99460170	浮管 ϕ800×L100 m(1～5 级土)	百米·班	1.5381	1.6919	1.8457	2.0380
每 100 m 水下管							
机械	99460370	水下管 ϕ800×L100 m(1～5 级土)	百米·班	1.5381	1.6919	1.8457	2.0380

定额编号			H-3-4-49	H-3-4-50	H-3-4-51	H-3-4-52
项目			2 500 m^3/h 绞吸式挖泥船			
			四级工况			
			5 级土			
			管线长			
			4.5 km	5.0 km	5.5 km	6.0 km
			10 000 m^3	10 000 m^3	10 000 m^3	10 000 m^3
预算定额编号	预算定额名称	预算定额单位	数量			
50-3-4-145	2 500 m^3/h 绞吸式挖泥船 四级工况 5 级土 管线长 4.5 km	10 000 m^3	1.0000			
50-3-4-146	2 500 m^3/h 绞吸式挖泥船 四级工况 5 级土 管线长 5.0 km	10 000 m^3		1.0000		
50-3-4-147	2 500 m^3/h 绞吸式挖泥船 四级工况 5 级土 管线长 5.5 km	10 000 m^3			1.0000	
50-3-4-148	2 500 m^3/h 绞吸式挖泥船 四级工况 5 级土 管线长 6.0 km	10 000 m^3				1.0000

定额编号				H-3-4-49	H-3-4-50	H-3-4-51	H-3-4-52
项目				2 500 m^3/h 绞吸式挖泥船			
				四级工况			
				5 级土			
				管线长			
				4.5 km	5.0 km	5.5 km	6.0 km
名称			单位	10 000 m^3	10 000 m^3	10 000 m^3	10 000 m^3
机械	99011173	绞吸式挖泥船 2 500 m^3/h(四级工况挖泥)	艘班	2.5641	2.8205	3.0769	3.3974
	99410340	锚艇 485 kW	艘班	1.2825	1.4108	1.5390	1.6993
每 100 m 岸管							
机械	99460070	岸管ϕ800×L100 m(1～5 级土)	百米·班	2.5641	2.8205	3.0769	3.3974
每 100 m 浮管							
机械	99460170	浮管ϕ800×L100 m(1～5 级土)	百米·班	2.5641	2.8205	3.0769	3.3974
每 100 m 水下管							
机械	99460370	水下管ϕ800×L100 m(1～5 级土)	百米·班	2.5641	2.8205	3.0769	3.3974

定 额 编 号			H-3-4-53	H-3-4-54	H-3-4-55	H-3-4-56
项 目			2 500 m^3/h 绞吸式挖泥船			
			四级工况			
			6 级土			
			管线长			
			4.5 km	5.0 km	5.5 km	6.0 km
			10 000 m^3	10 000 m^3	10 000 m^3	10 000 m^3
预算定额编号	预算定额名称	预算定额单位	数 量			
50-3-4-149	2 500 m^3/h 绞吸式挖泥船 四级工况 6 级土 管线长 4.5 km	10 000 m^3	1.0000			
50-3-4-150	2 500 m^3/h 绞吸式挖泥船 四级工况 6 级土 管线长 5.0 km	10 000 m^3		1.0000		
50-3-4-151	2 500 m^3/h 绞吸式挖泥船 四级工况 6 级土 管线长 5.5 km	10 000 m^3			1.0000	
50-3-4-152	2 500 m^3/h 绞吸式挖泥船 四级工况 6 级土 管线长 6.0 km	10 000 m^3				1.0000

定 额 编 号				H-3-4-53	H-3-4-54	H-3-4-55	H-3-4-56
项 目				2 500 m^3/h 绞吸式挖泥船			
				四级工况			
				6 级土			
				管线长			
				4.5 km	5.0 km	5.5 km	6.0 km
名 称			单位	10 000 m^3	10 000 m^3	10 000 m^3	10 000 m^3
机械	99011174	绞吸式挖泥船 2 500 m^3/h(四级工况挖砂)	艘班	1.1192	1.3150	1.5109	1.8186
	99410340	锚艇 485 kW	艘班	0.5598	0.6578	0.7557	0.9097
每 100 m 岸管							
机械	99460080	岸管ϕ800×L100 m(6～7 级土)	百米·班	1.1192	1.3150	1.5109	1.8186
每 100 m 浮管							
机械	99460180	浮管ϕ800×L100 m(6～7 级土)	百米·班	1.1192	1.3150	1.5109	1.8186
每 100 m 水下管							
机械	99460380	水下管ϕ800×L100 m(6～7 级土)	百米·班	1.1192	1.3150	1.5109	1.8186

定　额　编　号			H-3-4-57	H-3-4-58	H-3-4-59	H-3-4-60
项　　目			2 500 m^3/h 绞吸式挖泥船			
			四级工况			
			7 级土			
			管线长			
			4.5 km	5.0 km	5.5 km	6.0 km
			10 000 m^3	10 000 m^3	10 000 m^3	10 000 m^3
预算定额编号	预算定额名称	预算定额单位	数　　量			
50-3-4-153	2 500 m^3/h 绞吸式挖泥船 四级工况 7 级土 管线长 4.5 km	10 000 m^3	1.0000			
50-3-4-154	2 500 m^3/h 绞吸式挖泥船 四级工况 7 级土 管线长 5.0 km	10 000 m^3		1.0000		
50-3-4-155	2 500 m^3/h 绞吸式挖泥船 四级工况 7 级土 管线长 5.5 km	10 000 m^3			1.0000	
50-3-4-156	2 500 m^3/h 绞吸式挖泥船 四级工况 7 级土 管线长 6.0 km	10 000 m^3				1.0000

定　额　编　号				H-3-4-57	H-3-4-58	H-3-4-59	H-3-4-60
项　　目				2 500 m^3/h 绞吸式挖泥船			
				四级工况			
				7 级土			
				管线长			
				4.5 km	5.0 km	5.5 km	6.0 km
名　　称			单位	10 000 m^3	10 000 m^3	10 000 m^3	10 000 m^3
机械	99011174	绞吸式挖泥船 2 500 m^3/h(四级工况挖砂)	艘班	2.2329	2.6237	3.0144	3.6285
	99410340	锚艇 485 kW	艘班	1.1169	1.3124	1.5078	1.8150
每 100 m 岸管							
机械	99460080	岸管 ϕ800×L100 m(6～7 级土)	百米·班	2.2329	2.6237	3.0144	3.6285
每 100 m 浮管							
机械	99460180	浮管 ϕ800×L100 m(6～7 级土)	百米·班	2.2329	2.6237	3.0144	3.6285
每 100 m 水下管							
机械	99460380	水下管 ϕ800×L100 m(6～7 级土)	百米·班	2.2329	2.6237	3.0144	3.6285

定额编号			H-3-4-61	H-3-4-62	H-3-4-63	H-3-4-64
项目			2 500 m^3/h 绞吸式挖泥船			
			四级工况			
			8 级土			
			管线长			
			4.5 km	5.0 km	5.5 km	6.0 km
			10 000 m^3	10 000 m^3	10 000 m^3	10 000 m^3
预算定额编号	预算定额名称	预算定额单位	数量			
50-3-4-157	2 500 m^3/h 绞吸式挖泥船 四级工况 8 级土 管线长 4.5 km	10 000 m^3	1.0000			
50-3-4-158	2 500 m^3/h 绞吸式挖泥船 四级工况 8 级土 管线长 5.0 km	10 000 m^3		1.0000		
50-3-4-159	2 500 m^3/h 绞吸式挖泥船 四级工况 8 级土 管线长 5.5 km	10 000 m^3			1.0000	
50-3-4-160	2 500 m^3/h 绞吸式挖泥船 四级工况 8 级土 管线长 6.0 km	10 000 m^3				1.0000

定额编号				H-3-4-61	H-3-4-62	H-3-4-63	H-3-4-64
项目				2 500 m^3/h 绞吸式挖泥船			
				四级工况			
				8 级土			
				管线长			
				4.5 km	5.0 km	5.5 km	6.0 km
名称			单位	10 000 m^3	10 000 m^3	10 000 m^3	10 000 m^3
机械	99011174	绞吸式挖泥船 2 500 m^3/h(四级工况挖砂)	艘班	3.4614	4.0671	4.6729	5.6248
	99410340	锚艇 485 kW	艘班	1.7307	2.0336	2.3364	2.8124
每 100 m 岸管							
机械	99460090	岸管ϕ800×L100 m(8 级土)	百米·班	3.4614	4.0671	4.6729	5.6248
每 100 m 浮管							
机械	99460190	浮管ϕ800×L100 m(8 级土)	百米·班	3.4614	4.0671	4.6729	5.6248
每 100 m 水下管							
机械	99460390	水下管ϕ800×L100 m(8 级土)	百米·班	3.4614	4.0671	4.6729	5.6248

第五节　抓斗式挖泥船取土

说　　明

一、抓斗式挖泥船按斗容划分。

二、工作内容:挖泥、装驳、运泥、移船、移锚、靠离驳等施工作业。本节定额不包含吹泥(卸泥)的工作内容,计算时套用本章第七节吹泥船的相关定额子目。

三、本节按四级工况编制了定额子目,工程实际工况与定额不同时,可按表 3-10 工况艘班系数在四级工况定额基础上调整定额。

表 3-10　抓斗式挖泥船取土工况级别与工况艘班系数

工况级别	一	二	三	四	五	六	七
平均每艘班影响时间(h)	≤0.8	≤1.2	≤1.6	≤2.0	≤2.4	≤2.8	≤3.2
工况艘班系数	0.79	0.85	0.92	1.00	1.10	1.22	1.37

注:如平均每艘班影响时间大于 3.2 h,则不执行定额,按艘班计算。对一般工程,如缺少实测统计资料,可参考四级工况系数。

四、使用本节定额的几项规定:

1. 抓斗式挖泥船定额包括两个部分:第一部分为基本运距以内的挖泥船、泥驳及锚艇的万方艘班数;第二部分为超过基本运距后,每超过 1 km 增加的泥驳万方艘班数。当运距不足基本运距时,每不足 1 km 减少超运距定额万方艘班数的 1/2。本节定额的基本运距为 3 km。

2. 本节抓斗式挖泥船基本挖深按 5 m 编制;挖深超过基本挖深时,每增深 1 m,定额增加 0.035 系数。8.0 m^3 抓斗式挖泥船最大挖深为 40 m,13.0 m^3 抓斗式挖泥船最大挖深为 50 m。

定额编号			H-3-5-1	H-3-5-2	H-3-5-3	H-3-5-4
项目			8.0 m^3 抓斗式挖泥船			
			四级工况			
			2 级土	3 级土	4 级土	5 级土
			10 000 m^3	10 000 m^3	10 000 m^3	10 000 m^3
预算定额编号	预算定额名称	预算定额单位	数量			
50-3-5-8	8.0 m^3 抓斗式挖泥船 四级工况 2 级土	10 000 m^3	1.0000			
50-3-5-9	8.0 m^3 抓斗式挖泥船 四级工况 3 级土	10 000 m^3		1.0000		
50-3-5-10	8.0 m^3 抓斗式挖泥船 四级工况 4 级土	10 000 m^3			1.0000	
50-3-5-11	8.0 m^3 抓斗式挖泥船 四级工况 5 级土	10 000 m^3				1.0000

定额编号				H-3-5-1	H-3-5-2	H-3-5-3	H-3-5-4
项目				8.0 m^3 抓斗式挖泥船			
				四级工况			
				2 级土	3 级土	4 级土	5 级土
名称			单位	10 000 m^3	10 000 m^3	10 000 m^3	10 000 m^3
机械	99011082	抓斗式挖泥船 8.0 m^3(四级工况)	艘班	4.6386	4.7349	6.3135	7.9587
	99410094	泥驳 1 000 m^3(自航四级工况)	艘班	8.3966	8.5473	11.2631	14.0585
	99410334	锚艇 175 kW	艘班	2.3193	2.3679	3.1572	3.9798
每增运 1 km							
机械	99410094	泥驳 1 000 m^3(自航四级工况)	艘班	0.3942	0.3690	0.3897	0.4131

定额编号			H-3-5-5	H-3-5-6	H-3-5-7	H-3-5-8
项目			8.0 m³ 抓斗式挖泥船			13.0 m³ 抓斗式挖泥船
			四级工况			
			6 级土	7 级土	8 级土	2 级土
			10 000 m³	10 000 m³	10 000 m³	10 000 m³
预算定额编号	预算定额名称	预算定额单位	数量			
50-3-5-12	8.0 m³ 抓斗式挖泥船 四级工况 6 级土	10 000 m³	1.0000			
50-3-5-13	8.0 m³ 抓斗式挖泥船 四级工况 7 级土	10 000 m³		1.0000		
50-3-5-14	8.0 m³ 抓斗式挖泥船 四级工况 8 级土	10 000 m³			1.0000	
50-3-5-29	13.0 m³ 抓斗式挖泥船 四级工况 2 级土	10 000 m³				1.0000

定额编号				H-3-5-5	H-3-5-6	H-3-5-7	H-3-5-8
项目				8.0 m³ 抓斗式挖泥船			13.0 m³ 抓斗式挖泥船
				四级工况			
				6 级土	7 级土	8 级土	2 级土
名称			单位	10 000 m³	10 000 m³	10 000 m³	10 000 m³
机械	99011082	抓斗式挖泥船 8.0 m³(四级工况)	艘班	7.3314	7.9587	11.0565	
	99011102	抓斗式挖泥船 13.0 m³(四级工况)	艘班				3.7953
	99410094	泥驳 1 000 m³(自航四级工况)	艘班	12.5208	13.7003	18.7020	7.1042
	99410334	锚艇 175 kW	艘班	3.6657	3.9798	5.5287	1.8981
每增运 1 km							
机械	99410094	泥驳 1 000 m³(自航四级工况)	艘班	0.3060	0.3411	0.3411	0.3942

定额编号			H-3-5-9	H-3-5-10	H-3-5-11	H-3-5-12
项目			13.0 m^3 抓斗式挖泥船			
			四级工况			
			3 级土	4 级土	5 级土	6 级土
			10 000 m^3	10 000 m^3	10 000 m^3	10 000 m^3
预算定额编号	预算定额名称	预算定额单位	数量			
50-3-5-30	13.0 m^3 抓斗式挖泥船 四级工况 3 级土	10 000 m^3	1.0000			
50-3-5-31	13.0 m^3 抓斗式挖泥船 四级工况 4 级土	10 000 m^3		1.0000		
50-3-5-32	13.0 m^3 抓斗式挖泥船 四级工况 5 级土	10 000 m^3			1.0000	
50-3-5-33	13.0 m^3 抓斗式挖泥船 四级工况 6 级土	10 000 m^3				1.0000

定额编号				H-3-5-9	H-3-5-10	H-3-5-11	H-3-5-12
项目				13.0 m^3 抓斗式挖泥船			
				四级工况			
				3 级土	4 级土	5 级土	6 级土
名称			单位	10 000 m^3	10 000 m^3	10 000 m^3	10 000 m^3
机械	99011102	抓斗式挖泥船 13.0 m^3(四级工况)	艘班	3.8736	5.1651	6.5142	5.9985
	99410094	泥驳 1 000 m^3(自航四级工况)	艘班	7.1937	9.3560	11.5826	10.3140
	99410334	锚艇 175 kW	艘班	1.9368	2.5830	3.2571	2.9997
每增运 1 km							
机械	99410094	泥驳 1 000 m^3(自航四级工况)	艘班	0.3690	0.3897	0.4131	0.3060

定额编号			H-3-5-13	H-3-5-14
项目			13.0 m³ 抓斗式挖泥船	
			四级工况	
			7 级土	8 级土
			10 000 m³	10 000 m³
预算定额编号	预算定额名称	预算定额单位	数量	
50-3-5-34	13.0 m³ 抓斗式挖泥船 四级工况 7 级土	10 000 m³	1.0000	
50-3-5-35	13.0 m³ 抓斗式挖泥船 四级工况 8 级土	10 000 m³		1.0000

定额编号				H-3-5-13	H-3-5-14
项目				13.0 m³ 抓斗式挖泥船	
				四级工况	
				7 级土	8 级土
名称			单位	10 000 m³	10 000 m³
机械	99011102	抓斗式挖泥船 13.0 m³(四级工况)	艘班	6.5142	9.0504
	99410094	泥驳 1 000 m³(自航四级工况)	艘班	11.3229	15.3720
	99410334	锚艇 175 kW	艘班	3.2571	4.5252
每增运 1 km					
机械	99410094	泥驳 1 000 m³(自航四级工况)	艘班	0.3411	0.3411

第六节　链斗式挖泥船取土

说　　明

一、链斗式挖泥船按其名义生产效率划分。

二、工作内容：挖泥、装驳、运泥、移船、移锚、靠离驳等施工作业。本节定额不包含吹泥（卸泥）的工作内容，计算时套用本章第七节吹泥船的相关定额子目。

三、本节按四级工况编制了定额子目，工程实际工况与定额不同时，可按表 3-11 工况艘班系数在四级工况定额基础上调整定额。

表 3-11　链斗式挖泥船取土工况级别与工况艘班系数

工况级别	一	二	三	四	五	六	七
平均每艘班影响时间(h)	≤0.56	≤0.96	≤1.36	≤1.76	≤2.16	≤2.56	≤3.2
工况艘班系数	0.79	0.85	0.92	1.00	1.10	1.22	1.37

注：如平均每艘班影响时间大于 3.2 h，则不执行定额，按艘班计算。对一般工程，如缺少实测统计资料，可参考四级工况系数。

四、使用本节定额的几项规定：

1. 链斗式挖泥船定额包括两个部分：第一部分为基本运距以内的挖泥船、泥驳、机艇及锚艇的万方艘班数；第二部分为超过基本运距后，每超过 1 km 增加的泥驳万方艘班数。当运距不足基本运距时，每不足 1 km 减少超运距定额万方艘班数的 1/2。本节定额的基本运距为 3 km。

2. 本节链斗式挖泥船基本挖深按 5 m 编制；挖深超过基本挖深时，每增深 1 m，定额增加 0.02 系数。500 m^3/h 链斗式挖泥船最大挖深为 16 m，750 m^3/h 链斗式挖泥船最大挖深为 20 m。

定额编号			H-3-6-1	H-3-6-2	H-3-6-3	H-3-6-4
项目			500 m³/h链斗式挖泥船			
			四级工况			
			1级土	2级土	3级土	4级土
			10 000 m³	10 000 m³	10 000 m³	10 000 m³
预算定额编号	预算定额名称	预算定额单位	数量			
50-3-6-9	500 m³/h链斗式挖泥船 四级工况 1级土	10 000 m³	1.0000			
50-3-6-10	500 m³/h链斗式挖泥船 四级工况 2级土	10 000 m³		1.0000		
50-3-6-11	500 m³/h链斗式挖泥船 四级工况 3级土	10 000 m³			1.0000	
50-3-6-12	500 m³/h链斗式挖泥船 四级工况 4级土	10 000 m³				1.0000

定额编号				H-3-6-1	H-3-6-2	H-3-6-3	H-3-6-4
项目				500 m³/h链斗式挖泥船			
				四级工况			
				1级土	2级土	3级土	4级土
名称			单位	10 000 m³	10 000 m³	10 000 m³	10 000 m³
机械	99011263	链斗式挖泥船 500 m³/h(四级工况 挖泥)	艘班	7.1766	3.9015	3.2211	4.0500
	99410094	泥驳 1 000 m³(自航四级工况)	艘班	11.3136	7.6596	6.4899	9.3667
	99410332	锚艇 110 kW	艘班	3.5883	1.9512	1.6110	2.0250
	99410460	机艇 90 kW	艘班	3.5883	1.9512	1.6110	2.0250
每增运 1 km							
机械	99410094	泥驳 1 000 m³(自航四级工况)	艘班	0.5454	0.3942	0.3690	0.3897

定　额　编　号			H-3-6-5	H-3-6-6	H-3-6-7	H-3-6-8
项　　目			500 m³/h 链斗式挖泥船			
			四级工况			
			5 级土	6 级土	7 级土	8 级土
			10 000 m³	10 000 m³	10 000 m³	10 000 m³
预算定额编号	预算定额名称	预算定额单位	数　　量			
50-3-6-13	500 m³/h 链斗式挖泥船 四级工况 5 级土	10 000 m³	1.0000			
50-3-6-14	500 m³/h 链斗式挖泥船 四级工况 6 级土	10 000 m³		1.0000		
50-3-6-15	500 m³/h 链斗式挖泥船 四级工况 7 级土	10 000 m³			1.0000	
50-3-6-16	500 m³/h 链斗式挖泥船 四级工况 8 级土	10 000 m³				1.0000

定　额　编　号				H-3-6-5	H-3-6-6	H-3-6-7	H-3-6-8
项　　目				500 m³/h 链斗式挖泥船			
				四级工况			
				5 级土	6 级土	7 级土	8 级土
名　　称			单位	10 000 m³	10 000 m³	10 000 m³	10 000 m³
机械	99011263	链斗式挖泥船 500 m³/h(四级工况 挖泥)	艘班	5.9292			
	99011264	链斗式挖泥船 500 m³/h(四级工况 挖砂)	艘班		4.3065	5.9292	8.5230
	99410094	泥驳 1 000 m³(自航四级工况)	艘班	9.3471	8.3688	11.1185	12.5504
	99410332	锚艇 110 kW	艘班	2.9646	2.1537	2.9646	4.2615
	99410460	机艇 90 kW	艘班	2.9646	2.1537	2.9646	4.2615
每增运 1 km							
机械	99410094	泥驳 1 000 m³(自航四级工况)	艘班	0.4131	0.3060	0.3411	0.3411

定额编号			H-3-6-9	H-3-6-10	H-3-6-11	H-3-6-12
项目			750 m^3/h 链斗式挖泥船			
			四级工况			
			1 级土	2 级土	3 级土	4 级土
			10 000 m^3	10 000 m^3	10 000 m^3	10 000 m^3
预算定额编号	预算定额名称	预算定额单位	数量			
50-3-6-33	750 m^3/h 链斗式挖泥船 四级工况 1 级土	10 000 m^3	1.0000			
50-3-6-34	750 m^3/h 链斗式挖泥船 四级工况 2 级土	10 000 m^3		1.0000		
50-3-6-35	750 m^3/h 链斗式挖泥船 四级工况 3 级土	10 000 m^3			1.0000	
50-3-6-36	750 m^3/h 链斗式挖泥船 四级工况 4 级土	10 000 m^3				1.0000

定额编号				H-3-6-9	H-3-6-10	H-3-6-11	H-3-6-12
项目				750 m^3/h 链斗式挖泥船			
				四级工况			
				1 级土	2 级土	3 级土	4 级土
名称			单位	10 000 m^3	10 000 m^3	10 000 m^3	10 000 m^3
机械	99011293	链斗式挖泥船 750 m^3/h(四级工况 挖泥)	艘班	4.7790	2.5997	2.1465	2.6982
	99410094	泥驳 1 000 m^3(自航四级工况)	艘班	9.0126	5.1993	4.2930	5.3964
	99410336	锚艇 200 kW	艘班	2.3895	1.3001	1.0737	1.3491
	99410460	机艇 90 kW	艘班	2.3895	1.3001	1.0737	1.3491
每增运 1 km							
机械	99410094	泥驳 1 000 m^3(自航四级工况)	艘班	0.5454	0.3942	0.3690	0.3897

定额编号			H-3-6-13	H-3-6-14	H-3-6-15	H-3-6-16
项目			750 m^3/h 链斗式挖泥船			
			四级工况			
			5 级土	6 级土	7 级土	8 级土
			10 000 m^3	10 000 m^3	10 000 m^3	10 000 m^3
预算定额编号	预算定额名称	预算定额单位	数量			
50-3-6-37	750 m^3/h 链斗式挖泥船 四级工况 5 级土	10 000 m^3	1.0000			
50-3-6-38	750 m^3/h 链斗式挖泥船 四级工况 6 级土	10 000 m^3		1.0000		
50-3-6-39	750 m^3/h 链斗式挖泥船 四级工况 7 级土	10 000 m^3			1.0000	
50-3-6-40	750 m^3/h 链斗式挖泥船 四级工况 8 级土	10 000 m^3				1.0000

定额编号				H-3-6-13	H-3-6-14	H-3-6-15	H-3-6-16
项目				750 m^3/h 链斗式挖泥船			
				四级工况			
				5 级土	6 级土	7 级土	8 级土
名称			单位	10 000 m^3	10 000 m^3	10 000 m^3	10 000 m^3
机械	99011293	链斗式挖泥船 750 m^3/h(四级工况 挖泥)	艘班	3.9492			
	99011294	链斗式挖泥船 750 m^3/h(四级工况 挖砂)	艘班		2.8692	3.9492	5.6817
	99410094	泥驳 1 000 m^3(自航四级工况)	艘班	7.4853	5.4324	7.2162	9.9990
	99410336	锚艇 200 kW	艘班	1.9746	1.4346	1.9746	2.8413
	99410460	机艇 90 kW	艘班	1.9746	1.4346	1.9746	2.8413
每增运 1 km							
机械	99410094	泥驳 1 000 m^3(自航四级工况)	艘班	0.4131	0.3060	0.3411	0.3411

第七节 吹 泥 船

说 明

一、吹泥船按其名义生产效率划分。

二、工作内容：离靠驳、吹泥、移排泥管等。

三、吹泥船工况等级按相应挖泥船确定。

四、本节按四级工况编制了定额子目，工程实际工况与定额不同时，可按表3-12工况艘班系数在四级工况定额基础上调整定额。

表3-12 吹泥船工况级别与工况艘班系数

工况级别	一	二	三	四	五	六	七
工况艘班系数	0.79	0.85	0.92	1.00	1.10	1.22	1.37

注：如平均每艘班影响时间大于七级工况最大影响时间，则不执行定额，按艘班计算。对一般工程，如缺少实测统计资料，可参考四级工况系数。

五、使用本节定额的几项规定：

1. 本节定额均为吹泥船在额定标准岸管长度内船舶万方艘班数。标准岸管长度按本章第四节有关规定计算；当标准岸管长度超过额定的标准岸管长度时，应计算泵站台班数，每座泵站的台班数按吹泥船的艘班数乘1.0系数。

2. 800 m^3/h 吹泥船额定标准岸管长度为3 km；1 000 m^3/h 吹泥船额定标准岸管长度为5.5 km。泵站(1 000 m^3/h)额定标准岸管长度为5.5 km。排泥管径均为700 mm。

3. 吹泥船、泵站耗量中不包含排泥管，排泥管根据实际用量分别套用相应每100 m岸管、浮管、水下管定额。

定　额　编　号			H-3-7-1	H-3-7-2	H-3-7-3	H-3-7-4
项　　目			800 m³/h 吹泥船			
			四级工况			
			1 级土	2 级土	3 级土	4 级土
			10 000 m³	10 000 m³	10 000 m³	10 000 m³
预算定额编号	预算定额名称	预算定额单位	数　　量			
50-3-7-9	800 m³/h 吹泥船 四级工况 1 级土	10 000 m³	1.0000			
50-3-7-10	800 m³/h 吹泥船 四级工况 2 级土	10 000 m³		1.0000		
50-3-7-11	800 m³/h 吹泥船 四级工况 3 级土	10 000 m³			1.0000	
50-3-7-12	800 m³/h 吹泥船 四级工况 4 级土	10 000 m³				1.0000

定　额　编　号				H-3-7-1	H-3-7-2	H-3-7-3	H-3-7-4
项　　目				800 m³/h 吹泥船			
				四级工况			
				1 级土	2 级土	3 级土	4 级土
名　　称			单位	10 000 m³	10 000 m³	10 000 m³	10 000 m³
机械	99410023	吹泥船 800 m³/h(四级工况挖泥)	艘班	2.1303	2.7824	3.6522	5.1138
	99410094	泥驳 1 000 m³(自航四级工况)	艘班	0.2556	0.3339	0.4383	0.6137
每 100 m 岸管							
机械	99460020	岸管ϕ700×L100 m(1～5 级土)	百米•班	2.1303	2.7824	3.6522	5.1138
每 100 m 浮管							
机械	99460120	浮管ϕ700×L100 m(1～5 级土)	百米•班	2.1303	2.7824	3.6522	5.1138
每 100 m 水下管							
机械	99460320	水下管ϕ700×L100 m(1～5 级土)	百米•班	2.1303	2.7824	3.6522	5.1138

定额编号			H-3-7-5	H-3-7-6	H-3-7-7	H-3-7-8
项目			800 m³/h 吹泥船			
			四级工况			
			5 级土	6 级土	7 级土	8 级土
			10 000 m³	10 000 m³	10 000 m³	10 000 m³
预算定额编号	预算定额名称	预算定额单位	数量			
50-3-7-13	800 m³/h 吹泥船 四级工况 5 级土	10 000 m³	1.0000			
50-3-7-14	800 m³/h 吹泥船 四级工况 6 级土	10 000 m³		1.0000		
50-3-7-15	800 m³/h 吹泥船 四级工况 7 级土	10 000 m³			1.0000	
50-3-7-16	800 m³/h 吹泥船 四级工况 8 级土	10 000 m³				1.0000

定额编号				H-3-7-5	H-3-7-6	H-3-7-7	H-3-7-8
项目				800 m³/h 吹泥船			
				四级工况			
				5 级土	6 级土	7 级土	8 级土
名称			单位	10 000 m³	10 000 m³	10 000 m³	10 000 m³
机械	99410023	吹泥船 800 m³/h(四级工况挖泥)	艘班	6.3918			
	99410024	吹泥船 800 m³/h(四级工况挖砂)	艘班		3.1959	5.1138	12.7845
	99410094	泥驳 1 000 m³(自航四级工况)	艘班	0.7670	0.3835	0.6137	1.5341
每 100 m 岸管							
机械	99460020	岸管φ700×L100 m(1~5 级土)	百米·班	6.3918			
	99460030	岸管φ700×L100 m(6~7 级土)	百米·班		3.1959	5.1138	
	99460040	岸管φ700×L100 m(8 级土)	百米·班				12.7845
每 100 m 浮管							
机械	99460120	浮管φ700×L100 m(1~5 级土)	百米·班	6.3918			
	99460130	浮管φ700×L100 m(6~7 级土)	百米·班		3.1959	5.1138	
	99460140	浮管φ700×L100 m(8 级土)	百米·班				12.7845
每 100 m 水下管							
机械	99460320	水下管φ700×L100 m(1~5 级土)	百米·班	6.3918			
	99460330	水下管φ700×L100 m(6~7 级土)	百米·班		3.1959	5.1138	
	99460340	水下管φ700×L100 m(8 级土)	百米·班				12.7845

定额编号			H-3-7-9	H-3-7-10	H-3-7-11	H-3-7-12
项目			1 000 m^3/h 吹泥船			
			四级工况			
			1 级土	2 级土	3 级土	4 级土
			10 000 m^3	10 000 m^3	10 000 m^3	10 000 m^3
预算定额编号	预算定额名称	预算定额单位	数量			
50-3-7-33	1 000 m^3/h 吹泥船 四级工况 1 级土	10 000 m^3	1.0000			
50-3-7-34	1 000 m^3/h 吹泥船 四级工况 2 级土	10 000 m^3		1.0000		
50-3-7-35	1 000 m^3/h 吹泥船 四级工况 3 级土	10 000 m^3			1.0000	
50-3-7-36	1 000 m^3/h 吹泥船 四级工况 4 级土	10 000 m^3				1.0000

定额编号				H-3-7-9	H-3-7-10	H-3-7-11	H-3-7-12
项目				1 000 m^3/h 吹泥船			
				四级工况			
				1 级土	2 级土	3 级土	4 级土
名称			单位	10 000 m^3	10 000 m^3	10 000 m^3	10 000 m^3
机械	99410033	吹泥船 1 000 m^3/h(四级工况 挖泥)	艘班	1.7046	2.2262	2.9223	4.0905
	99410094	泥驳 1 000 m^3(自航四级工况)	艘班	0.2046	0.2671	0.3507	0.4909
每 100 m 岸管							
机械	99460020	岸管 ϕ700×L100 m(1～5 级土)	百米•班	1.7046	2.2262	2.9223	4.0905
每 100 m 浮管							
机械	99460120	浮管 ϕ700×L100 m(1～5 级土)	百米•班	1.7046	2.2262	2.9223	4.0905
每 100 m 水下管							
机械	99460320	水下管 ϕ700×L100 m(1～5 级土)	百米•班	1.7046	2.2262	2.9223	4.0905

定 额 编 号			H-3-7-13	H-3-7-14	H-3-7-15	H-3-7-16
项 目			1 000 m^3/h 吹泥船			
			四级工况			
			5 级土	6 级土	7 级土	8 级土
			10 000 m^3	10 000 m^3	10 000 m^3	10 000 m^3
预算定额编号	预算定额名称	预算定额单位	数 量			
50-3-7-37	1 000 m^3/h 吹泥船 四级工况 5 级土	10 000 m^3	1.0000			
50-3-7-38	1 000 m^3/h 吹泥船 四级工况 6 级土	10 000 m^3		1.0000		
50-3-7-39	1 000 m^3/h 吹泥船 四级工况 7 级土	10 000 m^3			1.0000	
50-3-7-40	1 000 m^3/h 吹泥船 四级工况 8 级土	10 000 m^3				1.0000

定 额 编 号				H-3-7-13	H-3-7-14	H-3-7-15	H-3-7-16
项 目				1 000 m^3/h 吹泥船			
				四级工况			
				5 级土	6 级土	7 级土	8 级土
名 称			单位	10 000 m^3	10 000 m^3	10 000 m^3	10 000 m^3
机械	99410033	吹泥船 1 000 m^3/h(四级工况挖泥)	艘班	5.1138			
	99410034	吹泥船 1 000 m^3/h(四级工况挖砂)	艘班		2.5569	4.0905	10.2276
	99410094	泥驳 1 000 m^3(自航四级工况)	艘班	0.6137	0.3068	0.4909	1.2273
每 100 m 岸管							
机械	99460020	岸管 ϕ700×L100 m(1～5 级土)	百米·班	5.1138			
	99460030	岸管 ϕ700×L100 m(6～7 级土)	百米·班		2.5569	4.0905	
	99460040	岸管 ϕ700×L100 m(8 级土)	百米·班				10.2276
每 100 m 浮管							
机械	99460120	浮管 ϕ700×L100 m(1～5 级土)	百米·班	5.1138			
	99460130	浮管 ϕ700×L100 m(6～7 级土)	百米·班		2.5569	4.0905	
	99460140	浮管 ϕ700×L100 m(8 级土)	百米·班				10.2276
每 100 m 水下管							
机械	99460320	水下管 ϕ700×L100 m(1～5 级土)	百米·班	5.1138			
	99460330	水下管 ϕ700×L100 m(6～7 级土)	百米·班		2.5569	4.0905	
	99460340	水下管 ϕ700×L100 m(8 级土)	百米·班				10.2276

第八节　充 泥 管 袋

工作内容：缝制泥袋、材料场内运输、铺袋固定、充泥管袋、工作面转移等全部工作内容。

定额编号			H-3-8-1	H-3-8-2	H-3-8-3	H-3-8-4
项目			充泥管袋(电网电)			
			标高 2.50 m 以上			
			输泥管线长			
			250 m 以内	250～500 m	500～750 m	750～1 000 m
			10 000 m^3	10 000 m^3	10 000 m^3	10 000 m^3
预算定额编号	预算定额名称	预算定额单位	数量			
50-3-8-1	充泥管袋(电网电) 标高 2.50 m 以上 输泥管线长 250 m 以内	10 000 m^3	1.0000			
50-3-8-2	充泥管袋(电网电) 标高 2.50 m 以上 输泥管线长 250～500 m	10 000 m^3		1.0000		
50-3-8-3	充泥管袋(电网电) 标高 2.50 m 以上 输泥管线长 500～750 m	10 000 m^3			1.0000	
50-3-8-4	充泥管袋(电网电) 标高 2.50 m 以上 输泥管线长 750～1 000 m	10 000 m^3				1.0000

工作内容：缝制泥袋、材料场内运输、铺袋固定、充泥管袋、工作面转移等全部工作内容。

定额编号				H-3-8-1	H-3-8-2	H-3-8-3	H-3-8-4
项目				充泥管袋(电网电)			
				标高 2.50 m 以上			
				输泥管线长			
				250 m 以内	250～500 m	500～750 m	750～1 000 m
名称			单位	10 000 m^3	10 000 m^3	10 000 m^3	10 000 m^3
人工	00210103	综合工	工日	398.1424	475.6363	526.0790	548.5304
材料	36030201	土工布	m^2	56 556.0000	56 556.0000	56 556.0000	56 556.0000
		其他材料费	%	4.5000	4.5000	4.5000	4.5000
机械	99440196	高压水泵 15 kW	组班	238.7616	296.1645	338.2001	360.6515
	99440255	泥浆泵 ϕ150	台班	159.1744	197.4424	349.5410	394.8832
	99450910	水枪 ϕ65	组班	238.7616	296.1645	338.2001	360.6515
	99460240	排泥管 $\phi150\times L100$ m	百米·班	477.5231	895.4849	1 578.2669	2 163.8992
		其他机械费	%	2.0000	2.0000	2.0000	2.0000

工作内容：缝制泥袋、材料场内运输、铺袋固定、充泥管袋、工作面转移等全部工作内容。

定额编号			H-3-8-5	H-3-8-6	H-3-8-7	H-3-8-8
项目			充泥管袋(电网电)			
			标高−0.5～2.50 m			
			输泥管线长			
			250 m以内	250～500 m	500～750 m	750～1 000 m
			10 000 m^3	10 000 m^3	10 000 m^3	10 000 m^3
预算定额编号	预算定额名称	预算定额单位	数量			
50-3-8-5	充泥管袋(电网电)标高−0.5～2.50 m输泥管线长250 m以内	10 000 m^3	1.0000			
50-3-8-6	充泥管袋(电网电)标高−0.5～2.50 m输泥管线长250～500 m	10 000 m^3		1.0000		
50-3-8-7	充泥管袋(电网电)标高−0.5～2.50 m输泥管线长500～750 m	10 000 m^3			1.0000	
50-3-8-8	充泥管袋(电网电)标高−0.5～2.50 m输泥管线长750～1 000 m	10 000 m^3				1.0000

工作内容：缝制泥袋、材料场内运输、铺袋固定、充泥管袋、工作面转移等全部工作内容。

定额编号				H-3-8-5	H-3-8-6	H-3-8-7	H-3-8-8
项目				充泥管袋(电网电)			
				标高−0.5～2.50 m			
				输泥管线长			
				250 m以内	250～500 m	500～750 m	750～1 000 m
名称			单位	10 000 m^3	10 000 m^3	10 000 m^3	10 000 m^3
人工	00210103	综合工	工日	406.1052	485.1490	536.6005	559.5011
材料	36030201	土工布	m^2	57 687.0000	57 687.0000	57 687.0000	57 687.0000
		其他材料费	%	4.5000	4.5000	4.5000	4.5000
机械	99440196	高压水泵 15 kW	组班	243.5368	302.0878	344.9641	367.8646
	99440255	泥浆泵 ϕ150	台班	162.3579	201.3913	356.5318	402.7809
	99450910	水枪 ϕ65	组班	243.5368	302.0878	344.9641	367.8646
	99460240	排泥管 ϕ150×L100 m	百米·班	487.0736	913.3946	1 609.8322	2 207.1771
		其他机械费	%	2.0000	2.0000	2.0000	2.0000

工作内容：缝制泥袋、材料场内运输、铺袋固定、充泥管袋、工作面转移等全部工作内容。

定额编号			H-3-8-9	H-3-8-10	H-3-8-11	H-3-8-12
项目			充泥管袋(柴油机发电)			
			标高 2.50 m 以上			
			输泥管线长			
			250 m 以内	250～500 m	500～750 m	750～1 000 m
			10 000 m^3	10 000 m^3	10 000 m^3	10 000 m^3
预算定额编号	预算定额名称	预算定额单位	数量			
50-3-8-9	充泥管袋(柴油机发电)标高2.50 m以上 输泥管线长 250 m以内	10 000 m^3	1.0000			
50-3-8-10	充泥管袋(柴油机发电)标高2.50 m以上 输泥管线长 250～500 m	10 000 m^3		1.0000		
50-3-8-11	充泥管袋(柴油机发电)标高2.50 m以上 输泥管线长 500～750 m	10 000 m^3			1.0000	
50-3-8-12	充泥管袋(柴油机发电)标高2.50 m以上 输泥管线长 750～1 000 m	10 000 m^3				1.0000

工作内容：缝制泥袋、材料场内运输、铺袋固定、充泥管袋、工作面转移等全部工作内容。

定额编号				H-3-8-9	H-3-8-10	H-3-8-11	H-3-8-12
项目				充泥管袋(柴油机发电)			
				标高 2.50 m 以上			
				输泥管线长			
				250 m 以内	250～500 m	500～750 m	750～1 000 m
名称			单位	10 000 m^3	10 000 m^3	10 000 m^3	10 000 m^3
人工	00210103	综合工	工日	398.1424	475.6363	526.0790	548.5304
材料	36030201	土工布	m^2	56 556.0000	56 556.0000	56 556.0000	56 556.0000
		其他材料费	%	4.5000	4.5000	4.5000	4.5000
机械	99430150	柴油发电机 160 kW	台班	53.0581	65.8141	99.8689	112.8238
	99440198	高压水泵 15 kW(无电)	组班	238.7616	296.1645	338.2001	360.6515
	99440259	泥浆泵 ϕ150(无电)	台班	159.1744	197.4424	349.5410	394.8832
	99450910	水枪 ϕ65	组班	238.7616	296.1645	338.2001	360.6515
	99460240	排泥管 ϕ150×L100 m	百米·班	477.5231	895.4849	1 578.2669	2 163.8992
		其他机械费	%	2.0000	2.0000	2.0000	2.0000

工作内容：缝制泥袋、材料场内运输、铺袋固定、充泥管袋、工作面转移等全部工作内容。

定额编号			H-3-8-13	H-3-8-14	H-3-8-15	H-3-8-16
项目			充泥管袋(柴油机发电)			
			标高−0.5～2.50 m			
			输泥管线长			
			250 m以内	250～500 m	500～750 m	750～1 000 m
			10 000 m^3	10 000 m^3	10 000 m^3	10 000 m^3
预算定额编号	预算定额名称	预算定额单位	数量			
50-3-8-13	充泥管袋(柴油机发电)标高−0.5～2.50 m输泥管线长250 m以内	10 000 m^3	1.0000			
50-3-8-14	充泥管袋(柴油机发电)标高−0.5～2.50 m输泥管线长250～500 m	10 000 m^3		1.0000		
50-3-8-15	充泥管袋(柴油机发电)标高−0.5～2.50 m输泥管线长500～750 m	10 000 m^3			1.0000	
50-3-8-16	充泥管袋(柴油机发电)标高−0.5～2.50 m输泥管线长750～1 000 m	10 000 m^3				1.0000

工作内容：缝制泥袋、材料场内运输、铺袋固定、充泥管袋、工作面转移等全部工作内容。

定额编号				H-3-8-13	H-3-8-14	H-3-8-15	H-3-8-16
项目				充泥管袋(柴油机发电)			
				标高−0.5～2.50 m			
				输泥管线长			
				250 m以内	250～500 m	500～750 m	750～1 000 m
名称			单位	10 000 m^3	10 000 m^3	10 000 m^3	10 000 m^3
人工	00210103	综合工	工日	406.1052	485.1490	536.6005	559.5011
材料	36030201	土工布	m^2	57 687.0000	57 687.0000	57 687.0000	57 687.0000
		其他材料费	%	4.5000	4.5000	4.5000	4.5000
机械	99430150	柴油发电机 160 kW	台班	54.1193	67.1304	101.8662	115.0802
	99440198	高压水泵 15 kW(无电)	组班	243.5368	302.0878	344.9641	367.8646
	99440259	泥浆泵 ϕ150(无电)	台班	162.3579	201.3913	356.5318	402.7809
	99450910	水枪 ϕ65	组班	243.5368	302.0878	344.9641	367.8646
	99460240	排泥管 ϕ150×L100 m	百米·班	487.0736	913.3946	1 609.8322	2 207.1771
		其他机械费	%	2.0000	2.0000	2.0000	2.0000

工作内容：1，2，3. 缝制泥袋、工作船定位、船上充袋、沉放、潜水员探摸、移船、工作面转移等全部工作内容。
4. 铺设土工布、压铺块石、拆除土工布及块石、工作面转移等。

定额编号			H-3-8-17	H-3-8-18	H-3-8-19	H-3-8-20
项目			充泥管袋(柴油机发电)		深水抛投充泥管袋	外坡保护
			标高—0.5～—3.0 m	标高—3.0～—5.0 m		标高—0.50～4.0 m
			10 000 m³	10 000 m³	10 000 m³	m²
预算定额编号	预算定额名称	预算定额单位	数量			
50-3-8-17	充泥管袋(柴油机发电)标高—0.5～—3.0 m	10 000 m³	1.0000			
50-3-8-18	充泥管袋(柴油机发电)标高—3.0～—5.0 m	10 000 m³		1.0000		
50-3-8-19	充泥管袋 深水抛投充泥管袋	10 000 m³			1.0000	
50-3-8-20	充泥管袋 外坡保护 标高—0.50～4.0 m	m²				1.0000

工作内容：1，2，3. 缝制泥袋、工作船定位、船上充袋、沉放、潜水员探摸、移船、工作面转移等全部工作内容。
4. 铺设土工布、压铺块石、拆除土工布及块石、工作面转移等。

定额编号				H-3-8-17	H-3-8-18	H-3-8-19	H-3-8-20
项目				充泥管袋(柴油机发电)		深水抛投充泥管袋	外坡保护
				标高—0.5～—3.0 m	标高—3.0～—5.0 m		标高—0.50～4.0 m
名称			单位	10 000 m³	10 000 m³	10 000 m³	m²
人工	00210103	综合工	工日	560.4253	573.5253	556.3420	0.0887
材料	01050102	钢丝绳	kg	88.6100	88.6100	88.6100	
	04031001	充填砂	m³	(11 770.0000)	(11 990.0000)	(11 990.0000)	
	04110507	块石 100～400	t				0.0085
	36030201	土工布	m²	45 413.0000	49 346.0000	49 346.0000	0.2500
		其他材料费	%	3.0000	3.0000	3.0000	
机械	98010280	GPS 定位设备	台班	34.6920	35.3858	17.6929	
	99070770	平板拖车组 40 t	台班	0.0588	0.0600	0.0700	
	99090305	轮胎式起重机 36 t	台班	0.1848	0.1885	0.2200	
	99410112	方驳 1 000 t	艘班	0.2906	0.2965	0.3460	
	99410150	潜水组	台班	34.6920	35.3858		
	99410260	拖轮 721 kW	艘班	0.8870	0.9048	1.0560	
	99410280	拖轮 1 228 kW	艘班	0.7476	0.7626	0.8900	
	99410570	软体排铺排专用作业船	艘班	34.6920	35.3858	41.3000	
	99430160	柴油发电机 256 kW	台班	69.3840	70.7717	82.6000	
	99440259	泥浆泵 ϕ150(无电)	台班	72.7643	74.2196	86.6242	
	99460240	排泥管 ϕ150×L100 m	百米·班	72.7643	74.2196	86.6242	
		其他机械费	%	3.0000	3.0000	3.0000	

第九节　填芯吹填土

工作内容：龙口合龙后，内、外棱体间吹填土、平整、工作面转移等。

定额编号			H-3-9-1	H-3-9-2	H-3-9-3	H-3-9-4
项目			填芯吹填土(电网电)			
			输泥管线长			
			250 m以内	250～500 m	500～750 m	750～1 000 m
			10 000 m^3	10 000 m^3	10 000 m^3	10 000 m^3
预算定额编号	预算定额名称	预算定额单位	数量			
50-3-9-1	填芯吹填土(电网电) 输泥管线长 250 m以内	10 000 m^3	1.0000			
50-3-9-2	填芯吹填土(电网电) 输泥管线长 250～500 m	10 000 m^3		1.0000		
50-3-9-3	填芯吹填土(电网电) 输泥管线长 500～750 m	10 000 m^3			1.0000	
50-3-9-4	填芯吹填土(电网电) 输泥管线长 750～1 000 m	10 000 m^3				1.0000

工作内容：龙口合龙后，内、外棱体间吹填土、平整、工作面转移等。

定额编号				H-3-9-1	H-3-9-2	H-3-9-3	H-3-9-4
项目				填芯吹填土(电网电)			
				输泥管线长			
				250 m以内	250～500 m	500～750 m	750～1 000 m
名称			单位	10 000 m^3	10 000 m^3	10 000 m^3	10 000 m^3
人工	00210103	综合工	工日	233.3894	287.0612	324.5779	343.6617
机械	99440196	高压水泵 15 kW	组班	202.9473	251.7398	287.4700	306.5538
	99440255	泥浆泵 ϕ150	台班	135.2982	167.8261	297.1099	335.6507
	99450910	水枪 ϕ65	组班	202.9473	251.7398	287.4700	306.5538
	99460240	排泥管 ϕ150×L100 m	百米·班	405.8947	761.1622	1 341.5269	1 839.3143
		其他机械费	%	2.0000	2.0000	2.0000	2.0000

工作内容：龙口合龙后，内、外棱体间吹填土、平整、工作面转移等。

定额编号			H-3-9-5	H-3-9-6	H-3-9-7	H-3-9-8
项目			填芯吹填土(柴油机发电)			
			输泥管线长			
			250 m以内	250～500 m	500～750 m	750～1 000 m
			10 000 m³	10 000 m³	10 000 m³	10 000 m³
预算定额编号	预算定额名称	预算定额单位	数量			
50-3-9-5	填芯吹填土(柴油机发电)输泥管线长250 m以内	10 000 m³	1.0000			
50-3-9-6	填芯吹填土(柴油机发电)输泥管线长250～500 m	10 000 m³		1.0000		
50-3-9-7	填芯吹填土(柴油机发电)输泥管线长500～750 m	10 000 m³			1.0000	
50-3-9-8	填芯吹填土(柴油机发电)输泥管线长750～1 000 m	10 000 m³				1.0000

工作内容：龙口合龙后，内、外棱体间吹填土、平整、工作面转移等。

定额编号				H-3-9-5	H-3-9-6	H-3-9-7	H-3-9-8
项目				填芯吹填土(柴油机发电)			
				输泥管线长			
				250 m以内	250～500 m	500～750 m	750～1 000 m
名称			单位	10 000 m³	10 000 m³	10 000 m³	10 000 m³
人工	00210103	综合工	工日	233.3894	287.0612	324.5779	343.6617
机械	99430150	柴油发电机 160 kW	台班	45.0994	55.9420	84.8885	95.9002
	99440198	高压水泵 15 kW(无电)	组班	202.9473	251.7398	287.4700	306.5538
	99440259	泥浆泵 ϕ150(无电)	台班	135.2982	167.8261	297.1099	335.6507
	99450910	水枪 ϕ65	组班	202.9473	251.7398	287.4700	306.5538
	99460240	排泥管 ϕ150×L100 m	百米·班	405.8947	761.1622	1 341.5269	1 839.3143
		其他机械费	%	2.0000	2.0000	2.0000	2.0000

第十节　闭气吹填土

工作内容：龙口合龙后，闭气吹填土、工作面转移等。

定额编号			H-3-10-1	H-3-10-2	H-3-10-3	H-3-10-4
项目			闭气吹填土(电网电)			
			输泥管线长			
			250 m 以内	250～500 m	500～750 m	750～1 000 m
			10 000 m^3	10 000 m^3	10 000 m^3	10 000 m^3
预算定额编号	预算定额名称	预算定额单位	数量			
50-3-10-1	闭气吹填土(电网电)输泥管线长250 m 以内	10 000 m^3	1.0000			
50-3-10-2	闭气吹填土(电网电)输泥管线长250～500 m	10 000 m^3		1.0000		
50-3-10-3	闭气吹填土(电网电)输泥管线长500～750 m	10 000 m^3			1.0000	
50-3-10-4	闭气吹填土(电网电)输泥管线长750～1 000 m	10 000 m^3				1.0000

工作内容：龙口合龙后，闭气吹填土、工作面转移等。

定额编号				H-3-10-1	H-3-10-2	H-3-10-3	H-3-10-4
项目				闭气吹填土(电网电)			
				输泥管线长			
				250 m 以内	250～500 m	500～750 m	750～1 000 m
名称			单位	10 000 m^3	10 000 m^3	10 000 m^3	10 000 m^3
人工	00210103	综合工	工日	166.7067	205.0437	231.8414	245.4726
机械	99440196	高压水泵 15 kW	组班	144.9624	179.8141	205.3357	218.9670
	99440255	泥浆泵 ϕ150	台班	96.6416	119.8758	212.2213	239.7505
	99450910	水枪 ϕ65	组班	144.9624	179.8141	205.3357	218.9670
	99460240	排泥管 ϕ150×L100 m	百米·班	289.9248	543.6873	958.2335	1 313.7959
		其他机械费	%	2.0000	2.0000	2.0000	2.0000

工作内容：龙口合龙后，闭气吹填土、工作面转移等。

定额编号			H-3-10-5	H-3-10-6	H-3-10-7	H-3-10-8
项目			闭气吹填土(柴油机发电)			
			输泥管线长			
			250 m 以内	250～500 m	500～750 m	750～1 000 m
			10 000 m^3	10 000 m^3	10 000 m^3	10 000 m^3
预算定额编号	预算定额名称	预算定额单位	数量			
50-3-10-5	闭气吹填土(柴油机发电) 输泥管线长 250 m 以内	10 000 m^3	1.0000			
50-3-10-6	闭气吹填土(柴油机发电) 输泥管线长 250～500 m	10 000 m^3		1.0000		
50-3-10-7	闭气吹填土(柴油机发电) 输泥管线长 500～750 m	10 000 m^3			1.0000	
50-3-10-8	闭气吹填土(柴油机发电) 输泥管线长 750～1 000 m	10 000 m^3				1.0000

工作内容：龙口合龙后，闭气吹填土、工作面转移等。

定额编号				H-3-10-5	H-3-10-6	H-3-10-7	H-3-10-8
项目				闭气吹填土(柴油机发电)			
				输泥管线长			
				250 m 以内	250～500 m	500～750 m	750～1 000 m
名称			单位	10 000 m^3	10 000 m^3	10 000 m^3	10 000 m^3
人工	00210103	综合工	工日	166.7067	205.0437	231.8414	245.4726
机械	99430150	柴油发电机 160 kW	台班	32.2139	39.9586	60.6347	68.5001
	99440198	高压水泵 15 kW(无电)	组班	144.9624	179.8141	205.3357	218.9670
	99440259	泥浆泵 ϕ150(无电)	台班	96.6416	119.8758	212.2213	239.7505
	99450910	水枪 ϕ65	组班	144.9624	179.8141	205.3357	218.9670
	99460240	排泥管 ϕ150×L100 m	百米·班	289.9248	543.6873	958.2335	1 313.7959
		其他机械费	%	2.0000	2.0000	2.0000	2.0000

第十一节　其他工程

说　明

一、本节定额包括船舶开工展布、收工集合以及排泥管安拆三部分内容。

二、本节中的绞吸式(1 600 m^3/h、2 500 m^3/h)挖泥船配 720 kW 拖轮,吹泥船(1 000 m^3/h)配 720 kW 拖轮,吹泥船(800 m^3/h)配 295 kW 拖轮。

工作内容：定位、起锚、下锚、移船、船舶进退场。

定额编号			H-3-11-1	H-3-11-2	H-3-11-3	H-3-11-4
项目			开工展布、收工集合艘班			
			抓斗式挖泥船（疏浚）	两栖式清淤机	绞吸式挖泥船	抓斗式挖泥船（取土）
			次	次	次	次
预算定额编号	预算定额名称	预算定额单位	数量			
50-3-11-1	开工展布、收工集合艘班 抓斗式挖泥船（疏浚） 开工展布	次	1.0000			
50-3-11-2	开工展布、收工集合艘班 抓斗式挖泥船（疏浚） 收工集合	次	1.0000			
50-3-11-3	开工展布、收工集合艘班 两栖式清淤机 开工展布	次		1.0000		
50-3-11-4	开工展布、收工集合艘班 两栖式清淤机 收工集合	次		1.0000		
50-3-11-5	开工展布、收工集合艘班 绞吸式挖泥船 开工展布	次			1.0000	
50-3-11-6	开工展布、收工集合艘班 绞吸式挖泥船 收工集合	次			1.0000	
50-3-11-7	开工展布、收工集合艘班 抓斗式挖泥船（取土） 开工展布	次				1.0000
50-3-11-8	开工展布、收工集合艘班 抓斗式挖泥船（取土） 收工集合	次				1.0000

工作内容：定位、起锚、下锚、移船、船舶进退场。

定额编号				H-3-11-1	H-3-11-2	H-3-11-3	H-3-11-4
项目				开工展布、收工集合艘班			
				抓斗式挖泥船（疏浚）	两栖式清淤机	绞吸式挖泥船	抓斗式挖泥船（取土）
名称			单位	次	次	次	次
机械	99011000	挖泥船	艘班	2.9250		9.0000	6.0000
	99011320	两栖式清淤机 0.3 m^3	艘班		1.1700		
	99410170	拖轮	艘班	2.9250		6.0000	
	99410310	锚艇	艘班			9.0000	6.0000
	99410443	机艇	艘班	2.9250			

工作内容:1，2. 定位、起锚、下锚、移船、船舶进退场。
3，4. 排泥管安拆、运输。

定额编号			H-3-11-5	H-3-11-6	H-3-11-7	H-3-11-8
项目			开工展布、收工集合艘班		排泥管安拆	
			链斗式挖泥船	吹泥船	岸管	
					ϕ700 mm	ϕ800 mm
			次	次	百米·次	百米·次
预算定额编号	预算定额名称	预算定额单位	数量			
50-3-11-9	开工展布、收工集合艘班 链斗式挖泥船 开工展布	次	1.0000			
50-3-11-10	开工展布、收工集合艘班 链斗式挖泥船 收工集合	次	1.0000			
50-3-11-11	开工展布、收工集合艘班 吹泥船 开工展布	次		1.0000		
50-3-11-12	开工展布、收工集合艘班 吹泥船 收工集合	次		1.0000		
50-3-11-13	排泥管安拆 岸管 ϕ700 mm	百米·次			1.0000	
50-3-11-14	排泥管安拆 岸管 ϕ800 mm	百米·次				1.0000

工作内容:1，2. 定位、起锚、下锚、移船、船舶进退场。
3，4. 排泥管安拆、运输。

定额编号				H-3-11-5	H-3-11-6	H-3-11-7	H-3-11-8
项目				开工展布、收工集合艘班		排泥管安拆	
				链斗式挖泥船	吹泥船	岸管	
						ϕ700 mm	ϕ800 mm
名称			单位	次	次	百米·次	百米·次
机械	99011000	挖泥船	艘班	9.0000			
	99410005	吹泥船	艘班		6.0000		
	99410170	拖轮	艘班		6.0000		
	99410310	锚艇	艘班	9.0000			
	99410443	机艇	艘班	9.0000			
	99951210	岸管安拆费 ϕ700 mm	百米·次			1.0000	
	99951220	岸管安拆费 ϕ800 mm	百米·次				1.0000

工作内容：排泥管安拆、运输。

定额编号			H-3-11-9	H-3-11-10	H-3-11-11	H-3-11-12
项目			排泥管安拆			
			浮管		水下管	
			ϕ700 mm	ϕ800 mm	ϕ700 mm	ϕ800 mm
			百米·次	百米·次	百米·次	百米·次
预算定额编号	预算定额名称	预算定额单位	数量			
50-3-11-15	排泥管安拆 浮管 ϕ700 mm	百米·次	1.0000			
50-3-11-16	排泥管安拆 浮管 ϕ800 mm	百米·次		1.0000		
50-3-11-17	排泥管安拆 水下管 ϕ700 mm	百米·次			1.0000	
50-3-11-18	排泥管安拆 水下管 ϕ800 mm	百米·次				1.0000

工作内容：排泥管安拆、运输。

定额编号				H-3-11-9	H-3-11-10	H-3-11-11	H-3-11-12
项目				排泥管安拆			
				浮管		水下管	
				ϕ700 mm	ϕ800 mm	ϕ700 mm	ϕ800 mm
名称			单位	百米·次	百米·次	百米·次	百米·次
机械	99951230	浮管安拆费 ϕ700 mm	百米·次	1.0000			
	99951240	浮管安拆费 ϕ800 mm	百米·次		1.0000		
	99951250	水下管安拆费 ϕ700 mm	百米·次			1.0000	
	99951260	水下管安拆费 ϕ800 mm	百米·次				1.0000

第四章　砌 筑 工 程

说　　明

一、本章定额包括垫层、干砌块石、浆砌块石(砖)、灌砌块石、块石护坡改建,共5节内容。

二、本章定额适用于砌筑高度8 m以内的工程。

三、干砌块石、浆砌块石和灌砌块石中的护坡砌筑定额适用于曲面砌体。

四、圬工勾缝已组合至相关定额中。

工程量计算规则

一、各类垫层工程量均按设计图示尺寸以立方米计算。

二、砌筑工程量均按设计图示尺寸以立方米计算,嵌入砌体中的钢管、铁件、沉降缝、伸缩缝及0.3 m^2以内的预留孔所占体积不予扣除。

三、砌体砂浆抹面按设计图示尺寸以平方米计算。

四、块石护坡改建工程量按设计砌体体积以立方米计算。

第一节　垫　　层

工作内容: 1. 安放溜槽、碎石装运、找平等。
2. 砂石料场内运输、摊铺、找平、整形、夯实等。
3，4. 装袋、缝口、材料运输及填筑等。

定额编号			H-4-1-1	H-4-1-2	H-4-1-3	H-4-1-4
项目			碎石垫层	砂垫层	袋装碎石垫层	袋装砂垫层
			m³	m³	m³	m³
预算定额编号	预算定额名称	预算定额单位	数量			
50-4-1-1	垫层 碎石	m³	1.0000			
50-4-1-2	垫层 砂	m³		1.0000		
50-4-1-3	垫层 袋装碎石	m³			1.0000	
50-4-1-4	垫层 袋装砂	m³				1.0000

工作内容: 1. 安放溜槽、碎石装运、找平等。
2. 砂石料场内运输、摊铺、找平、整形、夯实等。
3，4. 装袋、缝口、材料运输及填筑等。

定额编号				H-4-1-1	H-4-1-2	H-4-1-3	H-4-1-4
项目				碎石垫层	砂垫层	袋装碎石垫层	袋装砂垫层
名称			单位	m³	m³	m³	m³
人工	00210103	综合工	工日	0.6584	0.5500	0.7944	0.7426
材料	02190201	尼龙绳	kg			0.0220	0.0220
	02311201	聚丙烯编织袋	只			40.2574	40.4518
	04030115	黄砂 中粗	t		1.6266		1.5558
	04050215	碎石 5～25	t	0.3548			
	04050217	碎石 5～40	t			1.5484	
	04050313	道碴 50～70	t	1.4790			
		其他材料费	%		1.6900	1.0000	1.0000

第二节 干砌块石

工作内容：放样、选修石料、砌筑、材料运输等。

定额编号			H-4-2-1	H-4-2-2	H-4-2-3
项目			基础	护坡	填腹石
			m^3	m^3	m^3
预算定额编号	预算定额名称	预算定额单位	数量		
50-4-2-1	干砌块石 基础及护底	m^3	1.0000		
50-4-2-2	干砌块石 护坡	m^3		0.8000	
50-4-2-3	干砌块石 锥坡	m^3		0.1000	
50-4-2-4	干砌块石 平台	m^3		0.1000	
50-4-2-5	干砌块石 填腹石	m^3			1.0000

工作内容：放样、选修石料、砌筑、材料运输等。

定额编号				H-4-2-1	H-4-2-2	H-4-2-3
项目				基础	护坡	填腹石
名称			单位	m^3	m^3	m^3
人工	00210103	综合工	工日	0.7205	0.8385	0.6307
材料	04110507	块石 100～400	t	2.1381		2.0570
	04110701	护坡块石	t		2.1381	

第三节　浆砌块石(砖)

工作内容：放样、选修、冲洗石料、材料运输、砌筑、勾缝(护坡)、养护、清理等。

定额编号			H-4-3-1	H-4-3-2	H-4-3-3	H-4-3-4
项目			浆砌块石			
			基础	护坡	墩台身	压顶
			m^3	m^3	m^3	m^3
预算定额编号	预算定额名称	预算定额单位	数量			
50-4-3-1	浆砌块石 基础	m^3	0.6000			
50-4-3-2	浆砌块石 护底	m^3	0.2500			
50-4-3-3	浆砌块石 护脚	m^3	0.1000			
50-4-3-12	浆砌块石 填腹石	m^3	0.0500			
50-4-3-4	浆砌块石 护坡	m^3		0.7000		
50-4-3-5	浆砌块石 锥坡	m^3		0.1000		
50-4-3-6	浆砌块石 台阶	m^3		0.1000		
50-4-3-7	浆砌块石 平台	m^3		0.1000		
50-4-6-3	圬工勾缝 浆、灌砌块石勾缝 平缝	m^2		3.3000		
50-4-3-9	浆砌块石 墩身	m^3			0.2000	
50-4-3-10	浆砌块石 台身及挡墙	m^3			0.8000	
50-4-3-11	浆砌块石 压顶	m^3				1.0000

工作内容：放样、选修、冲洗石料、材料运输、砌筑、勾缝(护坡)、养护、清理等。

定额编号				H-4-3-1	H-4-3-2	H-4-3-3	H-4-3-4
项目				浆砌块石			
				基础	护坡	墩台身	压顶
名称			单位	m^3	m^3	m^3	m^3
人工	00210103	综合工	工日	0.8296	1.2872	1.0894	0.8866
材料	02310105	无纺布 100 g/m^2	m^2	1.1637	1.8967	0.5916	1.5637
	04110507	块石 100～400	t	1.2696			
	04110701	护坡块石	t	0.6858	1.9594	1.9594	1.9594
	34110101	水	m^3	0.3898	1.0969	0.2121	0.8400
	80060113	干混砌筑砂浆 DM M10.0	m^3	0.3667	0.3888	0.3670	0.3670
机械	99090080	履带式起重机 10 t	台班			0.1180	

工作内容：1. 放样、选修、冲洗石料、材料运输、砌筑、养护、清理砌体表面、剔缝、洗刷、勾缝、湿治养护等。
2，3. 放样、浸砖、材料运输、砌砖、养护、清理等。
4. 基层清理、砂浆运输、底层抹灰、抹面层等全部操作过程。

定额编号			H-4-3-5	H-4-3-6	H-4-3-7	H-4-3-8
项目			浆砌条石	浆砌砖		砌体砂浆抹面
			台身及挡墙	基础	墩台身及挡墙	厚 2 cm
			m^3	m^3	m^3	m^2
预算定额编号	预算定额名称	预算定额单位	数量			
50-4-3-13	浆砌条石 台身及挡墙	m^3	1.0000			
50-4-6-3	圬工勾缝 浆、灌砌块石勾缝 平缝	m^2	3.3000			
50-4-3-14	浆砌砖 基础	m^3		1.0000		
50-4-3-15	浆砌砖 墩台身及挡墙	m^3			1.0000	
50-4-3-17	砌体砂浆 抹面 厚 2 cm 立面	m^2				1.0000

工作内容：1. 放样、选修、冲洗石料、材料运输、砌筑、养护、清理砌体表面、剔缝、洗刷、勾缝、湿治养护等。
2，3. 放样、浸砖、材料运输、砌砖、养护、清理等。
4. 基层清理、砂浆运输、底层抹灰、抹面层等全部操作过程。

定额编号				H-4-3-5	H-4-3-6	H-4-3-7	H-4-3-8
项目				浆砌条石	浆砌砖		砌体砂浆抹面
				台身及挡墙	基础	墩台身及挡墙	厚 2 cm
名称			单位	m^3	m^3	m^3	m^2
人工	00210103	综合工	工日	1.3434	0.7900	0.9699	0.1073
材料	04051011	料石	t	2.1184			
	04131754	蒸压灰砂砖 240×115×53	千块		0.5231	0.5231	
	34110101	水	m^3	0.3534		0.7140	
	80060113	干混砌筑砂浆 DM M10.0	m^3	0.1560	0.2500	0.2634	
	80060214	干混抹灰砂浆 DP M20.0	m^3				0.0230
		其他材料费	%		1.0000	0.5000	6.5000

工作内容：基层清理、砂浆运输、底层抹灰、抹面层等全部操作过程。

定额编号			H-4-3-9
项目			砌体砂浆抹面
			厚±1 cm
			m^2
预算定额编号	预算定额名称	预算定额单位	数量
50-4-3-18	砌体砂浆 抹面 厚±1 cm	m^2	1.0000

工作内容：基层清理、砂浆运输、底层抹灰、抹面层等全部操作过程。

定额编号				H-4-3-9
项目				砌体砂浆抹面
				厚±1 cm
名称			单位	m^2
人工	00210103	综合工	工日	0.0304
材料	80060214	干混抹灰砂浆 DP M20.0	m^3	0.0103
		其他材料费	%	2.5000

第四节　灌 砌 块 石

工作内容：放样、安拆样架、选修石料、材料运输、砌筑、混凝土浇捣、原浆勾缝(护坡)、养护、清理等。

定　额　编　号			H-4-4-1	H-4-4-2
项　　目			基础	护坡
			m^3	m^3
预算定额编号	预算定额名称	预算定额单位	数　　量	
50-4-4-1	灌砌块石 基础及护底	m^3	0.8000	
50-4-4-2	灌砌块石 护脚	m^3	0.1500	
50-4-4-6	灌砌块石 填腹	m^3	0.0500	
50-4-4-3	灌砌块石 护坡	m^3		0.7000
50-4-4-4	灌砌块石 锥坡	m^3		0.1000
50-4-4-5	灌砌块石 平台	m^3		0.2000

工作内容：放样、安拆样架、选修石料、材料运输、砌筑、混凝土浇捣、原浆勾缝(护坡)、养护、清理等。

定　额　编　号				H-4-4-1	H-4-4-2
项　　目				基础	护坡
名　　称			单位	m^3	m^3
人工	00210103	综合工	工日	0.8051	0.8994
材料	02310105	无纺布 100 g/m^2	m^2	1.2149	1.6396
	04110507	块石 100～400	t	1.8679	1.8611
	34110101	水	m^3	0.4654	0.5121
	80210501	预拌混凝土(非泵送型)	m^3	0.3472	0.3507
机械	99050930	混凝土振捣器 插入式	台班	0.0369	0.0373

第五节　块石护坡改建

工作内容:拆原坡、块石搬运、洗修敲、砌筑、铺填、嵌缝、抹平、养护。

定额编号			H-4-5-1	H-4-5-2
项目			干砌块石改浆砌块石	干砌块石改灌砌块石
			m^3	m^3
预算定额编号	预算定额名称	预算定额单位	数量	
50-4-5-1	块石护坡改建 干砌块石改为 浆砌块石	m^3	1.0000	
50-4-5-2	块石护坡改建 干砌块石改为 灌砌块石	m^3		1.0000

工作内容:拆原坡、块石搬运、洗修敲、砌筑、铺填、嵌缝、抹平、养护。

定额编号				H-4-5-1	H-4-5-2
项目				干砌块石改浆砌块石	干砌块石改灌砌块石
名称			单位	m^3	m^3
人工	00210103	综合工	工日	1.8461	1.7926
材料	80060113	干混砌筑砂浆 DM M10.0	m^3	0.3380	0.1130
	80210515	预拌混凝土(非泵送型) C20 最大粒径 40	m^3		0.2250
		其他材料费	%	1.9200	1.5600

第五章　桩基和地基处理工程

说　明

一、本章定额包括打桩、钻孔灌注桩、地基加固、基坑围护、混凝土块联锁排、砂肋软体排，共 6 节内容。

二、定额中已综合考虑了各类土壤因素。

三、定额均为打直桩，如打斜桩，斜率在 1∶6 以内时，人工乘以 1.33 系数，机械乘以 1.43 系数。斜率超过 1∶6 时，另行计算。

四、打桩采用压桩时，另行计算。

五、打各类钢筋混凝土桩，已包括打桩、送桩、接桩、预制构件场内运输、凿除桩头及废料外运等内容。

六、打板桩定额中已包括导向桩的打、拔。

七、打桩定额中不包括试桩及测试，发生时另行计算。

八、打桩工程量小于下列数量的打桩工程为小型工程，小型工程人工工日及机械台班按相应定额乘以 1.10 系数。

1. 80 m^3 以下的预制混凝土方桩。

2. 50 m^3 以下的预制混凝土板桩。

九、本章钻孔灌注桩定额适用于最大深度 60 m 以内、最大孔径≤1.2 m 的工程；若超过上述范围，应另行计算。

十、钻孔灌注桩定额中，已包括埋设钢护筒、钻机钻孔、灌注水下混凝土、废泥浆运输及堆置、截桩或凿除桩头及废料外运等内容。

十一、钻孔灌注桩混凝土浇筑量中已考虑充盈系数和材料损耗。

十二、灌注桩桩底注浆水灰比采用 0.6，实际配比不同可调整定额含量。定额中未包括注浆管费用，可套用声测管定额另行计算。利用声测管作为注浆管时，不得重复计算。

十三、地基加固定额包括树根桩、水泥搅拌桩、压密注浆、高压旋喷桩及水上打塑料排水板。

1. 水泥土搅拌桩、压密注浆及高压旋喷桩的设计材料用量与定额消耗量不同时可作调整，人工、机械不作调整。

2. 水泥土搅拌桩如设计采用全断面套打时，套用本章型钢水泥土搅拌墙定额。

3. 树根桩定额中已包括废泥浆运输及堆置，树根桩钢筋笼套用钻孔灌注桩钢筋笼定额。

十四、型钢水泥搅拌墙：

1. 型钢水泥搅拌墙定额中搅拌桩水泥掺量按 20%计，实际用量不同时可调整定额水泥用量，人工、机械不作调整。

2. 型钢水泥土搅拌墙中的重复套钻部分已在定额内考虑，不另行计算。

3. 本定额未包括沟槽土方开挖。

十五、大型支撑安装、拆除定额，按第一道支撑编制，从地面以下第二道起，每增加一道钢管支撑，其定额人工、机械累计乘以系数 1.1。

十六、格构柱制作可套用第十章相关定额，格构柱安装、拆除定额中已考虑材料回收因素。

十七、砂肋软体排：

1. 定额中人工、船机消耗已综合考虑了上海地区海上施工条件，不另行计取赶潮系数。

2. 定额中的材料消耗已包括了制作和施工中的操作消耗、软体排的搭接消耗及损耗等，除特殊情况外一般不作调整。

3. 材料中基垫土工布(或砂肋土工布)可根据实际使用材料品种、规格进行换算，如采用复合土工布，则复合土工布材料按复合材料的不同品种、规格分别计算，土工布复合已包含在定额中。

十八、混凝土连锁块软体排：

1. 预制混凝土连锁块模板已在定额中综合考虑，不再另行计算。

2. 定额中的材料消耗已包括制作和施工中的操作消耗、软体排的搭接消耗及损耗等，除特殊情况外一般不作调整。

3. 定额中已综合考虑了构件预制场内的运输及堆放。

4. 定额中已综合考虑了地模费用。

工程量计算规则

一、打桩工程量计算

打桩工程量按桩的长度（包括桩尖长度）乘以桩截面面积以立方米计算。

二、钻孔灌注桩工程量计算

1. 陆上钻孔灌注桩混凝土工程量按设计桩长（设计桩顶标高至桩底标高）乘以设计桩径截面面积以立方米计算。

2. 水上钻孔灌注桩混凝土工程量按设计桩长（设计桩顶标高至桩底标高）增加 0.75 m 后乘以设计桩径截面面积以立方米计算。

3. 声测管按设计要求设置，按重量以吨计算。

4. 钢筋按设计图纸重量以吨计算。

5. 灌注桩底注浆按设计规定的单根注浆量以立方米计算，不包括注浆管埋设。

三、地基加固工程量计算

1. 树根桩：按设计桩截面面积乘以设计长度以立方米计算。

2. 水泥搅拌桩：按设计桩截面面积乘以桩长以立方米计算。桩长计算规定：围护桩桩长按施工地槽底至桩底计算，承重桩桩长按设计桩顶标高增加 0.4 m 至桩底计算。

3. 压密注浆：

(1) 设计图纸明确加固土体体积的，应按设计图纸注明的体积计算。

(2) 设计图纸上以布点形式图示土体加固范围的，则可按两孔间距的一半作为扩散半径，以布点边线各加扩散半径，形成计算平面计算注浆体积。

(3) 如设计图纸上注浆点在混凝土钻孔灌注桩之间，按两注浆孔距的一半作为每孔的扩散半径，以此圆柱体计算注浆体积。

4. 高压旋喷桩按设计图示桩截面面积乘以设计桩长以立方米计算。

四、基坑围护工程量计算

1. 树根桩：按设计截面面积乘以设计桩长以立方米计算。

2. 打拔钢板桩：按基坑围护长度以米计算。

3. 咬合灌注桩：按成孔深度乘以设计桩截面面积以立方米计算（不扣除咬合部分）。

4. 型钢水泥土搅拌墙：

(1) 工程量按设计桩长乘以设计断面面积以立方米计算，搅拌桩成孔中重复套钻部分已在定额中考虑，不计工程量。

(2) 插拔型钢根据设计图示尺寸按重量以吨计算。

5. 大型支撑安装、拆除根据设计图示尺寸按重量以吨计算，不扣除孔眼重量；焊条、铆钉、螺栓等也不另增加重量。大型支撑使用量及使用天数按设计或批准的施工组织设计计算。

6. 格构柱根据设计图示尺寸以吨计算。

五、混凝土连锁块软体排

按设计图示铺设面积以平方米计算。

六、砂肋软体排

按设计图示铺设面积以平方米计算。

第一节 打 桩

工作内容：打桩准备、场内运桩、捆桩、吊桩、就位、打桩、送桩、校正、凿桩头、移动桩架、安置或更换衬垫、添加润滑油及燃料、测量、记录、废料场内外运输处置等。

定额编号			H-5-1-1	H-5-1-2	H-5-1-3	H-5-1-4
项目			打预制钢筋混凝土方桩			
			$L \leqslant 8$ m		$L \leqslant 12$ m	
			陆上	支架上	陆上	支架上
			m^3	m^3	m^3	m^3
预算定额编号	预算定额名称	预算定额单位	数量			
50-5-2-1	打预制钢筋混凝土方桩 $L \leqslant 8$ m 陆上	m^3	1.0000			
50-5-3-2	接、送桩 打送桩 $L \leqslant 8$ m 陆上	m^3	0.3400			
50-7-4-1	预制构件场内运输 构件重 10 t 以内 100 m	m^3	1.0000	1.0000	1.0000	1.0000
50-7-4-2	预制构件场内运输 构件重 10 t 以内 每增减 50 m	m^3	18.0000	18.0000	18.0000	18.0000
50-13-6-5	拆除工程 拆除钢筋混凝土	m^3	0.0700	0.0700	0.0400	0.0400
50-1-8-1	土方场外运输	m^3	0.0700	0.0700	0.0400	0.0400
50-5-2-2	打预制钢筋混凝土方桩 $L \leqslant 8$ m 支架上	m^3		1.0000		
50-5-3-3	接、送桩 打送桩 $L \leqslant 8$ m 支架上	m^3		0.4200		
50-5-2-4	打预制钢筋混凝土方桩 $L \leqslant 12$ m 陆上	m^3			1.0000	
50-5-3-5	接、送桩 打送桩 $L \leqslant 12$ m 陆上	m^3			0.2000	
50-5-2-5	打预制钢筋混凝土方桩 $L \leqslant 12$ m 支架上	m^3				1.0000
50-5-3-6	接、送桩 打送桩 $L \leqslant 12$ m 支架上	m^3				0.2500

工作内容：打桩准备、场内运桩、捆桩、吊桩、就位、打桩、送桩、校正、凿桩头、移动桩架、安置或更换衬垫、添加润滑油及燃料、测量、记录、废料场内外运输处置等。

定　额　编　号				H-5-1-1	H-5-1-2	H-5-1-3	H-5-1-4
项　　目				打预制钢筋混凝土方桩			
				L≤8 m		L≤12 m	
				陆上	支架上	陆上	支架上
名　　称			单位	m^3	m^3	m^3	m^3
人工	00210103	综合工	工日	1.7066	1.9024	1.5659	1.7414
材料	01050102	钢丝绳	kg	0.0007	0.0009	0.0004	0.0006
	02190201	尼龙绳	kg	0.0005	0.0006	0.0003	0.0004
	02330401	草垫	只	0.6800	0.8400	0.4000	0.5000
	03150501	骑马钉	kg	0.4647	0.4647	0.4647	0.4647
	03211101	风镐凿子	根	0.0206	0.0206	0.0118	0.0118
	03211121	破碎锤钎杆 ϕ140	根	0.0003	0.0003	0.0001	0.0001
	04290401	钢筋混凝土方桩	m^3	1.0170	1.0170	1.0170	1.0170
	05030101	成材	m^3	0.0103	0.0103	0.0103	0.0103
	05031801	枕木	m^3	0.0702	0.0702	0.0702	0.0702
	14390101	氧气	m^3	0.0269	0.0269	0.0154	0.0154
	14390301	乙炔气	m^3	0.0105	0.0105	0.0060	0.0060
	17030102	镀锌焊接钢管	kg	1.4395	1.4395	1.4395	1.4395
	35091901	钢桩帽摊销	kg	0.0738	0.0738	0.0738	0.0738
	35091911	送桩器摊销	kg	0.2626	0.3244	0.1545	0.1931
	35092321	打桩专用圆木墩	只	0.0027	0.0034	0.0016	0.0020
机械	99010060	履带式单斗液压挖掘机 1 m^3	台班	0.0042	0.0042	0.0024	0.0024
	99010610	液压镐头	台班	0.0031	0.0031	0.0018	0.0018
	99030100	轨道式柴油打桩机 1.2 t	台班	0.0965	0.1575		
	99030110	轨道式柴油打桩机 1.8 t	台班			0.0694	0.0977
	99090030	履带式电动起重机 5 t	台班	0.0698	0.1089		
	99090070	履带式起重机 5 t	台班	0.0267	0.0486		
	99090080	履带式起重机 10 t	台班			0.0694	0.0977
	99091470	电动卷扬机单筒慢速 50 kN	台班	0.0901	0.0901	0.0901	0.0901
	99092030	索具 3 号	台班	0.0901	0.0901	0.0901	0.0901
	99330010	风镐	台班	0.0176	0.0176	0.0100	0.0100
	99430290	内燃空气压缩机 6 m^3/min	台班	0.0088	0.0088	0.0050	0.0050
	99510010	工程渣土外运	m^3	0.0700	0.0700	0.0400	0.0400

工作内容：打桩准备、场内运桩、捆桩、吊桩、就位、打桩、接桩、送桩、校正、凿桩头、移动桩架、安置或更换衬垫、添加润滑油及燃料、测量、记录、废料场内外运输处置等。

定额编号			H-5-1-5	H-5-1-6	H-5-1-7	H-5-1-8
项目			打预制钢筋混凝土方桩			
			$L \leqslant 16$ m		$L \leqslant 24$ m	
			陆上	支架上	陆上	支架上
			m^3	m^3	m^3	m^3
预算定额编号	预算定额名称	预算定额单位	数量			
50-5-2-7	打预制钢筋混凝土方桩 $L \leqslant 16$ m 陆上	m^3	1.0000			
50-5-3-8	接、送桩 打送桩 $L \leqslant 16$ m 陆上	m^3	0.1500			
50-7-4-1	预制构件场内运输 构件重 10 t 以内 100 m	m^3	1.0000	1.0000	1.0000	1.0000
50-7-4-2	预制构件场内运输 构件重 10 t 以内 每增减 50 m	m^3	18.0000	18.0000	18.0000	18.0000
50-13-6-5	拆除工程 拆除钢筋混凝土	m^3	0.0300	0.0300	0.0200	0.0200
50-1-8-1	土方场外运输	m^3	0.0300	0.0300	0.0200	0.0200
50-5-2-8	打预制钢筋混凝土方桩 $L \leqslant 16$ m 支架上	m^3		1.0000		
50-5-3-9	接、送桩 打送桩 $L \leqslant 16$ m 支架上	m^3		0.1800		
50-5-2-10	打预制钢筋混凝土方桩 $L \leqslant 24$ m 陆上	m^3			1.0000	
50-5-3-1	接、送桩 焊接桩	个			0.5600	0.5600
50-5-3-11	接、送桩 打送桩 $L \leqslant 24$ m 陆上	m^3			0.1000	
50-5-2-11	打预制钢筋混凝土方桩 $L \leqslant 24$ m 支架上	m^3				1.0000
50-5-3-12	接、送桩 打送桩 $L \leqslant 24$ m 支架上	m^3				0.1300

工作内容：打桩准备、场内运桩、捆桩、吊桩、就位、打桩、接桩、送桩、校正、凿桩头、移动桩架、安置或更换衬垫、添加润滑油及燃料、测量、记录、废料场内外运输处置等。

定额编号				H-5-1-5	H-5-1-6	H-5-1-7	H-5-1-8
项目				打预制钢筋混凝土方桩			
				$L \leqslant 16$ m		$L \leqslant 24$ m	
				陆上	支架上	陆上	支架上
名称			单位	m^3	m^3	m^3	m^3
人工	00210103	综合工	工日	1.4875	1.6510	2.0021	2.1610
材料	01050102	钢丝绳	kg	0.0003	0.0004	0.0002	0.0003
	01150103	热轧型钢 综合	kg			14.2800	14.2800
	02190201	尼龙绳	kg	0.0002	0.0003	0.0002	0.0002
	02330401	草垫	只	0.3000	0.3600	0.2000	0.2600
	03130101	电焊条	kg			2.2400	2.2400
	03150501	骑马钉	kg	0.4647	0.4647	0.4647	0.4647
	03211101	风镐凿子	根	0.0088	0.0088	0.0059	0.0059
	03211121	破碎锤钎杆 ϕ140	根	0.0001	0.0001	0.0001	0.0001
	04290401	钢筋混凝土方桩	m^3	1.0170	1.0170	1.0170	1.0170
	05030101	成材	m^3	0.0103	0.0103	0.0103	0.0103
	05031801	枕木	m^3	0.0702	0.0702	0.0702	0.0702
	14390101	氧气	m^3	0.0115	0.0115	0.0077	0.0077
	14390301	乙炔气	m^3	0.0045	0.0045	0.0030	0.0030
	17030102	镀锌焊接钢管	kg	1.4395	1.4395	1.4395	1.4395
	35091901	钢桩帽摊销	kg	0.0738	0.0738	0.0738	0.0738
	35091911	送桩器摊销	kg	0.1159	0.1390	0.0772	0.1004
	35092321	打桩专用圆木墩	只	0.0012	0.0014	0.0008	0.0010
机械	99010060	履带式单斗液压挖掘机 1 m^3	台班	0.0018	0.0018	0.0012	0.0012
	99010610	液压镐头	台班	0.0013	0.0013	0.0009	0.0009
	99030110	轨道式柴油打桩机 1.8 t	台班	0.0645	0.0880		
	99030120	轨道式柴油打桩机 2.5 t	台班			0.0562	0.0657
	99030140	轨道式柴油打桩机 4 t	台班			0.0350	0.0350
	99090080	履带式起重机 10 t	台班	0.0645	0.0880	0.0562	0.0657
	99091470	电动卷扬机单筒慢速 50 kN	台班	0.0901	0.0901	0.0901	0.0901
	99092030	索具 3 号	台班	0.0901	0.0901	0.0901	0.0901
	99250020	交流弧焊机 32 kV·A	台班			0.0700	0.0700
	99330010	风镐	台班	0.0075	0.0075	0.0050	0.0050
	99430290	内燃空气压缩机 6 m^3/min	台班	0.0038	0.0038	0.0025	0.0025
	99510010	工程渣土外运	m^3	0.0300	0.0300	0.0200	0.0200

工作内容:1,2. 打桩准备、场内运桩、捆桩、吊桩、就位、打桩、接桩、送桩、校正、凿桩头、移动桩架、安置或更换衬垫、添加润滑油及燃料、测量、记录、废料场内外运输处置等。

3,4. 打桩准备、场内运桩、捆桩、吊桩、就位、打拔导桩、打桩、送桩、校正、凿桩头、移动桩架、安置或更换衬垫、添加润滑油及燃料、测量、记录、废料场内外运输处置等。

定额编号			H-5-1-9	H-5-1-10	H-5-1-11	H-5-1-12
项目			打预制钢筋混凝土方桩		打预制钢筋混凝土板桩	
			$L \leqslant 28$ m		$L \leqslant 8$ m	
			陆上	支架上	陆上	支架上
			m^3	m^3	m^3	m^3
预算定额编号	预算定额名称	预算定额单位	数量			
50-5-2-13	打预制钢筋混凝土方桩 $L \leqslant 28$ m 陆上	m^3	1.0000			
50-5-3-1	接、送桩 焊接桩	个	0.4300	0.4300		
50-5-3-14	接、送桩 打送桩 $L \leqslant 28$ m 陆上	m^3	0.0800			
50-7-4-1	预制构件场内运输 构件重 10 t 以内 100 m	m^3	1.0000	1.0000	1.0000	1.0000
50-7-4-2	预制构件场内运输 构件重 10 t 以内 每增减 50 m	m^3	18.0000	18.0000	18.0000	18.0000
50-13-6-5	拆除工程 拆除钢筋混凝土	m^3	0.0200	0.0200	0.0700	0.0700
50-1-8-1	土方场外运输	m^3	0.0200	0.0200	0.0700	0.0700
50-5-2-14	打预制钢筋混凝土方桩 $L \leqslant 28$ m 支架上	m^3		1.0000		
50-5-3-15	接、送桩 打送桩 $L \leqslant 28$ m 支架上	m^3		0.1000		
50-5-2-16	打预制钢筋混凝土板桩 $L \leqslant 8$ m 陆上	m^3			1.0000	
50-5-3-2	接、送桩 打送桩 $L \leqslant 8$ m 陆上	m^3			0.3400	
50-5-2-17	打预制钢筋混凝土板桩 $L \leqslant 8$ m 支架上	m^3				1.0000
50-5-3-3	接、送桩 打送桩 $L \leqslant 8$ m 支架上	m^3				0.4200

工作内容：1，2. 打桩准备、场内运桩、捆桩、吊桩、就位、打桩、接桩、送桩、校正、凿桩头、移动桩架、安置或更换衬垫、添加润滑油及燃料、测量、记录、废料场内外运输处置等。

3，4. 打桩准备、场内运桩、捆桩、吊桩、就位、打拔导桩、打桩、送桩、校正、凿桩头、移动桩架、安置或更换衬垫、添加润滑油及燃料、测量、记录、废料场内外运输处置等。

定额编号				H-5-1-9	H-5-1-10	H-5-1-11	H-5-1-12
项目				打预制钢筋混凝土方桩		打预制钢筋混凝土板桩	
				$L \leqslant 28$ m		$L \leqslant 8$ m	
				陆上	支架上	陆上	支架上
名称			单位	m^3	m^3	m^3	m^3
人工	00210103	综合工	工日	1.8070	1.9580	1.8028	2.0442
材料	01050102	钢丝绳	kg	0.0002	0.0002	0.0007	0.0009
	01150103	热轧型钢 综合	kg	10.9650	10.9650		
	02190201	尼龙绳	kg	0.0001	0.0002	0.0005	0.0006
	02330401	草垫	只	0.1600	0.2000	0.6800	0.8400
	03130101	电焊条	kg	1.7200	1.7200		
	03150501	骑马钉	kg	0.4647	0.4647	0.4647	0.4647
	03211101	风镐凿子	根	0.0059	0.0059	0.0206	0.0206
	03211121	破碎锤钎杆 ϕ140	根	0.0001	0.0001	0.0003	0.0003
	04290401	钢筋混凝土方桩	m^3	1.0170	1.0170		
	04290612	钢筋混凝土板桩	m^3			1.0141	1.0141
	05030101	成材	m^3	0.0103	0.0103	0.0103	0.0103
	05031801	枕木	m^3	0.0702	0.0702	0.0702	0.0702
	14390101	氧气	m^3	0.0077	0.0077	0.0269	0.0269
	14390301	乙炔气	m^3	0.0030	0.0030	0.0105	0.0105
	17030102	镀锌焊接钢管	kg	1.4395	1.4395	1.4395	1.4395
	35091901	钢桩帽摊销	kg	0.0738	0.0738		
	35091911	送桩器摊销	kg	0.0618	0.0772	0.2626	0.3244
	35092321	打桩专用圆木墩	只	0.0006	0.0008	0.0027	0.0034
机械	99010060	履带式单斗液压挖掘机 1 m^3	台班	0.0012	0.0012	0.0042	0.0042
	99010610	液压镐头	台班	0.0009	0.0009	0.0031	0.0031
	99030100	轨道式柴油打桩机 1.2 t	台班			0.0267	0.0486
	99030110	轨道式柴油打桩机 1.8 t	台班			0.0798	0.1038
	99030140	轨道式柴油打桩机 4 t	台班	0.0720	0.0790		
	99090070	履带式起重机 5 t	台班			0.0267	0.0486
	99090080	履带式起重机 10 t	台班	0.0451		0.0798	0.1038
	99090090	履带式起重机 15 t	台班		0.0521		
	99091470	电动卷扬机单筒慢速 50 kN	台班	0.0901	0.0901	0.0901	0.0901
	99092030	索具 3 号	台班	0.0901	0.0901	0.0901	0.0901
	99250020	交流弧焊机 32 kV·A	台班	0.0538	0.0538		
	99330010	风镐	台班	0.0050	0.0050	0.0176	0.0176
	99430290	内燃空气压缩机 6 m^3/min	台班	0.0025	0.0025	0.0088	0.0088
	99510010	工程渣土外运	m^3	0.0200	0.0200	0.0700	0.0700

工作内容:打桩准备、场内运桩、捆桩、吊桩、就位、打拔导桩、打桩、送桩、校正、凿桩头、移动桩架、安置或更换衬垫、添加润滑油及燃料、测量、记录、废料场内外运输处置等。

定额编号			H-5-1-13	H-5-1-14	H-5-1-15	H-5-1-16
项目			打预制钢筋混凝土板桩			
			$L \leqslant 12$ m		$L \leqslant 16$ m	
			陆上	支架上	陆上	支架上
			m^3	m^3	m^3	m^3
预算定额编号	预算定额名称	预算定额单位	数量			
50-5-2-19	打预制钢筋混凝土板桩 $L \leqslant 12$ m 陆上	m^3	1.0000			
50-5-3-5	接、送桩 打送桩 $L \leqslant 12$ m 陆上	m^3	0.2000			
50-7-4-1	预制构件场内运输 构件重 10 t 以内 100 m	m^3	1.0000	1.0000	1.0000	1.0000
50-7-4-2	预制构件场内运输 构件重 10 t 以内 每增减 50 m	m^3	18.0000	18.0000	18.0000	18.0000
50-13-6-5	拆除工程 拆除钢筋混凝土	m^3	0.0400	0.0400	0.0300	0.0300
50-1-8-1	土方场外运输	m^3	0.0400	0.0400	0.0300	0.0300
50-5-2-20	打预制钢筋混凝土板桩 $L \leqslant 12$ m 支架上	m^3		1.0000		
50-5-3-6	接、送桩 打送桩 $L \leqslant 12$ m 支架上	m^3		0.2500		
50-5-2-22	打预制钢筋混凝土板桩 $L \leqslant 16$ m 陆上	m^3			1.0000	
50-5-3-8	接、送桩 打送桩 $L \leqslant 16$ m 陆上	m^3			0.1500	
50-5-2-23	打预制钢筋混凝土板桩 $L \leqslant 16$ m 支架上	m^3				1.0000
50-5-3-9	接、送桩 打送桩 $L \leqslant 16$ m 支架上	m^3				0.1800

工作内容：打桩准备、场内运桩、捆桩、吊桩、就位、打拔导桩、打桩、送桩、校正、凿桩头、移动桩架、安置或更换衬垫、添加润滑油及燃料、测量、记录、废料场内外运输处置等。

定额编号				H-5-1-13	H-5-1-14	H-5-1-15	H-5-1-16
项目				打预制钢筋混凝土板桩			
				$L\leqslant12$ m		$L\leqslant16$ m	
				陆上	支架上	陆上	支架上
名称			单位	m^3	m^3	m^3	m^3
人工	00210103	综合工	工日	1.5869	1.7687	1.4704	1.6152
材料	01050102	钢丝绳	kg	0.0004	0.0006	0.0003	0.0004
	02190201	尼龙绳	kg	0.0003	0.0004	0.0002	0.0003
	02330401	草垫	只	0.4000	0.5000	0.3000	0.3600
	03150501	骑马钉	kg	0.4647	0.4647	0.4647	0.4647
	03211101	风镐凿子	根	0.0118	0.0118	0.0088	0.0088
	03211121	破碎锤钎杆 ϕ140	根	0.0001	0.0001	0.0001	0.0001
	04290612	钢筋混凝土板桩	m^3	1.0141	1.0141	1.0141	1.0141
	05030101	成材	m^3	0.0103	0.0103	0.0103	0.0103
	05031801	枕木	m^3	0.0702	0.0702	0.0702	0.0702
	14390101	氧气	m^3	0.0154	0.0154	0.0115	0.0115
	14390301	乙炔气	m^3	0.0060	0.0060	0.0045	0.0045
	17030102	镀锌焊接钢管	kg	1.4395	1.4395	1.4395	1.4395
	35091911	送桩器摊销	kg	0.1545	0.1931	0.1159	0.1390
	35092321	打桩专用圆木墩	只	0.0016	0.0020	0.0012	0.0014
机械	99010060	履带式单斗液压挖掘机 1 m^3	台班	0.0024	0.0024	0.0018	0.0018
	99010610	液压镐头	台班	0.0018	0.0018	0.0013	0.0013
	99030110	轨道式柴油打桩机 1.8 t	台班	0.0750	0.1020	0.0110	0.0184
	99030120	轨道式柴油打桩机 2.5 t	台班			0.0491	0.0559
	99090080	履带式起重机 10 t	台班	0.0750	0.1020	0.0110	0.0184
	99090090	履带式起重机 15 t	台班			0.0491	0.0559
	99091470	电动卷扬机单筒慢速 50 kN	台班	0.0901	0.0901	0.0901	0.0901
	99092030	索具 3 号	台班	0.0901	0.0901	0.0901	0.0901
	99330010	风镐	台班	0.0100	0.0100	0.0075	0.0075
	99430290	内燃空气压缩机 6 m^3/min	台班	0.0050	0.0050	0.0038	0.0038
	99510010	工程渣土外运	m^3	0.0400	0.0400	0.0300	0.0300

工作内容：1，2. 打桩准备、场内运桩、捆桩、吊桩、就位、打拔导桩、打桩、送桩、校正、凿桩头、移动桩架、安置或更换衬垫、添加润滑油及燃料、测量、记录、废料场内外运输处置等。

3. 放样、定位、打桩、工作面转移、材料场内运输等全部工作内容。

<table>
<tr><td colspan="3">定　额　编　号</td><td>H-5-1-17</td><td>H-5-1-18</td><td>H-5-1-19</td></tr>
<tr><td colspan="3" rowspan="3">项　　目</td><td colspan="2">打预制钢筋混凝土板桩</td><td rowspan="3">打木桩</td></tr>
<tr><td colspan="2">L≤20 m</td></tr>
<tr><td>陆上</td><td>支架上</td></tr>
<tr><td colspan="3"></td><td>m^3</td><td>m^3</td><td>m^3</td></tr>
<tr><td>预算定额编号</td><td>预算定额名称</td><td>预算定额单位</td><td colspan="3">数　　量</td></tr>
<tr><td>50-5-2-25</td><td>打预制钢筋混凝土板桩 L≤20 m 陆上</td><td>m^3</td><td>1.0000</td><td></td><td></td></tr>
<tr><td>50-5-3-11</td><td>接、送桩 打送桩 L≤24 m 陆上</td><td>m^3</td><td>0.1200</td><td></td><td></td></tr>
<tr><td>50-7-4-1</td><td>预制构件场内运输 构件重 10 t 以内 100 m</td><td>m^3</td><td>1.0000</td><td>1.0000</td><td></td></tr>
<tr><td>50-7-4-2</td><td>预制构件场内运输 构件重 10 t 以内 每增减 50 m</td><td>m^3</td><td>18.0000</td><td>18.0000</td><td></td></tr>
<tr><td>50-13-6-5</td><td>拆除工程 拆除钢筋混凝土</td><td>m^3</td><td>0.0300</td><td>0.0300</td><td></td></tr>
<tr><td>50-1-8-1</td><td>土方场外运输</td><td>m^3</td><td>0.0300</td><td>0.0300</td><td></td></tr>
<tr><td>50-5-2-26</td><td>打预制钢筋混凝土板桩 L≤20 m 支架上</td><td>m^3</td><td></td><td>1.0000</td><td></td></tr>
<tr><td>50-5-3-12</td><td>接、送桩 打送桩 L≤24 m 支架上</td><td>m^3</td><td></td><td>0.1400</td><td></td></tr>
<tr><td>50-5-2-28</td><td>打木桩</td><td>m^3</td><td></td><td></td><td>1.0000</td></tr>
</table>

工作内容：1，2. 打桩准备、场内运桩、捆桩、吊桩、就位、打拔导桩、打桩、送桩、校正、凿桩头、移动桩架、安置或更换衬垫、添加润滑油及燃料、测量、记录、废料场内外运输处置等。

3. 放样、定位、打桩、工作面转移、材料场内运输等全部工作内容。

定额编号				H-5-1-17	H-5-1-18	H-5-1-19
项目				打预制钢筋混凝土板桩		打木桩
				$L \leqslant 20$ m		
				陆上	支架上	
名称			单位	m^3	m^3	m^3
人工	00210103	综合工	工日	1.4401	1.5732	2.3111
材料	01050102	钢丝绳	kg	0.0003	0.0003	
	02190201	尼龙绳	kg	0.0002	0.0002	
	02330401	草垫	只	0.2400	0.2800	
	03150501	骑马钉	kg	0.4647	0.4647	
	03211101	风镐凿子	根	0.0088	0.0088	
	03211121	破碎锤钎杆 ϕ140	根	0.0001	0.0001	
	04290612	钢筋混凝土板桩	m^3	1.0141	1.0141	
	05030011	圆木	m^3			1.0200
	05030101	成材	m^3	0.0103	0.0103	
	05031801	枕木	m^3	0.0702	0.0702	
	14390101	氧气	m^3	0.0115	0.0115	
	14390301	乙炔气	m^3	0.0045	0.0045	
	17030102	镀锌焊接钢管	kg	1.4395	1.4395	
	35091911	送桩器摊销	kg	0.0927	0.1081	
	35092321	打桩专用圆木墩	只	0.0010	0.0011	
		其他材料费	%			5.0000
机械	99010060	履带式单斗液压挖掘机 1 m^3	台班	0.0018	0.0018	
	99010610	液压镐头	台班	0.0013	0.0013	
	99030120	轨道式柴油打桩机 2.5 t	台班	0.0097	0.0146	
	99030140	轨道式柴油打桩机 4 t	台班	0.0368	0.0479	
	99030970	震动锤 45 kW	台班			0.1360
	99090080	履带式起重机 10 t	台班	0.0097	0.0146	0.1360
	99090090	履带式起重机 15 t	台班	0.0368	0.0479	
	99091470	电动卷扬机单筒慢速 50 kN	台班	0.0901	0.0901	
	99092030	索具 3 号	台班	0.0901	0.0901	
	99330010	风镐	台班	0.0075	0.0075	
	99430290	内燃空气压缩机 6 m^3/min	台班	0.0038	0.0038	
	99510010	工程渣土外运	m^3	0.0300	0.0300	

第二节 钻孔灌注桩

工作内容：1，3. 挖土、埋设钢护筒、竖拆钻机、就位、钻孔、出碴、清孔、量孔、安拆导管及漏斗、混凝土配拌运及浇捣、凿除桩头、清理场地、废料及泥浆场内外运输处置等。

2，4. 水上埋设钢护筒、竖拆钻机、就位、钻孔、出碴、清孔、量孔、安拆导管及漏斗、混凝土配拌运及浇捣、凿除桩头、清理场地、废料及泥浆场内外运输处置等。

定额编号			H-5-2-1	H-5-2-2	H-5-2-3	H-5-2-4
项目			钻孔灌注桩			
			$\phi\leqslant600$		$\phi\leqslant800$	
			陆上	支架上	陆上	支架上
			m^3	m^3	m^3	m^3
预算定额编号	预算定额名称	预算定额单位	数量			
50-5-4-1	钻孔灌注桩 埋设钢护筒 陆上 $\phi\leqslant600$	m	0.4800			
50-5-4-9	钻孔灌注桩 回旋钻机钻孔 $\phi\leqslant600$	m^3	1.1400	1.1200		
50-5-4-13	钻孔灌注桩 灌注混凝土 商品水下混凝土	m^3	1.0000	1.0000	1.0000	1.0000
50-13-6-5	拆除工程 拆除钢筋混凝土	m^3	0.0300	0.0300	0.0300	0.0300
50-1-8-1	土方场外运输	m^3	0.0300	0.0300	0.0300	0.0300
50-1-8-2	泥浆场外运输	m^3	1.1400	1.1200	1.1400	1.1200
50-5-4-5	钻孔灌注桩 埋设钢护筒 支架上 $\phi\leqslant600$	m		0.7900		
50-5-4-2	钻孔灌注桩 埋设钢护筒 陆上 $\phi\leqslant800$	m			0.2700	
50-5-4-10	钻孔灌注桩 回旋钻机钻孔 $\phi\leqslant800$	m^3			1.1400	1.1200
50-5-4-6	钻孔灌注桩 埋设钢护筒 支架上 $\phi\leqslant800$	m				0.4500

工作内容：1，3. 挖土、埋设钢护筒、竖拆钻机、就位、钻孔、出碴、清孔、量孔、安拆导管及漏斗、混凝土配拌运及浇捣、凿除桩头、清理场地、废料及泥浆场内外运输处置等。

2，4. 水上埋设钢护筒、竖拆钻机、就位、钻孔、出碴、清孔、量孔、安拆导管及漏斗、混凝土配拌运及浇捣、凿除桩头、清理场地、废料及泥浆场内外运输处置等。

定额编号				H-5-2-1	H-5-2-2	H-5-2-3	H-5-2-4
项目				钻孔灌注桩			
				陆上	支架上	陆上	支架上
				φ≤600		φ≤800	
名称			单位	m^3	m^3	m^3	m^3
人工	00210103	综合工	工日	1.1308	1.2046	0.9104	0.9708
材料	03150101	圆钉	kg		0.0009		0.0005
	03150501	骑马钉	kg		0.0269		0.0153
	03211101	风镐凿子	根	0.0088	0.0088	0.0088	0.0088
	03211121	破碎锤钎杆 φ140	根	0.0001	0.0001	0.0001	0.0001
	05030011	圆木	m^3		0.0003		0.0002
	05031801	枕木	m^3		0.0024		0.0014
	14390101	氧气	m^3	0.0115	0.0115	0.0115	0.0115
	14390301	乙炔气	m^3	0.0045	0.0045	0.0045	0.0045
	34110101	水	m^3	3.1494	3.1018	3.0593	3.0143
	35010703	木模板成材	m^3		0.0002		0.0001
	35091111	钢护筒 φ600	t	0.0010	0.0017		
	35091121	钢护筒 φ800	t			0.0007	0.0012
	37010111	轻轨	kg		1.1054		0.6296
	80112011	护壁泥浆	m^3	0.2508	0.2464	0.7524	0.7392
	80211201	预拌水下混凝土(非泵送型)	m^3	1.2983	1.2983	1.2983	1.2983
机械	99010060	履带式单斗液压挖掘机 1 m^3	台班	0.0018	0.0018	0.0018	0.0018
	99010610	液压镐头	台班	0.0013	0.0013	0.0013	0.0013
	99030620	工程钻机 GPS-10	台班	0.0953	0.0936	0.0738	0.0725
	99030630	工程钻机 GPS-15	台班	0.0263	0.0263	0.0263	0.0263
	99030980	震动锤 90 kW	台班		0.0600		0.0456
	99050150	泥浆排放设备	台班	0.2322	0.2281	0.1180	0.1159
	99090080	履带式起重机 10 t	台班	0.0127		0.0095	
	99091380	电动卷扬机单筒快速 10 kN	台班		0.0600		0.0216
	99091530	电动卷扬机双筒慢速 50 kN	台班		0.0316		0.0240
	99092040	索具 4 号	台班		0.0600		0.0456
	99330010	风镐	台班	0.0075	0.0075	0.0075	0.0075
	99430200	电动空气压缩机 0.6 m^3/min	台班	0.0502	0.0493	0.0502	0.0493
	99430290	内燃空气压缩机 6 m^3/min	台班	0.0038	0.0038	0.0038	0.0038
	99440240	泥浆泵 φ50	台班	0.0953	0.0936	0.0738	0.0725
	99510010	工程渣土外运	m^3	0.0300	0.0300	0.0300	0.0300
	99510040	泥浆外运	m^3	1.1400	1.1200	1.1400	1.1200

工作内容：1，3. 挖土、埋设钢护筒、竖拆钻机、就位、钻孔、出碴、清孔、量孔、安拆导管及漏斗、混凝土配拌运及浇捣、凿除桩头、清理场地、废料及泥浆场内外运输处置等。

2，4. 水上埋设钢护筒、竖拆钻机、就位、钻孔、出碴、清孔、量孔、安拆导管及漏斗、混凝土配拌运及浇捣、凿除桩头、清理场地、废料及泥浆场内外运输处置等。

定额编号			H-5-2-5	H-5-2-6	H-5-2-7	H-5-2-8
项目			钻孔灌注桩			
			$\phi \leqslant 1\,000$		$\phi \leqslant 1\,200$	
			陆上	支架上	陆上	支架上
			m^3	m^3	m^3	m^3
预算定额编号	预算定额名称	预算定额单位	数量			
50-5-4-3	钻孔灌注桩 埋设钢护筒 陆上 $\phi \leqslant 1\,000$	m	0.1700			
50-5-4-11	钻孔灌注桩 回旋钻机钻孔 $\phi \leqslant 1\,000$	m^3	1.1400	1.1200		
50-5-4-13	钻孔灌注桩 灌注混凝土 商品水下混凝土	m^3	1.0000	1.0000	1.0000	1.0000
50-13-6-5	拆除工程 拆除钢筋混凝土	m^3	0.0300	0.0300	0.0300	0.0300
50-1-8-1	土方场外运输	m^3	0.0300	0.0300	0.0300	0.0300
50-1-8-2	泥浆场外运输	m^3	1.1400	1.1200	1.1400	1.1200
50-5-4-7	钻孔灌注桩 埋设钢护筒 支架上 $\phi \leqslant 1\,000$	m		0.2900		
50-5-4-4	钻孔灌注桩 埋设钢护筒 陆上 $\phi \leqslant 1\,200$	m			0.1200	
50-5-4-12	钻孔灌注桩 回旋钻机钻孔 $\phi \leqslant 1\,200$	m^3			1.1400	1.1200
50-5-4-8	钻孔灌注桩 埋设钢护筒 支架上 $\phi \leqslant 1\,200$	m				0.2000

工作内容：1，3. 挖土、埋设钢护筒、竖拆钻机、就位、钻孔、出碴、清孔、量孔、安拆导管及漏斗、混凝土配拌运及浇捣、凿除桩头、清理场地、废料及泥浆场内外运输处置等。

2，4. 水上埋设钢护筒、竖拆钻机、就位、钻孔、出碴、清孔、量孔、安拆导管及漏斗、混凝土配拌运及浇捣、凿除桩头、清理场地、废料及泥浆场内外运输处置等。

定额编号				H-5-2-5	H-5-2-6	H-5-2-7	H-5-2-8
项目				钻孔灌注桩			
				陆上	支架上	陆上	支架上
				$\phi\leqslant$1 000		$\phi\leqslant$1 200	
名称			单位	m^3	m^3	m^3	m^3
人工	00210103	综合工	工日	0.7915	0.8462	0.7269	0.7729
材料	03150101	圆钉	kg		0.0003		0.0002
	03150501	骑马钉	kg		0.0099		0.0068
	03211101	风镐凿子	根	0.0088	0.0088	0.0088	0.0088
	03211121	破碎锤钎杆 ϕ140	根	0.0001	0.0001	0.0001	0.0001
	05030011	圆木	m^3		0.0001		0.0001
	05031801	枕木	m^3		0.0009		0.0006
	14390101	氧气	m^3	0.0115	0.0115	0.0115	0.0115
	14390301	乙炔气	m^3	0.0045	0.0045	0.0045	0.0045
	34110101	水	m^3	2.9437	2.8998	2.8024	2.7609
	35010703	木模板成材	m^3		0.0001		0.0001
	35091131	钢护筒 ϕ1 000	t	0.0006	0.0010		
	35091141	钢护筒 ϕ1 200	t			0.0006	0.0011
	37010111	轻轨	kg		0.4058		0.4477
	80112011	护壁泥浆	m^3	0.7148	0.7022	0.6772	0.6653
	80211201	预拌水下混凝土(非泵送型)	m^3	1.2983	1.2983	1.2983	1.2983
机械	99010060	履带式单斗液压挖掘机 1 m^3	台班	0.0018	0.0018	0.0018	0.0018
	99010610	液压镐头	台班	0.0013	0.0013	0.0013	0.0013
	99030630	工程钻机 GPS-15	台班	0.0897	0.0886	0.0833	0.0823
	99030980	震动锤 90 kW	台班		0.0367		0.0317
	99050150	泥浆排放设备	台班	0.1121	0.1101	0.1062	0.1044
	99090080	履带式起重机 10 t	台班	0.0075		0.0065	
	99091380	电动卷扬机单筒快速 10 kN	台班		0.0174		0.0150
	99091530	电动卷扬机双筒慢速 50 kN	台班		0.0193		0.0167
	99092040	索具 4 号	台班		0.0367		0.0317
	99330010	风镐	台班	0.0075	0.0075	0.0075	0.0075
	99430200	电动空气压缩机 0.6 m^3/min	台班	0.0502	0.0493	0.0502	0.0493
	99430290	内燃空气压缩机 6 m^3/min	台班	0.0038	0.0038	0.0038	0.0038
	99440240	泥浆泵 ϕ50	台班	0.0634	0.0623	0.0570	0.0560
	99510010	工程渣土外运	m^3	0.0300	0.0300	0.0300	0.0300
	99510040	泥浆外运	m^3	1.1400	1.1200	1.1400	1.1200

工作内容:1. 注浆管开塞、压水测试、调制浆液、运料、桩底注浆、注浆管封孔、清洗设备等。
2. 声测管截断、封头、声测管连接、与钢筋笼固定等。
3. 钢筋制作、场内运输、安装。

定额编号			H-5-2-9	H-5-2-10	H-5-2-11
项目			灌注桩底注浆	声测管	灌注桩钢筋笼
			m^3	t	t
预算定额编号	预算定额名称	预算定额单位	数量		
50-5-4-14	钻孔灌注桩 灌注桩底注浆	m^3	1.0000		
50-5-4-15	钻孔灌注桩 声测管	t		1.0000	
50-5-4-16	钻孔灌注桩 灌注桩钢筋笼	t			1.0000

工作内容:1. 注浆管开塞、压水测试、调制浆液、运料、桩底注浆、注浆管封孔、清洗设备等。
2. 声测管截断、封头、声测管连接、与钢筋笼固定等。
3. 钢筋制作、场内运输、安装。

定额编号				H-5-2-9	H-5-2-10	H-5-2-11
项目				灌注桩底注浆	声测管	灌注桩钢筋笼
名称			单位	m^3	t	t
人工	00210103	综合工	工日	0.3750	4.9961	6.8733
材料	01010101	钢筋 综合	t			1.0250
	03130101	电焊条	kg			13.4900
	03152501	镀锌铁丝	kg		1.2440	1.8000
	04010112	水泥 42.5 级	t	0.8838		
	17070111	无缝钢管	kg		1 020.0000	
	34110101	水	m^3	0.8755		
		其他材料费	%	1.0000		
机械	99050773	灰浆搅拌机 200 L	台班	0.0625		
	99090360	汽车式起重机 8 t	台班			0.3621
	99170030	钢筋切断机 ϕ40	台班			0.4440
	99250020	交流弧焊机 32 kV·A	台班			2.7800
	99440670	液压注浆泵 HYB50/50-1 型	台班	0.0625		

第三节　地 基 加 固

工作内容:1. 钻机就位、钻孔、注浆管定位、卸料、压浆、拔管、清理、泥浆外运处置等。
2，3，4. 测量放线、桩机移位、定位、调制水泥浆、钻进、喷浆、搅拌、输送压浆、提升等全部操作过程。

定　额　编　号			H-5-3-1	H-5-3-2	H-5-3-3	H-5-3-4
项　　目			树根桩（承重）	水泥土搅拌桩（水泥掺量 13%）		
				单轴	二轴	
				一喷二搅	一喷二搅	二喷四搅
			m³	m³	m³	m³
预算定额编号	预算定额名称	预算定额单位	数　　量			
50-5-5-1	地基加固 树根桩（承重）	m³	1.0000			
50-1-8-2	泥浆场外运输	m³	1.0000			
50-5-5-2	地基加固 水泥土搅拌桩 单轴 钻进空搅	m³		0.1400		
50-5-5-3	地基加固 水泥土搅拌桩（水泥掺量 13%）单轴 一喷二搅	m³		1.0000		
50-5-5-4	地基加固 水泥土搅拌桩 二轴 钻进空搅	m³			0.1400	0.1400
50-5-5-5	地基加固 水泥土搅拌桩（水泥掺量 13%）二轴 一喷二搅	m³			1.0000	
50-5-5-6	地基加固 水泥土搅拌桩（水泥掺量 13%）二轴 二喷四搅	m³				1.0000

工作内容：1. 钻机就位、钻孔、注浆管定位、卸料、压浆、拔管、清理、泥浆外运处置等。

2，3，4. 测量放线、桩机移位、定位、调制水泥浆、钻进、喷浆、搅拌、输送压浆、提升等全部操作过程。

定额编号				H-5-3-1	H-5-3-2	H-5-3-3	H-5-3-4
项目				树根桩（承重）	水泥土搅拌桩（水泥掺量13%）		
					单轴	二轴	
					一喷二搅	一喷二搅	二喷四搅
名称			单位	m^3	m^3	m^3	m^3
人工	00210103	综合工	工日	2.4960	0.3179	0.1917	0.2666
材料	01290302	热轧钢板（中厚板）	kg		0.0651	0.0651	0.0651
	04010112	水泥 42.5 级	t	0.9600	0.2387	0.2387	0.2387
	04030115	黄砂 中粗	t	0.1980			
	04050215	碎石 5～25	t	1.6550			
	14351301	外加剂	kg	23.0000			
	34110101	水	m^3	2.3770	0.1287	0.1287	0.1287
	35041501	注浆管	kg	1.0390			
	80112011	护壁泥浆	m^3	0.2200			
机械	99030530	单轴搅拌桩机	台班		0.0454		
	99030540	双轴搅拌桩机	台班			0.0274	0.0381
	99030650	工程钻机（树根桩）	台班	0.1300			
	99050790	挤压式灰浆搅拌机 400 L	台班	0.1300			
	99050800	全自动灰浆搅拌系统 1 500 L	台班		0.0454	0.0274	0.0381
	99090080	履带式起重机 10 t	台班	0.1300			
	99440030	电动单级离心清水泵 ϕ100	台班	0.2600			
	99440560	压浆泵	台班	0.1300			
	99510040	泥浆外运	m^3	1.0000			

工作内容：1，2. 测量放线、桩机移位、定位、调制水泥浆、钻进、喷浆、搅拌、输送压浆、提升等全部操作过程。
3. 钻机就位、钻孔、注护壁泥浆、下注浆管、分段压密注浆等全部操作过程。
4. 测量放线、桩机移位、定位、钻孔、调制水泥浆、插入旋喷管、分层旋喷水泥浆等。

定额编号			H-5-3-5	H-5-3-6	H-5-3-7	H-5-3-8
项目			水泥土搅拌桩(水泥掺量20%)	水泥土搅拌桩	地下结构压密注浆(水泥掺量7%)	高压旋喷桩(水泥掺量25%)
			三轴	水泥掺量	注浆	喷浆
			一喷一搅	增减1%		单重管
			m^3	m^3	m^3	m^3
预算定额编号	预算定额名称	预算定额单位	数量			
50-5-5-7	地基加固 水泥土搅拌桩 三轴 钻进空搅	m^3	0.1400			
50-5-5-8	地基加固 水泥土搅拌桩(水泥掺量20%) 三轴 一喷一搅	m^3	1.0000			
50-5-5-9	地基加固 水泥土搅拌桩 水泥掺量增减1%	m^3		1.0000		
50-5-5-10	地基加固 地下结构压密注浆 机械钻孔	m			1.5300	
50-5-5-11	地基加固 地下结构压密注浆 注浆(水泥掺量7%)	m^3			1.0000	
50-5-5-12	地基加固 高压旋喷桩 钻孔	m				1.5300
50-5-5-13	地基加固 高压旋喷桩(水泥掺量25%) 喷浆 单重管	m^3				1.0000

工作内容：1，2. 测量放线、桩机移位、定位、调制水泥浆、钻进、喷浆、搅拌、输送压浆、提升等全部操作过程。

3. 钻机就位、钻孔、注护壁泥浆、下注浆管、分段压密注浆等全部操作过程。

4. 测量放线、桩机移位、定位、钻孔、调制水泥浆、插入旋喷管、分层旋喷水泥浆等。

定额编号				H-5-3-5	H-5-3-6	H-5-3-7	H-5-3-8
项目				水泥土搅拌桩（水泥掺量20%）	水泥土搅拌桩	地下结构压密注浆（水泥掺量7%）	高压旋喷桩（水泥掺量25%）
				三轴	水泥掺量	注浆	喷浆
				一喷一搅	增减1%		单重管
名称			单位	m^3	m^3	m^3	m^3
人工	00210103	综合工	工日	0.1146		0.3586	0.2679
材料	01290302	热轧钢板（中厚板）	kg	0.0651			
	04010112	水泥 42.5 级	t	0.3672	0.0184	0.1280	0.4590
	17030102	镀锌焊接钢管	kg			1.2173	
	17270201	普通橡胶管	m				0.0885
	34110101	水	m^3	0.4860	0.0243	0.0630	0.6832
	35041007	喷射管 $\phi 60\times 5$	m				0.0199
机械	99030500	单重管旋喷桩机	台班				0.0598
	99030560	三轴搅拌桩机 $\phi 850$	台班	0.0100			
	99050150	泥浆排放设备	台班				0.0289
	99050780	挤压式灰浆搅拌机 200 L	台班			0.0350	0.0289
	99050800	全自动灰浆搅拌系统 1 500 L	台班	0.0096			
	99191400	沉管设备	台班			0.0609	
	99430230	电动空气压缩机 6 m^3/min	台班	0.0096			
	99440170	电动多级离心清水泵 $\phi 200\times$ 280 m 以下	台班				0.0309
	99440670	液压注浆泵 HYB50/50-1 型	台班			0.0350	0.0289

工作内容：1，2. 测量放线、桩机移位、定位、钻孔、调制水泥浆、插入旋喷管、分层旋喷水泥浆等。
3. 工作船定位、装运塑料排水板、打排水板、工作面转移等全部工作内容。

定额编号			H-5-3-9	H-5-3-10	H-5-3-11
项目			高压旋喷桩（水泥掺量25%）	高压旋喷桩（水泥掺量30%）	打塑料排水板
			喷浆		水上
			双重管	三重管	高程−0.5～−3.0 m
			m^3	m^3	100 m
预算定额编号	预算定额名称	预算定额单位	数量		
50-5-5-12	地基加固 高压旋喷桩 钻孔	m	1.5300	1.5300	
50-5-5-14	地基加固 高压旋喷桩（水泥掺量25%）喷浆 双重管	m^3	1.0000		
50-5-5-15	地基加固 高压旋喷桩（水泥掺量30%）喷浆 三重管	m^3		1.0000	
50-5-5-16	地基加固 打塑料排水板 水上 高程−0.5～−3.0 m	100 m			1.0000

工作内容：1，2. 测量放线、桩机移位、定位、钻孔、调制水泥浆、插入旋喷管、分层旋喷水泥浆等。
3. 工作船定位、装运塑料排水板、打排水板、工作面转移等全部工作内容。

定额编号				H-5-3-9	H-5-3-10	H-5-3-11
项目				高压旋喷桩（水泥掺量 25%）	高压旋喷桩（水泥掺量 30%）	打塑料排水板
				喷浆		水上
				双重管	三重管	高程−0.5～−3.0 m
名称			单位	m^3	m^3	100 m
人工	00210103	综合工	工日	0.3784	0.4166	0.3585
材料	02110601	聚氯乙烯排水板	m			103.0000
	04010112	水泥 42.5 级	t	0.4590	0.5508	
	17270201	普通橡胶管	m	0.0885	0.0885	
	17270301	高压橡胶管	m	0.0443	0.0885	
	34110101	水	m^3	0.6829	0.7597	
	35041007	喷射管 ϕ60×5	m	0.0199	0.0199	
		其他材料费	%			5.0000
机械	98010280	GPS 定位设备	台班			0.0192
	99030510	双重管旋喷桩机	台班	0.0673		
	99030520	三重管旋喷桩机	台班		0.0728	
	99030990	震动锤 WM2-2500E	台班			0.1150
	99050150	泥浆排放设备	台班	0.0364	0.0419	
	99050780	挤压式灰浆搅拌机 200 L	台班	0.0364	0.0419	
	99410580	排水板专用作业船	艘班			0.0192
	99430160	柴油发电机 256 kW	台班			0.0192
	99430230	电动空气压缩机 6 m^3/min	台班	0.0364	0.0419	
	99440170	电动多级离心清水泵 ϕ200×280 m 以下	台班	0.0309	0.0309	
	99440180	电动多级离心清水泵 ϕ200×280 m 以上	台班		0.0419	
	99440670	液压注浆泵 HYB50/50-1 型	台班	0.0364	0.0419	
		其他机械费	%			5.0000

第四节 基 坑 围 护

工作内容：1. 钻机就位、钻孔、注浆管定位、卸料、压浆、拔管、清理、泥浆外运处置等。

2，3. 测量放样、开挖导向沟、安装导向夹具、准备打桩、涂刷黄油、吊运定位、施打、检测纠偏、设备移位。

4. 竖拆简易拔桩架、机械就位、振拔、移动拔桩架、桩孔灌砂、清理堆放等。

定额编号			H-5-4-1	H-5-4-2	H-5-4-3	H-5-4-4
项目			树根桩（围护）	柴油打桩机（0.6 t）打钢板桩	柴油打桩机（1.2 t）打钢板桩	简易拔桩架拔钢板桩
				桩长 6～9 m	桩长 9～12 m	桩长 6～9 m
			m^3	100 m	100 m	100 m
预算定额编号	预算定额名称	预算定额单位	数量			
50-5-6-1	基坑围护 树根桩（围护）	m^3	1.0000			
50-1-8-2	泥浆场外运输	m^3	1.0000			
50-5-6-2	基坑围护 柴油打桩机（0.6 t）打钢板桩 桩长 6～9 m	100 m		1.0000		
50-5-6-3	基坑围护 柴油打桩机（1.2 t）打钢板桩 桩长 9～12 m	100 m			1.0000	
50-5-6-4	基坑围护 简易拔桩架拔钢板桩 桩长 6～9 m	100 m				1.0000

工作内容: 1. 钻机就位、钻孔、注浆管定位、卸料、压浆、拔管、清理、泥浆外运处置等。

2，3. 测量放样、开挖导向沟、安装导向夹具、准备打桩、涂刷黄油、吊运定位、施打、检测纠偏、设备移位。

4. 竖拆简易拔桩架、机械就位、振拔、移动拔桩架、桩孔灌砂、清理堆放等。

定额编号				H-5-4-1	H-5-4-2	H-5-4-3	H-5-4-4
项目				树根桩（围护）	柴油打桩机(0.6 t)打钢板桩	柴油打桩机(1.2 t)打钢板桩	简易拔桩架拔钢板桩
					桩长 6～9 m	桩长 9～12 m	桩长 6～9 m
名称			单位	m^3	100 m	100 m	100 m
人工	00210103	综合工	工日	3.2640	135.9468	161.7492	123.9046
材料	04010112	水泥 42.5 级	t	0.8248			
	04030115	黄砂 中粗	t				11.6924
	04050215	碎石 5～25	t	1.5981			
	05030101	成材	m^3		0.1384	0.1817	
	14351301	外加剂	kg	20.6200			
	34110101	水	m^3	2.4507			
	35041501	注浆管	kg	1.6109			
	35090121	槽型钢板桩摊销	t		1.2979	1.8170	
	35091901	钢桩帽摊销	kg		64.8900	181.7000	
	80112011	护壁泥浆	m^3	0.2268			
		其他材料费	%		5.0000	5.0000	1.5000
机械	99030080	轨道式柴油打桩机 0.6 t	台班		12.9499		
	99030100	轨道式柴油打桩机 1.2 t	台班			12.9499	
	99030650	工程钻机(树根桩)	台班	0.1700			
	99030690	简易拔桩架	台班				14.9205
	99050790	挤压式灰浆搅拌机 400 L	台班	0.1700			
	99440030	电动单级离心清水泵 ϕ100	台班	0.3400			
	99440560	压浆泵	台班	0.1700			
	99510040	泥浆外运	m^3	1.0000			
		其他机械费	%		7.3000	3.8000	

工作内容：1，4. 竖拆简易拔桩架、机械就位、振拔、移动拔桩架、桩孔灌砂、清理堆放等。
3. 测量放样、开挖导向沟、安装导向夹具、准备打桩、涂刷黄油、吊运定位、施打、检测纠偏、设备移位。

定 额 编 号			H-5-4-5	H-5-4-6	H-5-4-7	H-5-4-8
项 目			振动锤拔钢板桩	槽型钢板桩使用费	柴油打桩机(1.8 t)打拉森钢板桩	振动锤拔拉森钢板桩
			桩长 9～12 m		桩长 8～12 m	
			100 m	t·d	100 m	100 m
预算定额编号	预算定额名称	预算定额单位	数 量			
50-5-6-5	基坑围护 振动锤拔钢板桩 桩长 9～12 m	100 m	1.0000			
50-5-6-6	基坑围护 槽型钢板桩使用费	t·d		1.0000		
50-5-6-7	基坑围护 柴油打桩机(1.8 t)打拉森钢板桩 桩长 8～12 m	100 m			1.0000	
50-5-6-8	基坑围护 振动锤拔拉森钢板桩 桩长 8～12 m	100 m				1.0000

工作内容：1，4. 竖拆简易拔桩架、机械就位、振拔、移动拔桩架，桩孔灌砂、清理堆放等。
3. 测量放样、开挖导向沟、安装导向夹具、准备打桩、涂刷黄油、吊运定位、施打、检测纠偏、设备移位。

定 额 编 号				H-5-4-5	H-5-4-6	H-5-4-7	H-5-4-8
项 目				振动锤拔钢板桩	槽型钢板桩使用费	柴油打桩机(1.8 t)打拉森钢板桩	振动锤拔拉森钢板桩
				桩长 9～12 m		桩长 8～12 m	
名 称			单位	100 m	t·d	100 m	100 m
人工	00210103	综合工	工日	87.6722		233.0454	182.7112
材料	04030115	黄砂 中粗	t	16.3694			25.7655
	05030101	成材	m^3			0.2288	
	35090131	槽型钢板桩使用费	t·d		1.0000		
	35090141	拉森钢板桩摊销	t			2.8600	
	35091901	钢桩帽摊销	kg			343.0000	
		其他材料费	%	1.5000		3.0000	1.5000
机械	99030110	轨道式柴油打桩机 1.8 t	台班			29.7079	
	99030970	震动锤 45 kW	台班	8.6840			20.2293
	99090110	履带式起重机 25 t	台班				20.2293
		其他机械费	%			2.2400	

工作内容:2. 备料、清除钢板桩粘带土、安拆支撑、转移、整理、堆放支撑等。
4. 桩机移位、成孔、固壁、安装、拆除导管及漏斗、浇筑、清理等。

定额编号			H-5-4-9	H-5-4-10	H-5-4-11	H-5-4-12
项目			拉森钢板桩使用费	安拆钢板桩支撑	钢板桩支撑使用费	咬合灌注桩
			t·d	t	t·d	m^3
预算定额编号	预算定额名称	预算定额单位	数量			
50-5-6-9	基坑围护 拉森钢板桩使用费	t·d	1.0000			
50-5-6-10	基坑围护 安拆钢板桩支撑	t		1.0000		
50-5-6-11	基坑围护 钢板桩支撑使用费	t·d			1.0000	
50-5-6-12	基坑围护 咬合灌注桩 钻机成孔	m^3				1.1400
50-5-6-13	基坑围护 咬合灌注桩 灌注混凝土	m^3				1.0000

工作内容:2. 备料、清除钢板桩粘带土、安拆支撑、转移、整理、堆放支撑等。
4. 桩机移位、成孔、固壁、安装、拆除导管及漏斗、浇筑、清理等。

定额编号				H-5-4-9	H-5-4-10	H-5-4-11	H-5-4-12
项目				拉森钢板桩使用费	安拆钢板桩支撑	钢板桩支撑使用费	咬合灌注桩
名称			单位	t·d	t	t·d	m^3
人工	00210103	综合工	工日		3.0258		2.1295
材料	01150103	热轧型钢 综合	kg		44.9000		
	03130101	电焊条	kg		0.8252		
	03154813	铁件	kg		2.0000		1.1970
	05031801	枕木	m^3				0.0046
	14390101	氧气	m^3		4.1262		
	14390301	乙炔气	m^3		2.0631		
	35090121	槽型钢板桩摊销	t		0.0100		
	35090151	拉森钢板桩使用费	t·d	1.0000			
	35091751	铁撑板使用费	t·d			1.0000	
	80211201	预拌水下混凝土(非泵送型)	m^3				1.1232
机械	99030420	钻孔咬合桩机	台班				0.1220
	99090420	汽车式起重机 25 t	台班		0.2751		
	99250020	交流弧焊机 32 kV·A	台班		0.5502		
	99440130	电动多级离心清水泵 ϕ 100×120 m 以下	台班				0.1220

工作内容：1，2. 桩机就位、成孔、喷浆下沉、提升等全部操作内容。
3. 按折机具、刷剂、插拔型钢等全部操作内容。

定额编号			H-5-4-13	H-5-4-14	H-5-4-15	H-5-4-16
项目			型钢水泥土搅拌墙			H型钢使用费
			水泥土搅拌墙(三轴)		插拔型钢	
			水泥掺量20%	水泥掺量每增减1%		
			m^3	m^3	t	t·d
预算定额编号	预算定额名称	预算定额单位	数量			
50-5-6-14	基坑围护 型钢水泥土搅拌墙 水泥土搅拌墙(三轴) 水泥掺量20%	m^3	1.0000			
50-5-6-15	基坑围护 型钢水泥土搅拌墙 水泥土搅拌墙(三轴) 水泥掺量每增减1%	m^3		1.0000		
50-5-6-16	基坑围护 型钢水泥土搅拌墙插型钢	t			1.0000	
50-5-6-17	基坑围护 型钢水泥土搅拌墙拔型钢	t			1.0000	
50-5-6-18	基坑围护 H型钢使用费	t·d				1.0000

工作内容：1，2. 桩机就位、成孔、喷浆下沉、提升等全部操作内容。

3. 按拆机具、刷剂、插拔型钢等全部操作内容。

定额编号				H-5-4-13	H-5-4-14	H-5-4-15	H-5-4-16
项目				型钢水泥土搅拌墙			H 型钢使用费
				水泥土搅拌墙(三轴)		插拔型钢	
				水泥掺量 20%	水泥掺量每增减 1%		
名称			单位	m^3	m^3	t	t·d
人工	00210103	综合工	工日	0.1560		1.2528	
材料	01150101	热轧型钢 综合	t			0.0500	
	01290302	热轧钢板(中厚板)	kg	0.0571			
	03130101	电焊条	kg			5.1646	
	04010112	水泥 42.5 级	t	0.3672	0.0183		
	14351001	减摩剂	kg			25.0000	
	14390101	氧气	m^3			2.5823	
	14390301	乙炔气	m^3			1.9367	
	34110101	水	m^3	0.6300	0.0830		
	35090311	H 型钢使用费	t·d				1.0000
机械	99030560	三轴搅拌桩机 ϕ850	台班	0.0104			
	99050670	液压泵车	台班			0.1838	
	99050800	全自动灰浆搅拌系统 1 500 L	台班	0.0104			
	99090110	履带式起重机 25 t	台班			0.2088	
	99091330	立式油压千斤顶 200 t	台班			0.3676	
	99250020	交流弧焊机 32 kV·A	台班			0.0750	
	99430230	电动空气压缩机 6 m^3/min	台班	0.0104			

工作内容：1，2. 吊车配合、围檩、支撑驳运卸车、定位放样、槽壁面凿出预埋件、钢牛腿焊接、支撑拼接、焊接安全栏杆、安装定位、活络接头固定、切割、吊出支撑分段、装车及堆放。

4. 吊车配合、驳运卸车、定位放样、钢牛腿焊接、应力补偿装置(含千斤顶、托架、盖板等)摊销及安装、拆除。

定额编号			H-5-4-17	H-5-4-18	H-5-4-19	H-5-4-20
项目			大型支撑安装及拆除		大型支撑使用费	应力补偿系统
			基坑宽度15 m以内	基坑宽度15 m以外		应力补偿装置安拆
			t	t	t·d	只
预算定额编号	预算定额名称	预算定额单位	数量			
50-5-6-19	基坑围护 大型支撑 基坑宽度15 m以内 安装	t	1.0000			
50-5-6-20	基坑围护 大型支撑 基坑宽度15 m以内 拆除	t	1.0000			
50-5-6-21	基坑围护 大型支撑 基坑宽度15 m以外 安装	t		1.0000		
50-5-6-22	基坑围护 大型支撑 基坑宽度15 m以外 拆除	t		1.0000		
50-5-6-23	基坑围护 大型支撑使用费	t·d			1.0000	
50-5-6-24	基坑围护 应力补偿系统 应力补偿装置安拆	只				1.0000

工作内容：1，2. 吊车配合、围檩、支撑驳运卸车、定位放样、槽壁面凿出预埋件、钢牛腿焊接、支撑拼接、焊接安全栏杆、安装定位、活络接头固定、切割、吊出支撑分段、装车及堆放。

4. 吊车配合、驳运卸车、定位放样、钢牛腿焊接、应力补偿装置（含千斤顶、托架、盖板等）摊销及安装、拆除。

定额编号				H-5-4-17	H-5-4-18	H-5-4-19	H-5-4-20
项目				大型支撑安装及拆除		大型支撑使用费	应力补偿系统
				基坑宽度 15 m 以内	基坑宽度 15 m 以外		应力补偿装置安拆
人工	00210103	综合工	工日	3.3223	2.9466		22.5000
材料	01290302	热轧钢板（中厚板）	kg	7.8390	4.7235		320.0000
	03014101	六角螺栓连母垫	kg	2.5628	2.1527		
	03130101	电焊条	kg	1.0955	0.6633		1.0080
	03154813	铁件	kg	11.6781	7.0350		
	05031801	枕木	m^3	0.0504	0.0403		
	35050502	钢围檩	kg	5.2763	3.1959		
	35090631	大型支撑使用费	t·d			1.0000	
	35090641	基坑钢管支撑摊销	kg	25.1250	25.1250		
		其他材料费	%				3.0000
机械	99070540	载重汽车 6 t	台班	0.0748	0.0748		
	99090110	履带式起重机 25 t	台班	0.3100			
	99090130	履带式起重机 40 t	台班		0.3100		
	99090180	履带式起重机 90 t	台班				1.2000
	99090360	汽车式起重机 8 t	台班	0.0290	0.0270		
	99091320	立式油压千斤顶 100 t	台班	0.2220	0.2220		
	99250020	交流弧焊机 32 kV·A	台班	0.1800	0.1100		0.2822
	99430250	电动空气压缩机 10 m^3/min	台班	0.0460	0.0280		
		其他机械费	%				3.0000

工作内容:1. 应力补偿装置(含千斤顶、托架、盖板等)使用。
2. 分节焊接、起吊安装矫正、切割、分段吊出、场内运输堆放。

定　额　编　号			H-5-4-21	H-5-4-22
项　　目			应力补偿系统 使用	格构柱 安装及拆除
			套·天	t
预算定额编号	预算定额名称	预算定额单位	数　　量	
50-5-6-25	基坑围护 应力补偿系统 使用	套·天	1.0000	
50-5-6-26	基坑围护 格构柱 安装	t		1.0000
50-5-6-27	基坑围护 格构柱 拆除	t		1.0000

工作内容:1. 应力补偿装置(含千斤顶、托架、盖板等)使用。
2. 分节焊接、起吊安装矫正、切割、分段吊出、场内运输堆放。

定　额　编　号				H-5-4-21	H-5-4-22
项　　目				应力补偿系统 使用	格构柱 安装及拆除
名　　称			单位	套·天	t
人工	00210103	综合工	工日	18.0000	2.7199
材料	01050102	钢丝绳	kg		0.0305
	03038712	小滑轮 ϕ56	个		0.7012
	03130101	电焊条	kg		2.9000
	03153712	卸扣 ϕ24	只		0.7012
	14070401	液压油	kg	10.0000	
	14390101	氧气	m^3		1.8294
	14390301	乙炔气	m^3		0.6098
	33010151	钢格构柱	t		0.8000
		其他材料费	%	5.0000	
机械	99090150	履带式起重机 60 t	台班		0.2798
	99091470	电动卷扬机单筒慢速 50 kN	台班		0.0657
	99091890	千斤顶(预应力补偿系统)	台班	192.0000	
	99170300	总控箱(预应力补偿系统)	台班	3.0000	
	99170310	分控箱(预应力补偿系统)	台班	12.0000	
	99250020	交流弧焊机 32 kV·A	台班		0.1277
	99430430	油泵车(预应力补偿系统)	台班	48.0000	
		其他机械费	%	5.0000	

第五节　混凝土块联锁排

工作内容：软体排复合、拼接、制作混凝土连锁块、场内运输堆放、运输排体、定位、铺设、移船等。

定额编号			H-5-5-1	H-5-5-2	H-5-5-3
项目			混凝土联锁排		
			铺设		
			混凝土连锁块 0.45×0.45×0.12 m	混凝土连锁块 0.4×0.4×0.16 m	混凝土连锁块 0.4×0.4×0.2 m
			10 000 m^2	10 000 m^2	10 000 m^2
预算定额编号	预算定额名称	预算定额单位	数量		
50-5-7-2	混凝土联锁排 铺设 混凝土连锁块 0.45×0.45×0.12 m	10 000 m^2	1.0000		
50-5-8-10	砂肋软体排 土工布针刺复合	10 000 m^2	1.0000	1.0000	1.0000
50-5-7-1	混凝土联锁排 预制及堆放	m^3	1 129.0000	1 190.0000	1 487.0000
50-5-7-3	混凝土联锁排 铺设 混凝土连锁块 0.4×0.4×0.16 m	10 000 m^2		1.0000	
50-5-7-4	混凝土联锁排 铺设 混凝土连锁块 0.4×0.4×0.2 m	10 000 m^2			1.0000

工作内容：软体排复合、拼接、制作混凝土连锁块、场内运输堆放、运输排体、定位、铺设、移船等。

定额编号				H-5-5-1	H-5-5-2	H-5-5-3
项目				混凝土联锁排		
				铺设		
				混凝土连锁块 0.45×0.45×0.12 m	混凝土连锁块 0.4×0.4×0.16 m	混凝土连锁块 0.4×0.4×0.2 m
名称			单位	10 000 m^2	10 000 m^2	10 000 m^2
人工	00210103	综合工	工日	1 469.2285	1 521.5970	1 776.5715
材料	01050102	钢丝绳	kg	189.6254	189.6254	189.6254
	01150103	热轧型钢 综合	kg	4 196.4027	4 423.1348	5 527.0600
	02271701	机织布	m^2	500.0000	500.0000	500.0000
	02310511	丙纶绳 ϕ7	kg	62.7555	62.7555	62.7555
	02310512	丙纶绳 ϕ14	kg	29.4250	28.9435	28.9435
	02310513	丙纶绳 ϕ16	kg	6 747.6691	7 112.2465	8 887.3197
	05030101	成材	m^3	14.7606	15.5581	19.4411
	36030102	土工加筋带	m	22 506.3800	22 506.3800	22 506.3800
	36030151	土工布缝制线	kg	39.6296	39.6296	39.6296
	36030231	基垫土工布	m^2	14 009.5100	14 009.5100	14 009.5100
	80210401	预拌混凝土(泵送型)	m^3	1 238.1828	1 305.0819	1 630.8041
机械	98010280	GPS 定位设备	台班	14.5110	14.5110	14.5110
	99050930	混凝土振捣器 插入式	台班	15.0857	15.9008	19.8693
	99070240	轮胎式装载机 2 m^3	台班	14.9705	15.7794	19.7176
	99070550	载重汽车 8 t	台班	0.2100	0.2100	0.2100
	99070740	平板拖车组 15 t	台班	43.1970	43.1970	43.1970
	99090130	履带式起重机 40 t	台班	13.3035	13.3035	13.3035
	99090410	汽车式起重机 20 t	台班	56.7424	59.7912	74.6353
	99250020	交流弧焊机 32 kV·A	台班	17.7343	18.6925	23.3578
	99250750	中速高密度针刺土工布复合机	台班	2.9070	2.9070	2.9070
	99410150	潜水组	台班	14.5110	14.5110	14.5110
	99410290	深仓自航驳 150 t	艘班	0.5345	0.5345	0.5345
	99410300	深仓自航驳 500 t	艘班	18.8139	18.8139	18.8139
	99410350	抛锚艇 243 kW	艘班	3.3201	3.3201	3.3201
	99410570	软体排铺排专用作业船	艘班	14.5131	14.5131	14.5131

第六节　砂肋软体排

工作内容: 缝制排体、运输排体、铺排船定位、充填砂肋、铺设、移船等。

定额编号			H-5-6-1	H-5-6-2	H-5-6-3	H-5-6-4
项目			砂肋软体排			
			砂肋直径ϕ30 cm			砂肋直径ϕ35 cm
			砂肋@0.5 m	砂肋@1.0 m	砂肋@1.5 m	砂肋@0.5 m
			10 000 m^2	10 000 m^2	10 000 m^2	10 000 m^2
预算定额编号	预算定额名称	预算定额单位	数量			
50-5-8-1	砂肋软体排 砂肋直径ϕ30 cm 砂肋@0.5 m	10 000 m^2	1.0000			
50-5-8-10	砂肋软体排 土工布针刺复合	10 000 m^2	1.0000	1.0000	1.0000	1.0000
50-5-8-2	砂肋软体排 砂肋直径ϕ30 cm 砂肋@1.0 m	10 000 m^2		1.0000		
50-5-8-3	砂肋软体排 砂肋直径ϕ30 cm 砂肋@1.5 m	10 000 m^2			1.0000	
50-5-8-4	砂肋软体排 砂肋直径ϕ35 cm 砂肋@0.5 m	10 000 m^2				1.0000

工作内容：缝制排体、运输排体、铺排船定位、充填砂肋、铺设、移船等。

定额编号				H-5-6-1	H-5-6-2	H-5-6-3	H-5-6-4
项目				砂肋软体排			
				砂肋直径ϕ30 cm			砂肋直径ϕ35 cm
				砂肋@0.5 m	砂肋@1.0 m	砂肋@1.5 m	砂肋@0.5 m
名称			单位	10 000 m^2	10 000 m^2	10 000 m^2	10 000 m^2
人工	00210103	综合工	工日	535.6225	423.8870	350.7877	543.7050
材料	01050102	钢丝绳	kg	187.8532	186.0810	184.3088	187.8532
	02271701	机织布	m^2	500.0000	500.0000	500.0000	500.0000
	02310512	丙纶绳 ϕ14	kg	28.6730	28.4025	28.1320	28.6730
	04031001	充填砂	m^3	2 174.0600	1 076.2500	710.3200	2 957.4000
	36030102	土工加筋带	m	40 993.3800	27 340.9500	22 250.8000	45 455.9800
	36030151	土工布缝制线	kg	82.0876	60.1011	49.0235	82.0876
	36030231	基垫土工布	m^2	13 133.4000	13 009.5000	12 885.6000	13 133.4000
	36030241	砂肋土工布	m^2	27 907.6800	13 822.2000	9 127.0400	32 033.2000
机械	98010280	GPS定位设备	台班	13.1996	7.7640	6.2895	17.9540
	99070550	载重汽车 8 t	台班	0.2100	0.2100	0.2100	0.2100
	99090410	汽车式起重机 20 t	台班	0.3150	0.3150	0.3150	0.3150
	99250750	中速高密度针刺土工布复合机	台班	2.9070	2.9070	2.9070	2.9070
	99410290	深仓自航驳 150 t	艘班	0.5345	0.5345	0.5345	0.5345
	99410350	抛锚艇 243 kW	艘班	3.7013	3.0592	2.4171	3.8864
	99410570	软体排铺排专用作业船	艘班	13.1996	7.7640	6.2874	17.9540
	99410610	潜水设备	台班	13.1996	7.7640	6.2874	17.9540
	99440258	泥浆泵 ϕ100(无电)	台班	52.7940	31.0562	25.1475	71.8156

工作内容:缝制排体、运输排体、铺排船定位、充填砂肋、铺设、移船等。

定额编号			H-5-6-5	H-5-6-6	H-5-6-7	H-5-6-8
项目			砂肋软体排			
			砂肋直径ϕ35 cm		砂肋直径ϕ40 cm	
			砂肋@1.0 m	砂肋@1.5 m	砂肋@0.5 m	砂肋@1.0 m
			10 000 m^2	10 000 m^2	10 000 m^2	10 000 m^2
预算定额编号	预算定额名称	预算定额单位	数量			
50-5-8-5	砂肋软体排 砂肋直径ϕ35 cm 砂肋@1.0 m	10 000 m^2	1.0000			
50-5-8-10	砂肋软体排 土工布针刺复合	10 000 m^2	1.0000	1.0000	1.0000	1.0000
50-5-8-6	砂肋软体排 砂肋直径ϕ35 cm 砂肋@1.5 m	10 000 m^2		1.0000		
50-5-8-7	砂肋软体排 砂肋直径ϕ40 cm 砂肋@0.5 m	10 000 m^2			1.0000	
50-5-8-8	砂肋软体排 砂肋直径ϕ40 cm 砂肋@1.0 m	10 000 m^2				1.0000

工作内容:缝制排体、运输排体、铺排船定位、充填砂肋、铺设、移船等。

定额编号				H-5-6-5	H-5-6-6	H-5-6-7	H-5-6-8
项目				砂肋软体排			
				砂肋直径ϕ35 cm		砂肋直径ϕ40 cm	
				砂肋@1.0 m	砂肋@1.5 m	砂肋@0.5 m	砂肋@1.0 m
名称			单位	10 000 m^2	10 000 m^2	10 000 m^2	10 000 m^2
人工	00210103	综合工	工日	429.3963	354.4657	547.1823	431.2508
材料	01050102	钢丝绳	kg	186.0810	184.3088	187.8532	186.0810
	02271701	机织布	m^2	500.0000	500.0000	500.0000	500.0000
	02310512	丙纶绳 ϕ14	kg	28.4025	28.1320	28.6730	28.4025
	04031001	充填砂	m^3	1 464.7500	967.2000	3 862.6400	1 913.1000
	36030102	土工加筋带	m	29 551.2000	23 709.9200	49 917.5200	31 761.4500
	36030151	土工布缝制线	kg	60.1011	49.0235	82.0876	60.1011
	36030231	基垫土工布	m^2	13 009.5000	12 885.6000	13 133.4000	13 009.5000
	36030241	砂肋土工布	m^2	15 866.5500	10 475.9200	36 159.7800	17 908.8000
机械	98010280	GPS 定位设备	台班	10.5667	8.5604	23.4494	13.8011
	99070550	载重汽车 8 t	台班	0.2100	0.2100	0.2100	0.2100
	99090410	汽车式起重机 20 t	台班	0.3150	0.3150	0.3150	0.3150
	99250750	中速高密度针刺土工布复合机	台班	2.9070	2.9070	2.9070	2.9070
	99410290	深仓自航驳 150 t	艘班	0.5345	0.5345	0.5345	0.5345
	99410350	抛锚艇 243 kW	艘班	3.2122	2.5380	3.8864	3.2122
	99410570	软体排铺排专用作业船	艘班	10.5667	8.5604	23.4494	13.8011
	99410610	潜水设备	台班	10.5667	8.5604	23.4494	13.8011
	99440258	泥浆泵 ϕ100(无电)	台班	42.2666	34.2416	93.7978	55.2042

工作内容：缝制排体、运输排体、铺排船定位、充填砂肋、铺设、移船等。

定　额　编　号			H-5-6-9
项　　目			砂肋软体排
			砂肋直径ϕ40 cm
			砂肋@1.5 m
			10 000 m^2
预算定额编号	预算定额名称	预算定额单位	数　　量
50-5-8-9	砂肋软体排 砂肋直径ϕ40 cm 砂肋@1.5 m	10 000 m^2	1.0000
50-5-8-10	砂肋软体排 土工布针刺复合	10 000 m^2	1.0000

工作内容：缝制排体、运输排体、铺排船定位、充填砂肋、铺设、移船等。

定　额　编　号				H-5-6-9
项　　目				砂肋软体排
				砂肋直径ϕ40 cm
				砂肋@1.5 m
名　　称			单位	10 000 m^2
人工	00210103	综合工	工日	355.8102
材料	01050102	钢丝绳	kg	184.3088
	02271701	机织布	m^2	500.0000
	02310512	丙纶绳 ϕ14	kg	28.1320
	04031001	充填砂	m^3	1 263.6000
	36030102	土工加筋带	m	25 169.0400
	36030151	土工布缝制线	kg	49.0235
	36030231	基垫土工布	m^2	12 885.6000
	36030241	砂肋土工布	m^2	11 826.8800
机械	98010280	GPS 定位设备	台班	11.1838
	99070550	载重汽车 8 t	台班	0.2100
	99090410	汽车式起重机 20 t	台班	0.3150
	99250750	中速高密度针刺土工布复合机	台班	2.9070
	99410290	深仓自航驳 150 t	艘班	0.5345
	99410350	抛锚艇 243 kW	艘班	2.5380
	99410570	软体排铺排专用作业船	艘班	11.1838
	99410610	潜水设备	台班	11.1838
	99440258	泥浆泵 ϕ100(无电)	台班	44.7349

第六章　现浇混凝土工程

说　明

一、本章定额包括垫层，底部结构，墩、柱、墙结构，板、梁、帽结构，其他结构，渠道，植筋，共 7 节内容。

二、本章定额泵送预拌混凝土子目不包括泵送费用，泵送费用按相应定额执行；如采用非泵送预拌混凝土浇筑，按相应泵送预拌混凝土子目人工乘以 1.18 系数，机械乘以 1.25 系数。

三、混凝土定额已包括模板含量。

四、本章定额中嵌石混凝土的块石含量为 15%，如与设计不同，可以换算，但人工与机械不予调整。

五、闸墩（边墙）与工作桥排架（支墩）的划分：内河墩（墙）顶至工作桥梁底之间的结构为工作桥排架（支墩）。

六、闸、站底板，消力池，护坦铺盖应包括齿槛、消力坎（墩）等附着结构。

七、二期混凝土浇筑，套用现浇混凝土立柱、端柱、灯柱定额。

八、现浇小型混凝土排水沟适用于大堤（或其他）坡面上沟槽口宽≤1 m 的现浇混凝土整体式排水沟。

九、模袋混凝土护坡适用于沿海、沿河岸坡防护。

十、渠道混凝土适用于引水、泄水灌溉渠道，不适用于渠边有重力式挡墙的明渠。

十一、渠道已包含 500 m 以内混凝土场内运输。

十二、钢筋按结构部位套用相应定额。

十三、植筋定额不包括钢筋本身，按设计植筋长度乘以单位理论重量并入相应定额内计算。如使用化学螺栓，可另行计算，但应扣除定额内的植筋胶消耗量。

工程量计算规则

一、混凝土工程量按设计图示尺寸的实体积（扣除空心板、梁的空心体积）以立方米计算，不扣除钢筋、铁丝、铁件和螺栓所占的体积。另有规定者除外。

二、钢筋数量按设计图示用量以吨计算。

三、各类混凝土及钢筋混凝土结构内的孔洞（包括门洞、检修孔、工作桥面板闸门吊孔，泵、闸底板集水井、阀门井等），单孔面积（或井坑截面积）在 0.3 m^2 以内的孔洞体积不予扣除，单孔面积在 0.3 m^2 以外的应予扣除。

四、台阶按设计图示尺寸的水平投影面积以平方米计算。台阶与平台连接时，以最上层踏步外沿加 300 mm 计算。架空式混凝土台阶按现浇混凝土楼梯计算。

五、模袋混凝土护坡按设计图示的护坡面积以平方米计算。

六、植筋不分孔深，按钢筋规格以根计算。

七、混凝土输送按泵送混凝土相应定额子目的混凝土消耗量以立方米计算。若采用二级输送泵，则工程量乘以系数 2.0。

第一节 垫 层

工作内容：1. 混凝土浇筑、抹平、养护、清理等。
2. 清理、平仓浇筑、振捣、养护、工作面运输及辅助工作等。
3. 浇筑、振捣、养护、工作面运输及辅助工作等。

定额编号			H-6-1-1	H-6-1-2	H-6-1-3
项目			混凝土垫层	回填素混凝土	
				陆上	水下
			m^3	m^3	m^3
预算定额编号	预算定额名称	预算定额单位	数量		
50-6-1-1	混凝土垫层	m^3	1.0000		
50-6-1-2	垫层 回填素混凝土 陆上	m^3		1.0000	
50-6-1-3	垫层 回填素混凝土 水下	m^3			1.0000

工作内容：1. 混凝土浇筑、抹平、养护、清理等。
2. 清理、平仓浇筑、振捣、养护、工作面运输及辅助工作等。
3. 浇筑、振捣、养护、工作面运输及辅助工作等。

定额编号				H-6-1-1	H-6-1-2	H-6-1-3
项目				混凝土垫层	回填素混凝土	
					陆上	水下
名称			单位	m^3	m^3	m^3
人工	00210103	综合工	工日	0.3315	0.2634	0.2881
材料	17030102	镀锌焊接钢管	kg			0.0117
	34110101	水	m^3		0.0160	
	80210501	预拌混凝土(非泵送型)	m^3	1.0100	1.0100	1.0100
		其他材料费	%		0.5000	0.5000
机械	99050930	混凝土振捣器 插入式	台班		0.0801	0.0400
	99050940	混凝土振捣器 平板式	台班	0.0366		
		其他机械费	%		3.0000	3.0000

第二节　底部结构

工作内容：模板制作、安装及拆除、涂脱模剂，混凝土浇筑、捣实、养护，材料场内运输等全部操作过程。

定额编号			H-6-2-1	H-6-2-2	H-6-2-3	H-6-2-4
项目			混凝土基础、底板			嵌石混凝土基础
			厚度≤0.5 m	厚度≤1.0 m	厚度>1.0 m	
			m^3	m^3	m^3	m^3
预算定额编号	预算定额名称	预算定额单位	数量			
50-6-2-7	底部结构 翻浪墙底板 混凝土	m^3	0.5000			
50-6-2-13	底部结构 基础 混凝土	m^3	0.5000	0.5000		
50-14-10-6	现浇混凝土模板 岸翼墙底板 直线型	m^2	0.3500			
50-14-10-9	现浇混凝土模板 基础	m^2	1.4000	0.5100		1.5000
50-6-2-3	底部结构 消力池、护坦铺盖 混凝土	m^3		0.5000		
50-14-10-2	现浇混凝土模板 消力池、护坦铺盖	m^2		0.1300		
50-6-2-1	底部结构 闸、站底板 混凝土	m^3			1.0000	
50-14-10-1	现浇混凝土模板 闸、站底板	m^2			0.3300	
50-6-2-12	底部结构 基础 嵌石混凝土	m^3				1.0000

工作内容：模板制作、安装及拆除、涂脱模剂，混凝土浇筑、捣实、养护，材料场内运输等全部操作过程。

定额编号				H-6-2-1	H-6-2-2	H-6-2-3	H-6-2-4
项目				混凝土基础、底板			嵌石混凝土基础
				厚度≤0.5 m	厚度≤1.0 m	厚度>1.0 m	
名称			单位	m^3	m^3	m^3	m^3
人工	00210103	综合工	工日	0.4495	0.2403	0.1857	0.5801
材料	02310105	无纺布 100 g/m^2	m^2	0.6426	0.3856	0.3239	0.3798
	03014101	六角螺栓连母垫	kg	0.0883	0.0208	0.0587	
	03150101	圆钉	kg	0.0796	0.0255	0.0314	0.0733
	03154813	铁件	kg	0.0383	0.0498	0.0498	
	04110507	块石 100～400	t				0.4128
	34110101	水	m^3	0.0957	0.0574	0.0482	0.0565
	35010101	钢模板	kg	1.1309	0.4136	0.2091	0.9741
	35010703	木模板成材	m^3	0.0054	0.0027	0.0036	0.0046
	35020109	钢模支撑 ϕ48	kg	0.4499	0.1646	0.1000	0.3832
	35020401	钢模零配件	kg	1.7937	0.6539	0.0789	1.8433
	80210401	预拌混凝土(泵送型)	m^3	1.0100	1.0100	1.0100	0.8628
机械	99050930	混凝土振捣器 插入式	台班	0.0697	0.0501	0.0432	0.0459
	99050940	混凝土振捣器 平板式	台班	0.0349	0.0359	0.0432	0.0230
	99070540	载重汽车 6 t	台班	0.0049	0.0018	0.0007	0.0045
	99090080	履带式起重机 10 t	台班	0.0032	0.0012		0.0035
	99210010	木工圆锯机 ϕ500	台班	0.0003	0.0004	0.0010	
	99210070	木工平刨床 刨削宽度 500	台班	0.0002	0.0004	0.0010	

工作内容：模板制作、安装及拆除、涂脱模剂，混凝土浇筑、捣实、养护，材料场内运输等全部操作过程。

定　额　编　号			H-6-2-5	H-6-2-6	H-6-2-7
项　　目			流道	承台混凝土	
				有底模	无底模
			m³	m³	m³
预算定额编号	预算定额名称	预算定额单位	数　　量		
50-6-2-13	底部结构 基础 混凝土	m³			
50-14-10-9	现浇混凝土模板 基础	m²			
50-6-2-5	底部结构 流道 混凝土	m³	1.0000		
50-14-10-3	现浇混凝土模板 流道 外模	m²	2.5000		
50-14-10-4	现浇混凝土模板 流道 内模	m³	0.5500		
50-6-2-15	底部结构 承台 混凝土	m³		1.0000	1.0000
50-14-10-10	现浇混凝土模板 承台 有底模	m²		4.0000	
50-14-10-11	现浇混凝土模板 承台 无底模	m²			1.7500

工作内容：模板制作、安装及拆除、涂脱模剂，混凝土浇筑、捣实、养护，材料场内运输等全部操作过程。

定　额　编　号				H-6-2-5	H-6-2-6	H-6-2-7
项　　目				流道	承台混凝土	
					有底模	无底模
名　　称			单位	m³	m³	m³
人工	00210103	综合工	工日	1.2301	1.2198	0.4925
材料	02310105	无纺布 100 g/m²	m²	0.4975	0.5934	0.5934
	03014101	六角螺栓连母垫	kg	0.6011		
	03150101	圆钉	kg	0.3468	0.7995	0.8035
	03154813	铁件	kg	0.3810	0.6589	
	34110101	水	m³	0.0740	0.0883	0.0883
	35010101	钢模板	kg	1.5995		1.1400
	35010703	木模板成材	m³	0.0427	0.0840	0.0064
	35020109	钢模支撑 φ48	kg	0.7652		0.8973
	35020401	钢模零配件	kg	0.6040		0.4259
	80210401	预拌混凝土(泵送型)	m³	1.0100	1.0100	1.0100
机械	99050930	混凝土振捣器 插入式	台班	0.0360	0.0824	0.0824
	99050940	混凝土振捣器 平板式	台班	0.0180		
	99070540	载重汽车 6 t	台班	0.0064		0.0051
	99090080	履带式起重机 10 t	台班	0.0087	0.0652	0.0039
	99210010	木工圆锯机 φ500	台班	0.0785	0.0388	
	99210070	木工平刨床 刨削宽度 500	台班	0.0738		

工作内容：模板制作、安装及拆除、涂脱模剂，混凝土浇筑、捣实、养护，材料场内运输等全部操作过程。

定额编号			H-6-2-8	H-6-2-9	H-6-2-10	H-6-2-11
项目			桥头搭板及枕梁	基坑混凝土支撑	格埂	大方脚
			m^3	m^3	m^3	m^3
预算定额编号	预算定额名称	预算定额单位	数量			
50-6-2-16	底部结构 桥头搭板及枕梁 混凝土	m^3	1.0000			
50-14-10-12	现浇混凝土模板 桥头搭板及枕梁	m^2	0.8000			
50-6-2-18	底部结构 基坑混凝土支撑 混凝土	m^3		1.0000		
50-14-10-13	现浇混凝土模板 基坑混凝土支撑	m^2		5.0000		
50-6-2-20	底部结构 格埂 混凝土	m^3			1.0000	
50-14-10-14	现浇混凝土模板 格埂、大方脚	m^2			5.6000	3.0000
50-6-2-21	底部结构 大方脚 混凝土	m^3				1.0000

工作内容：模板制作、安装及拆除、涂脱模剂，混凝土浇筑、捣实、养护，材料场内运输等全部操作过程。

定额编号				H-6-2-8	H-6-2-9	H-6-2-10	H-6-2-11
项目				桥头搭板及枕梁	基坑混凝土支撑	格埂	大方脚
名称			单位	m^3	m^3	m^3	m^3
人工	00210103	综合工	工日	0.6179	1.8732	1.2258	0.7102
材料	02310105	无纺布 100 g/m^2	m^2	1.3179	0.7333	1.0243	0.5121
	03150101	圆钉	kg	0.0106	1.2750	0.5279	0.2828
	03154701	金属帽	个	1.6000			
	03154813	铁件	kg		8.2210		
	34110101	水	m^3	0.1961	0.0821	0.1524	0.0762
	35010101	钢模板	kg	0.5294	3.8655		
	35010703	木模板成材	m^3	0.0003	0.0365	0.0197	0.0106
	35020401	钢模零配件	kg	1.8960	0.5670		
	80210401	预拌混凝土(泵送型)	m^3		1.0100		
	80210501	预拌混凝土(非泵送型)	m^3	1.0100		1.0100	1.0100
机械	99050930	混凝土振捣器 插入式	台班	0.3053	0.0615	0.0540	0.0540
	99070540	载重汽车 6 t	台班	0.0011	0.0400	0.0112	0.0060
	99090080	履带式起重机 10 t	台班	0.0009	0.0275		
	99210010	木工圆锯机 ϕ500	台班	0.0378	0.0035	0.0134	0.0072
	99210070	木工平刨床 刨削宽度 500	台班	0.0378			

工作内容：1. 模板制作、安装及拆除、涂脱模剂，混凝土浇筑、捣实、养护，材料场内运输等全部操作过程。
2. 除锈、制作、安装等。

定　额　编　号			H-6-2-12	H-6-2-13
项　　目			护坡	底部结构钢筋制作、安装
			m^3	t
预算定额编号	预算定额名称	预算定额单位	数　　量	
50-6-2-22	底部结构 护坡 混凝土	m^3	1.0000	
50-14-10-14	现浇混凝土模板 格埂、大方脚	m^2	2.0000	
50-6-2-4	底部结构 消力池、护坦铺盖 钢筋	t		0.5000
50-6-2-17	底部结构 承台、桥头搭板及枕梁钢筋	t		0.5000

工作内容：1. 模板制作、安装及拆除、涂脱模剂，混凝土浇筑、捣实、养护，材料场内运输等全部操作过程。
2. 除锈、制作、安装等。

定　额　编　号				H-6-2-12	H-6-2-13
项　　目				护坡	麻部结构钢筋制作、安装
名　　称			单位	m^3	t
人工	00210103	综合工	工日	0.5201	6.3312
材料	01010101	钢筋 综合	t		1.0250
	02310105	无纺布 100 g/m^2	m^2	2.3048	
	03130101	电焊条	kg		3.5819
	03150101	圆钉	kg	0.1885	
	03152501	镀锌铁丝	kg		4.8228
	34110101	水	m^3	0.3429	
	35010703	木模板成材	m^3	0.0070	
	80210501	预拌混凝土(非泵送型)	m^3	1.0100	
机械	99050940	混凝土振捣器 平板式	台班	0.0540	
	99070540	载重汽车 6 t	台班	0.0040	
	99170030	钢筋切断机 ϕ40	台班		0.4784
	99170050	钢筋弯曲机 ϕ40	台班		0.4784
	99210010	木工圆锯机 ϕ500	台班	0.0048	
	99250020	交流弧焊机 32 kV·A	台班		0.9588
	99250280	对焊机 75 kV·A	台班		0.0540

第三节 墩、柱、墙结构

工作内容：模板制作、安装及拆除、涂脱模剂，混凝土浇筑、捣实、养护，材料场内运输等全部操作过程。

定额编号			H-6-3-1	H-6-3-2	H-6-3-3	H-6-3-4
项目			闸墩、导流墩	钢筋混凝土墙		
				折算厚度≤0.5 m	折算厚度≤0.8 m	折算厚度>0.8 m
			m^3	m^3	m^3	m^3
预算定额编号	预算定额名称	预算定额单位	数量			
50-6-3-1	墩、柱、墙结构 闸墩、导流墩混凝土	m^3	1.0000			
50-14-10-15	现浇混凝土模板 闸墩、导流墩	m^2	4.0000			
50-6-3-9	墩、柱、墙结构 岸翼墙(悬臂式)混凝土	m^3		0.7000	0.3000	
50-6-3-14	墩、柱、墙结构 其他挡土墙 混凝土	m^3		0.3000		
50-14-10-21	现浇混凝土模板 岸翼墙 悬臂式	m^2		4.2000	1.3500	
50-14-10-24	现浇混凝土模板 其他挡土墙	m^2		1.8000		
50-6-3-2	墩、柱、墙结构 连底式岸墙 混凝土	m^3			0.7000	1.0000
50-14-10-16	现浇混凝土模板 连底式岸墙	m^2			3.1500	3.0000

工作内容:模板制作、安装及拆除、涂脱模剂,混凝土浇筑、捣实、养护,材料场内运输等全部操作过程。

定额编号				H-6-3-1	H-6-3-2	H-6-3-3	H-6-3-4
项目				闸墩、导流墩	钢筋混凝土墙		
					折算厚度≤0.5 m	折算厚度≤0.8 m	折算厚度>0.8 m
名称			单位	m^3	m^3	m^3	m^3
人工	00210103	综合工	工日	1.4752	1.9875	1.6103	1.1032
材料	02190101	尼龙帽	个		0.6542		
	02310105	无纺布 100 g/m^2	m^2	0.2924	0.3461	0.3405	0.2924
	03014101	六角螺栓连母垫	kg	0.8938	1.0517	1.2441	0.8628
	03150101	圆钉	kg	0.2231	0.1422	0.1682	0.1275
	03154813	铁件	kg	0.2635	1.8881	0.2069	0.1879
	34110101	水	m^3	0.0435	0.0515	0.0567	0.0522
	35010101	钢模板	kg	2.0934	3.8410	2.8493	1.8951
	35010703	木模板成材	m^3	0.0493	0.0117	0.0105	0.0079
	35020109	钢模支撑 ϕ48	kg	1.5311	5.0363	3.6965	2.3168
	35020401	钢模零配件	kg	1.2000	1.6196	1.3199	0.8947
	80210401	预拌混凝土(泵送型)	m^3	1.0252	1.0100	1.0206	1.0252
机械	99050930	混凝土振捣器 插入式	台班	0.1440	0.1285	0.1440	0.1440
	99050940	混凝土振捣器 平板式	台班		0.0138		
	99070540	载重汽车 6 t	台班	0.0080	0.0143	0.0090	0.0060
	99090080	履带式起重机 10 t	台班	0.1764	0.2082	0.1730	0.1122
	99210010	木工圆锯机 ϕ500	台班	0.0600	0.0160	0.0161	0.0105
	99210070	木工平刨床 刨削宽度 500	台班		0.0160	0.0108	0.0054

工作内容:模板制作、安装及拆除、涂脱模剂,混凝土浇筑、捣实、养护,材料场内运输等全部操作过程。

定额编号			H-6-3-5	H-6-3-6	H-6-3-7	H-6-3-8
项目			工作桥排架	胸墙	岸翼墙(扶垛式)	岸翼墙(空箱式)
			混凝土			
			m^3	m^3	m^3	m^3
预算定额编号	预算定额名称	预算定额单位	数量			
50-6-3-3	墩、柱、墙结构 工作桥排架 混凝土	m^3	1.0000			
50-14-10-17	现浇混凝土模板 工作桥排架	m^2	6.0000			
50-6-3-6	墩、柱、墙结构 胸墙 混凝土	m^3		1.0000		
50-14-10-19	现浇混凝土模板 胸墙	m^2		6.0000		
50-6-3-8	墩、柱、墙结构 岸翼墙(扶垛式)混凝土	m^3			1.0000	
50-14-10-20	现浇混凝土模板 岸翼墙 扶垛式	m^2			5.0000	
50-6-3-10	墩、柱、墙结构 岸翼墙(空箱式)混凝土	m^3				1.0000
50-14-10-22	现浇混凝土模板 岸翼墙 空箱式	m^2				8.0000

工作内容:模板制作、安装及拆除、涂脱模剂,混凝土浇筑、捣实、养护,材料场内运输等全部操作过程。

定额编号				H-6-3-5	H-6-3-6	H-6-3-7	H-6-3-8
项目				工作桥排架	胸墙	岸翼墙(扶垛式)	岸翼墙(空箱式)
				混凝土			
名称			单位	m^3	m^3	m^3	m^3
人工	00210103	综合工	工日	2.4022	2.7784	2.0291	3.1421
材料	02310105	无纺布 100 g/m^2	m^2	0.2939	0.4053	0.7595	0.4526
	03014101	六角螺栓连母垫	kg	2.8372	1.2354	2.0111	3.2020
	03150101	圆钉	kg	0.5859	0.1002	0.0738	0.1175
	03152501	镀锌铁丝	kg			0.0164	
	03154813	铁件	kg	0.4382			0.0571
	34110101	水	m^3	0.0656	0.0603	0.1130	0.0673
	35010101	钢模板	kg	3.1771	3.0846	3.1990	5.0935
	35010703	木模板成材	m^3	0.0692	0.1032	0.0190	0.0302
	35020109	钢模支撑 ϕ48	kg	5.6726	4.5786	4.7042	7.4901
	35020401	钢模零配件	kg	1.8212	1.7682	1.4160	2.2546
	80210401	预拌混凝土(泵送型)	m^3	1.0302	1.0100	1.0100	1.0100
		其他材料费	%		2.0000		
机械	99050930	混凝土振捣器 插入式	台班	0.1462	0.1462	0.1440	0.1440
	99070540	载重汽车 6 t	台班	0.0120	0.0120	0.0100	0.0160
	99090080	履带式起重机 10 t	台班	0.1230	0.1302	0.2045	0.3272
	99210010	木工圆锯机 ϕ500	台班	0.0528	0.1200	0.0295	0.0472
	99210070	木工平刨床 刨削宽度 500	台班	0.0264	0.0600	0.0295	0.0472

工作内容：模板制作、安装及拆除、涂脱模剂，混凝土浇筑、捣实、养护，材料场内运输等全部操作过程。

定额编号			H-6-3-9	H-6-3-10	H-6-3-11	H-6-3-12
项目			箱涵侧墙	重力式墙	嵌石混凝土墙	悬臂翻浪墙
			m^3	m^3	m^3	m^3
预算定额编号	预算定额名称	预算定额单位	数量			
50-6-3-11	墩、柱、墙结构 箱涵侧墙 混凝土	m^3	1.0000			
50-14-10-23	现浇混凝土模板 箱涵侧墙	m^2	6.0000			
50-6-3-16	墩、柱、墙结构 重力式墙 混凝土	m^3		1.0000		
50-14-10-25	现浇混凝土模板 重力式墙	m^2		3.0000	2.5000	
50-6-3-17	墩、柱、墙结构 重力式墙 嵌石混凝土	m^3			1.0000	
50-6-3-18	墩、柱、墙结构 悬臂翻浪墙 混凝土	m^3				1.0000
50-14-10-26	现浇混凝土模板 悬臂翻浪墙	m^2				6.0000

工作内容：模板制作、安装及拆除、涂脱模剂，混凝土浇筑、捣实、养护，材料场内运输等全部操作过程。

定额编号				H-6-3-9	H-6-3-10	H-6-3-11	H-6-3-12
项目				箱涵侧墙	重力式墙	嵌石混凝土墙	悬臂翻浪墙
名称			单位	m^3	m^3	m^3	m^3
人工	00210103	综合工	工日	1.6920	1.0759	1.1109	2.1587
材料	02190101	尼龙帽	个	0.3099			
	02310105	无纺布 100 g/m^2	m^2	0.1720	0.5762	0.3841	1.3169
	03014101	六角螺栓连母垫	kg		0.8654	0.7212	1.4052
	03150101	圆钉	kg	0.4109	0.1279	0.1066	0.5802
	03154813	铁件	kg	0.6198	0.1885	0.1571	0.4339
	04110507	块石 100～400	t			0.4131	
	34110101	水	m^3	0.0256	0.0857	0.0572	0.1960
	35010101	钢模板	kg	3.9469	1.9007	1.5839	3.1463
	35010703	木模板成材	m^3	0.0099	0.0079	0.0066	0.0685
	35020109	钢模支撑 ϕ48	kg	3.5223	1.0603	0.8836	2.0643
	35020401	钢模零配件	kg	1.4683	0.8974	0.7478	1.8036
	80210401	预拌混凝土(泵送型)	m^3	1.0100	1.0100	0.8628	1.0100
机械	99050930	混凝土振捣器 插入式	台班	0.0719	0.1236	0.1056	0.1440
	99070540	载重汽车 6 t	台班	0.0186	0.0060	0.0050	0.0120
	99090080	履带式起重机 10 t	台班	0.1224			
	99210010	木工圆锯机 ϕ500	台班		0.0114	0.0095	0.0360

工作内容：1，2，3. 模板制作、安装及拆除、涂脱模剂，混凝土浇筑、捣实、养护，材料场内运输等全部操作过程。

4. 除锈、制作、安装等。

定额编号			H-6-3-13	H-6-3-14	H-6-3-15	H-6-3-16
项目			弧形翻浪墙	实体式墩台身	柱式墩台身	墩、柱、墙钢筋制作、安装
			m^3	m^3	m^3	t
预算定额编号	预算定额名称	预算定额单位	数量			
50-6-3-19	墩、柱、墙结构 弧形翻浪墙 混凝土	m^3	1.0000			
50-14-10-27	现浇混凝土模板 弧形翻浪墙	m^2	7.0000			
50-6-3-21	墩、柱、墙结构 实体式墩台身 混凝土	m^3		1.0000		
50-14-10-28	现浇混凝土模板 实体式墩台身	m^2		2.5000		
50-6-3-22	墩、柱、墙结构 柱式墩台身 混凝土	m^3			1.0000	
50-14-10-29	现浇混凝土模板 柱式墩台身	m^2			6.0000	
50-6-3-5	墩、柱、墙结构 墩、隔墙、连底式墙、排架 钢筋	t				0.5000
50-6-3-12	墩、柱、墙结构 岸翼墙、箱涵侧墙钢筋	t				0.5000

工作内容：1，2，3. 模板制作、安装及拆除、涂脱模剂，混凝土浇筑、捣实、养护，材料场内运输等全部操作过程。
4. 除锈、制作、安装等。

定额编号				H-6-3-13	H-6-3-14	H-6-3-15	H-6-3-16
项目				弧形翻浪墙	实体式墩台身	柱式墩台身	墩、柱、墙钢筋制作、安装
名称			单位	m^3	m^3	m^3	t
人工	00210103	综合工	工日	2.7734	0.8942	3.0922	10.8922
材料	01010101	钢筋 综合	t				1.0250
	02190101	尼龙帽	个		0.8835	2.1162	
	02310105	无纺布 100 g/m^2	m^2	1.0243	0.1206	0.1154	
	03014101	六角螺栓连母垫	kg	2.1963			
	03130101	电焊条	kg				3.0187
	03150101	圆钉	kg	0.4535	0.0494	0.4235	
	03152501	镀锌铁丝	kg				5.4245
	03154813	铁件	kg	2.0334	2.0171	4.1909	
	34110101	水	m^3	0.1524	0.0180	0.0172	
	35010101	钢模板	kg	1.8440	1.6222	3.8858	
	35010312	定型翻浪墙钢模板	kg	4.1608			
	35010703	木模板成材	m^3	0.0330	0.0082	0.0232	
	35020109	钢模支撑 ϕ48	kg	2.9044	1.2768	5.7267	
	35020401	钢模零配件	kg	2.1145	0.6061	1.4517	
	80210401	预拌混凝土(泵送型)	m^3	1.0100	1.0100	1.0100	
机械	99050930	混凝土振捣器 插入式	台班	0.1440	0.1058	0.1439	
	99070540	载重汽车 6 t	台班	0.0140	0.0073	0.0258	
	99090080	履带式起重机 10 t	台班	0.3031	0.0725	0.2496	
	99170030	钢筋切断机 ϕ40	台班				0.5958
	99170050	钢筋弯曲机 ϕ40	台班				0.5958
	99210010	木工圆锯机 ϕ500	台班	0.0175			
	99250020	交流弧焊机 32 kV·A	台班				0.8888
	99250280	对焊机 75 kV·A	台班				0.0533

第四节 板、梁、帽结构

工作内容：模板制作、安装及拆除、涂脱模剂，混凝土浇筑、捣实、养护，材料场内运输等全部操作过程。

定额编号			H-6-4-1	H-6-4-2	H-6-4-3	H-6-4-4
项目			平台	工作桥梁板	实体式板梁	实体板
			m^3	m^3	m^3	m^3
预算定额编号	预算定额名称	预算定额单位	数量			
50-6-4-1	板、梁、帽结构 平台 混凝土	m^3	1.0000			
50-14-10-30	现浇混凝土模板 平台	m^2	12.0000			
50-6-4-3	板、梁、帽结构 工作桥梁板 混凝土	m^3		1.0000		
50-14-10-31	现浇混凝土模板 工作桥梁板	m^2		8.0000		
50-6-4-5	板、梁、帽结构 实体式板梁 混凝土	m^3			1.0000	
50-14-10-32	现浇混凝土模板 实体式板梁	m^2			3.5000	
50-6-4-7	板、梁、帽结构 实体板 混凝土	m^3				1.0000
50-14-10-33	现浇混凝土模板 实体板	m^2				10.0000

工作内容：模板制作、安装及拆除、涂脱模剂，混凝土浇筑、捣实、养护，材料场内运输等全部操作过程。

定额编号				H-6-4-1	H-6-4-2	H-6-4-3	H-6-4-4
项目				平台	工作桥梁板	实体式板梁	实体板
名称			单位	m^3	m^3	m^3	m^3
人工	00210103	综合工	工日	4.9070	3.3216	1.3316	2.0874
材料	02310105	无纺布 100 g/m^2	m^2	0.5345	1.7039	0.5764	1.3180
	03014101	六角螺栓连母垫	kg		4.2509		
	03150101	圆钉	kg	0.3300	0.2911	0.2686	0.1681
	03154813	铁件	kg		0.1788		
	34110101	水	m^3	0.0795	0.2535	0.0858	0.1961
	35010101	钢模板	kg	7.4904	4.2156	2.2957	6.5654
	35010703	木模板成材	m^3	0.0216	0.1304	0.0105	0.0278
	35020109	钢模支撑 ϕ48	kg	5.3088	6.8921	1.8068	5.1674
	35020401	钢模零配件	kg	2.2320	1.6917	0.8576	2.4527
	80210401	预拌混凝土(泵送型)	m^3	1.0100	1.0100	1.0100	1.0100
机械	99050930	混凝土振捣器 插入式	台班	0.0998	0.2164	0.1258	0.1440
	99050940	混凝土振捣器 平板式	台班	0.0666		0.0629	0.0720
	99070540	载重汽车 6 t	台班	0.0324	0.0160	0.0102	0.0290
	99090080	履带式起重机 10 t	台班			0.1096	0.1690
	99090090	履带式起重机 15 t	台班	0.3396	0.1704		
	99210010	木工圆锯机 ϕ500	台班	0.6360	0.0952	0.0039	0.0170
	99210070	木工平刨床 刨削宽度 500	台班	0.6360	0.0480	0.0039	0.0170

工作内容：模板制作、安装及拆除、涂脱模剂，混凝土浇筑、捣实、养护，材料场内运输等全部操作过程。

定额编号			H-6-4-5	H-6-4-6	H-6-4-7	H-6-4-8
项目			箱涵顶板	支撑梁	横梁	台帽
			m^3	m^3	m^3	m^3
预算定额编号	预算定额名称	预算定额单位	数量			
50-6-4-9	板、梁、帽结构 箱涵顶板 混凝土	m^3	1.0000			
50-14-10-34	现浇混凝土模板 箱涵顶板	m^2	3.0000			
50-6-4-11	板、梁、帽结构 支撑梁 混凝土	m^3		1.0000		
50-14-10-35	现浇混凝土模板 支撑梁	m^2		12.0000		
50-6-4-12	板、梁、帽结构 横梁 混凝土	m^3			1.0000	
50-14-10-36	现浇混凝土模板 横梁	m^2			7.0000	
50-6-4-15	板、梁、帽结构 台帽 混凝土	m^3				1.0000
50-14-10-38	现浇混凝土模板 台帽	m^2				8.0000

工作内容：模板制作、安装及拆除、涂脱模剂，混凝土浇筑、捣实、养护，材料场内运输等全部操作过程。

定额编号				H-6-4-5	H-6-4-6	H-6-4-7	H-6-4-8
项目				箱涵顶板	支撑梁	横梁	台帽
名称			单位	m^3	m^3	m^3	m^3
人工	00210103	综合工	工日	1.1118	4.5445	2.5669	2.7781
材料	02310105	无纺布 100 g/m^2	m^2	0.4669	1.5361	0.7684	0.6106
	03150101	圆钉	kg	0.2061	2.1258	15.3603	0.6432
	34110101	水	m^3	0.0695	0.2286	0.1143	0.0909
	35010101	钢模板	kg	1.9792			
	35010703	木模板成材	m^3	0.0050	0.2533	0.1372	0.1891
	35020109	钢模支撑 ϕ48	kg	1.7663			
	35020401	钢模零配件	kg	0.7363			
	80210401	预拌混凝土(泵送型)	m^3	1.0100	1.0100	1.0100	1.0100
机械	99050930	混凝土振捣器 插入式	台班	0.0615	0.0906	0.0824	0.1111
	99050940	混凝土振捣器 平板式	台班	0.0308			
	99070540	载重汽车 6 t	台班	0.0093			
	99090080	履带式起重机 10 t	台班	0.0072	0.2400	0.1400	0.1536
	99210010	木工圆锯机 ϕ500	台班		0.1200	0.0525	0.0768

工作内容：1，2，3. 模板制作、安装及拆除、涂脱模剂，混凝土浇筑、捣实、养护，材料场内运输等全部操作过程。

4. 除锈、制作、安装等。

定额编号			H-6-4-9	H-6-4-10	H-6-4-11	H-6-4-12
项目			墩盖梁	台盖梁	现浇栅栏板、梁	板、梁、帽钢筋制作、安装
			m^3	m^3	m^3	t
预算定额编号	预算定额名称	预算定额单位	数量			
50-6-4-17	板、梁、帽结构 墩盖梁 混凝土	m^3	1.0000			
50-14-10-39	现浇混凝土模板 墩盖梁	m^2	4.0000			
50-6-4-19	板、梁、帽结构 台盖梁 混凝土	m^3		1.0000		
50-14-10-40	现浇混凝土模板 台盖梁	m^2		6.5000		
50-6-4-21	板、梁、帽结构 现浇栅栏板、梁混凝土	m^3			1.0000	
50-14-10-41	现浇混凝土模板 栅栏板、梁	m^2			9.0000	
50-6-4-4	板、梁、帽结构 工作桥梁板 钢筋	t				0.2000
50-6-4-16	板、梁、帽结构 墩台帽 钢筋	t				0.5000
50-6-4-20	板、梁、帽结构 台盖梁 钢筋	t				0.3000

工作内容:1，2，3. 模板制作、安装及拆除、涂脱模剂，混凝土浇筑、捣实、养护，材料场内运输等全部操作过程。
4. 除锈、制作、安装等。

定额编号				H-6-4-9	H-6-4-10	H-6-4-11	H-6-4-12
项目				墩盖梁	台盖梁	现浇栅栏板、梁	板、梁、帽钢筋制作、安装
名称			单位	m^3	m^3	m^3	t
人工	00210103	综合工	工日	1.8641	3.2029	1.9537	9.5191
材料	01010101	钢筋 综合	t				1.0250
	02190101	尼龙帽	个	1.4260	2.3106		
	02310105	无纺布 100 g/m^2	m^2	0.4758	0.4862	1.6901	
	03014101	六角螺栓连母垫	kg			0.4781	
	03130101	电焊条	kg				3.4056
	03150101	圆钉	kg	0.2517	0.2718	0.0382	
	03152501	镀锌铁丝	kg				4.4176
	03154813	铁件	kg	0.0333	0.1346		
	34110101	水	m^3	0.0708	0.0723	0.2515	
	35010101	钢模板	kg	2.6185	4.2427	4.6732	
	35010703	木模板成材	m^3	0.0136	0.0267	0.0373	
	35020109	钢模支撑 ϕ48	kg	2.0609	3.3392	2.3625	
	35020401	钢模零配件	kg	0.9782	1.5850	0.6254	
	80210401	预拌混凝土(泵送型)	m^3	1.0100	1.0100	1.0100	
机械	99050930	混凝土振捣器 插入式	台班	0.1156	0.1111	0.1732	
	99070540	载重汽车 6 t	台班	0.0116	0.0189	0.0180	
	99090080	履带式起重机 10 t	台班	0.1520	0.2711		
	99090090	履带式起重机 15 t	台班				0.1200
	99170030	钢筋切断机 ϕ40	台班				0.7482
	99170050	钢筋弯曲机 ϕ40	台班				0.7482
	99210010	木工圆锯机 ϕ500	台班	0.0128	0.0234	0.0675	
	99250020	交流弧焊机 32 kV·A	台班				0.9200
	99250280	对焊机 75 kV·A	台班				0.0134

第五节 其他结构

工作内容：模板制作、安装及拆除、涂脱模剂，混凝土浇筑、捣实、养护，材料场内运输等全部操作过程。

定额编号			H-6-5-1	H-6-5-2	H-6-5-3	H-6-5-4
项目			楼梯	台阶	压顶	立柱、端柱、灯柱
			m^3	m^2	m^3	m^3
预算定额编号	预算定额名称	预算定额单位	数量			
50-6-5-1	其他结构 楼梯 混凝土	m^3	1.0000			
50-14-10-42	现浇混凝土模板 楼梯	m^2	10.0000			
50-6-5-3	其他结构 台阶 混凝土	m^2		1.0000		
50-14-10-43	现浇混凝土模板 台阶	m^2		1.0000		
50-6-5-4	其他结构 压顶 混凝土	m^3			1.0000	
50-14-10-44	现浇混凝土模板 压顶	m^2			4.0000	
50-6-5-6	其他结构 栏杆、扶手 混凝土	m^3				0.5000
50-6-5-7	其他结构 立柱、端柱、灯柱 混凝土	m^3				0.5000
50-14-10-45	现浇混凝土模板 栏杆、扶手	m^2				6.0000
50-14-10-46	现浇混凝土模板 立柱、端柱、灯柱	m^2				6.0000

工作内容：模板制作、安装及拆除、涂脱模剂，混凝土浇筑、捣实、养护，材料场内运输等全部操作过程。

定额编号				H-6-5-1	H-6-5-2	H-6-5-3	H-6-5-4
项目				楼梯	台阶	压顶	立柱、端柱、灯柱
名称			单位	m^3	m^2	m^3	m^3
人工	00210103	综合工	工日	7.4625	0.2184	1.3409	7.8565
材料	02310105	无纺布 100 g/m^2	m^2	0.2864	0.3667	1.8615	1.3061
	03150101	圆钉	kg	0.2576	0.1648	0.9349	0.9622
	03154813	铁件	kg				4.4847
	05030101	成材	m^3		0.0120		
	34110101	水	m^3	0.0426	0.0546	0.2770	0.9294
	35010101	钢模板	kg	2.9391			
	35010703	木模板成材	m^3	0.0495	0.0074	0.0568	0.1879
	35020109	钢模支撑 ϕ48	kg	1.7705			
	35020401	钢模零配件	kg	1.0858			
	80210401	预拌混凝土(泵送型)	m^3	1.0100		1.0100	
	80210501	预拌混凝土(非泵送型)	m^3		0.1661		1.0201
机械	99050930	混凝土振捣器 插入式	台班	0.1148	0.0263	0.1300	0.0866
	99070530	载重汽车 5 t	台班		0.0016		
	99070540	载重汽车 6 t	台班	0.0120			
	99090090	履带式起重机 15 t	台班	0.2090			
	99210010	木工圆锯机 ϕ500	台班	0.2360	0.0062	0.0544	0.3702
	99210070	木工平刨床 刨削宽度 500	台班	0.2360		0.0544	0.3702

工作内容：1，2. 模板制作、安装及拆除、涂脱模剂，混凝土浇筑、捣实、养护，材料场内运输等全部操作过程。

3，4. 混凝土浇筑、抹平、养护、清理等。

定额编号			H-6-5-5	H-6-5-6	H-6-5-7	H-6-5-8
项目			地梁、侧石、缘石	排水沟	桥面铺装（人行道）	桥面铺装（车行道）
			m^3	m^3	m^3	m^3
预算定额编号	预算定额名称	预算定额单位	数量			
50-6-5-8	其他结构 地梁、侧石、缘石 混凝土	m^3	1.0000			
50-14-10-47	现浇混凝土模板 地梁、侧石、缘石	m^2	10.0000			
50-6-5-9	其他结构 排水沟 混凝土	m^3		1.0000		
50-14-10-48	现浇混凝土模板 排水沟	m^2		7.2000		
50-6-5-11	其他结构 桥面铺装(人行道)	m^3			1.0000	
50-6-5-12	其他结构 桥面铺装(车行道)	m^3				1.0000

工作内容：1，2. 模板制作、安装及拆除、涂脱模剂，混凝土浇筑、捣实、养护，材料场内运输等全部操作过程。

3，4. 混凝土浇筑、抹平、养护、清理等。

定额编号				H-6-5-5	H-6-5-6	H-6-5-7	H-6-5-8
项目				地梁、侧石、缘石	排水沟	桥面铺装（人行道）	桥面铺装（车行道）
名称			单位	m^3	m^3	m^3	m^3
人工	00210103	综合工	工日	3.2703	2.1453	0.8062	0.1739
材料	02310105	无纺布 100 g/m^2	m^2	1.5361	1.0901	4.6093	9.2186
	03150101	圆钉	kg	0.8699	0.2800		
	05030101	成材	m^3		0.0716		
	34110101	水	m^3	0.2286	0.5925	0.6856	1.3712
	35010703	木模板成材	m^3	0.1411	0.1067		
	80210401	预拌混凝土(泵送型)	m^3			1.0100	1.0100
	80210501	预拌混凝土(非泵送型)	m^3	1.0100	1.0100		
		其他材料费	%			0.0300	0.0600
机械	99050930	混凝土振捣器 插入式	台班	0.3053	0.1600		
	99050940	混凝土振捣器 平板式	台班			0.1493	0.0668
	99070530	载重汽车 5 t	台班		0.0115		
	99210010	木工圆锯机 ϕ500	台班	0.0630	0.0266		
	99210070	木工平刨床 刨削宽度 500	台班	0.0630			

工作内容：1. 除锈、制作、安装等。
　　　　2，3，4. 模袋铺放、固定、混凝土灌注及养护。

定　额　编　号			H-6-5-9	H-6-5-10	H-6-5-11	H-6-5-12
项　目			其他结构钢筋制作、安装	模袋混凝土陆上护坡		
				δ=15 cm	δ=20 cm	δ=25 cm
			t	m^2	m^2	m^2
预算定额编号	预算定额名称	预算定额单位	数　量			
50-6-5-2	其他结构 楼梯 钢筋	t	0.1000			
50-6-5-10	其他结构 小型构件 钢筋	t	0.6000			
50-6-5-13	其他结构 桥面 钢筋	t	0.3000			
50-6-5-18	其他结构 模袋混凝土陆上护坡 δ=15 cm	m^2		1.0000		
50-6-5-19	其他结构 模袋混凝土陆上护坡 δ=20 cm	m^2			1.0000	
50-6-5-20	其他结构 模袋混凝土陆上护坡 δ=25 cm	m^2				1.0000

工作内容：1. 除锈、制作、安装等。
　　　　2，3，4. 模袋铺放、固定、混凝土灌注及养护。

定　额　编　号				H-6-5-9	H-6-5-10	H-6-5-11	H-6-5-12
项　目				其他结构钢筋制作、安装	模袋混凝土陆上护坡		
					δ=15 cm	δ=20 cm	δ=25 cm
名　称			单位	t	m^2	m^2	m^2
人工	00210103	综合工	工日	9.2477	0.2618	0.2882	0.3139
材料	01010101	钢筋 综合	t	1.0250			
	02310701	化纤维模袋	m^2		1.0300	1.0300	1.0300
	03130101	电焊条	kg	0.1406			
	03152501	镀锌铁丝	kg	5.8497			
	04091301	粉煤灰	kg		12.9500	17.2600	21.5800
	14351301	外加剂	kg		0.2590	0.3450	0.4310
	34110101	水	m^3		0.0776	0.1039	0.1291
	80210401	预拌混凝土(泵送型)	m^3		0.1515	0.2020	0.2525
		其他材料费	%		0.5800	0.5100	0.4500
机械	99050610	混凝土输送泵 30 m^3/h	台班		0.0113	0.0150	0.0188
	99090080	履带式起重机 10 t	台班	0.4733			
	99090090	履带式起重机 15 t	台班	0.0150			
	99170030	钢筋切断机 φ40	台班	0.7383			
	99170050	钢筋弯曲机 φ40	台班	0.7383			
	99250020	交流弧焊机 32 kV·A	台班	0.0441			
		其他机械费	%		6.3300	4.7700	3.8000

工作内容：模袋铺放、固定、混凝土灌注及养护。

定额编号			H-6-5-13	H-6-5-14	H-6-5-15	H-6-5-16
项目			模袋混凝土陆上护坡	模袋混凝土水下护坡(水下 5 m 以内)		
			δ=30 cm	δ=15 cm	δ=20 cm	δ=25 cm
			m^2	m^2	m^2	m^2
预算定额编号	预算定额名称	预算定额单位	数量			
50-6-5-21	其他结构 模袋混凝土陆上护坡 δ=30 cm	m^2	1.0000			
50-6-5-22	其他结构 模袋混凝土水下护坡(水下 5 m 以内) δ=15 cm	m^2		1.0000		
50-6-5-23	其他结构 模袋混凝土水下护坡(水下 5 m 以内) δ=20 cm	m^2			1.0000	
50-6-5-24	其他结构 模袋混凝土水下护坡(水下 5 m 以内) δ=25 cm	m^2				1.0000

工作内容：模袋铺放、固定、混凝土灌注及养护。

定额编号				H-6-5-13	H-6-5-14	H-6-5-15	H-6-5-16
项目				模袋混凝土陆上护坡	模袋混凝土水下护坡(水下 5 m 以内)		
				δ=30 cm	δ=15 cm	δ=20 cm	δ=25 cm
名称			单位	m^2	m^2	m^2	m^2
人工	00210103	综合工	工日	0.3403	0.3179	0.3495	0.3811
材料	02310701	化纤维模袋	m^2	1.0300	1.0400	1.0400	1.0400
	04091301	粉煤灰	kg	25.8900	13.0700	17.4300	21.7900
	14351301	外加剂	kg	0.5180	0.2610	0.3480	0.4360
	34110101	水	m^3	0.1553	0.0784	0.1045	0.1306
	80210401	预拌混凝土(泵送型)	m^3	0.3030	0.1515	0.2020	0.2525
		其他材料费	%	0.4000	0.7700	0.6700	0.5900
机械	99050610	混凝土输送泵 30 m^3/h	台班	0.0225	0.0113	0.0115	0.0118
	99410160	潜水组(带工作船)	台班		0.0042	0.0049	0.0056
		其他机械费	%	3.1800	5.7700	4.5600	3.7600

工作内容：1. 模袋铺放、固定、混凝土灌注及养护。
2. 泵管安拆、清洗、整理、堆放、输送泵(车)就位、混凝土输送、清理等。

定额编号			H-6-5-17	H-6-5-18
项目			模袋混凝土水下护坡(水下 5 m 以内)	泵车输送
			δ=30 cm	
			m^2	m^3
预算定额编号	预算定额名称	预算定额单位	数量	
50-6-5-25	其他结构 模袋混凝土水下护坡(水下 5 m 以内) δ=30 cm	m^2	1.0000	
50-6-5-26	其他结构 泵车输送	m^3		1.0000

工作内容：1. 模袋铺放、固定、混凝土灌注及养护。
2. 泵管安拆、清洗、整理、堆放、输送泵(车)就位、混凝土输送、清理等。

定额编号				H-6-5-17	H-6-5-18
项目				模袋混凝土水下护坡(水下 5 m 以内)	泵车输送
				δ=30 cm	
名称			单位	m^2	m^3
人工	00210103	综合工	工日	0.4127	
材料	02310701	化纤维模袋	m^2	1.0400	
	04091301	粉煤灰	kg	26.1500	
	14351301	外加剂	kg	0.5230	
	34110101	水	m^3	0.1567	0.1000
	80210401	预拌混凝土(泵送型)	m^3	0.3030	
		其他材料费	%	0.5300	
机械	99050540	混凝土输送泵车 75 m^3/h	台班		0.0167
	99050610	混凝土输送泵 30 m^3/h	台班	0.0225	
	99410160	潜水组(带工作船)	台班	0.0063	
		其他机械费	%	3.2100	

第六节　渠　　道

工作内容：模板制作、安装、拆除、混凝土浇筑、养护等。

定额编号			H-6-6-1	H-6-6-2	H-6-6-3	H-6-6-4
项目			明渠(边坡陡于1∶0.5)	明渠(边坡陡于1∶0.75)	矩形渠底	U形渠
			m^3	m^3	m^3	m^3
预算定额编号	预算定额名称	预算定额单位	数量			
50-6-6-1	渠道 明渠(边坡陡于1∶0.5)衬砌厚度5～10 cm	m^3	1.0000			
50-6-6-12	渠道 混凝土运输(机动翻斗车运)运距100 m	m^3	1.0000	1.0000	1.0000	1.0000
50-6-6-13	渠道 混凝土运输(机动翻斗车运)每增运100 m	m^3	4.0000	4.0000	4.0000	4.0000
50-6-6-4	渠道 明渠(边坡陡于1∶0.75)衬砌厚度5～10 cm	m^3		1.0000		
50-6-6-7	渠道 矩形渠底 混凝土	m^3			1.0000	
50-6-6-8	渠道 U形渠 混凝土	m^3				1.0000

工作内容：模板制作、安装、拆除、混凝土浇筑、养护等。

定额编号				H-6-6-1	H-6-6-2	H-6-6-3	H-6-6-4
项目				明渠(边坡陡于1∶0.5)	明渠(边坡陡于1∶0.75)	矩形渠底	U形渠
名称			单位	m^3	m^3	m^3	m^3
人工	00210103	综合工	工日	1.1487	0.8418	0.2333	0.6042
材料	01150103	热轧型钢 综合	kg	0.8495			0.2531
	03130101	电焊条	kg	0.0282			
	03150101	圆钉	kg				0.0087
	03152501	镀锌铁丝	kg				0.0008
	03154813	铁件	kg	0.0264			0.0078
	33330801	预埋铁件	kg	1.3256			0.3950
	34110101	水	m^3	1.8306	1.8378		1.0320
	35010102	组合钢模板	kg	0.3553			0.1059
	35010202	滑升钢模板	kg		1.2807		
	35010703	木模板成材	m^3	0.0145	0.0020		0.0022
	35020422	钢模零星卡具	kg	0.1777			0.3401
	80210401	预拌混凝土(泵送型)	m^3	1.0272	1.0312	1.0100	1.0423
机械	99050930	混凝土振捣器 插入式	台班	0.1100	0.1100		0.0899
	99050940	混凝土振捣器 平板式	台班			0.0366	
	99070530	载重汽车 5 t	台班				0.0015
	99070940	机动翻斗车 1 t	台班	0.0611	0.0611	0.0611	0.0611
	99090360	汽车式起重机 8 t	台班				0.0001
	99250020	交流弧焊机 32 kV·A	台班	0.0077			

工作内容：除锈、制作、安装等。

定额编号			H-6-6-5
项目			钢筋制作、安装
			t
预算定额编号	预算定额名称	预算定额单位	数量
50-6-6-9	渠道 钢筋	t	1.0000

工作内容：除锈、制作、安装等。

定额编号				H-6-6-5
项目				钢筋制作、安装
名称			单位	t
人工	00210103	综合工	工日	7.8371
材料	01010101	钢筋 综合	t	1.0250
	03130101	电焊条	kg	7.2200
	03152501	镀锌铁丝	kg	4.0000
		其他材料费	%	1.0000
机械	99070530	载重汽车 5 t	台班	0.0300
	99170030	钢筋切断机 ϕ40	台班	0.0800
	99170050	钢筋弯曲机 ϕ40	台班	0.0900
	99250020	交流弧焊机 32 kV·A	台班	1.7000
	99250280	对焊机 75 kV·A	台班	0.0800

第七节　植　　筋

工作内容：定位、钻孔、校正、清孔、钢筋打磨、注胶、植筋、固化等。

定额编号			H-6-7-1	H-6-7-2	H-6-7-3
项目			植筋		
			$\phi\leqslant12$	$\phi\leqslant20$	$\phi>20$
			根	根	根
预算定额编号	预算定额名称	预算定额单位	数量		
50-6-7-1	植筋 $\phi\leqslant12$	根	1.0000		
50-6-7-2	植筋 $\phi\leqslant20$	根		1.0000	
50-6-7-3	植筋 $\phi>20$	根			1.0000

工作内容：定位、钻孔、校正、清孔、钢筋打磨、注胶、植筋、固化等。

定额编号				H-6-7-1	H-6-7-2	H-6-7-3
项目				植筋		
				$\phi\leqslant12$	$\phi\leqslant20$	$\phi>20$
名称			单位	根	根	根
人工	00210103	综合工	工日	0.0268	0.0441	0.0497
材料	03210134	硬质合金冲击钻头 $\phi14$	根	0.0290		
	03210215	硬质合金冲击钻头 $\phi22\sim\phi26$	根		0.0380	
	03210217	硬质合金冲击钻头 $\phi28\sim\phi34$	根			0.0380
	14330601	丙酮	kg	0.0350	0.1090	0.1622
	14411912	植筋粘合剂 330 ml	支	0.0400	0.2620	0.3520
		其他材料费	%	3.1100	3.1100	3.1100

第七章　预制混凝土工程

说　　明

一、本章定额包括桩、柱，梁、板，其他结构，预制构件场内、外运输，预制构件安装，混凝土砌块制作、铺砌，共6节内容。

二、本章定额适用于水利工程建筑物现场预制的各种非预应力构件。

三、预制混凝土连锁护坡砌块定额适用于孔洞率10%～15%的预制混凝土块体。

四、预制生态植被混凝土砌块定额按六角螺母外框内填无砂混凝土砌块编制，当采用其他形式预制生态植被混凝土砌块时，可参照执行。

五、预制构件定额中未包括预埋铁件，如发生，按规定另计。

六、预制构件定额中已包括筑拆地模、模板工作内容，定额中的材料消耗已包括制作和施工中的操作损耗，除特殊情况外，一般不作调整。定额中已综合考虑了构件预制场内的运输及堆放。

七、预制构件安装：

1. 小型构件(小型构件指单件混凝土体积≤0.5 m^3 的构件)场内运输已包括在安装定额中。

2. 预制混凝土连锁护坡砌块、生态植被混凝土砌块铺设定额中不包括整坡、垫层、生态植被混凝土砌块中的种植土及绿化，此费用可另行计算。

3. 陆上安装的混凝土预制构件定额中，T形梁、板梁、排架、立柱、端柱、灯柱、人行道板、栏杆、缘石、仿木桩、锚锭板、U形板、渠道板、挡土板已考虑500 m场内运输；预制栅栏板梁、翼形块、扭工(王)字块、四脚锥体、蛙式块、螺母块安装已考虑1 km场内运输。超运距套本章预制构件运输定额，超运距不足500 m的按500 m计。

八、本章定额中渡槽安装仅适用于分段式渡槽，整体式渡槽安装按不同规格套用安装板梁定额。

九、翼形块、扭工(王)字块、四脚锥体、蛙式块水上安放定额中已包括装船、水上1 km运输及起重船安放等工作内容。水上运距大于1 km，按预制构件水上运输(每增运1 km)子目计算。定额中已综合考虑了潮汐影响、移船定位、开工收工等因素。

工程量计算规则

一、混凝土工程量计算：

1. 预制桩混凝土按桩长(包括桩尖)乘以桩截面积以立方米计算。

2. 预制其他构件，除另有说明外，工程量按设计图示尺寸的实体积(扣除其空心体积)以立方米计算，不扣除钢筋、铁件及螺栓所占的体积。

3. 空心板梁的堵头板体积不计入工程量内，其消耗量已包括在定额中。

二、混凝土连锁护坡砌块、生态植被混凝土砌块(包括预制及铺设)按设计图示尺寸的面积以平方米计算，不扣除孔洞及孔隙面积。

三、钢筋数量不分规格型号按重量以吨计算。

四、预制构件安装工程量按体积以立方米计算(扣除其空心体积)。另有规定者除外。

五、预制构件运距按构件从预制场到安装地中心之间的距离以千米计算。

六、翼形块、扭工(王)字块、四脚锥体、蛙式块水上安放按安放量的实体积以立方米计算。

第一节 桩、柱

工作内容：1，2，3. 筑、拆砖地模，模板制作、安装、拆除，涂脱模剂，混凝土浇筑、抹平、养护，清理，材料场内运输等全部操作过程。

4. 除锈、制作、安装等。

定额编号			H-7-1-1	H-7-1-2	H-7-1-3	H-7-1-4
项目			方桩	板桩	立柱	桩、板钢筋制作、安装
			m^3	m^3	m^3	t
预算定额编号	预算定额名称	预算定额单位	数量			
50-7-1-1	桩、柱 方桩 混凝土	m^3	1.0000			
50-14-11-3	预制混凝土模板 方桩	m^2	5.0000			
50-14-11-1	预制混凝土模板 筑地模 砖地模	m^2	3.5000	3.5000	4.0000	
50-13-6-1	人工拆除 拆除砖结构	m^3	0.2625	0.2625	0.3000	
50-7-1-3	桩、柱 板桩 混凝土	m^3		1.0000		
50-14-11-4	预制混凝土模板 板桩	m^2		5.0000		
50-7-1-5	桩、柱 立柱 混凝土	m^3			1.0000	
50-14-11-5	预制混凝土模板 立柱	m^2			10.0000	
50-7-1-2	桩、柱 方桩 钢筋	t				0.2000
50-7-1-4	桩、柱 板桩 钢筋	t				0.3000
50-7-1-6	桩、柱 立柱 钢筋	t				0.5000

工作内容：1，2，3. 筑、拆砖地模，模板制作、安装、拆除，涂脱模剂，混凝土浇筑、抹平、养护，清理，材料场内运输等全部操作过程。

4. 除锈、制作、安装等。

定额编号				H-7-1-1	H-7-1-2	H-7-1-3	H-7-1-4
项目				方桩	板桩	立柱	桩、板钢筋制作、安装
名称			单位	m^3	m^3	m^3	t
人工	00210103	综合工	工日	2.5647	3.6805	3.9106	7.1947
材料	01010101	钢筋 综合	t				1.0250
	02310105	无纺布 100 g/m^2	m^2	1.1541	1.8466	0.5764	
	03150101	圆钉	kg	0.0895	0.7527	0.2016	
	03152501	镀锌铁丝	kg				6.0000
	03154813	铁件	kg			0.4935	
	04131754	蒸压灰砂砖 240×115×53	千块	0.1372	0.1372	0.1568	
	34110101	水	m^3	0.7891	0.8922	0.7914	
	35010101	钢模板	kg	1.1007		2.2100	
	35010703	木模板成材	m^3	0.0166	0.0895	0.0301	
	35020109	钢模支撑 ϕ48	kg	1.1685		5.2075	
	35020401	钢模零配件	kg	1.9458		1.2312	
	36030252	涤纶针刺土工布 200 g/m^2	m^2	0.1148	0.1148	0.1312	
	80060113	干混砌筑砂浆 DM M10.0	m^3	0.0693	0.0693	0.0792	
	80060214	干混抹灰砂浆 DP M20.0	m^3	0.0718	0.0718	0.0820	
	80210501	预拌混凝土(非泵送型)	m^3	1.0100	1.0100	1.0100	
机械	99050930	混凝土振捣器 插入式	台班	0.1527	0.1668	0.1490	
	99050940	混凝土振捣器 平板式	台班	0.0763	0.0834	0.0745	
	99070540	载重汽车 6 t	台班	0.0130		0.0290	
	99090080	履带式起重机 10 t	台班	0.0858	0.0834	0.0745	
	99090360	汽车式起重机 8 t	台班			0.0160	
	99170030	钢筋切断机 ϕ40	台班				0.3868
	99170050	钢筋弯曲机 ϕ40	台班				0.3868
	99210010	木工圆锯机 ϕ500	台班		0.1030	0.0210	
	99210070	木工平刨床 刨削宽度 500	台班		0.1030	0.0210	
	99250280	对焊机 75 kV·A	台班				0.1206

第二节　梁、板

工作内容：筑、拆地模，模板制作、安装、拆除，涂脱模剂，混凝土浇筑、抹平、养护，清理，材料场内运输等全部操作过程。

定额编号			H-7-2-1	H-7-2-2	H-7-2-3	H-7-2-4
项目			T形梁	实体板梁	空心板梁	矩形板
			m^3	m^3	m^3	m^3
预算定额编号	预算定额名称	预算定额单位	数量			
50-7-2-1	梁、板 T形梁 混凝土	m^3	1.0000			
50-14-11-6	预制混凝土模板 T形梁	m^2	6.0000			
50-14-11-2	预制混凝土模板 筑地模 混凝土	m^2	6.0000	4.0000	4.0000	
50-13-6-4	拆除工程 拆除混凝土结构	m^3	0.6000	0.4000	0.4000	
50-7-2-3	梁、板 实心板梁 混凝土	m^3		1.0000		
50-14-11-7	预制混凝土模板 实体板梁	m^2		2.5000		
50-7-2-5	梁、板 空心板梁 混凝土	m^3			1.0000	
50-14-11-8	预制混凝土模板 空心板梁	m^2			4.0000	
50-7-2-7	梁、板 矩形板 混凝土	m^3				1.0000
50-14-11-9	预制混凝土模板 矩形板	m^2				5.0000
50-14-11-1	预制混凝土模板 筑地模 砖地模	m^2				4.0000
50-13-6-1	人工拆除 拆除砖结构	m^3				0.3000

工作内容：筑、拆地模，模板制作、安装、拆除，涂脱模剂，混凝土浇筑、抹平、养护，清理，材料场内运输等全部操作过程。

定额编号				H-7-2-1	H-7-2-2	H-7-2-3	H-7-2-4
项目				T形梁	实体板梁	空心板梁	矩形板
名称			单位	m^3	m^3	m^3	m^3
人工	00210103	综合工	工日	4.5547	1.5522	3.6239	2.7637
材料	02310105	无纺布 100 g/m^2	m^2	1.4296	0.9218	1.5190	1.6180
	03150101	圆钉	kg	0.1177	0.1496	0.3066	0.2159
	03154813	铁件	kg	4.2874			0.4225
	03211101	风镐凿子	根	0.1469	0.0979	0.0979	
	03211121	破碎锤钎杆 ϕ140	根	0.0009	0.0006	0.0006	
	04030115	黄砂 中粗	t	0.5304	0.3536	0.3536	
	04131754	蒸压灰砂砖 240×115×53	千块				0.1568
	34110101	水	m^3	1.2207	0.8092	0.8980	0.9464
	35010101	钢模板	kg		0.5477	0.8755	1.0986
	35010703	木模板成材	m^3	0.0971	0.0111	0.0156	0.0191
	35012111	空心板梁内模 ϕ360	m			0.0576	
	35020109	钢模支撑 ϕ48	kg		1.2906	2.0629	2.5887
	35020401	钢模零配件	kg		0.4112	0.4877	0.6121
	36030252	涤纶针刺土工布 200 g/m^2	m^2	0.1968	0.1312	0.1312	0.1312
	80060113	干混砌筑砂浆 DM M10.0	m^3				0.0792
	80060214	干混抹灰砂浆 DP M20.0	m^3				0.0820
	80210501	预拌混凝土(非泵送型)	m^3	1.6160	1.4140	1.4140	1.0100
	80210518	预拌混凝土(非泵送型) C25 最大粒径 40	m^3			0.0067	
机械	99010060	履带式单斗液压挖掘机 1 m^3	台班	0.0193	0.0129	0.0129	
	99010610	液压镐头	台班	0.0130	0.0087	0.0087	
	99050930	混凝土振捣器 插入式	台班	0.1478	0.1144	0.1478	0.1465
	99050940	混凝土振捣器 平板式	台班	0.1315	0.0956	0.1123	0.0733
	99050950	混凝土振捣器 附着式	台班	0.2956			
	99070540	载重汽车 6 t	台班		0.0075	0.0116	0.0145
	99090080	履带式起重机 10 t	台班	0.2059	0.0572	0.0739	0.0843
	99090360	汽车式起重机 8 t	台班		0.0040	0.0064	
	99091380	电动卷扬机单筒快速 10 kN	台班			0.1800	
	99210010	木工圆锯机 ϕ500	台班	0.1278	0.0520	0.0124	0.0110
	99210070	木工平刨床 刨削宽度 500	台班	0.1278	0.0520	0.0124	0.0110
	99330010	风镐	台班	0.1015	0.0676	0.0676	
	99430200	电动空气压缩机 0.6 m^3/min	台班			0.1800	
	99430290	内燃空气压缩机 6 m^3/min	台班	0.0508	0.0338	0.0338	

工作内容：1. 模板制作、安装、拆除，混凝土浇筑、养护、堆放。
2. 筑、拆砖地模，模板制作、安装、拆除，涂脱模剂，混凝土浇筑、抹平、养护，清理，材料场内运输等全部操作过程。
3. 除锈、制作、安装等。

定额编号			H-7-2-5	H-7-2-6	H-7-2-7
项目			预制整体渡槽	预制栅栏板、梁	梁、板钢筋制作、安装
			m^3	m^3	t
预算定额编号	预算定额名称	预算定额单位	数量		
50-7-2-9	梁、板 预制整体渡槽 混凝土	m^3	1.0000		
50-7-2-11	预制混凝土栅栏板、梁 混凝土	m^3		1.0000	
50-14-11-10	预制混凝土模板 栅栏板、梁	m^2		6.0000	
50-14-11-1	预制混凝土模板 筑地模 砖地模	m^2		4.0000	
50-13-6-1	人工拆除 拆除砖结构	m^3		0.3000	
50-7-2-2	梁、板 T形梁 钢筋	t			0.1000
50-7-2-12	预制混凝土栅栏板、梁 钢筋	t			0.9000

工作内容：1. 模板制作、安装、拆除，混凝土浇筑、养护、堆放。
2. 筑、拆砖地模，模板制作、安装、拆除，涂脱模剂，混凝土浇筑、抹平、养护，清理，材料场内运输等全部操作过程。
3. 除锈、制作、安装等。

定　额　编　号				H-7-2-5	H-7-2-6	H-7-2-7
项　　目				预制整体渡槽	预制栅栏板、梁	梁、板钢筋制作、安装
名　　称			单位	m^3	m^3	t
人工	00210103	综合工	工日	3.5762	2.9349	10.7074
材料	01010101	钢筋 综合	t			1.0250
	01150103	热轧型钢 综合	kg	7.4894		
	02310105	无纺布 100 g/m^2	m^2		2.3047	
	03130101	电焊条	kg	0.0123		3.7816
	03150101	圆钉	kg	0.0423	0.0745	
	03152501	镀锌铁丝	kg		0.0558	5.2592
	03154813	铁件	kg	2.1740	0.5127	
	04131754	蒸压灰砂砖 240×115×53	千块		0.1568	
	33330801	预埋铁件	kg	3.5436		
	34110101	水	m^3	1.8000	1.0485	
	35010101	钢模板	kg		1.2611	
	35010102	组合钢模板	kg	3.4452		
	35010703	木模板成材	m^3	0.0088	0.0145	
	35020109	钢模支撑 ϕ48	kg		1.5750	
	35020401	钢模零配件	kg		1.7859	
	35020422	钢模零星卡具	kg	1.3922		
	36030252	涤纶针刺土工布 200 g/m^2	m^2		0.1312	
	80060113	干混砌筑砂浆 DM M10.0	m^3		0.0792	
	80060214	干混抹灰砂浆 DP M20.0	m^3		0.0820	
	80210501	预拌混凝土(非泵送型)	m^3	1.0100	1.0100	
		其他材料费	%	2.0000		
机械	99050930	混凝土振捣器 插入式	台班	0.1100	0.1086	
	99070530	载重汽车 5 t	台班	0.0091		
	99170030	钢筋切断机 ϕ40	台班			0.4973
	99170050	钢筋弯曲机 ϕ40	台班			0.0532
	99210010	木工圆锯机 ϕ500	台班		0.0252	
	99210070	木工平刨床 刨削宽度 500	台班		0.0252	
	99250010	交流弧焊机 21 kV·A	台班	0.0035		
	99250020	交流弧焊机 32 kV·A	台班			0.7668
	99250280	对焊机 75 kV·A	台班			0.0079
		其他机械费	%	1.5000		

第三节　其他结构

工作内容：1，2. 筑、拆砖地模，模板制作、安装、拆除，涂脱模剂，混凝土浇筑、抹平、养护，清理，材料场内运输等全部操作过程。

3，4. 模板制作、安装、拆除，混凝土浇筑、养护、堆放，材料场内运输等全部操作过程。

定额编号			H-7-3-1	H-7-3-2	H-7-3-3	H-7-3-4
项目			灯柱、端柱、栏杆	缘石、人行道板、锚锭板	预制渠道板	预制U形板
					板厚 4～12 cm	上口宽 60～100 cm
			m³	m³	m³	m³
预算定额编号	预算定额名称	预算定额单位	数量			
50-7-3-1	其他结构 灯柱、端柱、栏杆 混凝土	m^3	1.0000			
50-14-11-11	预制混凝土模板 灯柱、端柱、栏杆	m^2	12.0000			
50-14-11-1	预制混凝土模板 筑地模 砖地模	m^2	4.0000	4.0000		
50-13-6-1	人工拆除 拆除砖结构	m^3	0.3000	0.3000		
50-7-3-2	其他结构 缘石、人行道板、锚锭板 混凝土	m^3		1.0000		
50-14-11-12	预制混凝土模板 缘石、人行道板、锚定板	m^2		5.0000		
50-7-3-3	其他结构 预制混凝土渠道板 板厚 4～8 cm	m^3			1.0000	
50-7-3-5	其他结构 预制 U 形板 上口宽 60 cm	m^3				1.0000

工作内容：1，2. 筑、拆砖地模，模板制作、安装、拆除，涂脱模剂，混凝土浇筑、抹平、养护，清理，材料场内运输等全部操作过程。

3，4. 模板制作、安装、拆除，混凝土浇筑、养护、堆放，材料场内运输等全部操作过程。

定额编号				H-7-3-1	H-7-3-2	H-7-3-3	H-7-3-4
项目				灯柱、端柱、栏杆	缘石、人行道板、锚锭板	预制渠道板	预制U形板
						板厚 4～12 cm	上口宽 60～100 cm
名称			单位	m^3	m^3	m^3	m^3
人工	00210103	综合工	工日	9.4799	4.7166	1.0848	0.7136
材料	01150103	热轧型钢 综合	kg				0.0290
	01290650	镀锌薄钢板 δ0.35	m^2				0.3760
	02310105	无纺布 100 g/m^2	m^2	2.7771	3.5983		
	03150101	圆钉	kg	3.2180	3.0692		
	03154813	铁件	kg		2.2613	0.2459	
	04131754	蒸压灰砂砖 240×115×53	千块	0.1568	0.1568		
	34110101	水	m^3	1.1188	1.2410	2.4000	1.0000
	35010102	组合钢模板	kg			1.1641	
	35010703	木模板成材	m^3	0.1559	0.0347		
	36030252	涤纶针刺土工布 200 g/m^2	m^2	0.1312	0.1312		
	80060113	干混砌筑砂浆 DM M10.0	m^3	0.0792	0.0792		
	80060214	干混抹灰砂浆 DP M20.0	m^3	0.0820	0.0820		
	80210501	预拌混凝土(非泵送型)	m^3	1.0100	1.0100	1.0100	1.0100
		其他材料费	%			0.8000	1.5000
机械	99050930	混凝土振捣器 插入式	台班			0.0889	0.6096
	99050940	混凝土振捣器 平板式	台班	0.2041	0.1287		
	99070530	载重汽车 5 t	台班			0.0040	
	99091710	电动葫芦单速 0.5 t	台班				0.2540
	99210010	木工圆锯机 ϕ500	台班	0.8508	0.1630		
	99210070	木工平刨床 刨削宽度 500	台班	0.8508	0.1630		
		其他机械费	%				1.0000

工作内容：1，2. 筑、拆砖地模，模板制作、安装、拆除，涂脱模剂，混凝土浇筑、抹平、养护，清理，材料场内运输等全部操作过程。

3，4. 模板制作、安装、拆除，混凝土浇筑、养护、清理等。

定额编号			H-7-3-5	H-7-3-6	H-7-3-7	H-7-3-8
项目			预制实心方块		翼形块、扭工(王)字块	四脚锥体
			嵌石混凝土	混凝土		
			m^3	m^3	m^3	m^3
预算定额编号	预算定额名称	预算定额单位	数量			
50-7-3-16	其他结构 预制混凝土实心方块 嵌石混凝土	m^3	1.0000			
50-14-11-13	预制混凝土模板 预制混凝土实心方块	m^2	6.5000	7.0000		
50-14-11-1	预制混凝土模板 筑地模 砖地模	m^2	4.0000	4.0000		
50-13-6-1	人工拆除 拆除砖结构	m^3	0.3000	0.3000		
50-7-3-17	其他结构 预制混凝土实心方块 混凝土	m^3		1.0000		
50-7-3-18	其他结构 预制混凝土 翼形块、扭工(王)字块	m^3			1.0000	
50-7-3-19	其他结构 预制混凝土 四脚锥体	m^3				1.0000

工作内容:1，2. 筑、拆砖地模，模板制作、安装、拆除，涂脱模剂，混凝土浇筑、抹平、养护，清理，材料场内运输等全部操作过程。

3，4. 模板制作、安装、拆除，混凝土浇筑、养护、清理等。

定额编号				H-7-3-5	H-7-3-6	H-7-3-7	H-7-3-8
项目				预制实心方块		翼形块、扭工(王)字块	四脚锥体
				嵌石混凝土	混凝土		
名称			单位	m^3	m^3	m^3	m^3
人工	00210103	综合工	工日	3.0633	3.0988	2.5917	2.5322
材料	01150103	热轧型钢 综合	kg			0.8800	0.8800
	01290202	热轧钢板(薄板)	kg			1.5400	1.5400
	02310105	无纺布 100 g/m^2	m^2	0.7682	0.7682	1.8438	1.8438
	03130101	电焊条	kg			0.0550	0.0550
	03150101	圆钉	kg	0.0985	0.1061	0.0030	0.0030
	03154813	铁件	kg	1.8054	1.9443	0.0594	0.0594
	04110507	块石 100～400	t	0.5509			
	04131754	蒸压灰砂砖 240×115×53	千块	0.1568	0.1568		
	05030101	成材	m^3			0.0050	0.0050
	34110101	水	m^3	0.8199	0.8199	0.2743	0.2743
	35010101	钢模板	kg	1.3662	1.4713		
	35010703	木模板成材	m^3	0.0249	0.0269		
	35020109	钢模支撑 ϕ48	kg	1.7062	1.8375		
	35020401	钢模零配件	kg	1.9347	2.0835		
	36030252	涤纶针刺土工布 200 g/m^2	m^2	0.1312	0.1312		
	80060113	干混砌筑砂浆 DM M10.0	m^3	0.0792	0.0792	0.0010	0.0010
	80060214	干混抹灰砂浆 DP M20.0	m^3	0.0820	0.0820		
	80210501	预拌混凝土(非泵送型)	m^3	0.8160	1.0100	1.0200	1.0200
		其他材料费	%			2.1800	2.1800
机械	99050930	混凝土振捣器 插入式	台班	0.0869	0.0869	0.1300	0.1300
	99050940	混凝土振捣器 平板式	台班			0.0012	0.0012
	99210010	木工圆锯机 ϕ500	台班	0.0215	0.0231		
	99210070	木工平刨床 刨削宽度 500	台班	0.0215	0.0231		
	99250020	交流弧焊机 32 kV·A	台班			0.0154	0.0154
		其他机械费	%			2.0000	2.0000

工作内容：1，2. 模板制作、安装、拆除，混凝土浇筑、养护、清理等。
3. 除锈、制作、安装等。

定额编号			H-7-3-9	H-7-3-10	H-7-3-11
项目			预制蛙式块	预制螺母块	其他结构 钢筋制作、安装
			m^3	m^3	t
预算定额编号	预算定额名称	预算定额单位	数量		
50-7-3-20	其他结构 预制混凝土 蛙式块	m^3	1.0000		
50-7-3-21	其他结构 预制混凝土 螺母块	m^3		1.0000	
50-7-3-8	其他结构 小型构件 钢筋	t			1.0000

工作内容：1，2. 模板制作、安装、拆除，混凝土浇筑、养护、清理等。
3. 除锈、制作、安装等。

定额编号				H-7-3-9	H-7-3-10	H-7-3-11
项目				预制蛙式块	预制螺母块	其他结构 钢筋制作、安装
名称			单位	m^3	m^3	t
人工	00210103	综合工	工日	2.6784	2.3447	13.9219
材料	01010101	钢筋 综合	t			1.0250
	01150103	热轧型钢 综合	kg	1.2000	0.8800	
	01290202	热轧钢板(薄板)	kg	2.1000	1.5400	
	02310105	无纺布 100 g/m^2	m^2	1.8438	1.8438	
	03130101	电焊条	kg	0.0750	0.0550	
	03150101	圆钉	kg	0.0030	0.0015	
	03152501	镀锌铁丝	kg			6.0000
	03154813	铁件	kg	0.0810	0.0594	
	05030101	成材	m^3	0.0050	0.0025	
	34110101	水	m^3	0.2743	0.2743	
	80060113	干混砌筑砂浆 DM M10.0	m^3	0.0010	0.0005	
	80210501	预拌混凝土(非泵送型)	m^3	1.0200	1.0150	
		其他材料费	%	1.4300	1.7200	
机械	99050930	混凝土振捣器 插入式	台班	0.1300	0.1300	
	99050940	混凝土振捣器 平板式	台班	0.0012	0.0006	
	99170030	钢筋切断机 ϕ40	台班			1.1960
	99170050	钢筋弯曲机 ϕ40	台班			1.1960
	99250020	交流弧焊机 32 kV·A	台班	0.0210	0.0154	
		其他机械费	%	2.0000	2.0000	

第四节　预制构件场内、外运输

工作内容：1，2. 装车、运输、卸车并按指定地点堆放。
3，4. 运输、卸车并按指定地点堆放。

定额编号			H-7-4-1	H-7-4-2	H-7-4-3	H-7-4-4
项目			小型预制构件场外运输		异形块场内运输	
			基本运距 3 km	每增运 1 km	每增运 500 m 单体 0.125 m^3 以内	每增运 500 m 单体 0.125 m^3 以外
			m^3	m^3	m^3	m^3
预算定额编号	预算定额名称	预算定额单位	数量			
50-7-4-9	小型预制构件场外运输 基本运距 3 km	m^3	1.0000			
50-7-4-10	小型预制构件场外运输 每增运 1 km	m^3		1.0000		
50-7-4-11	预制构件场内、外运输 异形块场内运输 每增运 500 m 单体 0.125 m^3 以内	m^3			1.0000	
50-7-4-12	预制构件场内、外运输 异形块场内运输 每增运 500 m 单体 0.125 m^3 以外	m^3				1.0000

工作内容：1，2. 装车、运输、卸车并按指定地点堆放。
3，4. 运输、卸车并按指定地点堆放。

定额编号				H-7-4-1	H-7-4-2	H-7-4-3	H-7-4-4
项目				小型预制构件场外运输		异形块场内运输	
				基本运距 3 km	每增运 1 km	每增运 500 m 单体 0.125 m^3 以内	每增运 500 m 单体 0.125 m^3 以外
名称			单位	m^3	m^3	m^3	m^3
人工	00210103	综合工	工日	0.0919			
材料	03154813	铁件	kg	0.1200			
	05030101	成材	m^3	0.0010			
		其他材料费	%	3.0000			
机械	99070540	载重汽车 6 t	台班			0.0036	
	99070550	载重汽车 8 t	台班	0.0454	0.0045		0.0023
	99090360	汽车式起重机 8 t	台班	0.0116			
		其他机械费	%	1.0000			

工作内容：水上增运距。

定额编号			H-7-4-5
项目			预制构件水上运输
			每增运 1 km
			m^3
预算定额编号	预算定额名称	预算定额单位	数量
50-7-4-13	预制构件场内、外运输 预制构件水上运输 每增运 1 km	m^3	1.0000

工作内容：水上增运距。

定额编号				H-7-4-5
项目				预制构件水上运输
				每增运 1 km
名称			单位	m^3
机械	99410110	方驳 400 t	艘班	0.0004
	99410230	拖轮 294 kW	艘班	0.0004

第五节　预制构件安装

工作内容：1，2，3. 构件场内运输，起重机就位、定位、吊装、固定等。

4. 构件场内运输，安拆地锚，竖拆及移动扒杆，组装拆卸万能杆件，起吊设备就位、定位、吊装、固定等全部操作过程。

定额编号			H-7-5-1	H-7-5-2	H-7-5-3	H-7-5-4
项目			陆上安装T形梁			水上安装T形梁
			$L \leqslant 10$ m	$L \leqslant 20$ m	$L \leqslant 30$ m	$L \leqslant 10$ m
			m^3	m^3	m^3	m^3
预算定额编号	预算定额名称	预算定额单位	数量			
50-7-4-1	预制构件场内运输 构件重10 t以内 100 m	m^3	1.0000			1.0000
50-7-5-1	预制构件安装 陆上安装 T形梁 $L \leqslant 10$ m	m^3	1.0000			
50-7-4-2	预制构件场内运输 构件重10 t以内 每增减50 m	m^3	8.0000			8.0000
50-7-4-3	预制构件场内运输 构件重20 t以内 100 m	m^3		1.0000		
50-7-5-2	预制构件安装 陆上安装 T形梁 $L \leqslant 20$ m	m^3		1.0000		
50-7-4-4	预制构件场内运输 构件重20 t以内 每增减50 m	m^3		8.0000		
50-7-4-5	预制构件场内运输 构件重30 t以内 100 m	m^3			1.0000	
50-7-5-3	预制构件安装 陆上安装 T形梁 $L \leqslant 30$ m	m^3			1.0000	
50-7-4-6	预制构件场内运输 构件重30 t以内 每增减50 m	m^3			8.0000	
50-7-5-4	预制构件安装 水上安装 T形梁 $L \leqslant 10$ m	m^3				1.0000

工作内容：1，2，3. 构件场内运输，起重机就位、定位、吊装、固定等。
4. 构件场内运输，安拆地锚，竖拆及移动扒杆，组装拆卸万能杆件，起吊设备就位、定位、吊装、固定等全部操作过程。

定额编号				H-7-5-1	H-7-5-2	H-7-5-3	H-7-5-4
项目				陆上安装T形梁			水上安装T形梁
				$L\leqslant10$ m	$L\leqslant20$ m	$L\leqslant30$ m	$L\leqslant10$ m
名称			单位	m^3	m^3	m^3	m^3
人工	00210103	综合工	工日	0.7158	0.7335	0.7508	1.4887
材料	03150101	圆钉	kg				0.0014
	03150501	骑马钉	kg	0.2347	0.2606	0.2864	0.2948
	04292501	钢筋混凝土T形梁	m^3	(1.0000)	(1.0000)	(1.0000)	(1.0000)
	05030011	圆木	m^3				0.0004
	05030101	成材	m^3	0.0053	0.0053	0.0053	0.0053
	05031801	枕木	m^3	0.0352	0.0400	0.0408	0.0376
	17030102	镀锌焊接钢管	kg	0.7195	0.7195	0.7195	0.7195
	35010703	木模板成材	m^3				0.0006
机械	99090080	履带式起重机 10 t	台班				0.0156
	99090450	汽车式起重机 40 t	台班	0.0156			
	99090490	汽车式起重机 75 t	台班		0.0156		
	99090550	汽车式起重机 125 t	台班			0.0143	
	99091380	电动卷扬机单筒快速 10 kN	台班				0.6084
	99091440	电动卷扬机双筒快速 50 kN	台班				0.3042
	99091470	电动卷扬机单筒慢速 50 kN	台班	0.0451	0.0500		0.0451
	99091490	电动卷扬机单筒慢速 100 kN	台班			0.0402	
	99092020	索具 2 号	台班			0.0402	
	99092030	索具 3 号	台班	0.0451	0.0500		0.3493
	99092050	索具 5 号	台班				0.6084
	99410530	铁驳船 80 t	t·d				12.4800

工作内容：1，2. 构件场内运输，安拆地锚，竖拆及移动扒杆，组装拆卸万能杆件，起吊设备就位、定位、吊装、固定等全部操作过程。

3，4. 构件场内运输，起重机就位、定位、吊装、固定等。

定额编号			H-7-5-5	H-7-5-6	H-7-5-7	H-7-5-8
项目			水上安装T形梁		陆上安装(板梁)	
			$L\leqslant20$ m	$L\leqslant30$ m	$L\leqslant10$ m	$L\leqslant13$ m
			m^3	m^3	m^3	m^3
预算定额编号	预算定额名称	预算定额单位	数量			
50-7-4-3	预制构件场内运输 构件重 20 t 以内 100 m	m^3	1.0000			1.0000
50-7-5-5	预制构件安装 水上安装 T 形梁 $L\leqslant20$ m	m^3	1.0000			
50-7-4-4	预制构件场内运输 构件重 20 t 以内 每增减 50 m	m^3	8.0000			8.0000
50-7-4-5	预制构件场内运输 构件重 30 t 以内 100 m	m^3		1.0000		
50-7-5-6	预制构件安装 水上安装 T 形梁 $L\leqslant30$ m	m^3		1.0000		
50-7-4-6	预制构件场内运输 构件重 30 t 以内 每增减 50 m	m^3		8.0000		
50-7-4-1	预制构件场内运输 构件重 10 t 以内 100 m	m^3			1.0000	
50-7-5-7	预制构件安装 陆上安装(板梁) $L\leqslant10$ m	m^3			1.0000	
50-7-4-2	预制构件场内运输 构件重 10 t 以内 每增减 50 m	m^3			8.0000	
50-7-5-8	预制构件安装 陆上安装(板梁) $L\leqslant13$ m	m^3				1.0000

工作内容：1，2. 构件场内运输，安拆地锚，竖拆及移动扒杆，组装拆卸万能杆件，起吊设备就位、定位、吊装、固定等全部操作过程。

3，4. 构件场内运输，起重机就位、定位、吊装、固定等。

定额编号				H-7-5-5	H-7-5-6	H-7-5-7	H-7-5-8
项目				水上安装 T 形梁		陆上安装(板梁)	
				$L\leqslant20$ m	$L\leqslant30$ m	$L\leqslant10$ m	$L\leqslant13$ m
名称			单位	m^3	m^3	m^3	m^3
人工	00210103	综合工	工日	1.4877	1.4760	0.7060	0.7193
材料	03150101	圆钉	kg	0.0014	0.0014		
	03150501	骑马钉	kg	0.3207	0.3465	0.2347	0.2606
	04292401	钢筋混凝土空心板梁	m^3			(1.0000)	(1.0000)
	04292501	钢筋混凝土 T 形梁	m^3	(1.0000)	(1.0000)		
	05030011	圆木	m^3	0.0004	0.0004		
	05030101	成材	m^3	0.0053	0.0053	0.0053	0.0053
	05031801	枕木	m^3	0.0424	0.0432	0.0352	0.0400
	17030102	镀锌焊接钢管	kg	0.7195	0.7195	0.7195	0.7195
	35010703	木模板成材	m^3	0.0006	0.0006		
机械	99090080	履带式起重机 10 t	台班	0.0156	0.0156		
	99090410	汽车式起重机 20 t	台班			0.0143	
	99090460	汽车式起重机 50 t	台班				0.0130
	99091380	电动卷扬机单筒快速 10 kN	台班	0.5772	0.5694		
	99091440	电动卷扬机双筒快速 50 kN	台班	0.1924	0.1820		
	99091470	电动卷扬机单筒慢速 50 kN	台班	0.0500		0.0451	0.0500
	99091490	电动卷扬机单筒慢速 100 kN	台班		0.0402		
	99091560	电动卷扬机双筒慢速 100 kN	台班	0.0962	0.0910		
	99092020	索具 2 号	台班	0.0962	0.1312		
	99092030	索具 3 号	台班	0.2424	0.1820	0.0451	0.0500
	99092050	索具 5 号	台班	0.5772	0.5694		
	99410530	铁驳船 80 t	t·d	16.2800	4.2000		
	99410550	铁驳船 120 t	t·d		16.8000		

工作内容：1，2，3. 构件场内运输，起重机就位、定位、吊装、固定等。

4. 构件场内运输，安拆地锚，竖拆及移动扒杆，组装拆卸万能杆件，起吊设备就位、定位、吊装、固定等全部操作过程。

定　额　编　号			H-7-5-9	H-7-5-10	H-7-5-11	H-7-5-12
项　　目			陆上安装(板梁)			水上安装(板梁)
			$L\leqslant16$ m	$L\leqslant20$ m	$L\leqslant25$ m	$L\leqslant10$ m
			m^3	m^3	m^3	m^3
预算定额编号	预算定额名称	预算定额单位	数　　量			
50-7-5-9	预制构件安装 陆上安装(板梁) $L\leqslant16$ m	m^3	1.0000			
50-7-4-5	预制构件场内运输 构件重 30 t 以内 100 m	m^3	1.0000			
50-7-4-6	预制构件场内运输 构件重 30 t 以内 每增减 50 m	m^3	8.0000			
50-7-5-10	预制构件安装 陆上安装(板梁) $L\leqslant20$ m	m^3		1.0000		
50-7-4-7	预制构件场内运输 构件重 40 t 以内 100 m	m^3		1.0000	1.0000	
50-7-4-8	预制构件场内运输 构件重 40 t 以内 每增减 50 m	m^3		8.0000	8.0000	
50-7-5-11	预制构件安装 陆上安装(板梁) $L\leqslant25$ m	m^3			1.0000	
50-7-4-1	预制构件场内运输 构件重 10 t 以内 100 m	m^3				1.0000
50-7-5-12	预制构件安装 水上安装(板梁) $L\leqslant10$ m	m^3				1.0000
50-7-4-2	预制构件场内运输 构件重 10 t 以内 每增减 50 m	m^3				8.0000

工作内容：1，2，3. 构件场内运输，起重机就位、定位、吊装、固定等。

4. 构件场内运输，安拆地锚，竖拆及移动扒杆，组装拆卸万能杆件，起吊设备就位、定位、吊装、固定等全部操作过程。

定额编号				H-7-5-9	H-7-5-10	H-7-5-11	H-7-5-12
项目				陆上安装(板梁)			水上安装(板梁)
				$L \leqslant 16$ m	$L \leqslant 20$ m	$L \leqslant 25$ m	$L \leqslant 10$ m
名称			单位	m^3	m^3	m^3	m^3
人工	00210103	综合工	工日	0.7341	0.7485	0.7404	1.3941
材料	03150101	圆钉	kg				0.0014
	03150501	骑马钉	kg	0.2864	0.3123	0.3123	0.2840
	04292401	钢筋混凝土空心板梁	m^3	(1.0000)	(1.0000)	(1.0000)	(1.0000)
	05030011	圆木	m^3				0.0006
	05030101	成材	m^3	0.0053	0.0054	0.0054	0.0053
	05031801	枕木	m^3	0.0408	0.0456	0.0456	0.0359
	17030102	镀锌焊接钢管	kg	0.7195	0.7195	0.7195	0.7195
	35010703	木模板成材	m^3				0.0004
机械	99090080	履带式起重机 10 t	台班				0.0091
	99090460	汽车式起重机 50 t	台班	0.0117			
	99090490	汽车式起重机 75 t	台班		0.0104		
	99090520	汽车式起重机 100 t	台班			0.0091	
	99091380	电动卷扬机单筒快速 10 kN	台班				0.5720
	99091400	电动卷扬机单筒快速 20 kN	台班				0.2886
	99091470	电动卷扬机单筒慢速 50 kN	台班				0.0451
	99091490	电动卷扬机单筒慢速 100 kN	台班	0.0402	0.0451	0.0451	
	99092020	索具 2 号	台班	0.0402	0.0451	0.0451	
	99092030	索具 3 号	台班				0.0451
	99092040	索具 4 号	台班				0.2886
	99092050	索具 5 号	台班				0.5720
	99410530	铁驳船 80 t	t·d				4.4000

工作内容:构件场内运输,安拆地锚,竖拆及移动扒杆,组装拆卸万能杆件,起吊设备就位、定位、吊装、固定等全部操作过程。

定 额 编 号			H-7-5-13	H-7-5-14	H-7-5-15	H-7-5-16
项 目			水上安装(板梁)			
			$L\leqslant13$ m	$L\leqslant16$ m	$L\leqslant20$ m	$L\leqslant25$ m
			m^3	m^3	m^3	m^3
预算定额编号	预算定额名称	预算定额单位	数 量			
50-7-4-3	预制构件场内运输 构件重 20 t 以内 100 m	m^3	1.0000			
50-7-5-13	预制构件安装 水上安装(板梁) $L\leqslant13$ m	m^3	1.0000			
50-7-4-4	预制构件场内运输 构件重 20 t 以内 每增减 50 m	m^3	8.0000			
50-7-4-5	预制构件场内运输 构件重 30 t 以内 100 m	m^3		1.0000		
50-7-5-14	预制构件安装 水上安装(板梁) $L\leqslant16$ m	m^3		1.0000		
50-7-4-6	预制构件场内运输 构件重 30 t 以内 每增减 50 m	m^3		8.0000		
50-7-5-15	预制构件安装 水上安装(板梁) $L\leqslant20$ m	m^3			1.0000	
50-7-4-7	预制构件场内运输 构件重 40 t 以内 100 m	m^3			1.0000	1.0000
50-7-4-8	预制构件场内运输 构件重 40 t 以内 每增减 50 m	m^3			8.0000	8.0000
50-7-5-16	预制构件安装 水上安装(板梁) $L\leqslant25$ m	m^3				1.0000

工作内容：构件场内运输，安拆地锚，竖拆及移动扒杆，组装拆卸万能杆件，起吊设备就位、定位、吊装、固定等全部操作过程。

定额编号				H-7-5-13	H-7-5-14	H-7-5-15	H-7-5-16
项目				水上安装(板梁)			
				$L \leqslant 13$ m	$L \leqslant 16$ m	$L \leqslant 20$ m	$L \leqslant 25$ m
名称			单位	m^3	m^3	m^3	m^3
人工	00210103	综合工	工日	1.4053	1.4282	1.4036	1.3512
材料	03150101	圆钉	kg	0.0014	0.0014	0.0014	0.0014
	03150501	骑马钉	kg	0.3207	0.3465	0.3724	0.3724
	04292401	钢筋混凝土空心板梁	m^3	(1.0000)	(1.0000)	(1.0000)	(1.0000)
	05030011	圆木	m^3	0.0004	0.0004	0.0004	0.0004
	05030101	成材	m^3	0.0053	0.0053	0.0054	0.0054
	05031801	枕木	m^3	0.0424	0.0437	0.0480	0.0480
	17030102	镀锌焊接钢管	kg	0.7195	0.7195	0.7195	0.7195
	35010703	木模板成材	m^3	0.0006	0.0006	0.0006	0.0006
机械	99090080	履带式起重机 10 t	台班	0.0156	0.0156	0.0156	0.0156
	99091380	电动卷扬机单筒快速 10 kN	台班	0.5148	0.5148	0.4680	0.4680
	99091440	电动卷扬机双筒快速 50 kN	台班	0.2574	0.2574	0.1560	0.1560
	99091470	电动卷扬机单筒慢速 50 kN	台班	0.0500			
	99091490	电动卷扬机单筒慢速 100 kN	台班		0.0402	0.0451	0.0451
	99091560	电动卷扬机双筒慢速 100 kN	台班			0.0780	0.0780
	99092020	索具 2 号	台班		0.0402	0.1231	0.1231
	99092030	索具 3 号	台班	0.3074	0.2574	0.1560	0.1560
	99092050	索具 5 号	台班	0.5148	0.5148	0.4680	0.4680
	99410530	铁驳船 80 t	t·d	10.5600	11.8800	13.5600	3.9600
	99410540	铁驳船 100 t	t·d				9.6000

工作内容：1. 构件场内运输，起重机就位、定位、吊装、固定，混凝土或砂浆配、拌、运、浇捣等。
2. 构件场内运输，安拆地锚，竖拆及移动扒杆，组装拆卸万能杆件，起吊设备就位、定位、吊装、固定，混凝土或砂浆配、拌、运、浇捣等。
3，4. 构件场内运输，整修构件，起吊设备就位、坐浆、吊装、定位、固定、勾缝、清理等。

定额编号			H-7-5-17	H-7-5-18	H-7-5-19	H-7-5-20
项目			排架、立柱安装		渡槽安装	
			陆上	水上	$\phi\leqslant$600 mm	$\phi\leqslant$800 mm
			m^3	m^3	m	m
预算定额编号	预算定额名称	预算定额单位	数量			
50-7-4-1	预制构件场内运输 构件重 10 t 以内 100 m	m^3	1.0000	1.0000	0.2000	0.3000
50-7-5-17	预制构件安装 排架、立柱安装 陆上	m^3	1.0000			
50-7-4-2	预制构件场内运输 构件重 10 t 以内 每增减 50 m	m^3	8.0000	8.0000	1.6000	2.4000
50-7-5-18	预制构件安装 排架、立柱安装 水上	m^3		1.0000		
50-7-5-19	预制构件安装 渡槽安装 $\phi\leqslant$ 600 mm	m			1.0000	
50-7-5-20	预制构件安装 渡槽安装 $\phi\leqslant$ 800 mm	m				1.0000

工作内容：1. 构件场内运输，起重机就位、定位、吊装、固定，混凝土或砂浆配、拌、运、浇捣等。
2. 构件场内运输，安拆地锚，竖拆及移动扒杆，组装拆卸万能杆件，起吊设备就位、定位、吊装、固定，混凝土或砂浆配、拌、运、浇捣等。
3，4. 构件场内运输，整修构件，起吊设备就位、坐浆、吊装、定位、固定、勾缝、清理等。

定额编号				H-7-5-17	H-7-5-18	H-7-5-19	H-7-5-20
项目				排架、立柱安装		渡槽安装	
				陆上	水上	$\phi \leqslant 600$ mm	$\phi \leqslant 800$ mm
名称			单位	m^3	m^3	m	m
人工	00210103	综合工	工日	1.4617	1.5479	0.3080	0.4848
材料	03150501	骑马钉	kg	0.2347	0.2347	0.0469	0.0704
	04291081	钢筋混凝土排架立柱	m^3	(1.0000)	(1.0000)		
	04297201	钢筋混凝土渡槽预制件	m			(1.0000)	(1.0000)
	05030101	成材	m^3	0.0053	0.0053	0.0011	0.0016
	05031801	枕木	m^3	0.0352	0.0352	0.0070	0.0106
	17030102	镀锌焊接钢管	kg	0.7195	0.7195	0.1439	0.2159
	35010703	木模板成材	m^3			0.0056	0.0056
	80060113	干混砌筑砂浆 DM M10.0	m^3			0.0052	0.0062
	80210520	预拌混凝土(非泵送型) C30 最大粒径 20	m^3	0.0203	0.0203		
机械	99090080	履带式起重机 10 t	台班			0.0235	0.0390
	99090360	汽车式起重机 8 t	台班	0.1196	0.1220		
	99091470	电动卷扬机单筒慢速 50 kN	台班	0.0451	0.0451	0.0090	0.0135
	99092030	索具 3 号	台班	0.0451	0.0451	0.0090	0.0135
	99410530	铁驳船 80 t	t·d		7.3195		

工作内容:1,2. 构件场内运输,整修构件,起吊设备就位、坐浆、吊装、定位、固定、勾缝、清理等。
3,4. 构件场内运输,起重机就位、定位、吊装、固定,混凝土或砂浆配、拌、运、浇捣等。

定额编号			H-7-5-21	H-7-5-22	H-7-5-23	H-7-5-24
项目			渡槽安装 $\phi\leqslant$1 000 mm	渡槽梁安装	矩形板安装	端柱、灯柱安装
			m^3	m^3	m^3	m^3
预算定额编号	预算定额名称	预算定额单位	数量			
50-7-5-21	预制构件安装 渡槽安装 $\phi\leqslant$ 1 000 mm	m	1.0000			
50-7-4-1	预制构件场内运输 构件重 10 t 以内 100 m	m^3	0.4000	1.0000	1.0000	1.0000
50-7-4-2	预制构件场内运输 构件重 10 t 以内 每增减 50 m	m^3	3.2000	8.0000	8.0000	8.0000
50-7-5-22	预制构件安装 渡槽安装 渡槽梁	m^3		1.0000		
50-7-5-23	预制构件安装 安装 矩形板	m^3			1.0000	
50-7-5-24	预制构件安装 安装 端柱、灯柱	m^3				1.0000

工作内容：1，2. 构件场内运输，整修构件，起吊设备就位、坐浆、吊装、定位、固定、勾缝、清理等。
3，4. 构件场内运输，起重机就位、定位、吊装、固定，混凝土或砂浆配、拌、运、浇捣等。

定额编号				H-7-5-21	H-7-5-22	H-7-5-23	H-7-5-24
项目				渡槽安装 $\phi \leqslant$1 000 mm	渡槽梁安装	矩形板安装	端柱、灯柱安装
名称			单位	m^3	m^3	m^3	m^3
人工	00210103	综合工	工日	0.6104	1.2876	0.8699	3.7259
材料	03130101	电焊条	kg		2.8356		8.3900
	03150501	骑马钉	kg	0.0939	0.2347	0.2347	0.2347
	04290715	钢筋混凝土矩形板	m^3			(1.0000)	
	04291071	钢筋混凝土端柱、灯柱	m^3				(1.0100)
	04291609	钢筋混凝土渡槽梁	m^3		(1.0200)		
	04297201	钢筋混凝土渡槽预制件	m	(1.0000)			
	05030101	成材	m^3	0.0021	0.0053	0.0053	0.0053
	05031801	枕木	m^3	0.0141	0.0352	0.0352	0.0452
	17030102	镀锌焊接钢管	kg	0.2878	0.7195	0.7195	0.7195
	33330521	铁垫块	kg		0.9996		
	35010703	木模板成材	m^3	0.0056	0.0092		
	80060113	干混砌筑砂浆 DM M10.0	m^3	0.0073		0.0340	
	80210514	预拌混凝土（非泵送型）C20 最大粒径 20	m^3		0.1040		
机械	99090080	履带式起重机 10 t	台班	0.0468			
	99090090	履带式起重机 15 t	台班		0.0334		
	99090360	汽车式起重机 8 t	台班			0.0325	
	99091470	电动卷扬机单筒慢速 50 kN	台班	0.0180	0.0451	0.0451	0.0451
	99092030	索具 3 号	台班	0.0180	0.0451	0.0451	0.0451
	99250020	交流弧焊机 32 kV·A	台班				0.8073
	99250150	直流弧焊机 32 kW	台班		0.2915		

工作内容：构件场内运输，起重机就位、定位、吊装、固定，混凝土或砂浆配、拌、运、浇捣等。

定额编号			H-7-5-25	H-7-5-26	H-7-5-27	H-7-5-28
项目			人行道板安装	栏杆安装	缘石安装	仿木桩安装
			m^3	m^3	m^3	m^3
预算定额编号	预算定额名称	预算定额单位	数量			
50-7-4-1	预制构件场内运输 构件重 10 t 以内 100 m	m^3	1.0000	1.0000	1.0000	1.0000
50-7-5-25	预制构件安装 安装 人行道板	m^3	1.0000			
50-7-4-2	预制构件场内运输 构件重 10 t 以内 每增减 50 m	m^3	8.0000	8.0000	8.0000	8.0000
50-7-5-26	预制构件安装 安装 栏杆	m^3		1.0000		
50-7-5-27	预制构件安装 安装 缘石	m^3			1.0000	
50-7-5-28	预制构件安装 安装 仿木桩	m^3				1.0000

工作内容：构件场内运输，起重机就位、定位、吊装、固定，混凝土或砂浆配、拌、运、浇捣等。

定额编号				H-7-5-25	H-7-5-26	H-7-5-27	H-7-5-28
项目				人行道板安装	栏杆安装	缘石安装	仿木桩安装
名称			单位	m^3	m^3	m^3	m^3
人工	00210103	综合工	工日	1.3688	3.3407	2.1710	3.8822
材料	03130101	电焊条	kg	0.5000	4.2000		8.3900
	03150101	圆钉	kg		1.0516		
	03150501	骑马钉	kg	0.2347	0.2347	0.2347	0.2347
	03152501	镀锌铁丝	kg		0.4944		
	04292221	钢筋混凝土人行道板	m^3	(1.0100)			
	04293501	钢筋混凝土栏杆	m^3		(1.0100)		
	04293601	钢筋混凝土仿木桩	m^3				(1.0100)
	05030101	成材	m^3	0.0053	0.0053	0.0053	0.0053
	05031801	枕木	m^3	0.0352	0.1481	0.0352	0.0452
	17030102	镀锌焊接钢管	kg	0.7195	0.7195	0.7195	0.7195
	36051501	预制混凝土路缘石	m^3			(1.0100)	
	80060113	干混砌筑砂浆 DM M10.0	m^3	0.0710		0.0540	
	80210514	预拌混凝土(非泵送型) C20 最大粒径 20	m^3	0.0060			
机械	99090080	履带式起重机 10 t	台班	0.0975			
	99091470	电动卷扬机单筒慢速 50 kN	台班	0.0451	0.0451	0.0451	0.0451
	99092030	索具 3 号	台班	0.0451	0.0451	0.0451	0.0451
	99250020	交流弧焊机 32 kV·A	台班	0.0481	0.4004		0.8477

工作内容:1. 构件场内运输,起重机就位、定位、吊装、固定等。

2，3，4. 放样、铺砂垫层、浇筑、抹面、排砌、灌缝、扫缝、养护、清理场地。

定额编号			H-7-5-29	H-7-5-30	H-7-5-31	H-7-5-32
项目			锚锭板安装	预制混凝土排砌		
				侧石	平石	侧平石
			m^3	m	m	m
预算定额编号	预算定额名称	预算定额单位	数量			
50-7-4-1	预制构件场内运输 构件重 10 t 以内 100 m	m^3	1.0000			
50-7-5-29	预制构件安装 安装 锚锭板	m^3	1.0000			
50-7-4-2	预制构件场内运输 构件重 10 t 以内 每增减 50 m	m^3	8.0000			
50-7-5-30	预制构件安装 排砌预制混凝土 侧石	m		1.0000		
50-7-5-31	预制构件安装 排砌预制混凝土 平石	m			1.0000	
50-7-5-32	预制构件安装 排砌预制混凝土 侧平石	m				1.0000

工作内容:1. 构件场内运输,起重机就位、定位、吊装、固定等。

2，3，4. 放样、铺砂垫层、浇筑、抹面、排砌、灌缝、扫缝、养护、清理场地。

定额编号				H-7-5-29	H-7-5-30	H-7-5-31	H-7-5-32
项目				锚锭板安装	预制混凝土排砌		
					侧石	平石	侧平石
名称			单位	m^3	m	m	m
人工	00210103	综合工	工日	0.8527	0.0505	0.0348	0.0581
材料	03150501	骑马钉	kg	0.2347			
	04050313	道碴 50～70	t		0.0400	0.0592	0.0917
	04293401	钢筋混凝土锚锭板	m^3	(1.0100)			
	05030101	成材	m^3	0.0053			
	05031801	枕木	m^3	0.0352			
	17030102	镀锌焊接钢管	kg	0.7195			
	34110101	水	m^3		0.0168	0.0168	0.0223
	36051201	预制混凝土侧石 1 000×300×120	m		(1.0300)		(1.0300)
	36051301	预制混凝土平石 1 000×300×120	m			(1.0300)	(1.0300)
	80060214	干混抹灰砂浆 DP M20.0	m^3		0.0007	0.0004	0.0011
	80210514	预拌混凝土(非泵送型) C20 最大粒径 20	m^3		0.0348	0.0682	0.0745
机械	99090080	履带式起重机 10 t	台班	0.0351			
	99091470	电动卷扬机单筒慢速 50 kN	台班	0.0451			
	99092030	索具 3 号	台班	0.0451			

工作内容：1，2. 整修坡面、预制混凝土板 20 m 场内运输、铺砌混凝土预制板、砂浆（或混凝土）嵌缝、抹平、养护等。

3，4. 预制混凝土板 500 m 场内运输、槽座修整、槽体就位、预制板安装、槽背回填、砂浆勾缝。

定额编号			H-7-5-33	H-7-5-34	H-7-5-35	H-7-5-36
项目			预制板铺砌		预制 U 形板砌筑	预制渠道板砌筑
			砂浆嵌缝	混凝土嵌缝		
			m^3	m^3	m^3	m^3
预算定额编号	预算定额名称	预算定额单位	数量			
50-7-5-40	预制构件安装 预制混凝土板铺砌 砂浆嵌缝	m^3	1.0000			
50-7-5-41	预制构件安装 预制混凝土板铺砌 混凝土嵌缝	m^3		1.0000		
50-7-5-42	预制构件安装 预制 U 形板砌筑 上口宽 60 cm	m^3			1.0000	
50-7-4-1	预制构件场内运输 构件重 10 t 以内 100 m	m^3			1.0000	1.0000
50-7-4-2	预制构件场内运输 构件重 10 t 以内 每增减 50 m	m^3			8.0000	8.0000
50-7-5-45	预制构件安装 预制混凝土渠道板砌筑 厚度 4～8 cm	m^3				1.0000

工作内容：1，2. 整修坡面、预制混凝土板 20 m 场内运输、铺砌混凝土预制板、砂浆（或混凝土）嵌缝、抹平、养护等。

3，4. 预制混凝土板 500 m 场内运输、槽座修整、槽体就位、预制板安装、槽背回填、砂浆勾缝。

定额编号				H-7-5-33	H-7-5-34	H-7-5-35	H-7-5-36
项目				预制板铺砌		预制 U 形板砌筑	预制渠道板砌筑
				砂浆嵌缝	混凝土嵌缝		
名称			单位	m^3	m^3	m^3	m^3
人工	00210103	综合工	工日	1.3799	1.3793	1.4014	0.9238
材料	03150501	骑马钉	kg			0.2347	0.2347
	04272137	钢筋混凝土渠道板	m^3				(1.0000)
	04290710	钢筋混凝土板	m^3	(1.0000)	(1.0000)		
	04290851	钢筋混凝土 U 形板	m^3			(1.0100)	
	05030101	成材	m^3			0.0053	0.0053
	05031801	枕木	m^3			0.0352	0.0352
	17030102	镀锌焊接钢管	kg			0.7195	0.7195
	80060113	干混砌筑砂浆 DM M10.0	m^3			0.0101	0.0408
	80060214	干混抹灰砂浆 DP M20.0	m^3	0.0900	0.0300		
	80210514	预拌混凝土（非泵送型）C20 最大粒径 20	m^3		0.0700		
	80210521	预拌混凝土（非泵送型）C30 最大粒径 40	m^3			0.0404	
		其他材料费	%	6.5000	6.5000		
机械	99091470	电动卷扬机单筒慢速 50 kN	台班			0.0451	0.0451
	99092030	索具 3 号	台班			0.0451	0.0451

工作内容：1. 挡土板场内运输、安装、固定。
2，3. 栅栏板、梁 1 km 场内运输、安装、就位。
4. 翼形块、扭工(王)字块 1 km 场内运输、安装、就位。

定额编号			H-7-5-37	H-7-5-38	H-7-5-39	H-7-5-40
项目			预制挡土板安装	预制栅栏板、梁安装		翼形块、扭工(王)字块安装
				单体	整片	单体 $0.125\ m^3$ 以内
			m^3	m^3	m^3	m^3
预算定额编号	预算定额名称	预算定额单位	数量			
50-7-5-47	预制构件安装 预制混凝土挡土板安装	m^3	1.0000			
50-7-4-2	预制构件场内运输 构件重 10 t 以内 每增减 50 m	m^3	8.0000			
50-7-4-1	预制构件场内运输 构件重 10 t 以内 100 m	m^3	1.0000			
50-7-5-48	预制构件安装 预制栅栏板、梁安装 单体	m^3		1.0000		
50-7-5-49	预制构件安装 预制栅栏板、梁安装 整片	m^3			1.0000	
50-7-5-50	预制构件安装 翼形块、扭工(王)字块安装 单体 $0.125\ m^3$ 以内	m^3				1.0000

工作内容：1. 挡土板场内运输、安装、固定。
2，3. 栅栏板、梁 1 km 场内运输、安装、就位。
4. 翼形块、扭工(王)字块 1 km 场内运输、安装、就位。

定额编号				H-7-5-37	H-7-5-38	H-7-5-39	H-7-5-40
项目				预制挡土板安装	预制栅栏板、梁安装		翼形块、扭工(王)字块安装
					单体	整片	单体 0.125 m^3 以内
名称			单位	m^3	m^3	m^3	m^3
人工	00210103	综合工	工日	0.8699	0.6487	0.5022	0.6487
材料	03150501	骑马钉	kg	0.2347			
	04272145	钢筋混凝土挡土板	m^3	(1.0000)			
	04272153	混凝土翼形块、扭工(王)块	m^3				(1.0000)
	04290931	钢筋混凝土栅栏板、梁	m^3		(1.0000)	(1.0000)	
	05030101	成材	m^3	0.0053			
	05031801	枕木	m^3	0.0352			
	17030102	镀锌焊接钢管	kg	0.7195			
机械	99070540	载重汽车 6 t	台班		0.0495		0.0495
	99070550	载重汽车 8 t	台班			0.0298	
	99090360	汽车式起重机 8 t	台班	0.0325	0.0635		0.0635
	99090400	汽车式起重机 16 t	台班			0.0207	
	99091470	电动卷扬机单筒慢速 50 kN	台班	0.0451			
	99092030	索具 3 号	台班	0.0451			

工作内容：1，2. 翼形块、扭工(王)字块 1 km 场内运输、安装、就位。
3，4. 四脚锥体、蛙式块 1 km 场内运输、安装、就位。

定额编号			H-7-5-41	H-7-5-42	H-7-5-43	H-7-5-44
项目			翼形块、扭工(王)字块安装		四脚锥体、蛙式块安装	
			单体 0.5 m^3 以内	单体 0.5 m^3 以外	单体 0.125 m^3 以内	单体 0.5 m^3 以内
			m^3	m^3	m^3	m^3
预算定额编号	预算定额名称	预算定额单位	数量			
50-7-5-51	预制构件安装 翼形块、扭工(王)字块安装 单体 0.5 m^3 以内	m^3	1.0000			
50-7-5-52	预制构件安装 翼形块、扭工(王)字块安装 单体 0.5 m^3 以外	m^3		1.0000		
50-7-5-53	预制构件安装 四脚锥体、蛙式块安装 单体 0.125 m^3 以内	m^3			1.0000	
50-7-5-54	预制构件安装 四脚锥体、蛙式块安装 单体 0.5 m^3 以内	m^3				1.0000

工作内容：1，2. 翼形块、扭工(王)字块 1 km 场内运输、安装、就位。
3，4. 四脚锥体、蛙式块 1 km 场内运输、安装、就位。

定额编号				H-7-5-41	H-7-5-42	H-7-5-43	H-7-5-44
项目				翼形块、扭工(王)字块安装		四脚锥体、蛙式块安装	
				单体 0.5 m^3 以内	单体 0.5 m^3 以外	单体 0.125 m^3 以内	单体 0.5 m^3 以内
名称			单位	m^3	m^3	m^3	m^3
人工	00210103	综合工	工日	0.5991	0.5022	0.4752	0.4344
材料	04272149	混凝土四脚锥体、蛙式块	m^3			(1.0000)	(1.0000)
	04272153	混凝土翼形块、扭工(王)块	m^3	(1.0000)	(1.0000)		
机械	99070540	载重汽车 6 t	台班			0.0495	
	99070550	载重汽车 8 t	台班	0.0298	0.0298		0.0298
	99090360	汽车式起重机 8 t	台班			0.0635	
	99090390	汽车式起重机 12 t	台班	0.0324			0.0324
	99090400	汽车式起重机 16 t	台班		0.0232		

工作内容:1. 四脚锥体、蛙式块 1 km 场内运输、安装、就位。
2，3，4. 螺母块 1 km 场内运输、安装、就位。

定额编号			H-7-5-45	H-7-5-46	H-7-5-47	H-7-5-48
项目			四脚锥体、蛙式块安装	螺母块安装		
			单体 0.5 m^3 以外	单体 0.125 m^3 以内	单体 0.5 m^3 以内	单体 0.5 m^3 以外
			m^3	m^3	m^3	m^3
预算定额编号	预算定额名称	预算定额单位	数量			
50-7-5-55	预制构件安装 四脚锥体、蛙式块安装 单体 0.5 m^3 以外	m^3	1.0000			
50-7-5-56	预制构件安装 螺母块安装 单体 0.125 m^3 以内	m^3		1.0000		
50-7-5-57	预制构件安装 螺母块安装 单体 0.5 m^3 以内	m^3			1.0000	
50-7-5-58	预制构件安装 螺母块安装 单体 0.5 m^3 以外	m^3				1.0000

工作内容:1. 四脚锥体、蛙式块 1 km 场内运输、安装、就位。
2，3，4. 螺母块 1 km 场内运输、安装、就位。

定额编号				H-7-5-45	H-7-5-46	H-7-5-47	H-7-5-48
项目				四脚锥体、蛙式块安装	螺母块安装		
				单体 0.5 m^3 以外	单体 0.125 m^3 以内	单体 0.5 m^3 以内	单体 0.5 m^3 以外
名称			单位	m^3	m^3	m^3	m^3
人工	00210103	综合工	工日	0.3620	0.5620	0.5167	0.4337
材料	04272129	混凝土螺母块	m^3		(1.0000)	(1.0000)	(1.0000)
	04272149	混凝土四脚锥体、蛙式块	m^3	(1.0000)			
机械	99070540	载重汽车 6 t	台班		0.0495		
	99070550	载重汽车 8 t	台班	0.0298		0.0298	0.0298
	99090360	汽车式起重机 8 t	台班		0.0635		
	99090390	汽车式起重机 12 t	台班			0.0324	
	99090400	汽车式起重机 16 t	台班	0.0232			0.0232

工作内容：装船、1 km 内运输、安放。

定额编号			H-7-5-49	H-7-5-50	H-7-5-51	H-7-5-52
项目			翼形块、扭工(王)字块水上安放			
			1 t	2 t	3 t	5 t
			m^3	m^3	m^3	m^3
预算定额编号	预算定额名称	预算定额单位	数量			
50-7-5-59	预制构件安装 翼形块、扭工(王)字块水上安放 1 t	m^3	1.0000			
50-7-5-60	预制构件安装 翼形块、扭工(王)字块水上安放 2 t	m^3		1.0000		
50-7-5-61	预制构件安装 翼形块、扭工(王)字块水上安放 3 t	m^3			1.0000	
50-7-5-62	预制构件安装 翼形块、扭工(王)字块水上安放 5 t	m^3				1.0000

工作内容：装船、1 km 内运输、安放。

定额编号				H-7-5-49	H-7-5-50	H-7-5-51	H-7-5-52
项目				翼形块、扭工(王)字块水上安放			
				1 t	2 t	3 t	5 t
名称			单位	m^3	m^3	m^3	m^3
人工	00210103	综合工	工日	0.2750	0.2619	0.2494	0.2309
材料	04272153	混凝土翼形块、扭工(王)块	m^3	(1.0000)	(1.0000)	(1.0000)	(1.0000)
	05030101	成材	m^3	0.0003	0.0003	0.0003	0.0003
机械	99091160	旋转扒杆起重船 25 t	艘班	0.0337	0.0321	0.0306	
	99091170	旋转扒杆起重船 60 t	艘班				0.0240
	99410110	方驳 400 t	艘班	0.0572	0.0545	0.0519	0.0480
	99410230	拖轮 294 kW	艘班	0.0105	0.0100	0.0095	0.0088
	99410450	机艇 44 kW	艘班	0.0286	0.0272	0.0259	0.0240
		其他机械费	%	2.8200	2.8200	2.8200	2.8200

工作内容:装船、1 km 内运输、安放。

定额编号			H-7-5-53	H-7-5-54	H-7-5-55	H-7-5-56
项目			四脚锥体、蛙式块、实心方块水上安放			
			1 t	2 t	3 t	5 t
			m^3	m^3	m^3	m^3
预算定额编号	预算定额名称	预算定额单位	数量			
50-7-5-63	预制构件安装 四脚锥体、蛙式块、实心方块水上安放 1 t	m^3	1.0000			
50-7-5-64	预制构件安装 四脚锥体、蛙式块、实心方块水上安放 2 t	m^3		1.0000		
50-7-5-65	预制构件安装 四脚锥体、蛙式块、实心方块水上安放 3 t	m^3			1.0000	
50-7-5-66	预制构件安装 四脚锥体、蛙式块、实心方块水上安放 5 t	m^3				1.0000

工作内容:装船、1 km 内运输、安放。

定额编号				H-7-5-53	H-7-5-54	H-7-5-55	H-7-5-56
项目				四脚锥体、蛙式块、实心方块水上安放			
				1 t	2 t	3 t	5 t
名称			单位	m^3	m^3	m^3	m^3
人工	00210103	综合工	工日	0.2447	0.2278	0.2120	0.1917
材料	04272149	混凝土四脚锥体、蛙式块	m^3	(1.0000)	(1.0000)	(1.0000)	(1.0000)
	05030101	成材	m^3	0.0003	0.0003	0.0003	0.0002
机械	99091160	旋转扒杆起重船 25 t	艘班	0.0300	0.0279	0.0260	
	99091170	旋转扒杆起重船 60 t	艘班				0.0199
	99410110	方驳 400 t	艘班	0.0509	0.0474	0.0441	0.0399
	99410230	拖轮 294 kW	艘班	0.0094	0.0087	0.0081	0.0073
	99410450	机艇 44 kW	艘班	0.0254	0.0237	0.0220	0.0199
		其他机械费	%	2.8200	2.8200	2.8200	2.8200

第六节 混凝土砌块制作、铺砌

工作内容：构件预制场预制、运输，放样、铺砌、清理场地等。

定额编号			H-7-6-1	H-7-6-2	H-7-6-3	H-7-6-4
项目			预制混凝土连锁护坡砌块制作、铺砌			
			δ=8 cm	δ=10 cm	δ=12 cm	δ=15 cm
			m^2	m^2	m^2	m^2
预算定额编号	预算定额名称	预算定额单位	数量			
50-7-3-9	其他结构 预制混凝土连锁护坡砌块 δ=8 cm	m^2	1.0000			
50-7-5-33	预制构件安装 预制混凝土连锁护坡砌块铺设 δ=8 cm	m^2	1.0000			
50-7-3-10	其他结构 预制混凝土连锁护坡砌块 δ=10 cm	m^2		1.0000		
50-7-5-34	预制构件安装 预制混凝土连锁护坡砌块铺设 δ=10 cm	m^2		1.0000		
50-7-3-11	其他结构 预制混凝土连锁护坡砌块 δ=12 cm	m^2			1.0000	
50-7-5-35	预制构件安装 预制混凝土连锁护坡砌块铺设 δ=12 cm	m^2			1.0000	
50-7-3-12	其他结构 预制混凝土连锁护坡砌块 δ=15 cm	m^2				1.0000
50-7-5-36	预制构件安装 预制混凝土连锁护坡砌块铺设 δ=15 cm	m^2				1.0000

工作内容：构件预制场预制、运输，放样、铺砌、清理场地等。

定额编号				H-7-6-1	H-7-6-2	H-7-6-3	H-7-6-4
项目				预制混凝土连锁护坡砌块制作、铺砌			
				δ=8 cm	δ=10 cm	δ=12 cm	δ=15 cm
名称			单位	m^2	m^2	m^2	m^2
人工	00210103	综合工	工日	0.3581	0.4087	0.4592	0.5324
材料	02310105	无纺布 100 g/m^2	m^2	0.3835	0.3835	0.3835	0.3835
	05030101	成材	m^3	0.0004	0.0004	0.0005	0.0007
	34110101	水	m^3	0.0570	0.0683	0.0781	0.0930
	35070362	成型钢模具	kg	0.1781	0.2228	0.2673	0.3341
	80210501	预拌混凝土(非泵送型)	m^3	0.0743	0.0930	0.1116	0.1394
机械	99050940	混凝土振捣器 平板式	台班	0.0146	0.0183	0.0219	0.0273
	99070940	机动翻斗车 1 t	台班	0.0037	0.0045	0.0054	0.0068

工作内容:构件预制场预制、运输,放样、铺砌、清理场地等。

定额编号			H-7-6-5	H-7-6-6	H-7-6-7
项目			预制生态植被混凝土砌块制作、铺砌		
			δ=10 cm	δ=12 cm	δ=15 cm
			m^2	m^2	m^2
预算定额编号	预算定额名称	预算定额单位	数量		
50-7-3-13	其他结构 预制生态植被混凝土砌块 δ=10 cm	m^2	1.0000		
50-7-5-37	预制构件安装 预制生态植被混凝土砌块铺设 δ=10 cm	m^2	1.0000		
50-7-3-14	其他结构 预制生态植被混凝土砌块 δ=12 cm	m^2		1.0000	
50-7-5-38	预制构件安装 预制生态植被混凝土砌块铺设 δ=12 cm	m^2		1.0000	
50-7-3-15	其他结构 预制生态植被混凝土砌块 δ=15 cm	m^2			1.0000
50-7-5-39	预制构件安装 预制生态植被混凝土砌块铺设 δ=15 cm	m^2			1.0000

工作内容:构件预制场预制、运输,放样、铺砌、清理场地等。

定额编号				H-7-6-5	H-7-6-6	H-7-6-7
项目				预制生态植被混凝土砌块制作、铺砌		
				δ=10 cm	δ=12 cm	δ=15 cm
名称			单位	m^2	m^2	m^2
人工	00210103	综合工	工日	0.3381	0.3747	0.4266
材料	03154813	铁件	kg	0.1114	0.1337	0.1671
	04010112	水泥 42.5 级	t	0.0421	0.0485	0.0579
	04050231	碎石 40	t	0.1691	0.1705	0.2149
	14351321	外加剂 植被混凝土	kg	1.1095	1.2083	1.2702
	34110101	水	m^3	0.1947	0.2350	0.2955
	35070362	成型钢模具	kg	0.2228	0.2673	0.3341
	80210501	预拌混凝土(非泵送型)	m^3	0.0342	0.0411	0.0513
机械	99050230	双锥反转出料混凝土搅拌机 500 L	台班	0.0031	0.0032	0.0034
	99051010	绿化混凝土块成型机	台班	0.0046	0.0048	0.0051
	99070940	机动翻斗车 1 t	台班	0.0060	0.0072	0.0091

第八章　田间管道工程

说　　明

一、本章定额包括PVC管铺设(粘接)、PE管铺设(热熔)、塑料管铺设(承插)、混凝土管铺设、窨井、喷微灌地面系统及管网,共6节内容。

二、管道垫层、基础按设计计算,定额套用相应章节子目。

三、管道铺设均考虑了沟槽边堆土影响因素,使用时不论沟槽边有无堆土,都不作调整。

四、管道安装不包括法兰、阀门、伸缩器的本体及安装,如发生另行计算。

五、管件及管件安装费用按管道安装费用的比例计,管径DN50以下按管道安装费用的18%,管径DN100以下按管道安装费用的16%,管径DN400以下按管道安装费用的14%,管径DN400以上按管道安装费用的12%。

六、管道灌水试验已综合考虑在定额内。

七、窨井深度为设计窨井顶面至沟管内底的距离。本组合定额按窨井井身内壁尺寸及相应的深度列项,实际深度与本计算规则规定深度对应关系见表8-1。

表8-1　实际深度与定额规定深度对应

实际深度(m)	≤1.75	≤2.25	≤2.75	≤3.25	≤4.25	≤4.75	≤6.25
规定深度(m)	1.50	2.00	2.50	3.00	4.00	4.50	6.00

工程量计算规则

一、管道安装均按施工图中心线的长度计算(支管长度从主管中心开始计算到支管末端交接处的中心),管件阀门所占长度已综合考虑,计算工程量时均不扣除其所占长度。

二、窨井按内壁尺寸、深度根据设计数量按座计算。

三、喷头定额以“10个”为计量单位。

四、喷头及立杆定额以“10套”为计量单位,包括支架、喷头及相应的配件。

第一节　PVC 管铺设(粘接)

工作内容:运管、切管、对口、粘接、灌水试验。

定　额　编　号			H-8-1-1	H-8-1-2	H-8-1-3	H-8-1-4
项　　目			管道铺设			
			直径 15 mm 以内	直径 20 mm 以内	直径 25 mm 以内	直径 32 mm 以内
			100 m	100 m	100 m	100 m
预算定额编号	预算定额名称	预算定额单位	数　　量			
50-8-1-1	PVC 管铺设(粘接) 管道铺设 直径 15 mm 以内	100 m	1.0000			
50-8-1-2	PVC 管铺设(粘接) 管道铺设 直径 20 mm 以内	100 m		1.0000		
50-8-1-3	PVC 管铺设(粘接) 管道铺设 直径 25 mm 以内	100 m			1.0000	
50-8-1-4	PVC 管铺设(粘接) 管道铺设 直径 32 mm 以内	100 m				1.0000

工作内容:运管、切管、对口、粘接、灌水试验。

定　额　编　号				H-8-1-1	H-8-1-2	H-8-1-3	H-8-1-4
项　　目				管道铺设			
				直径 15 mm 以内	直径 20 mm 以内	直径 25 mm 以内	直径 32 mm 以内
名　　称			单位	100 m	100 m	100 m	100 m
人工	00210103	综合工	工日	0.4519	0.4821	0.4840	0.4976
材料	14330601	丙酮	kg	0.0100	0.0200	0.0200	0.0500
	14411801	胶粘剂	kg	0.0200	0.0300	0.0500	0.0700
	17250139	硬聚氯乙烯管(PVC-U) DN15	m	102.0000			
	17250140	硬聚氯乙烯管(PVC-U) DN20	m		102.0000		
	17250141	硬聚氯乙烯管(PVC-U) DN25	m			102.0000	
	17250142	硬聚氯乙烯管(PVC-U) DN32	m				102.0000
		其他材料费	%	1.0000	1.0000	1.0000	1.0000
		管件材料费	%	18.0000	18.0000	18.0000	18.0000

工作内容：运管、切管、对口、粘接、灌水试验。

定额编号			H-8-1-5	H-8-1-6	H-8-1-7	H-8-1-8
项目			管道铺设			
			直径 40 mm 以内	直径 50 mm 以内	直径 75 mm 以内	直径 90 mm 以内
			100 m	100 m	100 m	100 m
预算定额编号	预算定额名称	预算定额单位	数量			
50-8-1-5	PVC 管铺设(粘接) 管道铺设 直径 40 mm 以内	100 m	1.0000			
50-8-1-6	PVC 管铺设(粘接) 管道铺设 直径 50 mm 以内	100 m		1.0000		
50-8-1-7	PVC 管铺设(粘接) 管道铺设 直径 75 mm 以内	100 m			1.0000	
50-8-1-8	PVC 管铺设(粘接) 管道铺设 直径 90 mm 以内	100 m				1.0000

工作内容：运管、切管、对口、粘接、灌水试验。

定额编号				H-8-1-5	H-8-1-6	H-8-1-7	H-8-1-8
项目				管道铺设			
				直径 40 mm 以内	直径 50 mm 以内	直径 75 mm 以内	直径 90 mm 以内
名称			单位	100 m	100 m	100 m	100 m
人工	00210103	综合工	工日	0.5016	0.5098	0.6264	0.7517
材料	14330601	丙酮	kg	0.0500	0.0900	0.1350	0.1700
	14411801	胶粘剂	kg	0.0900	0.1500	0.2250	0.2800
	17250143	硬聚氯乙烯管(PVC-U) DN40	m	102.0000			
	17250144	硬聚氯乙烯管(PVC-U) DN50	m		102.0000		
	17250145	硬聚氯乙烯管(PVC-U) DN75	m			102.0000	
	17250146	硬聚氯乙烯管(PVC-U) DN90	m				102.0000
		其他材料费	%	1.0000	1.0000	1.0000	1.0000
		管件材料费	%	18.0000	18.0000	16.0000	16.0000

工作内容：运管、切管、对口、粘接、灌水试验。

定额编号			H-8-1-9	H-8-1-10	H-8-1-11	H-8-1-12
项目			管道铺设			
			直径 110 mm 以内	直径 125 mm 以内	直径 160 mm 以内	直径 200 mm 以内
			100 m	100 m	100 m	100 m
预算定额编号	预算定额名称	预算定额单位	数量			
50-8-1-9	PVC 管铺设(粘接) 管道铺设 直径 110 mm 以内	100 m	1.0000			
50-8-1-10	PVC 管铺设(粘接) 管道铺设 直径 125 mm 以内	100 m		1.0000		
50-8-1-11	PVC 管铺设(粘接) 管道铺设 直径 160 mm 以内	100 m			1.0000	
50-8-1-12	PVC 管铺设(粘接) 管道铺设 直径 200 mm 以内	100 m				1.0000

工作内容：运管、切管、对口、粘接、灌水试验。

定额编号				H-8-1-9	H-8-1-10	H-8-1-11	H-8-1-12
项目				管道铺设			
				直径 110 mm 以内	直径 125 mm 以内	直径 160 mm 以内	直径 200 mm 以内
名称			单位	100 m	100 m	100 m	100 m
人工	00210103	综合工	工日	0.8770	0.9850	1.4774	1.7237
材料	14330601	丙酮	kg	0.1900	0.2400	0.2900	0.3870
	14411801	胶粘剂	kg	0.3100	0.3900	0.4700	0.6270
	17250147	硬聚氯乙烯管(PVC-U) DN110	m	102.0000			
	17250148	硬聚氯乙烯管(PVC-U) DN125	m		102.0000		
	17250149	硬聚氯乙烯管(PVC-U) DN160	m			102.0000	
	17250150	硬聚氯乙烯管(PVC-U) DN200	m				102.0000
		其他材料费	%	1.0000	1.0000	1.0000	1.0000
		管件材料费	%	16.0000	14.0000	14.0000	14.0000

工作内容：运管、切管、对口、粘接、灌水试验。

定　额　编　号			H-8-1-13
项　　目			管道铺设
			直径 225 mm 以内
			100 m
预算定额编号	预算定额名称	预算定额单位	数　　量
50-8-1-13	PVC 管铺设(粘接) 管道铺设 直径 225 mm 以内	100 m	1.0000

工作内容：运管、切管、对口、粘接、灌水试验。

定　额　编　号				H-8-1-13
项　　目				管道铺设
				直径 225 mm 以内
名　　称			单位	100 m
人工	00210103	综合工	工日	1.7589
材料	14330601	丙酮	kg	0.4350
	14411801	胶粘剂	kg	0.7050
	17250151	硬聚氯乙烯管(PVC-U) DN225	m	102.0000
		其他材料费	%	1.0000
		管件材料费	%	14.0000

第二节　PE 管铺设(热熔)

工作内容:运管、切管、热熔焊接、灌水试验。

定额编号			H-8-2-1	H-8-2-2	H-8-2-3	H-8-2-4
项目			管道铺设			
			直径 20 mm 以内	直径 25 mm 以内	直径 32 mm 以内	直径 40 mm 以内
			100 m	100 m	100 m	100 m
预算定额编号	预算定额名称	预算定额单位	数量			
50-8-2-1	PE 管铺设(热熔) 管道铺设 直径 20 mm 以内	100 m	1.0000			
50-8-2-2	PE 管铺设(热熔) 管道铺设 直径 25 mm 以内	100 m		1.0000		
50-8-2-3	PE 管铺设(热熔) 管道铺设 直径 32 mm 以内	100 m			1.0000	
50-8-2-4	PE 管铺设(热熔) 管道铺设 直径 40 mm 以内	100 m				1.0000

工作内容:运管、切管、热熔焊接、灌水试验。

定额编号				H-8-2-1	H-8-2-2	H-8-2-3	H-8-2-4
项目				管道铺设			
				直径 20 mm 以内	直径 25 mm 以内	直径 32 mm 以内	直径 40 mm 以内
名称			单位	100 m	100 m	100 m	100 m
人工	00210103	综合工	工日	0.7232	0.7261	0.7465	0.7525
材料	17250851	聚乙烯管(PE) DN20	m	102.0000			
	17250852	聚乙烯管(PE) DN25	m		102.0000		
	17250853	聚乙烯管(PE) DN32	m			102.0000	
	17250854	聚乙烯管(PE) DN40	m				102.0000
		其他材料费	%	1.0000	1.0000	1.0000	1.0000
		管件材料费	%	18.0000	18.0000	18.0000	18.0000
机械	99250386	热熔焊接机 SHS-63/160	台班	0.0938	0.1265	0.1688	0.2110
		管件机械费	%	18.0000	18.0000	18.0000	18.0000

工作内容：运管、切管、热熔焊接、灌水试验。

定额编号			H-8-2-5	H-8-2-6	H-8-2-7	H-8-2-8
项目			管道铺设			
			直径 50 mm 以内	直径 63 mm 以内	直径 75 mm 以内	直径 90 mm 以内
			100 m	100 m	100 m	100 m
预算定额编号	预算定额名称	预算定额单位	数量			
50-8-2-5	PE 管铺设(热熔) 管道铺设 直径 50 mm 以内	100 m	1.0000			
50-8-2-6	PE 管铺设(热熔) 管道铺设 直径 63 mm 以内	100 m		1.0000		
50-8-2-7	PE 管铺设(热熔) 管道铺设 直径 75 mm 以内	100 m			1.0000	
50-8-2-8	PE 管铺设(热熔) 管道铺设 直径 90 mm 以内	100 m				1.0000

工作内容：运管、切管、热熔焊接、灌水试验。

定额编号				H-8-2-5	H-8-2-6	H-8-2-7	H-8-2-8
项目				管道铺设			
				直径 50 mm 以内	直径 63 mm 以内	直径 75 mm 以内	直径 90 mm 以内
名称			单位	100 m	100 m	100 m	100 m
人工	00210103	综合工	工日	0.7646	0.8932	1.0962	1.3195
材料	17250855	聚乙烯管(PE) DN50	m	102.0000			
	17250856	聚乙烯管(PE) DN63	m		102.0000		
	17250857	聚乙烯管(PE) DN75	m			102.0000	
	17250858	聚乙烯管(PE) DN90	m				102.0000
		其他材料费	%	1.0000	1.0000	1.0000	1.0000
		管件材料费	%	18.0000	16.0000	16.0000	16.0000
机械	99250386	热熔焊接机 SHS-63/160	台班	0.2531	0.2953	0.3375	0.3797
		管件机械费	%	18.0000	16.0000	16.0000	16.0000

工作内容：运管、切管、热熔焊接、灌水试验。

定额编号			H-8-2-9	H-8-2-10	H-8-2-11	H-8-2-12
项目			管道铺设			
			直径 110 mm 以内	直径 125 mm 以内	直径 160 mm 以内	直径 225 mm 以内
			100 m	100 m	100 m	100 m
预算定额编号	预算定额名称	预算定额单位	数量			
50-8-2-9	PE 管铺设(热熔) 管道铺设 直径 110 mm 以内	100 m	1.0000			
50-8-2-10	PE 管铺设(热熔) 管道铺设 直径 125 mm 以内	100 m		1.0000		
50-8-2-11	PE 管铺设(热熔) 管道铺设 直径 160 mm 以内	100 m			1.0000	
50-8-2-12	PE 管铺设(热熔) 管道铺设 直径 225 mm 以内	100 m				1.0000

工作内容：运管、切管、热熔焊接、灌水试验。

定额编号				H-8-2-9	H-8-2-10	H-8-2-11	H-8-2-12
项目				管道铺设			
				直径 110 mm 以内	直径 125 mm 以内	直径 160 mm 以内	直径 225 mm 以内
名称			单位	100 m	100 m	100 m	100 m
人工	00210103	综合工	工日	1.6037	1.7955	2.2843	3.7855
材料	17250859	聚乙烯管(PE) DN110	m	102.0000			
	17250860	聚乙烯管(PE) DN125	m		102.0000		
	17250861	聚乙烯管(PE) DN160	m			102.0000	
	17250863	聚乙烯管(PE) DN225	m				102.0000
		其他材料费	%	1.0000	1.0000	1.0000	1.0000
		管件材料费	%	16.0000	14.0000	14.0000	14.0000
机械	99250386	热熔焊接机 SHS-63/160	台班	0.4219	0.4688	0.5625	
	99250387	热熔焊接机 SHS-160/315	台班				0.7969
		管件机械费	%	16.0000	14.0000	14.0000	14.0000

工作内容:运管、切管、热熔焊接、灌水试验。

定额编号			H-8-2-13	H-8-2-14	H-8-2-15	H-8-2-16
项目			管道铺设			
			直径 315 mm 以内	直径 400 mm 以内	直径 500 mm 以内	直径 600 mm 以内
			100 m	100 m	100 m	100 m
预算定额编号	预算定额名称	预算定额单位	数量			
50-8-2-13	PE 管铺设(热熔) 管道铺设 直径 315 mm 以内	100 m	1.0000			
50-8-2-14	PE 管铺设(热熔) 管道铺设 直径 400 mm 以内	100 m		1.0000		
50-8-2-15	PE 管铺设(热熔) 管道铺设 直径 500 mm 以内	100 m			1.0000	
50-8-2-16	PE 管铺设(热熔) 管道铺设 直径 600 mm 以内	100 m				1.0000

工作内容:运管、切管、热熔焊接、灌水试验。

定额编号				H-8-2-13	H-8-2-14	H-8-2-15	H-8-2-16
项目				管道铺设			
				直径 315 mm 以内	直径 400 mm 以内	直径 500 mm 以内	直径 600 mm 以内
名称			单位	100 m	100 m	100 m	100 m
人工	00210103	综合工	工日	5.2768	6.7683	8.4816	10.4927
材料	17250865	聚乙烯管(PE) DN315	m	102.0000			
	17250866	聚乙烯管(PE) DN400	m		102.0000		
	17250868	聚乙烯管(PE) DN500	m			102.0000	
	17250869	聚乙烯管(PE) DN600	m				102.0000
		其他材料费	%	1.0000	1.0000	1.0000	1.0000
		管件材料费	%	14.0000	14.0000	12.0000	12.0000
机械	99091700	手扳葫芦	台班			2.2500	2.3800
	99250387	热熔焊接机 SHS-160/315	台班	1.1250			
	99250388	热熔焊接机 SHS-400/630	台班		1.4063	1.7813	2.2500
		管件机械费	%	14.0000	14.0000	12.0000	12.0000

工作内容：运管、切管、热熔焊接、灌水试验。

定额编号			H-8-2-17	H-8-2-18
项目			管道铺设	
			直径 700 mm 以内	直径 800 mm 以内
			100 m	100 m
预算定额编号	预算定额名称	预算定额单位	数量	
50-8-2-17	PE 管铺设(热熔) 管道铺设 直径 700 mm 以内	100 m	1.0000	
50-8-2-18	PE 管铺设(热熔) 管道铺设 直径 800 mm 以内	100 m		1.0000

工作内容：运管、切管、热熔焊接、灌水试验。

定额编号				H-8-2-17	H-8-2-18
项目				管道铺设	
				直径 700 mm 以内	直径 800 mm 以内
名称			单位	100 m	100 m
人工	00210103	综合工	工日	12.7516	15.3404
材料	17250870	聚乙烯管(PE) DN700	m	102.0000	
	17250871	聚乙烯管(PE) DN800	m		102.0000
		其他材料费	%	1.0000	1.0000
		管件材料费	%	12.0000	12.0000
机械	99091700	手扳葫芦	台班	2.5000	3.1300
	99250389	热熔焊接机 SHS-630/800	台班	2.4375	2.6250
		管件机械费	%	12.0000	12.0000

第三节　塑料管铺设(承插)

工作内容:挂线、清扫基座、运管、铺管、接口处理、安装橡胶圈、灌水试验。

定　额　编　号			H-8-3-1	H-8-3-2	H-8-3-3	H-8-3-4
项　　目			管道铺设			
			直径 160 mm 以内	直径 225 mm 以内	直径 250 mm 以内	直径 315 mm 以内
			100 m	100 m	100 m	100 m
预算定额编号	预算定额名称	预算定额单位	数　　量			
50-8-3-1	塑料管铺设(承插) 管道铺设 直径 160 mm 以内	100 m	1.0000			
50-8-3-2	塑料管铺设(承插) 管道铺设 直径 225 mm 以内	100 m		1.0000		
50-8-3-3	塑料管铺设(承插) 管道铺设 直径 250 mm 以内	100 m			1.0000	
50-8-3-4	塑料管铺设(承插) 管道铺设 直径 315 mm 以内	100 m				1.0000

工作内容:挂线、清扫基座、运管、铺管、接口处理、安装橡胶圈、灌水试验。

定　额　编　号				H-8-3-1	H-8-3-2	H-8-3-3	H-8-3-4
项　　目				管道铺设			
				直径 160 mm 以内	直径 225 mm 以内	直径 250 mm 以内	直径 315 mm 以内
名　　称			单位	100 m	100 m	100 m	100 m
人工	00210103	综合工	工日	2.6890	3.1636	3.4428	3.7220
材料	17250031	承插式塑料管 DN160	m	100.5000			
	17250032	承插式塑料管 DN225	m		100.5000		
	17250033	承插式塑料管 DN250	m			100.5000	
	17250034	承插式塑料管 DN315	m				100.5000
		管件材料费	%	14.0000	14.0000	14.0000	14.0000
机械	99440320	潜水泵 ϕ50	台班	0.1000	0.1500	0.2500	0.5000
		管件机械费	%	14.0000	14.0000	14.0000	14.0000

工作内容：挂线、清扫基座、运管、铺管、接口处理、安装橡胶圈、灌水试验。

定额编号			H-8-3-5	H-8-3-6	H-8-3-7	H-8-3-8
项目			管道铺设			
			直径 400 mm 以内	直径 500 mm 以内	直径 600 mm 以内	直径 800 mm 以内
			100 m	100 m	100 m	100 m
预算定额编号	预算定额名称	预算定额单位	数量			
50-8-3-5	塑料管铺设(承插) 管道铺设 直径 400 mm 以内	100 m	1.0000			
50-8-3-6	塑料管铺设(承插) 管道铺设 直径 500 mm 以内	100 m		1.0000		
50-8-3-7	塑料管铺设(承插) 管道铺设 直径 600 mm 以内	100 m			1.0000	
50-8-3-8	塑料管铺设(承插) 管道铺设 直径 800 mm 以内	100 m				1.0000

工作内容：挂线、清扫基座、运管、铺管、接口处理、安装橡胶圈、灌水试验。

定额编号				H-8-3-5	H-8-3-6	H-8-3-7	H-8-3-8
项目				管道铺设			
				直径 400 mm 以内	直径 500 mm 以内	直径 600 mm 以内	直径 800 mm 以内
名称			单位	100 m	100 m	100 m	100 m
人工	00210103	综合工	工日	4.3787	4.7428	5.9284	8.0888
材料	17250035	承插式塑料管 DN400	m	100.5000			
	17250036	承插式塑料管 DN500	m		100.0000		
	17250037	承插式塑料管 DN600	m			100.0000	
	17250038	承插式塑料管 DN800	m				100.0000
		管件材料费	%	14.0000	12.0000	12.0000	12.0000
机械	99090360	汽车式起重机 8 t	台班				1.4818
	99091700	手扳葫芦	台班		1.8000	2.1707	2.9635
	99440320	潜水泵 ϕ50	台班	1.1250	1.5625	2.0000	3.5000
		管件机械费	%	14.0000	12.0000	12.0000	12.0000

工作内容:挂线、清扫基座、运管、铺管、接口处理、安装橡胶圈、灌水试验。

定　额　编　号			H-8-3-9
项　　目			管道铺设
			直径 1 000 mm 以内
			100 m
预算定额编号	预算定额名称	预算定额单位	数　　量
50-8-3-9	塑料管铺设(承插) 管道铺设 直径 1 000 mm 以内	100 m	1.0000

工作内容:挂线、清扫基座、运管、铺管、接口处理、安装橡胶圈、灌水试验。

定　额　编　号				H-8-3-9
项　　目				管道铺设
				直径 1 000 mm 以内
名　　称			单位	100 m
人工	00210103	综合工	工日	9.1035
材料	17250039	承插式塑料管 DN1000	m	100.0000
		管件材料费	%	12.0000
机械	99090360	汽车式起重机 8 t	台班	1.5750
	99091700	手扳葫芦	台班	3.1500
	99440320	潜水泵 ϕ50	台班	4.7500
		管件机械费	%	12.0000

第四节 混凝土管铺设

工作内容：挂线、清扫基座、运管、铺管、砂浆接口，灌水试验。

定额编号			H-8-4-1	H-8-4-2	H-8-4-3	H-8-4-4
项目			管道铺设			
			直径 230 mm 以内	直径 300 mm 以内	直径 450 mm 以内	直径 600 mm 以内
			100 m	100 m	100 m	100 m
预算定额编号	预算定额名称	预算定额单位	数量			
50-8-7-1	混凝土管铺设 直径 230 mm 以内	100 m	1.0000			
50-8-7-2	混凝土管铺设 直径 300 mm 以内	100 m		1.0000		
50-8-7-3	混凝土管铺设 直径 450 mm 以内	100 m			1.0000	
50-8-7-4	混凝土管铺设 直径 600 mm 以内	100 m				1.0000

工作内容：挂线、清扫基座、运管、铺管、砂浆接口，灌水试验。

定额编号				H-8-4-1	H-8-4-2	H-8-4-3	H-8-4-4
项目				管道铺设			
				直径 230 mm 以内	直径 300 mm 以内	直径 450 mm 以内	直径 600 mm 以内
名称			单位	100 m	100 m	100 m	100 m
人工	00210103	综合工	工日	15.8625	11.5582	17.0293	21.0097
材料	02090101	塑料薄膜	m^2	42.9580	35.7983	35.7983	21.4790
	17290121	混凝土管 ϕ230×1 000	m	101.5000			
	17290125	混凝土管 ϕ300×1 000	m		101.5000		
	17290129	混凝土管 ϕ450×1 200	m			101.5000	
	17290133	混凝土管 ϕ600×2 000	m				100.5000
	34110101	水	m^3	0.6200	0.9250	1.7083	3.2050
	80060214	干混抹灰砂浆 DP M20.0	m^3	0.1200	0.2667	0.5333	0.5750
		其他材料费	%	0.0100	0.0100	0.0100	0.0100
机械	99090030	履带式电动起重机 5 t	台班		0.5318	0.7455	1.1182
	99440320	潜水泵 ϕ50	台班	0.2500	0.5000	1.3438	2.0000

工作内容：挂线、清扫基座、运管、铺管、砂浆接口，灌水试验。

定　额　编　号			H-8-4-5	H-8-4-6	H-8-4-7
项　　目			管道铺设		
			直径 800 mm 以内	直径 1 000 mm 以内	直径 1 200 mm 以内
			100 m	100 m	100 m
预算定额编号	预算定额名称	预算定额单位	数　　量		
50-8-7-5	混凝土管铺设 直径 800 mm 以内	100 m	1.0000		
50-8-7-6	混凝土管铺设 直径 1 000 mm 以内	100 m		1.0000	
50-8-7-7	混凝土管铺设 直径 1 200 mm 以内	100 m			1.0000

工作内容：挂线、清扫基座、运管、铺管、砂浆接口，灌水试验。

定　额　编　号				H-8-4-5	H-8-4-6	H-8-4-7
项　　目				管道铺设		
				直径 800 mm 以内	直径 1 000 mm 以内	直径 1 200 mm 以内
名　　称			单位	100 m	100 m	100 m
人工	00210103	综合工	工日	24.6062	29.1376	32.3839
材料	02090101	塑料薄膜	m^2	21.4790	21.4790	21.4790
	17290137	混凝土管 ϕ800×2 000	m	100.5000		
	17290141	混凝土管 ϕ1 000×2 000	m		100.5000	
	17290145	混凝土管 ϕ1 200×2 000	m			100.5000
	34110101	水	m^3	4.2250	6.3600	7.5100
	80060214	干混抹灰砂浆 DP M20.0	m^3	0.8050	1.6600	2.0100
		其他材料费	%	0.0100	0.0100	0.0100
机械	99090350	汽车式起重机 5 t	台班	1.4182		
	99090360	汽车式起重机 8 t	台班		1.9430	
	99090390	汽车式起重机 12 t	台班			2.1637
	99090630	叉式起重机 3 t	台班	0.2836	0.3462	0.4327
	99440320	潜水泵 ϕ50	台班	3.5000	4.7500	7.0000

第五节　窨　　井

工作内容:碎石垫层、混凝土基础浇筑、砖砌窨井及粉刷,混凝土窨井井盖、井座安装等全部工作内容。

<table>
<tr><td colspan="3">定　额　编　号</td><td>H-8-5-1</td><td>H-8-5-2</td><td>H-8-5-3</td><td>H-8-5-4</td></tr>
<tr><td colspan="3" rowspan="3">项　　目</td><td colspan="2">450×450 窨井</td><td colspan="2">600×600 窨井</td></tr>
<tr><td>深 1.5 m 以内</td><td>深 2.5 m 以内</td><td>深 2.0 m 以内</td><td>深 3.0 m 以内</td></tr>
<tr><td>座</td><td>座</td><td>座</td><td>座</td></tr>
<tr><td>预算定额编号</td><td>预算定额名称</td><td>预算定额单位</td><td colspan="4">数　　量</td></tr>
<tr><td>50-8-8-1</td><td>450×450 窨井 深 1.5 m 以内</td><td>座</td><td>1.0000</td><td></td><td></td><td></td></tr>
<tr><td>50-8-8-2</td><td>450×450 窨井 深 2.5 m 以内</td><td>座</td><td></td><td>1.0000</td><td></td><td></td></tr>
<tr><td>50-8-8-3</td><td>600×600 窨井 深 2.0 m 以内</td><td>座</td><td></td><td></td><td>1.0000</td><td></td></tr>
<tr><td>50-8-8-4</td><td>600×600 窨井 深 3.0 m 以内</td><td>座</td><td></td><td></td><td></td><td>1.0000</td></tr>
</table>

工作内容:碎石垫层、混凝土基础浇筑、砖砌窨井及粉刷,混凝土窨井井盖、井座安装等全部工作内容。

<table>
<tr><td colspan="4">定　额　编　号</td><td>H-8-5-1</td><td>H-8-5-2</td><td>H-8-5-3</td><td>H-8-5-4</td></tr>
<tr><td colspan="4" rowspan="2">项　　目</td><td colspan="2">450×450 窨井</td><td colspan="2">600×600 窨井</td></tr>
<tr><td>深 1.5 m 以内</td><td>深 2.5 m 以内</td><td>深 2.0 m 以内</td><td>深 3.0 m 以内</td></tr>
<tr><td colspan="3">名　　称</td><td>单位</td><td>座</td><td>座</td><td>座</td><td>座</td></tr>
<tr><td>人工</td><td>00210103</td><td>综合工</td><td>工日</td><td>4.2018</td><td>5.9364</td><td>6.2288</td><td>9.1566</td></tr>
<tr><td rowspan="12">材料</td><td>02310101005</td><td>无纺布 100 g/m²</td><td>m²</td><td>0.1366</td><td>0.5375</td><td>0.5953</td><td>0.8174</td></tr>
<tr><td>03150101</td><td>圆钉</td><td>kg</td><td>0.1350</td><td>0.1350</td><td>0.1530</td><td>0.1530</td></tr>
<tr><td>04050217</td><td>碎石 5～40</td><td>t</td><td>0.2500</td><td>0.2500</td><td>0.2830</td><td>0.2830</td></tr>
<tr><td>04131754</td><td>蒸压灰砂砖 240×115×53</td><td>千块</td><td>0.4690</td><td>0.7350</td><td>0.7910</td><td>1.2300</td></tr>
<tr><td>34110101</td><td>水</td><td>m³</td><td>0.0610</td><td>0.0123</td><td>0.0726</td><td>0.0254</td></tr>
<tr><td>35010101</td><td>钢模板</td><td>kg</td><td>0.4230</td><td>0.4230</td><td>0.4790</td><td>0.4790</td></tr>
<tr><td>35010703</td><td>木模板成材</td><td>m³</td><td>0.0030</td><td>0.0030</td><td>0.0300</td><td>0.0300</td></tr>
<tr><td>35020401</td><td>钢模零配件</td><td>kg</td><td>0.1560</td><td>0.1560</td><td>0.1770</td><td>0.1770</td></tr>
<tr><td>80060113</td><td>干混砌筑砂浆 DM　M10.0</td><td>m³</td><td>0.3616</td><td>0.4422</td><td>0.3537</td><td>0.3340</td></tr>
<tr><td>80060214</td><td>干混抹灰砂浆 DP　M20.0</td><td>m³</td><td>0.1198</td><td>0.1813</td><td>0.2000</td><td>0.3068</td></tr>
<tr><td>80210501</td><td>预拌混凝土(非泵送型)</td><td>m³</td><td>0.1720</td><td>0.1720</td><td>0.1950</td><td>0.1950</td></tr>
<tr><td></td><td>其他材料费</td><td>%</td><td>2.0000</td><td>2.0000</td><td>2.0000</td><td>2.0000</td></tr>
<tr><td rowspan="6">机械</td><td>99050930</td><td>混凝土振捣器 插入式</td><td>台班</td><td>0.0230</td><td>0.0230</td><td>0.0260</td><td>0.0260</td></tr>
<tr><td>99050940</td><td>混凝土振捣器 平板式</td><td>台班</td><td>0.0280</td><td>0.0280</td><td>0.0320</td><td>0.0320</td></tr>
<tr><td>99070520</td><td>载重汽车 4 t</td><td>台班</td><td>0.0010</td><td>0.0010</td><td>0.0010</td><td>0.0020</td></tr>
<tr><td>99090030</td><td>履带式电动起重机 5 t</td><td>台班</td><td>0.0160</td><td>0.0160</td><td>0.0180</td><td>0.0180</td></tr>
<tr><td>99090350</td><td>汽车式起重机 5 t</td><td>台班</td><td>0.0010</td><td>0.0010</td><td>0.0010</td><td>0.0010</td></tr>
<tr><td>99210065</td><td>木工平刨床 刨削宽度 450</td><td>台班</td><td>0.0020</td><td>0.0020</td><td>0.0020</td><td>0.0020</td></tr>
</table>

工作内容：碎石垫层、混凝土基础浇筑、砖砌窨井及粉刷，混凝土窨井井盖、井座安装等全部工作内容。

定　额　编　号			H-8-5-5	H-8-5-6	H-8-5-7	H-8-5-8
项　目			750×750 窨井		1 000×1 000 窨井	
			深 2.5 m 以内	深 4.0 m 以内	深 3.0 m 以内	深 4.5 m 以内
			座	座	座	座
预算定额编号	预算定额名称	预算定额单位	数　量			
50-8-8-5	750×750 窨井 深 2.5 m 以内	座	1.0000			
50-8-8-6	750×750 窨井 深 4.0 m 以内	座		1.0000		
50-8-8-7	1 000×1 000 窨井 深 3.0 m 以内	座			1.0000	
50-8-8-8	1 000×1 000 窨井 深 4.5 m 以内	座				1.0000

工作内容：碎石垫层、混凝土基础浇筑、砖砌窨井及粉刷，混凝土窨井井盖、井座安装等全部工作内容。

定　额　编　号				H-8-5-5	H-8-5-6	H-8-5-7	H-8-5-8
项　目				750×750 窨井		1 000×1 000 窨井	
				深 2.5 m 以内	深 4.0 m 以内	深 3.0 m 以内	深 4.5 m 以内
名　称			单位	座	座	座	座
人工	00210103	综合工	工日	9.3346	14.8065	20.0621	29.6133
材料	02310101005	无纺布 100 g/m^2	m^2	0.8641	1.2569	1.9801	2.7333
	03150101	圆钉	kg	0.2050	0.2050	0.2670	0.2670
	04050217	碎石 5～40	t	0.3160	0.3160	0.6240	0.6240
	04131754	蒸压灰砂砖 240×115×53	千块	1.1910	1.9680	2.7560	4.2360
	34110101	水	m^3	0.0254	0.0291	0.0387	0.0438
	35010101	钢模板	kg	0.6430	0.6430	0.8390	0.8390
	35010703	木模板成材	m^3	0.0040	0.0040	0.0050	0.0050
	35020401	钢模零配件	kg	0.2380	0.2380	0.3100	0.3100
	80060113	干混砌筑砂浆 DM M10.0	m^3	0.5173	0.8475	1.0058	1.5946
	80060214	干混抹灰砂浆 DP M20.0	m^3	0.3189	0.5364	0.4334	0.6948
	80210501	预拌混凝土(非泵送型)	m^3	0.2610	0.2610	0.5730	0.8340
		其他材料费	%	2.0000	2.0000	2.0000	2.0000
机械	99050930	混凝土振捣器 插入式	台班	0.0350	0.0350	0.0770	0.0770
	99050940	混凝土振捣器 平板式	台班	0.0410	0.0410	0.0890	0.0890
	99070520	载重汽车 4 t	台班	0.0020	0.0020	0.0020	0.0020
	99090030	履带式电动起重机 5 t	台班	0.0240	0.0240	0.0520	0.0520
	99090350	汽车式起重机 5 t	台班	0.0010	0.0010	0.0010	0.0010
	99210065	木工平刨床 刨削宽度 450	台班	0.0020	0.0020	0.0030	0.0030

工作内容:碎石垫层、混凝土基础浇筑、砖砌窨井及粉刷,混凝土窨井井盖、井座安装等全部工作内容。

定额编号			H-8-5-9	H-8-5-10	H-8-5-11	H-8-5-12
项目			1 000×1 000 窨井	1 000×1 200 窨井		
			深 6.0 m 以内	深 3.0 m 以内	深 4.5 m 以内	深 6.0 m 以内
			座	座	座	座
预算定额编号	预算定额名称	预算定额单位	数量			
50-8-8-9	1 000×1 000 窨井 深 6.0 m 以内	座	1.0000			
50-8-8-10	1 000×1 200 窨井 深 3.0 m 以内	座		1.0000		
50-8-8-11	1 000×1 200 窨井 深 4.5 m 以内	座			1.0000	
50-8-8-12	1 000×1 200 窨井 深 6.0 m 以内	座				1.0000

工作内容:碎石垫层、混凝土基础浇筑、砖砌窨井及粉刷,混凝土窨井井盖、井座安装等全部工作内容。

定额编号				H-8-5-9	H-8-5-10	H-8-5-11	H-8-5-12
项目				1 000×1 000 窨井	1 000×1 200 窨井		
				深 6.0 m 以内	深 3.0 m 以内	深 4.5 m 以内	深 6.0 m 以内
名称			单位	座	座	座	座
人工	00210103	综合工	工日	39.1642	21.5838	31.8470	42.1040
材料	02310101005	无纺布 100 g/m^2	m^2	3.4153	2.1535	2.9615	3.7715
	03150101	圆钉	kg	0.2670	0.2830	0.2830	0.2830
	04050217	碎石 5～40	t	0.6240	0.6980	0.6980	0.6980
	04131754	蒸压灰砂砖 240×115×53	千块	5.7140	2.9640	4.5520	6.1390
	34110101	水	m^3	0.0514	0.0507	0.0571	0.0666
	35010101	钢模板	kg	0.8390	0.8890	0.8890	0.8890
	35010703	木模板成材	m^3	0.0050	0.0060	0.0060	0.0060
	35020401	钢模零配件	kg	0.3100	0.3290	0.3290	0.3290
	80060113	干混砌筑砂浆 DM M10.0	m^3	2.4053	1.0296	1.7334	2.2922
	80060214	干混抹灰砂浆 DP M20.0	m^3	0.9381	0.4649	0.7214	0.9687
	80210501	预拌混凝土(非泵送型)	m^3	0.5730	0.6410	0.6410	0.6410
		其他材料费	%	2.0000	2.0000	2.0000	2.0000
机械	99050930	混凝土振捣器 插入式	台班	0.0770	0.0870	0.0870	0.0870
	99050940	混凝土振捣器 平板式	台班	0.0890	0.1000	0.1000	0.1000
	99070520	载重汽车 4 t	台班	0.0020	0.0020	0.0020	0.0020
	99090030	履带式电动起重机 5 t	台班	0.0520	0.0580	0.0580	0.0580
	99090350	汽车式起重机 5 t	台班	0.0010	0.0020	0.0020	0.0020
	99210065	木工平刨床 刨削宽度 450	台班	0.0300	0.0030	0.0030	0.0030

第六节　喷微灌地面系统及管网

工作内容:1，2，4. 安装、调试。
3. 切管、套丝、安装、调试。

定额编号			H-8-6-1	H-8-6-2	H-8-6-3	H-8-6-4
项目			微喷灌毛管	滴灌带	球阀安装 DN50 以内	微喷头安装
			100 m	100 m	10 个	10 个
预算定额编号	预算定额名称	预算定额单位	数量			
50-8-9-1	喷微灌地面系统及管网 微喷灌毛管	100 m	1.0000			
50-8-9-2	喷微灌地面系统及管网 滴灌带	100 m		1.0000		
50-8-9-3	喷微灌地面系统及管网 球阀安装 DN50 以内	10 个			1.0000	
50-8-9-4	喷微灌地面系统及管网 微喷头安装	10 个				1.0000

工作内容:1，2，4. 安装、调试。
3. 切管、套丝、安装、调试。

定额编号				H-8-6-1	H-8-6-2	H-8-6-3	H-8-6-4
项目				微喷灌毛管	滴灌带	球阀安装 DN50 以内	微喷头安装
名称			单位	100 m	100 m	10 个	10 个
人工	00210103	综合工	工日	0.1122	0.1020	0.3106	0.1212
材料	18151216	镀锌活接头 DN50	个			10.1000	
	19050018	球阀 DN50	只			10.0000	
	32550141	微喷头	个				10.0000
	32550311	微灌毛管	m	102.0000			
	32550320	滴灌带	m		102.0000		
		其他材料费	%	2.0000	2.0000	1.0000	1.0000

工作内容:1. 安装、调试。

2，3. 清理接口处、铺设降渍管。

定额编号			H-8-6-5	H-8-6-6	H-8-6-7
项目			喷头及立杆安装	降渍管(DN63)	降渍管(DN90)
			10 套	100 m	100 m
预算定额编号	预算定额名称	预算定额单位	数量		
50-8-9-5	喷微灌地面系统及管网 喷头及立杆安装	10 套	1.0000		
50-8-9-6	喷微灌地面系统及管网 降渍管(DN63)	100 m		1.0000	
50-8-9-7	喷微灌地面系统及管网 降渍管(DN90)	100 m			1.0000

工作内容:1. 安装、调试。

2，3. 清理接口处、铺设降渍管。

定额编号				H-8-6-5	H-8-6-6	H-8-6-7
项目				喷头及立杆安装	降渍管(DN63)	降渍管(DN90)
名称			单位	10 套	100 m	100 m
人工	00210103	综合工	工日	0.2828	0.1275	0.1530
材料	32550151	喷头及立杆	套	10.0000		
	32550351	降渍管 $\phi 63$	m		102.0000	
	32550354	降渍管 $\phi 90$	m			102.0000
		其他材料费	%	1.0000	2.0000	2.0000

第九章　生态植物工程

说　　明

一、本章定额包括乔、灌木，绿篱，地被植物，水生植物，其他，共5节内容。

二、本章栽植定额内容包括：绿化种植前的准备工作，种植时人工、材料、机械的使用量，栽植后一个月内的养护管理工作。

三、在绿化施工过程中，原状土不符合种植要求发生换土，套用相应定额子目。

四、苗木价格中应包括苗木场外运输及种植损耗等因素，苗木种植后成活率为100%。

五、绿化工程定额项目中仅列辅助材料，未列入苗木主要材料，苗木材料费用另行计算。

工程量计算规则

一、苗木胸径的确定，以苗木从地面至1.20 m处的树干的直径计算；苗木地径的确定，以苗木从地面至0.30 m处的树干直径计算；苗木高度的确定，以苗木露出地表的根茎至树冠顶部之间的距离计算。

二、栽植带土球乔、灌木，土球直径的取定：乔木按胸径的6～8倍计算，灌木按地径的6～7倍计算。

三、绿篱种植：不论单排、双排均以延长米计算；二排以上视作片植，以面积计算；苗木数量根据设计规定计算。

四、水生植物种植，工程量以“株(丛)”为计量单位，设计图纸以“丛”(每丛有若干株)为单位的，每丛含有的株数仅用于计算苗木费。

五、本定额中水生植物的种植方法已综合考虑。

第一节　乔、灌木

工作内容：挖穴栽植、扶正回土、筑水围浇水、复土保墒、整形、清理。

定额编号			H-9-1-1	H-9-1-2	H-9-1-3	H-9-1-4
项目			栽植乔木(带土球)			
			土球直径			
			40 cm 以内	70 cm 以内	100 cm 以内	140 cm 以内
			株	株	株	株
预算定额编号	预算定额名称	预算定额单位	数量			
50-10-1-2	乔、灌木 栽植乔木(带土球) 土球直径 30 cm 以内	株	0.5000			
50-10-1-3	乔、灌木 栽植乔木(带土球) 土球直径 40 cm 以内	株	0.5000			
50-10-1-5	乔、灌木 栽植乔木(带土球) 土球直径 60 cm 以内	株		0.5000		
50-10-1-6	乔、灌木 栽植乔木(带土球) 土球直径 70 cm 以内	株		0.5000		
50-10-1-7	乔、灌木 栽植乔木(带土球) 土球直径 80 cm 以内	株			0.2500	
50-10-1-8	乔、灌木 栽植乔木(带土球) 土球直径 100 cm 以内	株			0.7500	
50-10-1-9	乔、灌木 栽植乔木(带土球) 土球直径 120 cm 以内	株				0.2500
50-10-1-10	乔、灌木 栽植乔木(带土球) 土球直径 140 cm 以内	株				0.7500

工作内容：挖穴栽植、扶正回土、筑水围浇水、复土保墒、整形、清理。

定额编号				H-9-1-1	H-9-1-2	H-9-1-3	H-9-1-4
项目				栽植乔木(带土球)			
				土球直径			
				40 cm 以内	70 cm 以内	100 cm 以内	140 cm 以内
名称			单位	株	株	株	株
人工	00210103	综合工	工日	0.0998	0.3465	0.8085	1.7903
材料	34110101	水	m^3	0.0375	0.1125	0.2625	0.4750
机械	99070520	载重汽车 4 t	台班		0.0099	0.0074	
	99070550	载重汽车 8 t	台班			0.0254	0.0625
	99090360	汽车式起重机 8 t	台班		0.0057	0.0191	0.0368

工作内容:挖穴栽植、扶正回土、筑水围浇水、复土保墒、整形、清理。

定额编号			H-9-1-5	H-9-1-6	H-9-1-7	H-9-1-8
项目			栽植乔木(裸根)			栽植灌木(带土球)
			胸径			土球直径
			8 cm 以内	14 cm 以内	18 cm 以内	40 cm 以内
			株	株	株	株
预算定额编号	预算定额名称	预算定额单位	数量			
50-10-1-12	乔、灌木 栽植乔木(裸根) 胸径 6 cm以内	株	0.5000			
50-10-1-13	乔、灌木 栽植乔木(裸根) 胸径 8 cm以内	株	0.5000			
50-10-1-15	乔、灌木 栽植乔木(裸根) 胸径 12 cm以内	株		0.5000		
50-10-1-16	乔、灌木 栽植乔木(裸根) 胸径 14 cm以内	株		0.5000		
50-10-1-17	乔、灌木 栽植乔木(裸根) 胸径 16 cm以内	株			0.2500	
50-10-1-18	乔、灌木 栽植乔木(裸根) 胸径 18 cm以内	株			0.7500	
50-10-1-20	乔、灌木 栽植灌木(带土球) 土球直径 30 cm 以内	株				0.5000
50-10-1-21	乔、灌木 栽植灌木(带土球) 土球直径 40 cm 以内	株				0.5000

工作内容:挖穴栽植、扶正回土、筑水围浇水、复土保墒、整形、清理。

定额编号				H-9-1-5	H-9-1-6	H-9-1-7	H-9-1-8
项目				栽植乔木(裸根)			栽植灌木(带土球)
				胸径			土球直径
				8 cm 以内	14 cm 以内	18 cm 以内	40 cm 以内
名称			单位	株	株	株	株
人工	00210103	综合工	工日	0.1051	0.4662	0.8742	0.1050
材料	34110101	水	m^3	0.0625	0.1750	0.3750	0.0375
机械	99070550	载重汽车 8 t	台班			0.0186	
	99090360	汽车式起重机 8 t	台班			0.0109	

工作内容：挖穴栽植、扶正回土、筑水围浇水、复土保墒、整形、清理。

定额编号			H-9-1-9	H-9-1-10	H-9-1-11	H-9-1-12
项目			栽植灌木(带土球)			栽植灌木(裸根)
			土球直径			冠丛高度
			70 cm 以内	100 cm 以内	140 cm 以内	150 cm 以内
			株	株	株	株
预算定额编号	预算定额名称	预算定额单位	数量			
50-10-1-23	乔、灌木 栽植灌木(带土球) 土球直径 60 cm 以内	株	0.5000			
50-10-1-24	乔、灌木 栽植灌木(带土球) 土球直径 70 cm 以内	株	0.5000			
50-10-1-25	乔、灌木 栽植灌木(带土球) 土球直径 80 cm 以内	株		0.2500		
50-10-1-26	乔、灌木 栽植灌木(带土球) 土球直径 100 cm 以内	株		0.7500		
50-10-1-27	乔、灌木 栽植灌木(带土球) 土球直径 120 cm 以内	株			0.2500	
50-10-1-28	乔、灌木 栽植灌木(带土球) 土球直径 140 cm 以内	株			0.7500	
50-10-1-29	乔、灌木 栽植灌木(裸根) 冠丛高度 100 cm 以内	株				0.2500
50-10-1-30	乔、灌木 栽植灌木(裸根) 冠丛高度 150 cm 以内	株				0.7500

工作内容：挖穴栽植、扶正回土、筑水围浇水、复土保墒、整形、清理。

定额编号				H-9-1-9	H-9-1-10	H-9-1-11	H-9-1-12
项目				栽植灌木(带土球)			栽植灌木(裸根)
				土球直径			冠丛高度
				70 cm 以内	100 cm 以内	140 cm 以内	150 cm 以内
名称			单位	株	株	株	株
人工	00210103	综合工	工日	0.3728	0.8789	1.8821	0.0473
材料	34110101	水	m^3	0.1125	0.2625	0.4750	0.0238
机械	99070550	载重汽车 8 t	台班	0.0099	0.0328	0.0625	
	99090360	汽车式起重机 8 t	台班	0.0057	0.0191	0.0368	

工作内容：挖穴栽植、扶正回土、筑水围浇水、复土保墒、整形、清理。

定额编号			H-9-1-13
项目			栽植灌木(裸根)
			冠丛高度
			250 cm以内
			株
预算定额编号	预算定额名称	预算定额单位	数量
50-10-1-31	乔、灌木 栽植灌木(裸根) 冠丛高度 200 cm以内	株	0.2500
50-10-1-32	乔、灌木 栽植灌木(裸根) 冠丛高度 250 cm以内	株	0.7500

工作内容：挖穴栽植、扶正回土、筑水围浇水、复土保墒、整形、清理。

定额编号				H-9-1-13
项目				栽植灌木(裸根)
				冠丛高度
				250 cm以内
名称			单位	株
人工	00210103	综合工	工日	0.1502
材料	34110101	水	m^3	0.0688

第二节 绿　篱

工作内容:挖穴栽植、扶正回土、筑水围浇水、复土保墒、整形、清理。

定额编号			H-9-2-1	H-9-2-2	H-9-2-3	H-9-2-4
项目			栽植绿篱			
			单排		双排	
			高度			
			40 cm 以内	80 cm 以内	40 cm 以内	80 cm 以内
			m	m	m	m
预算定额编号	预算定额名称	预算定额单位	数量			
50-10-2-1	栽植绿篱 单排 高度 40 cm 以内	m	1.0000			
50-10-2-2	栽植绿篱 单排 高度 60 cm 以内	m		0.2500		
50-10-2-3	栽植绿篱 单排 高度 80 cm 以内	m		0.7500		
50-10-2-4	栽植绿篱 双排 高度 40 cm 以内	m			1.0000	
50-10-2-5	栽植绿篱 双排 高度 60 cm 以内	m				0.2500
50-10-2-6	栽植绿篱 双排 高度 80 cm 以内	m				0.7500

工作内容:挖穴栽植、扶正回土、筑水围浇水、复土保墒、整形、清理。

定额编号				H-9-2-1	H-9-2-2	H-9-2-3	H-9-2-4
项目				栽植绿篱			
				单排		双排	
				高度			
				40 cm 以内	80 cm 以内	40 cm 以内	80 cm 以内
名称			单位	m	m	m	m
人工	00210103	综合工	工日	0.0441	0.0662	0.0536	0.0867
材料	34110101	水	m^3	0.0150	0.0238	0.0200	0.0288

工作内容：挖穴栽植、扶正回土、筑水围浇水、复土保墒、整形、清理。

定额编号			H-9-2-5	H-9-2-6
项目			栽植绿篱	
			片植	
			高度	
			40 cm 以内	60 cm 以内
			m^2	m^2
预算定额编号	预算定额名称	预算定额单位	数量	
50-10-2-7	栽植绿篱 片植 高度 20 cm 以内	m^2	0.2500	
50-10-2-8	栽植绿篱 片植 高度 40 cm 以内	m^2	0.7500	
50-10-2-9	栽植绿篱 片植 高度 60 cm 以内	m^2		1.0000

工作内容：挖穴栽植、扶正回土、筑水围浇水、复土保墒、整形、清理。

定额编号				H-9-2-5	H-9-2-6
项目				栽植绿篱	
				片植	
				高度	
				40 cm 以内	60 cm 以内
名称			单位	m^2	m^2
人工	00210103	综合工	工日	0.1152	0.1508
材料	34110101	水	m^3	0.0451	0.0375

第三节　地 被 植 物

工作内容：1. 翻土整地、草籽播种、浇水清理。
2. 翻土整地、搬运草皮、铺草嵌缝、浇水清理。

定　额　编　号			H-9-3-1	H-9-3-2
项　　目			铺植草皮	
			播种	满铺
			m^2	m^2
预算定额编号	预算定额名称	预算定额单位	数　　量	
50-10-3-1	地被植物 铺植草皮 播种	m^2	1.0000	
50-10-3-3	地被植物 铺植草皮 满铺	m^2		1.0000

工作内容：1. 翻土整地、草籽播种、浇水清理。
2. 翻土整地、搬运草皮、铺草嵌缝、浇水清理。

定　额　编　号				H-9-3-1	H-9-3-2
项　　目				铺植草皮	
				播种	满铺
名　　称			单位	m^2	m^2
人工	00210103	综合工	工日	0.0815	0.1554
材料	32421710	草种籽	kg	(0.0200)	
	32421760	草皮	m^2		(1.1 000)
	34110101	水	m^3	0.0200	0.0500

第四节　水生植物

工作内容：清淤泥土、种植搬运、放水养护、清理垃圾。

定　额　编　号			H-9-4-1	H-9-4-2	H-9-4-3
项　目			沉水植物	挺水植物	浮叶植物
			株(丛)	株(丛)	株(丛)
预算定额编号	预算定额名称	预算定额单位	数　量		
50-10-4-1	水生植物 沉水植物	株(丛)	1.0000		
50-10-4-2	水生植物 挺水植物	株(丛)		1.0000	
50-10-4-3	水生植物 浮叶植物	株(丛)			1.0000

工作内容：清淤泥土、种植搬运、放水养护、清理垃圾。

定　额　编　号				H-9-4-1	H-9-4-2	H-9-4-3
项　目				沉水植物	挺水植物	浮叶植物
名　称			单位	株(丛)	株(丛)	株(丛)
人工	00210103	综合工	工日	0.0155	0.0121	0.0137
材料	32421400	沉水植物	株(丛)	(1.000)		
	32421500	浮叶植物	株(丛)			(1.000)
	32421600	挺水植物	株(丛)		(1.000)	

第五节 其 他

工作内容：制桩、运桩、打桩、绑扎。

定 额 编 号			H-9-5-1	H-9-5-2	H-9-5-3
项 目			短单桩	长单桩	扁担桩
			株	株	株
预算定额编号	预算定额名称	预算定额单位	数 量		
50-10-5-1	其他 树棍桩 短单桩	株	1.0000		
50-10-5-2	其他 树棍桩 长单桩	株		1.0000	
50-10-5-3	其他 树棍桩 扁担桩	株			1.0000

工作内容：制桩、运桩、打桩、绑扎。

定 额 编 号				H-9-5-1	H-9-5-2	H-9-5-3
项 目				短单桩	长单桩	扁担桩
名 称			单位	株	株	株
人工	00210103	综合工	工日	0.0210	0.0315	0.0525
材料	03152501	镀锌铁丝	kg	0.0500	0.0500	0.1000
	05010906	树棍 长 1 200 以内	根	1.0000		3.0000
	05010907	树棍 长 2 000 以内	根		1.0000	

第十章　金属结构及设备安装工程

说　明

一、本章定额包括铸铁闸门安装、钢闸门安装、闸门埋设件安装、启闭机安装、拦污栅制作及安装、清污机安装、其他金属构件制作及安装，共 7 节内容。

二、铸铁圆闸门与预埋墙管连接时，石棉橡胶垫床另行计算。

三、拍门安装如为鸭嘴拍门，定额乘以 0.8 系数。

四、本定额钢闸门安装适用于水闸钢闸门；如为防汛墙钢闸门，定额乘以 1.05 系数。

五、闸门埋设件按垂直位置安装考虑；如埋设件倾角（与铅直线）大于 10°，定额人工增加 6.0 工日/吨。

六、液压式启闭机安装定额适用于分离式液压启闭机安装；如为集成式液压启闭机，定额乘以 0.8 系数。

七、卷扬式启闭机安装定额适用于固定式的单吊点或双吊点卷扬式闸门启闭机安装；如为台车式，定额乘以 1.2 系数，轨道安装另计。

八、螺杆式启闭机安装定额按单螺杆手、电两用式启闭机编制；如为手动螺杆式启闭机，定额乘以 0.6 系数；如为双螺杆手、电两用式启闭机，定额乘以 2.0 系数。

九、钢管系船柱制作及安装，可套本章预埋件定额。

十、本章定额不包括以下内容：

1. 设备基础的地脚螺栓成孔及灌浆。
2. 联合试运转。
3. 液压启闭机的本体及附属设备外管道安装及设备用油。
4. 格栅清污机的走道板和栏杆的制作及安装。
5. 移动式格栅清污机的钢轨安装。

工程量计算规则

一、平面钢闸门（包括机加工件、止水橡皮及止水木）、闸门埋设件及拦污栅工程量按设计图示重量以吨计算，切肢、切边、缺角等重量已在定额中综合考虑。

二、其他金属构件制作及安装中以吨为计量单位的定额子目，其工程量按设计主材（钢板、型钢、方钢、圆钢等）重量计算，不扣除孔眼、缺角、切肢、切边的重量，圆形的和多边形的钢板按方形和矩形计算，但不包括螺栓和焊条的重量。

第一节　铸铁闸门安装

工作内容：设备安装、找平、找正、试漏、检查、加油、调试、试运转，清扫、冲洗螺栓孔基础，人工配制、找平、养护，铸铁闸门、闸门座、密封条、闸门杆、连接杆及轴导架的安装、调试。

定额编号			H-10-1-1	H-10-1-2	H-10-1-3	H-10-1-4
项目			铸铁方闸门安装			
			500×500	800×800	1 000×1 000	1 200×1 200
			座	座	座	座
预算定额编号	预算定额名称	预算定额单位	数量			
50-11-1-1	铸铁方闸门安装 500×500	座	1.0000			
50-11-1-2	铸铁方闸门安装 800×800	座		1.0000		
50-11-1-3	铸铁方闸门安装 1 000×1 000	座			1.0000	
50-11-1-4	铸铁方闸门安装 1 200×1 200	座				1.0000

工作内容：设备安装、找平、找正、试漏、检查、加油、调试、试运转，清扫、冲洗螺栓孔基础，人工配制、找平、养护，铸铁闸门、闸门座、密封条、闸门杆、连接杆及轴导架的安装、调试。

定额编号				H-10-1-1	H-10-1-2	H-10-1-3	H-10-1-4
项目				铸铁方闸门安装			
				500×500	800×800	1 000×1 000	1 200×1 200
名称			单位	座	座	座	座
人工	00210107	安装工	工日	10.5326	10.1129	15.4291	16.9698
材料	03130101	电焊条	kg	0.1320	0.1320	0.2530	0.2530
	03152501	镀锌铁丝	kg	0.2500	0.2500	0.2500	0.2500
	05030101	成材	m^3	0.0060	0.0060	0.0060	0.0070
	05031801	枕木	m^3	0.0050	0.0063	0.0263	0.0275
	14030501	煤油	kg	0.5700	1.3200	2.0400	2.1300
	14070101	机油	kg	0.2300	0.5300	0.8200	0.8500
	14090101	黄油	kg	0.2900	0.5000	0.8100	0.8300
	33332001	钢平、斜垫铁	副	4.0000	4.0000	6.0000	6.0000
		其他材料费	%	3.0000	3.0000	3.0000	3.0000
机械	99090360	汽车式起重机 8 t	台班	0.2535	1.3130	1.5080	1.6315
	99091460	电动卷扬机单筒慢速 30 kN	台班			0.5893	0.6803
	99250020	交流弧焊机 32 kV·A	台班	0.0264	0.0264	0.0506	0.0506
		其他机械费	%	1.0000	1.0000	1.0000	1.0000

工作内容：设备安装、找平、找正、试漏、检查、加油、调试、试运转，清扫、冲洗螺栓孔基础，人工配制、找平、养护，铸铁闸门、闸门座、密封条、闸门杆、连接杆及轴导架的安装、调试。

定额编号			H-10-1-5	H-10-1-6	H-10-1-7	H-10-1-8
项目			铸铁方闸门安装			
			1 400×1 400	1 600×1 600	1 800×1 800	2 000×2 000
			座	座	座	座
预算定额编号	预算定额名称	预算定额单位	数量			
50-11-1-5	铸铁方闸门安装 1 400×1 400	座	1.0000			
50-11-1-6	铸铁方闸门安装 1 600×1 600	座		1.0000		
50-11-1-7	铸铁方闸门安装 1 800×1 800	座			1.0000	
50-11-1-8	铸铁方闸门安装 2 000×2 000	座				1.0000

工作内容：设备安装、找平、找正、试漏、检查、加油、调试、试运转，清扫、冲洗螺栓孔基础，人工配制、找平、养护，铸铁闸门、闸门座、密封条、闸门杆、连接杆及轴导架的安装、调试。

定额编号				H-10-1-5	H-10-1-6	H-10-1-7	H-10-1-8
项目				铸铁方闸门安装			
				1 400×1 400	1 600×1 600	1 800×1 800	2 000×2 000
名称			单位	座	座	座	座
人工	00210107	安装工	工日	18.0172	21.3517	24.2710	28.1437
材料	03130101	电焊条	kg	0.2530	1.1550	1.1550	1.1550
	03152501	镀锌铁丝	kg	0.2500	0.2500	0.2500	0.2500
	05030101	成材	m^3	0.0070	0.0100	0.0110	0.0120
	05031801	枕木	m^3	0.0338	0.0388	0.0413	0.0438
	14030501	煤油	kg	2.2000	3.3000	3.5300	3.8300
	14070101	机油	kg	0.8800	1.3200	1.4100	1.5300
	14090101	黄油	kg	0.8400	1.0600	1.1100	1.1700
	33332001	钢平、斜垫铁	副	6.0000	6.0000	6.0000	6.0000
		其他材料费	%	3.0000	3.0000	3.0000	3.0000
机械	99090360	汽车式起重机 8 t	台班	1.6315	1.9500	2.2100	3.0420
	99091460	电动卷扬机单筒慢速 30 kN	台班	0.6803			
	99091470	电动卷扬机单筒慢速 50 kN	台班		0.8927	1.0790	1.2610
	99250020	交流弧焊机 32 kV·A	台班	0.0506			
	99250030	交流弧焊机 40 kV·A	台班		0.2310	0.2310	0.2310
		其他机械费	%	1.0000	1.0000	1.0000	1.0000

工作内容：设备安装、找平、找正、试漏、检查、加油、调试、试运转，清扫、冲洗螺栓孔基础，人工配制、找平、养护，铸铁闸门、闸门座、密封条、闸门杆、连接杆及轴导架的安装、调试。

定额编号			H-10-1-9	H-10-1-10	H-10-1-11	H-10-1-12
项目			铸铁方闸门安装			
			2 200×2 200	2 400×2 400	2 800×2 800	3 200×3 200
			座	座	座	座
预算定额编号	预算定额名称	预算定额单位	数量			
50-11-1-9	铸铁方闸门安装 2 200×2 200	座	1.0000			
50-11-1-10	铸铁方闸门安装 2 400×2 400	座		1.0000		
50-11-1-11	铸铁方闸门安装 2 800×2 800	座			1.0000	
50-11-1-12	铸铁方闸门安装 3 200×3 200	座				1.0000

工作内容：设备安装、找平、找正、试漏、检查、加油、调试、试运转，清扫、冲洗螺栓孔基础，人工配制、找平、养护，铸铁闸门、闸门座、密封条、闸门杆、连接杆及轴导架的安装、调试。

定额编号				H-10-1-9	H-10-1-10	H-10-1-11	H-10-1-12
项目				铸铁方闸门安装			
				2 200×2 200	2 400×2 400	2 800×2 800	3 200×3 200
名称			单位	座	座	座	座
人工	00210107	安装工	工日	34.3537	40.1832	46.5287	52.9727
材料	03130101	电焊条	kg	1.3662	1.3662	1.4542	1.4542
	03152501	镀锌铁丝	kg	0.2500	0.2500	0.2500	0.2500
	05030101	成材	m^3	0.0128	0.0141	0.0155	0.0180
	05031801	枕木	m^3	0.0475	0.0520	0.0567	0.0676
	14030501	煤油	kg	4.3400	4.8080	5.9300	7.5000
	14070101	机油	kg	1.7360	1.9232	2.3720	3.0000
	14090101	黄油	kg	1.2680	1.3616	1.5860	2.4000
	33332001	钢平、斜垫铁	副	6.0000	6.0000	8.0000	8.0000
		其他材料费	%	3.0000	3.0000	3.0000	3.0000
机械	99090360	汽车式起重机 8 t	台班	3.3713	3.9355	5.1095	1.3455
	99090400	汽车式起重机 16 t	台班				2.2500
	99091470	电动卷扬机单筒慢速 50 kN	台班	1.5210	1.8252	2.1905	
	99091540	电动卷扬机双筒慢速 80 kN	台班				1.8252
	99250020	交流弧焊机 32 kV·A	台班	0.2732	0.2732	0.3780	0.2904
		其他机械费	%	1.0000	1.0000	1.0000	1.0000

工作内容：设备安装、找平、找正、试漏、检查、加油、调试、试运转，清扫、冲洗螺栓孔基础，人工配制、找平、养护，铸铁闸门、闸门座、密封条、闸门杆、连接杆及轴导架的安装、调试。

定额编号			H-10-1-13	H-10-1-14	H-10-1-15	H-10-1-16
项目			铸铁方闸门安装		铸铁圆闸门安装	
			3 600×3 600	4 000×4 000	ϕ400	ϕ600
			座	座	座	座
预算定额编号	预算定额名称	预算定额单位	数量			
50-11-1-13	铸铁方闸门安装 3 600×3 600	座	1.0000			
50-11-1-14	铸铁方闸门安装 4 000×4 000	座		1.0000		
50-11-1-15	铸铁圆闸门安装 ϕ400	座			1.0000	
50-11-1-16	铸铁圆闸门安装 ϕ600	座				1.0000

工作内容：设备安装、找平、找正、试漏、检查、加油、调试、试运转，清扫、冲洗螺栓孔基础，人工配制、找平、养护，铸铁闸门、闸门座、密封条、闸门杆、连接杆及轴导架的安装、调试。

定额编号				H-10-1-13	H-10-1-14	H-10-1-15	H-10-1-16
项目				铸铁方闸门安装		铸铁圆闸门安装	
				3 600×3 600	4 000×4 000	ϕ400	ϕ600
名称			单位	座	座	座	座
人工	00210107	安装工	工日	65.4284	87.0140	9.2492	10.2721
材料	01290302	热轧钢板(中厚板)	kg			15.6000	15.6000
	03130101	电焊条	kg	1.5422	1.5422	0.1320	0.1320
	03152501	镀锌铁丝	kg	0.2500	0.2500	0.2500	0.2500
	05030101	成材	m^3	0.0216	0.0278	0.0050	0.0060
	05031801	枕木	m^3	0.0806	0.1310	0.0038	0.0050
	14030501	煤油	kg	9.7000	12.7800	0.2700	0.6800
	14070101	机油	kg	3.8800	5.1120	0.1100	0.2700
	14090101	黄油	kg	2.8400	3.4560	0.2400	0.3000
	14390101	氧气	m^3			0.8140	0.8140
	14390301	乙炔气	m^3			0.2714	0.2714
	33332001	钢平、斜垫铁	副	10.0000	10.0000	4.0000	4.0000
		其他材料费	%	3.0000	3.0000	3.0000	3.0000
机械	99090360	汽车式起重机 8 t	台班	1.2420		0.2535	0.2535
	99090390	汽车式起重机 12 t	台班		1.7890		
	99090400	汽车式起重机 16 t	台班	2.9250	3.5100		
	99091540	电动卷扬机双筒慢速 80 kN	台班	2.1905	3.1547		
	99250020	交流弧焊机 32 kV·A	台班	0.3084	0.3084	0.0264	0.0264
		其他机械费	%	1.0000	1.0000	1.0000	1.0000

工作内容：设备安装、找平、找正、试漏、检查、加油、调试、试运转，清扫、冲洗螺栓孔基础，人工配制、找平、养护，铸铁闸门、闸门座、密封条、闸门杆、连接杆及轴导架的安装、调试。

定额编号			H-10-1-17	H-10-1-18	H-10-1-19	H-10-1-20
项目			铸铁圆闸门安装			
			ϕ800	ϕ1 000	ϕ1 200	ϕ1 500
			座	座	座	座
预算定额编号	预算定额名称	预算定额单位	数量			
50-11-1-17	铸铁圆闸门安装 ϕ800	座	1.0000			
50-11-1-18	铸铁圆闸门安装 ϕ1 000	座		1.0000		
50-11-1-19	铸铁圆闸门安装 ϕ1 200	座			1.0000	
50-11-1-20	铸铁圆闸门安装 ϕ1 500	座				1.0000

工作内容：设备安装、找平、找正、试漏、检查、加油、调试、试运转，清扫、冲洗螺栓孔基础，人工配制、找平、养护，铸铁闸门、闸门座、密封条、闸门杆、连接杆及轴导架的安装、调试。

定额编号				H-10-1-17	H-10-1-18	H-10-1-19	H-10-1-20
项目				铸铁圆闸门安装			
				ϕ800	ϕ1 000	ϕ1 200	ϕ1 500
名称			单位	座	座	座	座
人工	00210107	安装工	工日	12.4108	14.6263	15.6579	18.0090
材料	01290302	热轧钢板(中厚板)	kg	15.6000	15.6000	15.6000	30.0000
	03130101	电焊条	kg	0.1320	0.2530	0.2530	1.1550
	03152501	镀锌铁丝	kg	0.2500	0.2500	0.2500	0.2500
	05030101	成材	m^3	0.0060	0.0060	0.0070	0.0070
	05031801	枕木	m^3	0.0063	0.0263	0.0275	0.0300
	14030501	煤油	kg	1.1000	1.8000	2.0300	2.7000
	14070101	机油	kg	0.4400	0.7200	0.8100	1.0800
	14090101	黄油	kg	0.5700	0.7700	0.8100	0.9400
	14390101	氧气	m^3	0.8140	0.8140	0.8140	1.1181
	14390301	乙炔气	m^3	0.2837	0.2714	0.2714	0.3727
	33332001	钢平、斜垫铁	副	4.0000	6.0000	6.0000	6.0000
		其他材料费	%	3.0000	3.0000	3.0000	3.0000
机械	99090360	汽车式起重机 8 t	台班	0.7035	1.0725	1.0725	1.4885
	99091460	电动卷扬机单筒慢速 30 kN	台班		0.4377	0.4377	
	99091470	电动卷扬机单筒慢速 50 kN	台班				0.6327
	99250020	交流弧焊机 32 kV·A	台班	0.0264	0.0506	0.0506	0.2310
		其他机械费	%	1.0000	1.0000	1.0000	1.0000

工作内容:1,2. 设备安装、找平、找正、试漏、检查、加油、调试、试运转,清扫、冲洗螺栓孔基础,人工配制、找平、养护,铸铁闸门、闸门座、密封条、闸门杆、连接杆及轴导架的安装、调试。
3,4. 开箱点件、基础划线、场内运输、拍门安装、找平、找正、螺栓紧固、试运转。

定　额　编　号			H-10-1-21	H-10-1-22	H-10-1-23	H-10-1-24
项　　目			铸铁圆闸门安装		铸铁拍门安装	
			ϕ1 800	ϕ2 000	DN300	DN600
			座	座	座	座
预算定额编号	预算定额名称	预算定额单位	数　　量			
50-11-1-21	铸铁圆闸门安装 ϕ1 800	座	1.0000			
50-11-1-22	铸铁圆闸门安装 ϕ2 000	座		1.0000		
50-11-1-23	铸铁拍门安装 DN300	座			1.0000	
50-11-1-24	铸铁拍门安装 DN600	座				1.0000

工作内容:1,2. 设备安装、找平、找正、试漏、检查、加油、调试、试运转,清扫、冲洗螺栓孔基础,人工配制、找平、养护,铸铁闸门、闸门座、密封条、闸门杆、连接杆及轴导架的安装、调试。
3,4. 开箱点件、基础划线、场内运输、拍门安装、找平、找正、螺栓紧固、试运转。

定　额　编　号				H-10-1-21	H-10-1-22	H-10-1-23	H-10-1-24
项　　目				铸铁圆闸门安装		铸铁拍门安装	
				ϕ1 800	ϕ2 000	DN300	DN600
名　　称			单位	座	座	座	座
人工	00210107	安装工	工日	20.8291	23.9104	5.4780	7.6340
材料	01290302	热轧钢板(中厚板)	kg	30.0000	30.0000		
	02010101	橡胶板	kg			0.0910	0.0910
	03130101	电焊条	kg	1.1550	1.1550	0.4450	0.4450
	03152501	镀锌铁丝	kg	0.2500	0.2500		
	05030101	成材	m^3	0.0080	0.0090		
	05031801	枕木	m^3	0.0325	0.0350		
	14030501	煤油	kg	3.0000	3.3000		
	14070101	机油	kg	1.2000	1.3200		
	14090101	黄油	kg	1.0000	1.0600		
	14390101	氧气	m^3	1.1181	1.0165		
	14390301	乙炔气	m^3	0.3727	0.3388		
	33332001	钢平、斜垫铁	副	6.0000	6.0000		
		其他材料费	%	3.0000	3.0000		
机械	99070550	载重汽车 8 t	台班			0.0080	0.0310
	99090360	汽车式起重机 8 t	台班	1.7615	2.2295	0.0630	0.2010
	99091470	电动卷扬机单筒慢速 50 kN	台班	0.7497	0.8450		
	99250020	交流弧焊机 32 kV·A	台班	0.2850	0.2850	0.1300	0.2100
	99270040	电焊条烘干箱 450×350×450	台班			0.0130	0.0210
		其他机械费	%	1.0000	1.0000	1.0000	1.0000

工作内容：开箱点件、基础划线、场内运输、拍门安装、找平、找正、螺栓紧固、试运转。

定额编号			H-10-1-25	H-10-1-26	H-10-1-27	H-10-1-28
项目			铸铁拍门安装			
			DN900	DN1 200	DN1 500	DN1 500 以外
			座	座	座	座
预算定额编号	预算定额名称	预算定额单位	数量			
50-11-1-25	铸铁拍门安装 DN900	座	1.0000			
50-11-1-26	铸铁拍门安装 DN1 200	座		1.0000		
50-11-1-27	铸铁拍门安装 DN1 500	座			1.0000	
50-11-1-28	铸铁拍门安装 DN1 500 以外	座				1.0000

工作内容：开箱点件、基础划线、场内运输、拍门安装、找平、找正、螺栓紧固、试运转。

定额编号				H-10-1-25	H-10-1-26	H-10-1-27	H-10-1-28
项目				铸铁拍门安装			
				DN900	DN1 200	DN1 500	DN1 500 以外
名称			单位	座	座	座	座
人工	00210107	安装工	工日	14.2780	15.1360	17.2260	20.9000
材料	02010101	橡胶板	kg	0.0910	0.1610	0.1610	0.1610
	03130101	电焊条	kg	0.6890	0.7740	1.1450	1.2990
机械	99070550	载重汽车 8 t	台班	0.0700	0.1240	0.1420	0.1660
	99090360	汽车式起重机 8 t	台班	0.3420	0.5530	0.6320	0.7040
	99250020	交流弧焊机 32 kV·A	台班	0.2100	0.3610	0.3610	0.3610
		其他机械费	%	1.0000	1.0000	1.0000	1.0000

第二节 钢闸门安装

工作内容：闸门焊接与检测、主行走支承装置安装、止水装置安装、侧（反）支承行走轮安装、门槽内组合连接、吊杆及其他附件安装、锁定装置安装、启闭试验。

定额编号			H-10-2-1	H-10-2-2	H-10-2-3	H-10-2-4
项目			平面闸门安装			
			每扇闸门重量			
			1 t以内	3 t以内	5 t以内	10 t以内
			t	t	t	t
预算定额编号	预算定额名称	预算定额单位	数量			
50-11-2-1	平面闸门安装 每扇闸门重量1 t以内	t	1.0000			
50-11-2-2	平面闸门安装 每扇闸门重量3 t以内	t		1.0000		
50-11-2-3	平面闸门安装 每扇闸门重量5 t以内	t			1.0000	
50-11-2-4	平面闸门安装 每扇闸门重量10 t以内	t				1.0000

工作内容：闸门焊接与检测、主行走支承装置安装、止水装置安装、侧（反）支承行走轮安装、门槽内组合连接、吊杆及其他附件安装、锁定装置安装、启闭试验。

定额编号				H-10-2-1	H-10-2-2	H-10-2-3	H-10-2-4
项目				平面闸门安装			
				每扇闸门重量			
				1 t以内	3 t以内	5 t以内	10 t以内
名称			单位	t	t	t	t
人工	00210107	安装工	工日	18.7943	17.6667	17.0000	16.0000
材料	01290202	热轧钢板（薄板）	kg	2.9000	2.9000	2.9000	2.9000
	03130101	电焊条	kg	3.8000	3.8000	3.8000	3.9000
	13010101	调和漆	kg	1.9000	1.9000	1.9000	2.0000
	14030101	汽油	kg	1.9000	1.9000	1.9000	2.0000
	14090101	黄油	kg	0.2000	0.2000	0.2000	0.2000
	14390101	氧气	m^3	1.7000	1.7000	1.7000	1.8000
	14390301	乙炔气	m^3	0.8000	0.8000	0.8000	0.8000
	34090101	棉纱头	kg	0.8000	0.8000	0.8000	0.8000
		其他材料费	%	15.0000	15.0000	15.0000	15.0000
机械	99090400	汽车式起重机 16 t	台班	0.1767	0.1767	0.1833	
	99090420	汽车式起重机 25 t	台班				0.1367
	99250020	交流弧焊机 32 kV·A	台班	0.4333	0.4333	0.4333	0.4500
		其他机械费	%	10.0000	10.0000	10.0000	10.0000

工作内容：闸门焊接与检测、主行走支承装置安装、止水装置安装、侧（反）支承行走轮安装、门槽内组合连接、吊杆及其他附件安装、锁定装置安装、启闭试验。

定额编号			H-10-2-5	H-10-2-6	H-10-2-7	H-10-2-8
项目			平面闸门安装			
			每扇闸门重量			
			20 t 以内	30 t 以内	40 t 以内	50 t 以内
			t	t	t	t
预算定额编号	预算定额名称	预算定额单位	数量			
50-11-2-5	平面闸门安装 每扇闸门重量 20 t 以内	t	1.0000			
50-11-2-6	平面闸门安装 每扇闸门重量 30 t 以内	t		1.0000		
50-11-2-7	平面闸门安装 每扇闸门重量 40 t 以内	t			1.0000	
50-11-2-8	平面闸门安装 每扇闸门重量 50 t 以内	t				1.0000

工作内容：闸门焊接与检测、主行走支承装置安装、止水装置安装、侧（反）支承行走轮安装、门槽内组合连接、吊杆及其他附件安装、锁定装置安装、启闭试验。

定额编号				H-10-2-5	H-10-2-6	H-10-2-7	H-10-2-8
项目				平面闸门安装			
				每扇闸门重量			
				20 t 以内	30 t 以内	40 t 以内	50 t 以内
名称			单位	t	t	t	t
人工	00210107	安装工	工日	15.0000	13.1667	13.1667	13.1667
材料	01290202	热轧钢板（薄板）	kg	3.3000	3.0000	3.2000	3.3000
	03130101	电焊条	kg	4.4000	4.0000	4.2000	4.4000
	13010101	调和漆	kg	2.2000	2.0000	2.1000	2.2000
	14030101	汽油	kg	2.2000	2.0000	2.1000	2.2000
	14090101	黄油	kg	0.2000	0.2000	0.2000	0.2000
	14390101	氧气	m^3	2.0000	1.8000	1.9000	2.0000
	14390301	乙炔气	m^3	0.9000	0.8000	0.9000	0.9000
	34090101	棉纱头	kg	0.9000	0.8000	0.9000	0.9000
		其他材料费	%	15.0000	15.0000	15.0000	15.0000
机械	99090420	汽车式起重机 25 t	台班	0.1600			
	99090460	汽车式起重机 50 t	台班		0.0783	0.0817	0.0833
	99250020	交流弧焊机 32 kV·A	台班	0.4833	0.6333	0.6500	0.6833
		其他机械费	%	10.0000	10.0000	10.0000	10.0000

工作内容：闸门焊接与检测、主行走支承装置安装、止水装置安装、侧(反)支承行走轮安装、门槽内组合连接、吊杆及其他附件安装、锁定装置安装、启闭试验。

定额编号			H-10-2-9	H-10-2-10	H-10-2-11	H-10-2-12
项目			平面闸门安装			
			每扇闸门重量			
			60 t 以内	70 t 以内	80 t 以内	100 t 以内
			t	t	t	t
预算定额编号	预算定额名称	预算定额单位	数量			
50-11-2-9	平面闸门安装 每扇闸门重量 60 t 以内	t	1.0000			
50-11-2-10	平面闸门安装 每扇闸门重量 70 t 以内	t		1.0000		
50-11-2-11	平面闸门安装 每扇闸门重量 80 t 以内	t			1.0000	
50-11-2-12	平面闸门安装 每扇闸门重量 100 t 以内	t				1.0000

工作内容：闸门焊接与检测、主行走支承装置安装、止水装置安装、侧(反)支承行走轮安装、门槽内组合连接、吊杆及其他附件安装、锁定装置安装、启闭试验。

定额编号				H-10-2-9	H-10-2-10	H-10-2-11	H-10-2-12
项目				平面闸门安装			
				每扇闸门重量			
				60 t 以内	70 t 以内	80 t 以内	100 t 以内
名称			单位	t	t	t	t
人工	00210107	安装工	工日	13.1667	13.1667	14.1667	14.1667
材料	01290202	热轧钢板(薄板)	kg	3.5000	3.6000	3.8000	4.2000
	03130101	电焊条	kg	4.6000	4.8000	5.0000	5.5000
	13010101	调和漆	kg	2.3000	2.4000	2.5000	2.8000
	14030101	汽油	kg	2.3000	2.4000	2.5000	2.8000
	14090101	黄油	kg	0.2000	0.2000	0.3000	0.3000
	14390101	氧气	m^3	2.1000	2.2000	2.3000	2.5000
	14390301	乙炔气	m^3	0.9000	1.0000	1.0000	1.1000
	34090101	棉纱头	kg	1.0000	1.0000	1.1000	1.2000
		其他材料费	%	15.0000	15.0000	15.0000	15.0000
机械	99090460	汽车式起重机 50 t	台班	0.0867	0.0883	0.0900	0.0950
	99250020	交流弧焊机 32 kV·A	台班	0.7000	0.7333	0.7500	0.7833
		其他机械费	%	10.0000	10.0000	10.0000	10.0000

工作内容：闸门支座安装、支臂组合安装、桁架组合安装、面板支承梁与面板安装焊接与检测、止水装置安装、侧导轮及其他附件安装、启闭试验。

定额编号			H-10-2-13	H-10-2-14	H-10-2-15	H-10-2-16
项目			弧形闸门安装			
			每扇闸门重量			
			5 t以内	10 t以内	20 t以内	30 t以内
			t	t	t	t
预算定额编号	预算定额名称	预算定额单位	数量			
50-11-2-13	弧形闸门安装 每扇闸门重量 5 t以内	t	1.0000			
50-11-2-14	弧形闸门安装 每扇闸门重量 10 t以内	t		1.0000		
50-11-2-15	弧形闸门安装 每扇闸门重量 20 t以内	t			1.0000	
50-11-2-16	弧形闸门安装 每扇闸门重量 30 t以内	t				1.0000

工作内容：闸门支座安装、支臂组合安装、桁架组合安装、面板支承梁与面板安装焊接与检测、止水装置安装、侧导轮及其他附件安装、启闭试验。

定额编号				H-10-2-13	H-10-2-14	H-10-2-15	H-10-2-16
项目				弧形闸门安装			
				每扇闸门重量			
				5 t以内	10 t以内	20 t以内	30 t以内
名称			单位	t	t	t	t
人工	00210107	安装工	工日	21.1667	21.1667	19.3333	18.3333
材料	01290202	热轧钢板(薄板)	kg	20.0000	20.0000	20.0000	19.0000
	03130101	电焊条	kg	11.0000	11.0000	11.0000	11.0000
	13010101	调和漆	kg	1.1000	1.1000	1.1000	1.1000
	14030101	汽油	kg	4.5000	4.4000	4.4000	4.3000
	14090101	黄油	kg	0.8000	0.8000	0.8000	0.8000
	14390101	氧气	m^3	3.4000	3.3000	3.3000	3.2000
	14390301	乙炔气	m^3	1.5000	1.4000	1.4000	1.4000
	34090101	棉纱头	kg	2.6000	2.5000	2.5000	2.5000
		其他材料费	%	15.0000	15.0000	15.0000	15.0000
机械	99090400	汽车式起重机 16 t	台班	0.5017	0.4700		
	99090420	汽车式起重机 25 t	台班			0.2983	0.2833
	99190270	摇臂钻床 ϕ50	台班	0.4667	0.4500	0.4500	0.4333
	99250020	交流弧焊机 32 kV·A	台班	1.6167	1.6000	1.5667	1.5333
		其他机械费	%	15.0000	15.0000	15.0000	15.0000

工作内容：闸门支座安装、支臂组合安装、桁架组合安装、面板支承梁与面板安装焊接与检测、止水装置安装、侧导轮及其他附件安装、启闭试验。

定　额　编　号			H-10-2-17	H-10-2-18	H-10-2-19	H-10-2-20
项　　目			弧形闸门安装			
			每扇闸门重量			
			40 t 以内	50 t 以内	60 t 以内	70 t 以内
			t	t	t	t
预算定额编号	预算定额名称	预算定额单位	数　　量			
50-11-2-17	弧形闸门安装 每扇闸门重量 40 t 以内	t	1.0000			
50-11-2-18	弧形闸门安装 每扇闸门重量 50 t 以内	t		1.0000		
50-11-2-19	弧形闸门安装 每扇闸门重量 60 t 以内	t			1.0000	
50-11-2-20	弧形闸门安装 每扇闸门重量 70 t 以内	t				1.0000

工作内容：闸门支座安装、支臂组合安装、桁架组合安装、面板支承梁与面板安装焊接与检测、止水装置安装、侧导轮及其他附件安装、启闭试验。

定　额　编　号				H-10-2-17	H-10-2-18	H-10-2-19	H-10-2-20
项　　目				弧形闸门安装			
				每扇闸门重量			
				40 t 以内	50 t 以内	60 t 以内	70 t 以内
名　　称			单位	t	t	t	t
人工	00210107	安装工	工日	17.6667	16.6667	15.6667	14.8333
材料	01290202	热轧钢板(薄板)	kg	19.0000	19.0000	19.0000	19.0000
	03130101	电焊条	kg	11.0000	11.0000	10.0000	10.0000
	13010101	调和漆	kg	1.1000	1.0000	1.0000	1.0000
	14030101	汽油	kg	4.3000	4.2000	4.2000	4.2000
	14090101	黄油	kg	0.8000	0.7000	0.7000	0.7000
	14390101	氧气	m^3	3.2000	3.2000	3.1000	3.1000
	14390301	乙炔气	m^3	1.4000	1.4000	1.4000	1.4000
	34090101	棉纱头	kg	2.5000	2.4000	2.4000	2.4000
		其他材料费	%	15.0000	15.0000	15.0000	15.0000
机械	99090460	汽车式起重机 50 t	台班	0.1133	0.1100	0.1067	0.1050
	99190270	摇臂钻床 ϕ50	台班	0.4333	0.4167	0.4000	0.3917
	99250020	交流弧焊机 32 kV·A	台班	1.5000	1.4500	1.4167	1.3833
		其他机械费	%	15.0000	15.0000	15.0000	15.0000

工作内容:闸门支座安装、支臂组合安装、桁架组合安装、面板支承梁与面板安装焊接与检测、止水装置安装、侧导轮及其他附件安装、启闭试验。

定　额　编　号			H-10-2-21	H-10-2-22
项　　目			弧形闸门安装	
			每扇闸门重量	
			80 t 以内	100 t 以内
			t	t
预算定额编号	预算定额名称	预算定额单位	数　　量	
50-11-2-21	弧形闸门安装 每扇闸门重量 80 t 以内	t	1.0000	
50-11-2-22	弧形闸门安装 每扇闸门重量 100 t 以内	t		1.0000

工作内容:闸门支座安装、支臂组合安装、桁架组合安装、面板支承梁与面板安装焊接与检测、止水装置安装、侧导轮及其他附件安装、启闭试验。

定　额　编　号				H-10-2-21	H-10-2-22
项　　目				弧形闸门安装	
				每扇闸门重量	
				80 t 以内	100 t 以内
名　　称			单位	t	t
人工	00210107	安装工	工日	13.8333	12.0000
材料	01290202	热轧钢板(薄板)	kg	19.0000	18.0000
	03130101	电焊条	kg	10.0000	10.0000
	13010101	调和漆	kg	1.0000	1.0000
	14030101	汽油	kg	4.1000	4.0000
	14090101	黄油	kg	0.7000	0.7000
	14390101	氧气	m^3	3.1000	3.0000
	14390301	乙炔气	m^3	1.3000	1.3000
	34090101	棉纱头	kg	2.4000	2.3000
		其他材料费	%	15.0000	15.0000
机械	99090460	汽车式起重机 50 t	台班	0.1033	0.1017
	99190270	摇臂钻床 ϕ50	台班	0.3833	0.3667
	99250020	交流弧焊机 32 kV·A	台班	1.3500	1.2667
		其他机械费	%	15.0000	15.0000

第三节　闸门埋设件安装

工作内容：基础螺丝、锚钩埋设，门槽、导轨、底槛、门楣、胸墙、水封底板、护角侧导板、锁锭及其他埋设件的安装。

定　额　编　号			H-10-3-1
项　　目			闸门埋设件安装
			t
预算定额编号	预算定额名称	预算定额单位	数　　量
50-11-3-1	闸门埋设件制作、安装 闸门埋设件安装	t	1.0000

工作内容：基础螺丝、锚钩埋设，门槽、导轨、底槛、门楣、胸墙、水封底板、护角侧导板、锁锭及其他埋设件的安装。

定　额　编　号				H-10-3-1
项　　目				闸门埋设件安装
名　　称			单位	t
人工	00210103	综合工	工日	24.8333
材料	01290202	热轧钢板(薄板)	kg	12.0000
	03130101	电焊条	kg	11.0000
	05030121	木板成材	m^3	0.1000
	13010101	调和漆	kg	2.1000
	14090101	黄油	kg	1.0000
	14390101	氧气	m^3	9.3000
	14390301	乙炔气	m^3	4.0000
		其他材料费	%	15.0000
机械	99090390	汽车式起重机 12 t	台班	0.1000
	99091470	电动卷扬机单筒慢速 50 kN	台班	2.0000
	99250020	交流弧焊机 32 kV·A	台班	2.0000
		其他机械费	%	15.0000

第四节　启闭机安装

工作内容：设备各部件的清点、检查、埋设件及基础框架安装，设备本体安装，附属设备本体及管路安装，油压系统设备安装及油过滤，电动机安装，机械调整及耐压试验，与闸门连接及启闭试验。

定额编号			H-10-4-1	H-10-4-2	H-10-4-3	H-10-4-4
项　目			液压式启闭机			
			设备自重			
			2 t以内	3 t以内	4 t以内	5 t以内
			台	台	台	台
预算定额编号	预算定额名称	预算定额单位	数　量			
50-11-4-1	启闭机安装 液压式启闭机 设备自重 2 t以内	台	1.0000			
50-11-4-2	启闭机安装 液压式启闭机 设备自重 3 t以内	台		1.0000		
50-11-4-3	启闭机安装 液压式启闭机 设备自重 4 t以内	台			1.0000	
50-11-4-4	启闭机安装 液压式启闭机 设备自重 5 t以内	台				1.0000

工作内容：设备各部件的清点、检查、埋设件及基础框架安装，设备本体安装，附属设备本体及管路安装，油压系统设备安装及油过滤，电动机安装，机械调整及耐压试验，与闸门连接及启闭试验。

定额编号				H-10-4-1	H-10-4-2	H-10-4-3	H-10-4-4
项目				液压式启闭机			
				设备自重			
				2 t以内	3 t以内	4 t以内	5 t以内
名称			单位	台	台	台	台
人工	00210107	安装工	工日	290.9693	305.5178	320.7937	336.8333
材料	01150103	热轧型钢 综合	kg	113.2590	126.5516	141.4042	158.0000
	01290202	热轧钢板(薄板)	kg	65.9422	73.1459	81.1365	90.0000
	03130101	电焊条	kg	3.5120	3.9509	4.4446	5.0000
	05030101	成材	m^3	0.3149	0.3480	0.3846	0.4250
	13010101	调和漆	kg	5.0637	5.6409	6.2838	7.0000
	14030101	汽油	kg	11.0367	12.2252	13.5417	15.0000
	14030401	柴油	kg	18.9551	21.0608	23.4004	26.0000
	14070101	机油	kg	12.5978	13.9213	15.3838	17.0000
	14090101	黄油	kg	14.2163	15.7956	17.5503	19.5000
	14390101	氧气	m^3	4.0918	4.5157	4.9836	5.5000
	14390301	乙炔气	m^3	1.8852	2.0712	2.2755	2.5000
	28030101	绝缘导线	m	3.1358	3.4008	3.6883	4.0000
	33332310	钢垫板	kg	4.4147	4.8901	5.4167	6.0000
	34090101	棉纱头	kg	3.1846	3.5736	4.0101	4.5000
		其他材料费	%	10.0000	10.0000	10.0000	10.0000
机械	99070530	载重汽车 5 t	台班	0.1917	0.2305	0.2079	0.3333
	99090350	汽车式起重机 5 t	台班	0.5747	0.7379	0.7107	1.2167
	99091020	门式起重机 10 t	台班	0.2197	0.2524	0.2176	0.3333
	99091470	电动卷扬机单筒慢速 50 kN	台班	1.1752	1.5198	1.4740	2.5417
	99250020	交流弧焊机 32 kV·A	台班	0.5658	0.7201	0.6875	1.1667
		其他机械费	%	10.0000	10.0000	10.0000	10.0000

工作内容：设备各部件的清点、检查、埋设件及基础框架安装，设备本体安装，附属设备本体及管路安装，油压系统设备安装及油过滤，电动机安装，机械调整及耐压试验，与闸门连接及启闭试验。

定 额 编 号			H-10-4-5	H-10-4-6	H-10-4-7	H-10-4-8
项 目			液压式启闭机			
			设备自重			
			6 t 以内	7 t 以内	8 t 以内	9 t 以内
			台	台	台	台
预算定额编号	预算定额名称	预算定额单位	数 量			
50-11-4-5	启闭机安装 液压式启闭机 设备自重 6 t 以内	台	1.0000			
50-11-4-6	启闭机安装 液压式启闭机 设备自重 7 t 以内	台		1.0000		
50-11-4-7	启闭机安装 液压式启闭机 设备自重 8 t 以内	台			1.0000	
50-11-4-8	启闭机安装 液压式启闭机 设备自重 9 t 以内	台				1.0000

工作内容：设备各部件的清点、检查、埋设件及基础框架安装，设备本体安装，附属设备本体及管路安装，油压系统设备安装及油过滤，电动机安装，机械调整及耐压试验，与闸门连接及启闭试验。

定 额 编 号				H-10-4-5	H-10-4-6	H-10-4-7	H-10-4-8
项 目				液压式启闭机			
				设备自重			
				6 t 以内	7 t 以内	8 t 以内	9 t 以内
名 称			单位	台	台	台	台
人工	00210107	安装工	工日	354.1667	371.6667	389.1667	406.5000
材料	01150103	热轧型钢 综合	kg	181.0000	204.0000	228.0000	252.0000
	01290202	热轧钢板(薄板)	kg	102.0000	111.0000	126.0000	139.0000
	03130101	电焊条	kg	5.8000	6.6000	7.4000	8.2000
	05030101	成材	m^3	0.4800	0.5350	0.5900	0.6450
	13010101	调和漆	kg	8.0000	9.0000	10.0000	11.0000
	14030101	汽油	kg	17.0000	19.0000	21.0000	23.0000
	14030401	柴油	kg	29.6000	33.2000	36.8000	40.4000
	14070101	机油	kg	19.2000	21.4000	23.6000	25.8000
	14090101	黄油	kg	22.2000	24.9000	27.6000	30.3000
	14390101	氧气	m^3	6.2000	6.9000	7.6000	8.3000
	14390301	乙炔气	m^3	2.8000	3.1000	3.4000	3.7000
	28030101	绝缘导线	m	4.4000	4.8000	5.2000	5.6000
	33332310	钢垫板	kg	6.8000	7.6000	8.4000	9.2000
	34090101	棉纱头	kg	5.2000	5.9000	6.6000	7.3000
		其他材料费	%	10.0000	10.0000	10.0000	10.0000
机械	99070530	载重汽车 5 t	台班	0.4333	0.5333	0.6333	0.7333
	99090350	汽车式起重机 5 t	台班	1.8067	2.3967	2.9867	3.5767
	99091020	门式起重机 10 t	台班	0.4000	0.4667	0.5333	0.6000
	99091470	电动卷扬机单筒慢速 50 kN	台班	3.8333	5.1250	6.4167	7.7083
	99250020	交流弧焊机 32 kV·A	台班	1.7000	2.2333	2.7667	3.3000
		其他机械费	%	10.0000	10.0000	10.0000	10.0000

工作内容:1. 设备各部件的清点、检查、埋设件及基础框架安装,设备本体安装,附属设备本体及管路安装,油压系统设备安装及油过滤,电动机安装,机械调整及耐压试验,与闸门连接及启闭试验。

2,3,4. 设备各部件的清点、检查、基础埋设,本体及附件安装,电动机安装,与闸门连接及启闭试验。

定额编号			H-10-4-9	H-10-4-10	H-10-4-11	H-10-4-12
项目			液压式启闭机	卷扬式启闭机		
			设备自重			
			10 t以内	1 t以内	2 t以内	3 t以内
			台	台	台	台
预算定额编号	预算定额名称	预算定额单位	数量			
50-11-4-9	启闭机安装 液压式启闭机 设备自重 10 t以内	台	1.0000			
50-11-4-10	启闭机安装 卷扬式启闭机 设备自重 1 t以内	台		1.0000		
50-11-4-11	启闭机安装 卷扬式启闭机 设备自重 2 t以内	台			1.0000	
50-11-4-12	启闭机安装 卷扬式启闭机 设备自重 3 t以内	台				1.0000

工作内容：1. 设备各部件的清点、检查、埋设件及基础框架安装，设备本体安装，附属设备本体及管路安装，油压系统设备安装及油过滤，电动机安装，机械调整及耐压试验，与闸门连接及启闭试验。

2，3，4. 设备各部件的清点、检查、基础埋设，本体及附件安装，电动机安装，与闸门连接及启闭试验。

定额编号				H-10-4-9	H-10-4-10	H-10-4-11	H-10-4-12
项目				液压式启闭机	卷扬式启闭机		
				设备自重			
				10 t 以内	1 t 以内	2 t 以内	3 t 以内
名称			单位	台	台	台	台
人工	00210107	安装工	工日	424.0000	58.9183	63.7654	69.0113
材料	01150103	热轧型钢 综合	kg	275.0000	36.8323	39.5568	42.4828
	01290202	热轧钢板(薄板)	kg	151.0000	15.7853	16.9529	18.2069
	03130101	电焊条	kg	9.0000	2.8914	3.1358	3.4008
	05030101	成材	m^3	0.7000	0.1446	0.1568	0.1700
	13010101	调和漆	kg	12.0000	3.8197	4.0857	4.3702
	14030101	汽油	kg	25.0000	3.8197	4.0857	4.3702
	14030401	柴油	kg	44.0000	5.2618	5.6510	6.0690
	14070101	机油	kg	28.0000	2.3831	2.5243	2.6738
	14090101	黄油	kg	33.0000	3.3460	3.4987	3.6584
	14390101	氧气	m^3	9.0000	8.5824	9.1318	9.7163
	14390301	乙炔气	m^3	4.0000	3.8197	4.0857	4.3702
	28030101	绝缘导线	m	6.0000	19.0986	20.4285	21.8510
	33332310	钢垫板	kg	10.0000	15.7853	16.9529	18.2069
	34090101	棉纱头	kg	8.0000	2.3831	2.5243	2.6738
		其他材料费	%	10.0000	15.0000	15.0000	15.0000
机械	99070530	载重汽车 5 t	台班	0.8333	0.3321	0.3679	0.4075
	99090350	汽车式起重机 5 t	台班	4.1667	0.7576	0.8440	0.9401
	99091020	门式起重机 10 t	台班	0.6667			
	99091470	电动卷扬机单筒慢速 50 kN	台班	9.0000			
	99250020	交流弧焊机 32 kV·A	台班	3.8333	1.1440	1.2568	1.3808
		其他机械费	%	10.0000	10.0000	10.0000	10.0000

工作内容:设备各部件的清点、检查、基础埋设,本体及附件安装,电动机安装,与闸门连接及启闭试验。

定额编号			H-10-4-13	H-10-4-14	H-10-4-15	H-10-4-16
项目			卷扬式启闭机			
			设备自重			
			4 t以内	5 t以内	6 t以内	7 t以内
			台	台	台	台
预算定额编号	预算定额名称	预算定额单位	数量			
50-11-4-13	启闭机安装 卷扬式启闭机 设备自重 4 t以内	台	1.0000			
50-11-4-14	启闭机安装 卷扬式启闭机 设备自重 5 t以内	台		1.0000		
50-11-4-15	启闭机安装 卷扬式启闭机 设备自重 6 t以内	台			1.0000	
50-11-4-16	启闭机安装 卷扬式启闭机 设备自重 7 t以内	台				1.0000

工作内容:设备各部件的清点、检查、基础埋设,本体及附件安装,电动机安装,与闸门连接及启闭试验。

定额编号				H-10-4-13	H-10-4-14	H-10-4-15	H-10-4-16
项目				卷扬式启闭机			
				设备自重			
				4 t以内	5 t以内	6 t以内	7 t以内
名称			单位	台	台	台	台
人工	00210107	安装工	工日	74.6888	80.8333	88.6667	96.5000
材料	01150103	热轧型钢 综合	kg	45.6252	49.0000	53.2000	57.4000
	01290202	热轧钢板(薄板)	kg	19.5536	21.0000	22.8000	24.6000
	03130101	电焊条	kg	3.6883	4.0000	4.4000	4.8000
	05030101	成材	m^3	0.1844	0.2000	0.2200	0.2400
	13010101	调和漆	kg	4.6745	5.0000	5.4000	5.8000
	14030101	汽油	kg	4.6745	5.0000	5.4000	5.8000
	14030401	柴油	kg	6.5179	7.0000	7.6000	8.2000
	14070101	机油	kg	2.8322	3.0000	3.2000	3.4000
	14090101	黄油	kg	3.8254	4.0000	4.2000	4.4000
	14390101	氧气	m^3	10.3382	11.0000	11.8000	12.6000
	14390301	乙炔气	m^3	4.6745	5.0000	5.4000	5.8000
	28030101	绝缘导线	m	23.3725	25.0000	27.0000	29.0000
	33332310	钢垫板	kg	19.5536	21.0000	22.8000	24.6000
	34090101	棉纱头	kg	2.8322	3.0000	3.2000	3.4000
		其他材料费	%	15.0000	15.0000	15.0000	15.0000
机械	99070530	载重汽车 5 t	台班	0.4514	0.5000	0.5667	0.6333
	99090350	汽车式起重机 5 t	台班	1.0473	1.1667		
	99090360	汽车式起重机 8 t	台班			1.3333	1.5000
	99250020	交流弧焊机 32 kV・A	台班	1.5170	1.6667	1.8667	2.0667
		其他机械费	%	10.0000	10.0000	10.0000	10.0000

工作内容:设备各部件的清点、检查、基础埋设,本体及附件安装,电动机安装,与闸门连接及启闭试验。

定额编号			H-10-4-17	H-10-4-18	H-10-4-19	H-10-4-20
项目			卷扬式启闭机			螺杆式启闭机
			设备自重			
			8 t 以内	9 t 以内	10 t 以内	0.1 t 以内
			台	台	台	台
预算定额编号	预算定额名称	预算定额单位	数量			
50-11-4-17	启闭机安装 卷扬式启闭机 设备自重 8 t 以内	台	1.0000			
50-11-4-18	启闭机安装 卷扬式启闭机 设备自重 9 t 以内	台		1.0000		
50-11-4-19	启闭机安装 卷扬式启闭机 设备自重 10 t 以内	台			1.0000	
50-11-4-20	启闭机安装 螺杆式启闭机 设备自重 0.1 t 以内	台				1.0000

工作内容:设备各部件的清点、检查、基础埋设,本体及附件安装,电动机安装,与闸门连接及启闭试验。

定额编号				H-10-4-17	H-10-4-18	H-10-4-19	H-10-4-20
项目				卷扬式启闭机			螺杆式启闭机
				设备自重			
				8 t 以内	9 t 以内	10 t 以内	0.1 t 以内
名称			单位	台	台	台	台
人工	00210107	安装工	工日	104.3333	112.1667	120.0000	22.9454
材料	01150103	热轧型钢 综合	kg	61.6000	65.8000	70.0000	
	01290102	热轧钢板 综合	kg				13.3278
	01290202	热轧钢板(薄板)	kg	26.4000	28.2000	30.0000	
	03130101	电焊条	kg	5.2000	5.6000	6.0000	0.6643
	05030101	成材	m^3	0.2600	0.2800	0.3000	
	13010101	调和漆	kg	6.2000	6.6000	7.0000	1.5802
	14030101	汽油	kg	6.2000	6.6000	7.0000	1.1020
	14030401	柴油	kg	8.8000	9.4000	10.0000	
	14070101	机油	kg	3.6000	3.8000	4.0000	
	14090101	黄油	kg	4.6000	4.8000	5.0000	0.4983
	14390101	氧气	m^3	13.4000	14.2000	15.0000	3.3750
	14390301	乙炔气	m^3	6.2000	6.6000	7.0000	1.4767
	28030101	绝缘导线	m	31.0000	33.0000	35.0000	
	33332310	钢垫板	kg	26.4000	28.2000	30.0000	
	34090101	棉纱头	kg	3.6000	3.8000	4.0000	
		其他材料费	%	15.0000	15.0000	15.0000	10.0000
机械	99070530	载重汽车 5 t	台班	0.7000	0.7667	0.8333	
	99090350	汽车式起重机 5 t	台班				0.1211
	99090360	汽车式起重机 8 t	台班	1.6667	1.8333	2.0000	
	99250020	交流弧焊机 32 kV·A	台班	2.2667	2.4667	2.6667	0.1852
		其他机械费	%	10.0000	10.0000	10.0000	6.4012

工作内容：设备各部件的清点、检查、基础埋设，本体及附件安装，电动机安装，与闸门连接及启闭试验。

定额编号			H-10-4-21	H-10-4-22	H-10-4-23	H-10-4-24
项目			螺杆式启闭机			
			设备自重			
			0.3 t以内	0.5 t以内	1 t以内	1.5 t以内
			台	台	台	台
预算定额编号	预算定额名称	预算定额单位	数量			
50-11-4-21	启闭机安装 螺杆式启闭机 设备自重 0.3 t以内	台	1.0000			
50-11-4-22	启闭机安装 螺杆式启闭机 设备自重 0.5 t以内	台		1.0000		
50-11-4-23	启闭机安装 螺杆式启闭机 设备自重 1 t以内	台			1.0000	
50-11-4-24	启闭机安装 螺杆式启闭机 设备自重 1.5 t以内	台				1.0000

工作内容：设备各部件的清点、检查、基础埋设，本体及附件安装，电动机安装，与闸门连接及启闭试验。

定额编号				H-10-4-21	H-10-4-22	H-10-4-23	H-10-4-24
项目				螺杆式启闭机			
				设备自重			
				0.3 t以内	0.5 t以内	1 t以内	1.5 t以内
名称			单位	台	台	台	台
人工	00210107	安装工	工日	28.0676	34.3333	43.1667	47.2500
材料	01290102	热轧钢板 综合	kg	16.3265	20.0000	25.0000	27.5000
	03130101	电焊条	kg	0.8150	1.0000	1.3000	1.4000
	13010101	调和漆	kg	1.7778	2.0000	2.0000	2.2500
	14030101	汽油	kg	1.2857	1.5000	1.5000	1.7500
	14090101	黄油	kg	0.7059	1.0000	1.5000	1.7500
	14390101	氧气	m^3	4.5000	6.0000	6.0000	8.0000
	14390301	乙炔气	m^3	1.9594	2.6000	2.6000	3.4500
		其他材料费	%	10.0000	10.0000	10.0000	10.0000
机械	99090350	汽车式起重机 5 t	台班	0.1853	0.2833	0.2833	0.4333
	99250020	交流弧焊机 32 kV·A	台班	0.2778	0.4167	0.4167	0.6250
		其他机械费	%	6.3000	6.3000	6.3000	6.2500

工作内容:设备各部件的清点、检查、基础埋设,本体及附件安装,电动机安装,与闸门连接及启闭试验。

定额编号			H-10-4-25
项目			螺杆式启闭机
			设备自重
			2 t以内
			台
预算定额编号	预算定额名称	预算定额单位	数量
50-11-4-25	启闭机安装 螺杆式启闭机 设备自重 2 t以内	台	1.0000

工作内容:设备各部件的清点、检查、基础埋设,本体及附件安装,电动机安装,与闸门连接及启闭试验。

定额编号				H-10-4-25
项目				螺杆式启闭机
				设备自重
				2 t以内
名称			单位	台
人工	00210107	安装工	工日	51.3333
材料	01290102	热轧钢板 综合	kg	30.0000
	03130101	电焊条	kg	1.5000
	13010101	调和漆	kg	2.5000
	14030101	汽油	kg	2.0000
	14090101	黄油	kg	2.0000
	14390101	氧气	m^3	10.0000
	14390301	乙炔气	m^3	4.3000
		其他材料费	%	10.0000
机械	99090350	汽车式起重机 5 t	台班	0.5833
	99250020	交流弧焊机 32 kV·A	台班	0.8333
		其他机械费	%	6.2000

第五节 拦污栅制作及安装

工作内容:1. 框架、格栅、吊杆、附件制作和防锈,现场搬运就位、吊入栅槽、吊杆及附件等安装。
2. 栅槽、横梁、铆钩、锁定附件等制作,现场搬运、就位、校正、吊装和固定,调配、涂刷。

定额编号			H-10-5-1	H-10-5-2
项目			拦污栅体制作及安装	拦污栅槽制作及安装
			t	t
预算定额编号	预算定额名称	预算定额单位	数量	
50-11-5-1	拦污栅制作、安装 拦污栅体制作	t	1.0000	
50-11-5-2	拦污栅制作、安装 拦污栅体安装	t	1.0000	
50-11-5-3	拦污栅制作、安装 拦污栅槽制作	t		1.0000
50-11-5-4	拦污栅制作、安装 拦污栅槽安装	t		1.0000
50-11-8-5	金属闸门及构件防锈 防锈漆 第一遍	m^2	25.0000	25.0000
50-11-8-6	金属闸门及构件防锈 防锈漆 第二遍	m^2	25.0000	25.0000
50-11-8-7	金属闸门及构件防锈 调和漆 第一遍	m^2	25.0000	15.0000
50-11-8-8	金属闸门及构件防锈 调和漆 第二遍	m^2	25.0000	15.0000

工作内容:1. 框架、格栅、吊杆、附件制作和防锈,现场搬运就位、吊入栅槽、吊杆及附件等安装。
2. 栅槽、横梁、铆钩、锁定附件等制作,现场搬运、就位、校正、吊装和固定,调配、涂刷。

定额编号				H-10-5-1	H-10-5-2
项目				拦污栅体制作及安装	拦污栅槽制作及安装
名称			单位	t	t
人工	00210103	综合工	工日	31.5900	40.4000
材料	01150103	热轧型钢 综合	kg	1 154.2950	1 151.6960
	03130101	电焊条	kg	20.4300	31.5952
	05030101	成材	m^3	0.1328	0.0510
	13010101	调和漆	kg	5.1441	3.0865
	13056101	红丹防锈漆	kg	7.1927	9.2309
	14030101	汽油	kg	0.5508	0.3305
	14050101	溶剂油	kg	1.8369	1.8375
	14390101	氧气	m^3	10.2150	17.3264
	14390301	乙炔气	m^3	4.3925	7.5421
机械	99090350	汽车式起重机 5 t	台班		0.5077
	99090360	汽车式起重机 8 t	台班	0.3877	
	99190280	摇臂钻床 ϕ63	台班	1.0202	
	99230240	气割设备	台班	0.2653	0.2640
	99250020	交流弧焊机 32 kV·A	台班	4.0808	6.0715

第六节　清污机安装

工作内容：设备吊装就位、矫正、配合灌浆、精平、组装、清洗地、检查、加油、调试。

定额编号			H-10-6-1	H-10-6-2	H-10-6-3	H-10-6-4
项目			固定式格栅清污机			移动式格栅清污机
			宽度			设备自重
			2 m以内	3 m以内	4 m以内	1 t以内
			台	台	台	台
预算定额编号	预算定额名称	预算定额单位	数量			
50-11-6-1	清污机安装 固定式格栅清污机宽度 2 m以内	台	1.0000			
50-11-6-2	清污机安装 固定式格栅清污机宽度 3 m以内	台		1.0000		
50-11-6-3	清污机安装 固定式格栅清污机宽度 4 m以内	台			1.0000	
50-11-6-4	清污机安装 移动式格栅清污机设备自重 1 t以内	台				1.0000

工作内容：设备吊装就位、矫正、配合灌浆、精平、组装、清洗地、检查、加油、调试。

定额编号				H-10-6-1	H-10-6-2	H-10-6-3	H-10-6-4
项目				固定式格栅清污机			移动式格栅清污机
				宽度			设备自重
				2 m以内	3 m以内	4 m以内	1 t以内
名称			单位	台	台	台	台
人工	00210107	安装工	工日	56.9099	66.3458	87.5711	38.7667
材料	03130101	电焊条	kg	2.3320	2.5300	2.7448	0.8800
	03152501	镀锌铁丝	kg	3.5000	4.0000	4.5000	4.0000
	05030101	成材	m^3	0.0200	0.0230	0.0290	0.0200
	05031801	枕木	m^3	0.0700	0.0800	0.1000	0.0414
	14030101	汽油	kg	0.5700	0.6400	0.6800	1.5000
	14030501	煤油	kg	2.7000	3.4200	3.7800	4.0000
	14070101	机油	kg	1.0800	1.3700	1.5100	2.0000
	14090101	黄油	kg	1.3400	1.4800	1.5600	5.9000
	33332001	钢平、斜垫铁	副	5.0000	5.0000	7.0000	
		其他材料费	%	3.0000	3.0000	3.0000	19.1000
机械	99070530	载重汽车 5 t	台班				0.1283
	99090360	汽车式起重机 8 t	台班	0.5460	0.6240	1.5210	0.3917
	99091470	电动卷扬机单筒慢速 50 kN	台班	0.6890	0.7410	1.0205	
	99250020	交流弧焊机 32 kV·A	台班	0.4664	0.5060	0.6380	0.2083
		其他机械费	%	1.0000	1.0000	1.0000	

工作内容：设备吊装就位、矫正、配合灌浆、精平、组装、清洗地、检查、加油、调试。

定额编号			H-10-6-5	H-10-6-6	H-10-6-7	H-10-6-8
项目			移动式格栅清污机		垃圾压榨机	
			设备自重			
			2 t以内	4 t以内	1 t以内	2 t以内
			台	台	台	台
预算定额编号	预算定额名称	预算定额单位	数量			
50-11-6-5	清污机安装 移动式格栅清污机 设备自重 2 t以内	台	1.0000			
50-11-6-6	清污机安装 移动式格栅清污机 设备自重 4 t以内	台		1.0000		
50-11-6-7	清污机安装 垃圾压榨机 设备自重 1 t以内	台			1.0000	
50-11-6-8	清污机安装 垃圾压榨机 设备自重 2 t以内	台				1.0000

工作内容：设备吊装就位、矫正、配合灌浆、精平、组装、清洗地、检查、加油、调试。

定额编号				H-10-6-5	H-10-6-6	H-10-6-7	H-10-6-8
项目				移动式格栅清污机		垃圾压榨机	
				设备自重			
				2 t以内	4 t以内	1 t以内	2 t以内
名称			单位	台	台	台	台
人工	00210107	安装工	工日	48.8500	67.7500	53.7184	61.4296
材料	03130101	电焊条	kg	1.0300	1.2600	0.2970	0.2970
	03152501	镀锌铁丝	kg	4.0000	4.0000	2.5000	2.5000
	05030101	成材	m^3	0.0250	0.0300	0.0140	0.0160
	05031801	枕木	m^3	0.0414	0.0554	0.0575	0.0625
	09350314	铜箔 δ0.04	kg			0.0500	0.0500
	14030101	汽油	kg	1.5000	1.5000		
	14030501	煤油	kg	5.0000	6.0000	1.8000	2.2000
	14070101	机油	kg	2.5000	3.0000	1.2000	1.8000
	14090101	黄油	kg	7.9000	9.9000	1.6000	1.9000
	33331910	平斜垫铁	副			6.0000	8.0000
		其他材料费	%	16.5000	13.9000	3.0000	3.0000
机械	99070530	载重汽车 5 t	台班	0.1967	0.2983		
	99090360	汽车式起重机 8 t	台班	0.6383	0.8083		
	99091470	电动卷扬机单筒慢速 50 kN	台班			3.0420	3.5880
	99250020	交流弧焊机 32 kV·A	台班	0.2433	0.2467	0.0594	0.0594
		其他机械费	%			1.0000	1.0000

工作内容:设备吊装就位、矫正、配合灌浆、精平、组装、清洗地、检查、加油、调试。

定额编号			H-10-6-9	H-10-6-10
项目			皮带输送机	
			$L \leqslant 20$ m	$L \leqslant 50$ m
			台	台
预算定额编号	预算定额名称	预算定额单位	数量	
50-11-6-9	清污机安装 皮带输送机 $L \leqslant 20$ m	台	1.0000	
50-11-6-10	清污机安装 皮带输送机 $L \leqslant 50$ m	台		1.0000

工作内容:设备吊装就位、矫正、配合灌浆、精平、组装、清洗地、检查、加油、调试。

定额编号				H-10-6-9	H-10-6-10
项目				皮带输送机	
				$L \leqslant 20$ m	$L \leqslant 50$ m
名称			单位	台	台
人工	00210107	安装工	工日	55.0120	80.7580
材料	01290202	热轧钢板(薄板)	kg	3.2750	4.5450
	03130101	电焊条	kg	5.5340	6.0430
	03150591	网钉	kg	7.2215	10.1690
	05030101	成材	m^3	0.0195	0.0275
	05031801	枕木	m^3	0.0110	0.0110
	14030501	煤油	kg	10.5420	15.2200
	14050412	橡胶溶解剂油 120#	kg	7.0950	7.0950
	14070101	机油	kg	3.0470	4.0675
	14090101	黄油	kg	8.2030	11.7420
	14411301	生胶	kg	1.5350	1.5350
	14411401	熟胶	kg	1.2950	1.2950
	18091613	塑料管三通 DN25	个	2.4075	3.3900
	33331701	平垫铁	kg	28.5580	32.1305
	33331801	斜垫铁	kg	28.3210	31.8610
		其他材料费	%	5.0000	5.0000
机械	99090360	汽车式起重机 8 t	台班	1.2675	1.6900
	99091470	电动卷扬机单筒慢速 50 kN	台班	3.3248	4.4330
	99250020	交流弧焊机 32 kV·A	台班	0.1122	0.1496
		其他机械费	%	1.0000	1.0000

第七节　其他金属构件制作及安装

工作内容:1，2，3. 下料、挑扣、焊接、油漆、涂沥青、缠麻布、安装等。

4. 制作、预埋、安装、除锈、油漆及材料运输等。

定　额　编　号			H-10-7-1	H-10-7-2	H-10-7-3	H-10-7-4
项　　目			拉杆制作及安装			钢护舷、钢护角制作及安装
			ϕ20 以内	ϕ40 以内	ϕ40 以外	
			t	t	t	t
预算定额编号	预算定额名称	预算定额单位	数　　量			
50-11-7-1	其他金属构件制作及安装 拉杆制作及安装 ϕ20 以内	t	1.0000			
50-11-7-2	其他金属构件制作及安装 拉杆制作及安装 ϕ40 以内	t		1.0000		
50-11-7-3	其他金属构件制作及安装 拉杆制作及安装 ϕ40 以外	t			1.0000	
50-11-7-4	其他金属构件制作及安装 钢护舷制作及安装	t				0.5000
50-11-7-5	其他金属构件制作及安装 钢护角制作及安装	t				0.5000

工作内容：1，2，3. 下料、挑扣、焊接、油漆、涂沥青、缠麻布、安装等。

4. 制作、预埋、安装、除锈、油漆及材料运输等。

定额编号				H-10-7-1	H-10-7-2	H-10-7-3	H-10-7-4
项目				拉杆制作及安装			钢护舷、钢护角制作及安装
				ϕ20 以内	ϕ40 以内	ϕ40 以外	
名称			单位	t	t	t	t
人工	00210103	综合工	工日	75.8470	20.2070	7.8553	16.9621
材料	01010101	钢筋 综合	t	0.8200	0.8200	0.8200	
	01290302	热轧钢板(中厚板)	kg				1 069.4340
	02290301	麻布	kg	20.5377	10.2255	6.8748	
	03130101	电焊条	kg	20.3100	16.7000	13.6700	24.5667
	03154813	铁件	kg				37.4958
	13010115	酚醛调和漆	kg				2.4980
	13056101	红丹防锈漆	kg	13.4200	6.6800	4.4900	3.0660
	13310401	石油沥青	kg	1 248.0000	622.0000	418.0000	
	14030101	汽油	kg				1.1980
	14390101	氧气	m^3	1.5790	0.5460	0.3540	2.9477
	14390301	乙炔气	m^3	0.5639	0.1950	0.1264	1.2819
	33334401	精加工件	kg	212.0000	212.0000	212.0000	
	88888888	其他材料费	%	0.8000	0.5000	0.3000	
机械	99090350	汽车式起重机 5 t	台班				0.2951
	99190390	剪板机 20×2 500	台班				0.1328
	99190470	卷板机 20×2 000	台班				0.4054
	99250020	交流弧焊机 32 kV·A	台班	3.4710	2.7560	2.3448	4.6436

工作内容：1，4．放样、断料、煨制、组合、焊接、油漆、组合拼装、安装。
2．制作、除锈、放样、断料、钢筋调直、下料、弯曲、油漆、安装、焊接、固定等。
3．划线、号料、切割、拼装、校正、焊接成型、油漆、堆放等。

定　额　编　号			H-10-7-5	H-10-7-6	H-10-7-7	H-10-7-8
项　　目			钢管栏杆制作及安装	预埋铁件制作及安装	格构柱制作	零星构件制作及安装
			t	t	t	t
预算定额编号	预算定额名称	预算定额单位	数　量			
50-11-7-10	其他金属构件制作及安装 钢管栏杆制作	t	1.0000			
50-11-7-11	其他金属构件制作及安装 钢管栏杆安装	t	1.0000			
50-11-7-16	其他金属构件制作及安装 预埋铁件制作及安装 单件重 30 kg 以内	t		0.7000		
50-11-7-17	其他金属构件制作及安装 预埋铁件制作及安装 单件重 30 kg 以外	t		0.3000		
50-11-8-5	金属闸门及构件防锈 防锈漆第一遍	m^2		30.0000		
50-11-8-6	金属闸门及构件防锈 防锈漆第二遍	m^2		30.0000		
50-11-8-7	金属闸门及构件防锈 调和漆第一遍	m^2		15.0000		
50-11-8-8	金属闸门及构件防锈 调和漆第二遍	m^2		15.0000		
50-11-7-18	其他金属构件制作及安装 格构柱制作	t			1.0000	
50-11-7-19	其他金属构件制作及安装 零星构件制作	t				1.0000
50-11-7-20	其他金属构件制作及安装 零星构件安装	t				1.0000

工作内容：1，4. 放样、断料、煨制、组合、焊接、油漆、组合拼装、安装。
2. 制作、除锈、放样、断料、钢筋调直、下料、弯曲、油漆、安装、焊接、固定等。
3. 划线、号料、切割、拼装、校正、焊接成型、油漆、堆放等。

定额编号				H-10-7-5	H-10-7-6	H-10-7-7	H-10-7-8
项目				钢管栏杆制作及安装	预埋铁件制作及安装	格构柱制作	零星构件制作及安装
名称			单位	t	t	t	t
人工	00210103	综合工	工日	44.5554	27.3383	9.5800	48.6675
材料	01010101	钢筋 综合	t	0.0191	0.1679		
	01150103	热轧型钢 综合	kg		200.0700	1 060.0000	1 062.8514
	01290202	热轧钢板(薄板)	kg		445.9700		
	01290302	热轧钢板(中厚板)	kg	80.2152	178.8300		
	03130101	电焊条	kg	6.7554	22.9020	17.0000	13.9465
	05030121	木板成材	m^3			0.0050	
	13010101	调和漆	kg		3.0865		
	13010115	酚醛调和漆	kg	15.0404			15.0404
	13050611	酚醛防锈漆(红丹) F53-31	kg	11.6312			11.6312
	13056101	红丹防锈漆	kg		8.6313	7.9600	
	14030101	汽油	kg	4.7126	0.3305		4.7126
	14050101	溶剂油	kg		2.2042		
	14050121	油漆溶剂油	kg			0.4200	
	14390101	氧气	m^3	10.6185	8.5780	3.1500	6.2267
	14390301	乙炔气	m^3	3.5395	3.0636	1.0500	2.0706
	17010102	焊接钢管	kg		16.0500		
	17030102	镀锌焊接钢管	kg	932.5017			
机械	99090030	履带式电动起重机 5 t	台班	1.3657			1.2341
	99090350	汽车式起重机 5 t	台班	1.0723			1.1627
	99091030	门式起重机 20 t	台班			0.5100	
	99170030	钢筋切断机 ϕ40	台班		0.0405		
	99190770	型钢剪断机 宽度 500	台班			0.0800	
	99250020	交流弧焊机 32 kV·A	台班	2.3458	3.3814	4.4174	2.1854

第十一章　机械设备安装工程

说　　明

一、本章定额包括水泵及电动机安装、水力机械辅助设备安装、起重设备安装，共 3 节内容。

二、水泵、电动机安装定额，均按使用厂房内桥式起重机安装制定。采用其他方法安装时，定额人工乘以 1.2 系数。本章未注明桥式起重机规格，按泵站实际规格选用。

三、本章按水泵扬程 10 m 以下制定，不分轴流式、混流式、贯流式水泵。斜轴机组套用相应重量的横轴机组安装定额。

四、可逆式电动机安装时，定额人工乘以 1.2 系数。带有齿轮箱的机箱，齿轮箱按重量套用相关电动机安装定额。

五、潜水泵安装定额不分轴流式、贯流式，设备重量包括水泵及电动机。

六、辅助设备重量包括机座、机体、电动机及附件重量。

七、系统管路安装定额适用于油、气、水系统的管路、阀门、管道泵、过滤器、表具等附件安装。油系统管路安装套用定额时乘以 1.3 系数。

八、法兰阀门安装定额适用于公称直径大于 300 mm 的阀门安装。

九、液压阀门安装套用电动阀门安装定额。

十、水箱安装套用油桶安装定额。

十一、桥式起重机安装定额按起重能力制定。不同跨度、整体或分段到货、单小车或双小车负荷试验方式等情况均已综合考虑在定额内。

十二、轨道定额适用于起重机等所有轨道的安装。

十三、安装弧形段轨道时，定额中人工及机械乘以 1.2 系数。

十四、滑触线安装定额适用于移动式起重设备滑触线安装。如采用电缆时，定额不做调整。

十五、本章定额未计价材料包括系统管路中的管材、阀门及附件、轨道及附件、滑触线、辅助母线及附件。

十六、本章定额不包括以下内容：

1. 水泵进出水管及附件的安装。
2. 辅助设备本体以外的电气设备安装、接线、干燥和试验。
3. 桥式起重机及门式起重机中轨道和滑触线安装及负荷试验所用荷重物的制作和运输。
4. 设备基础支架的制作、安装。
5. 系统管路防凝结水等防护层的安装。
6. 联合试运转。

工程量计算规则

一、水泵、电动机安装定额以“台”为计量单位，按全套设备自重选用子目。

二、供排水泵、油泵安装定额以“台”为计量单位，按全套设备自重选用子目。

三、系统管路、测压系统安装定额以“m”为计量单位，按公称直径选用子目。

四、法兰阀门及电动阀门安装定额以“个”为计量单位，按阀门公称直径选用子目。

五、空压机及油泵安装定额以“台”为计量单位，按全套设备自重选用子目。

六、油桶安装定额以“吨”为计量单位，按容量选用子目。

七、桥式起重机、门式起重机、电动葫芦安装定额均以“台”为计量单位，桥式起重机及电动葫芦按起重能力选用子目，门式起重机按设备自重选用子目。

八、轨道安装定额以“双 10 m”为计量单位，按轨道型号选用子目。

九、工字钢轨道安装定额以“10 m”为计量单位，按轨道型号选用子目。

十、滑触线安装定额以“三相 10 m”为计量单位，按起重能力选用子目。

第一节 水泵及电动机安装

工作内容：水泵、真空破坏阀等设备的埋件预埋，吊座、人孔及止水部分等部件的预埋；本体部分包括全部泵体组件、支承件、密封件、调节机构、真空破坏阀以及随机到货附件的安装；与电动机连轴前后的调整。

定额编号			H-11-1-1	H-11-1-2	H-11-1-3	H-11-1-4
项目			竖轴水泵			
			设备自重			
			1 t以内	3 t以内	5 t以内	7 t以内
			台	台	台	台
预算定额编号	预算定额名称	预算定额单位	数量			
50-12-1-1	水泵及电动机安装 竖轴水泵 设备自重 1 t以内	台	1.0000			
50-12-1-2	水泵及电动机安装 竖轴水泵 设备自重 3 t以内	台		1.0000		
50-12-1-3	水泵及电动机安装 竖轴水泵 设备自重 5 t以内	台			1.0000	
50-12-1-4	水泵及电动机安装 竖轴水泵 设备自重 7 t以内	台				1.0000

工作内容:水泵、真空破坏阀等设备的埋件预埋,吊座、人孔及止水部分等部件的预埋;本体部分包括全部泵体组件、支承件、密封件、调节机构、真空破坏阀以及随机到货附件的安装;与电动机连轴前后的调整。

定额编号				H-11-1-1	H-11-1-2	H-11-1-3	H-11-1-4
项目				竖轴水泵			
				设备自重			
				1 t以内	3 t以内	5 t以内	7 t以内
名称			单位	台	台	台	台
人工	00210107	安装工	工日	39.0078	84.5169	153.8641	230.7962
材料	01150103	热轧型钢 综合	kg	43.2000	53.6000	63.9000	74.2000
	34110301	电	kW·h	230.5000	286.7000	343.0000	399.3000
	03130101	电焊条	kg	14.4000	17.6000	20.8000	24.0000
	01290102	热轧钢板 综合	kg	25.7000	32.3000	38.9000	45.5000
	05030121	木板成材	m^3	0.2100	0.2200	0.2400	0.2600
	13010101	调和漆	kg	7.6000	9.3000	11.0000	12.7000
	14030101	汽油	kg	12.2000	15.2000	18.3000	21.4000
	02010101	橡胶板	kg	6.4000	7.8000	9.2000	10.6000
	14390101	氧气	m^3	29.7000	36.9000	44.0000	51.2000
	14390301	乙炔气	m^3	13.4000	16.6000	19.8000	23.0000
	34090101	棉纱头	kg	6.9000	8.2000	9.8000	11.3000
		其他材料费	%	16.0000	16.0000	16.0000	16.0000
机械	99190150	牛头刨床 刨削长度 650	台班	2.5172	2.6672	2.8172	2.9673
	99190030	普通车床 ϕ400×1 000	台班	3.5007	3.6507	3.8008	3.9508
	99190270	摇臂钻床 ϕ50	台班	2.5172	2.6672	2.8172	2.9673
	99250020	交流弧焊机 32 kV·A	台班	1.4003	1.9337	2.4672	3.0006
	99090900	桥式起重机	台班		4.3009	4.5676	4.8343
		其他机械费	%	21.0000	16.0000	16.0000	16.0000

工作内容：水泵、真空破坏阀等设备的埋件预埋，吊座、人孔及止水部分等部件的预埋；本体部分包括全部泵体组件、支承件、密封件、调节机构、真空破坏阀以及随机到货附件的安装；与电动机连轴前后的调整。

定额编号			H-11-1-5	H-11-1-6	H-11-1-7	H-11-1-8
项目			竖轴水泵			
			设备自重			
			10 t 以内	15 t 以内	20 t 以内	25 t 以内
			台	台	台	台
预算定额编号	预算定额名称	预算定额单位	数量			
50-12-1-5	水泵及电动机安装 竖轴水泵 设备自重 10 t 以内	台	1.0000			
50-12-1-6	水泵及电动机安装 竖轴水泵 设备自重 15 t 以内	台		1.0000		
50-12-1-7	水泵及电动机安装 竖轴水泵 设备自重 20 t 以内	台			1.0000	
50-12-1-8	水泵及电动机安装 竖轴水泵 设备自重 25 t 以内	台				1.0000

工作内容：水泵、真空破坏阀等设备的埋件预埋，吊座、人孔及止水部分等部件的预埋；本体部分包括全部泵体组件、支承件、密封件、调节机构、真空破坏阀以及随机到货附件的安装；与电动机连轴前后的调整。

定额编号				H-11-1-5	H-11-1-6	H-11-1-7	H-11-1-8
项目				竖轴水泵			
				设备自重			
				10 t以内	15 t以内	20 t以内	25 t以内
名称			单位	台	台	台	台
人工	00210107	安装工	工日	340.2347	780.1560	1 008.8684	1 214.5762
材料	01150103	热轧型钢 综合	kg	89.7000	135.0000	181.1000	209.0000
	34110301	电	kW·h	483.7000	730.0000	982.9000	1 140.0000
	03130101	电焊条	kg	28.8000	42.5000	56.7000	66.0000
	01290102	热轧钢板 综合	kg	55.4000	84.0000	112.6000	129.0000
	05030121	木板成材	m^3	0.2800	0.4000	0.4000	0.4000
	13010101	调和漆	kg	15.3000	22.5000	31.0000	34.0000
	14030101	汽油	kg	25.9000	39.5000	53.1000	61.0000
	02010101	橡胶板	kg	12.6000	18.5000	24.7000	29.0000
	14390101	氧气	m^3	61.9000	93.0000	124.4000	143.0000
	14390301	乙炔气	m^3	27.8000	42.0000	56.1000	64.0000
	34090101	棉纱头	kg	13.5000	20.0000	26.7000	31.0000
		其他材料费	%	16.0000	16.0000	16.0000	16.0000
机械	99090900	桥式起重机	台班	5.2344	7.0014	8.7351	9.3352
	99190150	牛头刨床 刨削长度 650	台班	3.1840	4.6676	6.2346	6.8347
	99190030	普通车床 ϕ400×1 000	台班	4.1842	6.4180	8.7851	9.5019
	99190270	摇臂钻床 ϕ50	台班	3.1840	4.2509	5.4011	6.0012
	99250020	交流弧焊机 32 kV·A	台班	3.8008	6.9181	9.6853	10.1687
		其他机械费	%	16.0000	16.0000	16.0000	16.0000

工作内容：水泵、真空破坏阀等设备的埋件预埋，吊座、人孔及止水部分等部件的预埋；本体部分包括全部泵体组件、支承件、密封件、调节机构、真空破坏阀以及随机到货附件的安装；与电动机连轴前后的调整。

定　额　编　号			H-11-1-9	H-11-1-10	H-11-1-11	H-11-1-12
项　　目			竖轴水泵			
			设备自重			
			30 t 以内	35 t 以内	40 t 以内	45 t 以内
			台	台	台	台
预算定额编号	预算定额名称	预算定额单位	数　量			
50-12-1-9	水泵及电动机安装 竖轴水泵 设备自重 30 t 以内	台	1.0000			
50-12-1-10	水泵及电动机安装 竖轴水泵 设备自重 35 t 以内	台		1.0000		
50-12-1-11	水泵及电动机安装 竖轴水泵 设备自重 40 t 以内	台			1.0000	
50-12-1-12	水泵及电动机安装 竖轴水泵 设备自重 45 t 以内	台				1.0000

工作内容：水泵、真空破坏阀等设备的埋件预埋，吊座、人孔及止水部分等部件的预埋；本体部分包括全部泵体组件、支承件、密封件、调节机构、真空破坏阀以及随机到货附件的安装；与电动机连轴前后的调整。

定额编号				H-11-1-9	H-11-1-10	H-11-1-11	H-11-1-12
项目				竖轴水泵			
				设备自重			
				30 t 以内	35 t 以内	40 t 以内	45 t 以内
名称			单位	台	台	台	台
人工	00210107	安装工	工日	1 421.1175	1 626.3252	1 750.0404	1 873.7914
材料	01150103	热轧型钢 综合	kg	232.0000	255.0000	288.0714	321.1500
	34110301	电	kW·h	1 270.0000	1 390.0000	1 570.7143	1 751.5000
	03130101	电焊条	kg	73.0000	80.0000	90.0000	100.0000
	01290102	热轧钢板 综合	kg	145.0000	159.0000	179.3571	199.7500
	05030121	木板成材	m^3	0.5000	0.6000	0.6714	0.7500
	13010101	调和漆	kg	37.0000	43.0000	48.7857	54.5500
	14030101	汽油	kg	69.0000	75.0000	84.6429	94.2500
	02010101	橡胶板	kg	32.0000	36.0000	40.2143	44.4500
	14390101	氧气	m^3	160.0000	175.0000	197.7143	220.4000
	14390301	乙炔气	m^3	72.0000	78.0000	88.3571	98.7500
	34090101	棉纱头	kg	34.0000	38.0000	42.6429	47.2500
		其他材料费	%	16.0000	18.0000	18.0000	18.0000
机械	99090900	桥式起重机	台班	9.3352	9.3352	9.9787	10.6188
	99190150	牛头刨床 刨削长度 650	台班	6.8347	6.8347	7.2164	7.6015
	99190030	普通车床 ϕ400×1 000	台班	9.5019	9.5019	9.7636	10.0187
	99190270	摇臂钻床 ϕ50	台班	6.0012	6.0012	6.3229	6.6430
	99250020	交流弧焊机 32 kV·A	台班	11.1689	11.1689	12.7759	14.3779
		其他机械费	%	16.0000	18.0000	18.0000	18.0000

工作内容：水泵、真空破坏阀等设备的埋件预埋，吊座、人孔及止水部分等部件的预埋；本体部分包括全部泵体组件、支承件、密封件、调节机构、真空破坏阀以及随机到货附件的安装；与电动机连轴前后的调整。

定额编号			H-11-1-13	H-11-1-14	H-11-1-15	H-11-1-16
项目			竖轴水泵			横轴水泵
			设备自重			
			50 t 以内	75 t 以内	100 t 以内	1 t 以内
			台	台	台	台
预算定额编号	预算定额名称	预算定额单位	数量			
50-12-1-13	水泵及电动机安装 竖轴水泵 设备自重 50 t 以内	台	1.0000			
50-12-1-14	水泵及电动机安装 竖轴水泵 设备自重 75 t 以内	台		1.0000		
50-12-1-15	水泵及电动机安装 竖轴水泵 设备自重 100 t 以内	台			1.0000	
50-12-1-16	水泵及电动机安装 横轴水泵 设备自重 1 t 以内	台				1.0000

工作内容：水泵、真空破坏阀等设备的埋件预埋，吊座、人孔及止水部分等部件的预埋；本体部分包括全部泵体组件、支承件、密封件、调节机构、真空破坏阀以及随机到货附件的安装；与电动机连轴前后的调整。

定额编号				H-11-1-13	H-11-1-14	H-11-1-15	H-11-1-16
项目				竖轴水泵			横轴水泵
				设备自重			
				50 t以内	75 t以内	100 t以内	1 t以内
名称			单位	台	台	台	台
人工	00210107	安装工	工日	2 060.8407	2 636.8606	3 006.6012	36.0072
材料	01150103	热轧型钢 综合	kg	368.4286	545.0000	678.0000	34.0000
	34110301	电	kW·h	2 005.7143	2 950.0000	3 680.0000	28.0000
	03130101	电焊条	kg	114.8571	170.0000	211.0000	8.4000
	01290102	热轧钢板 综合	kg	229.1429	340.0000	425.0000	30.0000
	05030121	木板成材	m^3	0.8857	1.2000	1.4000	0.0100
	13010101	调和漆	kg	62.5714	92.0000	113.0000	0.9000
	14030101	汽油	kg	108.5714	162.0000	200.0000	4.1000
	02010101	橡胶板	kg	51.0000	75.0000	93.0000	2.8000
	14390101	氧气	m^3	252.8571	373.0000	467.0000	17.5000
	14390301	乙炔气	m^3	113.5714	168.0000	210.0000	7.3000
	34090101	棉纱头	kg	54.2857	81.0000	99.0000	
		其他材料费	%	18.0000	18.0000	18.0000	28.0000
机械	99090900	桥式起重机	台班	11.4309	15.6698	20.3374	
	99190150	牛头刨床 刨削长度 650	台班	8.0254	10.1687	12.0024	0.6668
	99190030	普通车床 ϕ400×1 000	台班	10.6926	17.0034	18.8371	1.0002
	99190270	摇臂钻床 ϕ50	台班	7.1205	8.5017	10.1687	0.3334
	99250020	交流弧焊机 32 kV·A	台班	16.8129	23.3380	32.5065	0.7502
		其他机械费	%	18.0000	18.0000	18.0000	16.7000

工作内容：水泵、真空破坏阀等设备的埋件预埋，吊座、人孔及止水部分等部件的预埋；本体部分包括全部泵体组件、支承件、密封件、调节机构、真空破坏阀以及随机到货附件的安装；与电动机连轴前后的调整。

定额编号			H-11-1-17	H-11-1-18	H-11-1-19	H-11-1-20
项目			横轴水泵			
			设备自重			
			3 t以内	5 t以内	7 t以内	10 t以内
			台	台	台	台
预算定额编号	预算定额名称	预算定额单位	数量			
50-12-1-17	水泵及电动机安装 横轴水泵 设备自重 3 t以内	台	1.0000			
50-12-1-18	水泵及电动机安装 横轴水泵 设备自重 5 t以内	台		1.0000		
50-12-1-19	水泵及电动机安装 横轴水泵 设备自重 7 t以内	台			1.0000	
50-12-1-20	水泵及电动机安装 横轴水泵 设备自重 10 t以内	台				1.0000

工作内容：水泵、真空破坏阀等设备的埋件预埋，吊座、人孔及止水部分等部件的预埋；本体部分包括全部泵体组件、支承件、密封件、调节机构、真空破坏阀以及随机到货附件的安装；与电动机连轴前后的调整。

定额编号				H-11-1-17	H-11-1-18	H-11-1-19	H-11-1-20
项目				横轴水泵			
				设备自重			
				3 t 以内	5 t 以内	7 t 以内	10 t 以内
名称			单位	台	台	台	台
人工	00210107	安装工	工日	78.0156	140.0280	203.0406	296.0592
材料	01150103	热轧型钢 综合	kg	53.5000	62.0000	71.0000	84.0000
	34110301	电	kW·h	100.0000	198.0000	296.0000	444.0000
	03130101	电焊条	kg	12.9000	17.4000	21.9000	29.6000
	01290102	热轧钢板 综合	kg	45.6000	47.0000	48.5000	51.0000
	05030121	木板成材	m^3	0.0400	0.0800	0.1200	0.1900
	14030101	汽油	kg	7.4000	10.3000	13.2000	17.6000
	02010101	橡胶板	kg	4.0000	5.0000	6.0000	7.4000
	13010101	调和漆	kg	1.4000	1.6000	2.0000	2.3000
	14390101	氧气	m^3	25.1000	32.7000	40.2000	51.6000
	14390301	乙炔气	m^3	10.5000	13.6000	16.8000	21.5000
		其他材料费	%	28.0000	27.0000	27.0000	26.0000
机械	99090900	桥式起重机	台班	1.6003	1.8504	2.6005	3.6007
	99190150	牛头刨床 刨削长度 650	台班	1.0002	1.3336	1.7504	2.3338
	99190030	普通车床 ϕ400×1 000	台班	1.9171	2.6672	3.5841	5.0010
	99190270	摇臂钻床 ϕ50	台班	0.6668	1.0836	1.5003	2.0838
	99250020	交流弧焊机 32 kV·A	台班	1.2503	1.5837	2.0004	2.5005
		其他机械费	%	5.0000	5.0000	5.0000	5.0000

工作内容:水泵、真空破坏阀等设备的埋件预埋,吊座、人孔及止水部分等部件的预埋;本体部分包括全部泵体组件、支承件、密封件、调节机构、真空破坏阀以及随机到货附件的安装;与电动机连轴前后的调整。

定　额　编　号			H-11-1-21	H-11-1-22	H-11-1-23	H-11-1-24
项　　目			横轴水泵			
			设备自重			
			15 t以内	20 t以内	25 t以内	30 t以内
			台	台	台	台
预算定额编号	预算定额名称	预算定额单位	数　　量			
50-12-1-21	水泵及电动机安装 横轴水泵 设备自重 15 t以内	台	1.0000			
50-12-1-22	水泵及电动机安装 横轴水泵 设备自重 20 t以内	台		1.0000		
50-12-1-23	水泵及电动机安装 横轴水泵 设备自重 25 t以内	台			1.0000	
50-12-1-24	水泵及电动机安装 横轴水泵 设备自重 30 t以内	台				1.0000

工作内容：水泵、真空破坏阀等设备的埋件预埋，吊座、人孔及止水部分等部件的预埋；本体部分包括全部泵体组件、支承件、密封件、调节机构、真空破坏阀以及随机到货附件的安装；与电动机连轴前后的调整。

定额编号				H-11-1-21	H-11-1-22	H-11-1-23	H-11-1-24
项目				横轴水泵			
				设备自重			
				15 t以内	20 t以内	25 t以内	30 t以内
名称			单位	台	台	台	台
人工	00210107	安装工	工日	540.1080	810.1620	925.1850	1045.2090
材料	01150103	热轧型钢 综合	kg	106.0000	128.0000	145.0000	172.0000
	34110301	电	kW·h	690.0000	939.0000	1 180.0000	1 420.0000
	03130101	电焊条	kg	39.9000	51.1000	62.4000	73.6000
	01290102	热轧钢板 综合	kg	68.4000	105.0000	125.0000	145.0000
	05030121	木板成材	m^3	0.3000	0.4000	0.5000	0.6000
	14030101	汽油	kg	24.8000	32.0000	39.0000	47.0000
	02010101	橡胶板	kg	9.7000	12.0000	14.0000	17.0000
	13010101	调和漆	kg	3.2000	4.0000	7.0000	10.0000
	14390101	氧气	m^3	70.5000	89.5000	108.4000	127.4000
	14390301	乙炔气	m^3	29.4000	37.3000	45.2000	53.1000
		其他材料费	%	25.0000	24.0000	24.0000	23.0000
机械	99090350	汽车式起重机 5 t	台班	0.9002	1.3503	1.8837	2.2505
	99090900	桥式起重机	台班	8.4517	10.3021	12.1524	14.0028
	99190150	牛头刨床 刨削长度 650	台班	8.0016	12.8359	15.9199	19.0038
	99190030	普通车床 ϕ400×1 000	台班	6.9181	14.2529	17.0868	20.0040
	99190270	摇臂钻床 ϕ50	台班	10.2521	14.9197	18.6704	22.5045
	99250020	交流弧焊机 32 kV·A	台班	3.4174	4.2509	5.0844	5.9179
		其他机械费	%	4.0000	3.5000	3.5000	3.5000

工作内容:水泵、真空破坏阀等设备的埋件预埋,吊座、人孔及止水部分等部件的预埋;本体部分包括全部泵体组件、支承件、密封件、调节机构、真空破坏阀以及随机到货附件的安装;与电动机连轴前后的调整。

定　额　编　号			H-11-1-25	H-11-1-26	H-11-1-27	H-11-1-28
项　　目			横轴水泵			
			设备自重			
			35 t 以内	40 t 以内	45 t 以内	50 t 以内
			台	台	台	台
预算定额编号	预算定额名称	预算定额单位	数　　量			
50-12-1-25	水泵及电动机安装 横轴水泵 设备自重 35 t 以内	台	1.0000			
50-12-1-26	水泵及电动机安装 横轴水泵 设备自重 40 t 以内	台		1.0000		
50-12-1-27	水泵及电动机安装 横轴水泵 设备自重 45 t 以内	台			1.0000	
50-12-1-28	水泵及电动机安装 横轴水泵 设备自重 50 t 以内	台				1.0000

工作内容：水泵、真空破坏阀等设备的埋件预埋，吊座、人孔及止水部分等部件的预埋；本体部分包括全部泵体组件、支承件、密封件、调节机构、真空破坏阀以及随机到货附件的安装；与电动机连轴前后的调整。

定额编号				H-11-1-25	H-11-1-26	H-11-1-27	H-11-1-28
项目				横轴水泵			
				设备自重			
				35 t 以内	40 t 以内	45 t 以内	50 t 以内
名称			单位	台	台	台	台
人工	00210107	安装工	工日	1 162.7325	1 280.2560	1 397.7795	1 515.3030
材料	01150103	热轧型钢 综合	kg	193.8000	215.7000	237.5000	259.3000
	34110301	电	kW·h	1 664.5000	1 909.0000	2 153.5000	2 398.0000
	03130101	电焊条	kg	84.9000	96.1000	107.3500	118.6000
	01290102	热轧钢板 综合	kg	165.0000	185.0000	205.0000	225.0000
	05030121	木板成材	m^3	0.7000	0.8000	0.9100	1.0200
	14030101	汽油	kg	54.3000	61.5000	68.7500	76.0000
	02010101	橡胶板	kg	19.4000	21.8000	24.2000	26.6000
	13010101	调和漆	kg	11.8000	13.5000	15.2500	17.0000
	14390101	氧气	m^3	146.3000	165.2000	175.4000	185.6000
	14390301	乙炔气	m^3	61.0000	68.9000	73.1000	77.3000
		其他材料费	%	23.0000	22.0000	22.0000	22.0000
机械	99090350	汽车式起重机 5 t	台班	2.7506	3.2507	3.7508	4.2509
	99090900	桥式起重机	台班	15.8532	17.7035	19.5539	21.4043
	99190150	牛头刨床 刨削长度 650	台班	22.0878	25.1717	28.2557	31.3396
	99190030	普通车床 ϕ400×1 000	台班	22.8879	25.7552	28.6307	31.5063
	99190270	摇臂钻床 ϕ50	台班	26.3053	30.0894	33.8818	37.6742
	99250020	交流弧焊机 32 kV·A	台班	6.7514	7.5849	8.4184	9.2519
		其他机械费	%	3.5000	3.5000	3.5000	3.5000

工作内容：1，2，3. 水泵、真空破坏阀等设备的埋件预埋，吊座、人孔及止水部分等部件的预埋；本体部分包括全部泵体组件、支承件、密封件、调节机构、真空破坏阀以及随机到货附件的安装；与电动机连轴前后的调整。

4. 基础埋设，定子、转子、机架、导轴承、推力轴承、冷却器以及随机到货的管路和附件的安装；轴承用油的过滤、注油；转子绕阻、定子绕阻的干燥；与水泵连轴前后的调整；电动机试验调整。

定额编号			H-11-1-29	H-11-1-30	H-11-1-31	H-11-1-32
项目			横轴水泵			竖轴电动机
			设备自重			
			60 t以内	80 t以内	100 t以内	0.5 t以内
			台	台	台	台
预算定额编号	预算定额名称	预算定额单位	数量			
50-12-1-29	水泵及电动机安装 横轴水泵 设备自重 60 t以内	台	1.0000			
50-12-1-30	水泵及电动机安装 横轴水泵 设备自重 80 t以内	台		1.0000		
50-12-1-31	水泵及电动机安装 横轴水泵 设备自重 100 t以内	台			1.0000	
50-12-1-32	水泵及电动机安装 竖轴电动机 设备自重 0.5 t以内	台				1.0000

工作内容：1，2，3. 水泵、真空破坏阀等设备的埋件预埋，吊座、人孔及止水部分等部件的预埋；本体部分包括全部泵体组件、支承件、密封件、调节机构、真空破坏阀以及随机到货附件的安装；与电动机连轴前后的调整。

4. 基础埋设，定子、转子、机架、导轴承、推力轴承、冷却器以及随机到货的管路和附件的安装；轴承用油的过滤、注油；转子绕阻、定子绕阻的干燥；与水泵连轴前后的调整；电动机试验调整。

定额编号				H-11-1-29	H-11-1-30	H-11-1-31	H-11-1-32
项目				横轴水泵			竖轴电动机
				设备自重			
				60 t 以内	80 t 以内	100 t 以内	0.5 t 以内
名称			单位	台	台	台	台
人工	00210107	安装工	工日	1 750.3500	2 220.4440	2 690.5380	40.0080
材料	01150103	热轧型钢 综合	kg	303.0000	390.0000	477.6000	5.0000
	02010101	橡胶板	kg	31.4000	41.0000	50.6000	
	05030121	木板成材	m^3	1.2300	1.6400	2.0600	0.1000
	13010101	调和漆	kg	20.5000	27.5000	34.5000	1.0000
	34110301	电	kW·h	2 887.0000	3 865.0000	4 843.0000	100.0000
	03130101	电焊条	kg	141.1000	186.1000	231.1000	1.0000
	01290102	热轧钢板 综合	kg	265.0000	345.0000	425.0000	3.0000
	14030101	汽油	kg	90.5000	119.5000	148.5000	2.0000
	14390101	氧气	m^3	194.6000	239.4000	284.2000	1.0000
	14390301	乙炔气	m^3	80.0000	97.9000	115.8000	0.4000
		其他材料费	%	21.0000	21.0000	21.0000	16.0000
机械	99190150	牛头刨床 刨削长度 650	台班	37.5075	49.8433	62.1791	
	99190030	普通车床 ϕ400×1 000	台班	37.2575	48.7598	60.2621	
	99090350	汽车式起重机 5 t	台班	5.2511	7.2515	9.2685	
	99090900	桥式起重机	台班	25.1050	32.5065	39.9080	
	99250020	交流弧焊机 32 kV·A	台班	10.9189	14.2529	17.5869	0.8335
	99190270	摇臂钻床 ϕ50	台班	45.2591	60.4288	75.5985	0.8335
	99430230	电动空气压缩机 6 m^3/min	台班				0.4334
		其他机械费	%	3.5000	3.5000	3.5000	28.8000

工作内容：基础埋设，定子、转子、机架、导轴承、推力轴承、冷却器以及随机到货的管路和附件的安装；轴承用油的过滤、注油；转子绕阻、定子绕阻的干燥；与水泵连轴前后的调整；电动机试验调整。

定额编号			H-11-1-33	H-11-1-34	H-11-1-35	H-11-1-36
项目			竖轴电动机			
			设备自重			
			1 t以内	2 t以内	3 t以内	5 t以内
			台	台	台	台
预算定额编号	预算定额名称	预算定额单位	数量			
50-12-1-33	水泵及电动机安装 竖轴电动机设备自重 1 t以内	台	1.0000			
50-12-1-34	水泵及电动机安装 竖轴电动机设备自重 2 t以内	台		1.0000		
50-12-1-35	水泵及电动机安装 竖轴电动机设备自重 3 t以内	台			1.0000	
50-12-1-36	水泵及电动机安装 竖轴电动机设备自重 5 t以内	台				1.0000

工作内容：基础埋设，定子、转子、机架、导轴承、推力轴承、冷却器以及随机到货的管路和附件的安装；轴承用油的过滤、注油；转子绕阻、定子绕阻的干燥；与水泵连轴前后的调整；电动机试验调整。

定额编号				H-11-1-33	H-11-1-34	H-11-1-35	H-11-1-36
项目				竖轴电动机			
				设备自重			
				1 t以内	2 t以内	3 t以内	5 t以内
名称			单位	台	台	台	台
人工	00210107	安装工	工日	68.0136	100.0200	140.0280	208.0416
材料	01150103	热轧型钢 综合	kg	10.0000	15.0000	20.0000	25.0000
	34110301	电	kW·h	250.0000	350.0000	500.0000	750.0000
	03130101	电焊条	kg	2.0000	5.0000	8.0000	10.0000
	01290102	热轧钢板 综合	kg	3.0000	5.0000	5.0000	6.0000
	05030121	木板成材	m^3	0.1500	0.2200	0.3000	0.4200
	13010101	调和漆	kg	1.0000	1.5000	1.5000	3.0000
	14030101	汽油	kg	3.0000	5.0000	5.0000	8.0000
	14390101	氧气	m^3	3.0000	5.0000	7.0000	10.0000
	14390301	乙炔气	m^3	1.3000	2.2000	3.0000	4.3000
		其他材料费	%	16.0000	18.0000	18.0000	20.0000
机械	99250020	交流弧焊机 32 kV·A	台班	0.8335	1.6670	2.5005	3.3340
	99190270	摇臂钻床 ϕ50	台班	0.8335	0.8335	0.8335	1.6670
	99430230	电动空气压缩机 6 m^3/min	台班	0.4501	0.5168	0.5835	0.7001
	99090900	桥式起重机	台班		1.0002	1.0002	1.5003
	99190030	普通车床 ϕ400×1 000	台班			0.8335	0.8335
		其他机械费	%	27.8000	23.0000	22.0000	20.9000

工作内容：基础埋设，定子、转子、机架、导轴承、推力轴承、冷却器以及随机到货的管路和附件的安装；轴承用油的过滤、注油；转子绕阻、定子绕阻的干燥；与水泵连轴前后的调整；电动机试验调整。

定 额 编 号			H-11-1-37	H-11-1-38	H-11-1-39	H-11-1-40
项 目			竖轴电动机			
			设备自重			
			7 t以内	10 t以内	12 t以内	15 t以内
			台	台	台	台
预算定额编号	预算定额名称	预算定额单位	数 量			
50-12-1-37	水泵及电动机安装 竖轴电动机 设备自重 7 t以内	台	1.0000			
50-12-1-38	水泵及电动机安装 竖轴电动机 设备自重 10 t以内	台		1.0000		
50-12-1-39	水泵及电动机安装 竖轴电动机 设备自重 12 t以内	台			1.0000	
50-12-1-40	水泵及电动机安装 竖轴电动机 设备自重 15 t以内	台				1.0000

工作内容：基础埋设，定子、转子、机架、导轴承、推力轴承、冷却器以及随机到货的管路和附件的安装；轴承用油的过滤、注油；转子绕阻、定子绕阻的干燥；与水泵连轴前后的调整；电动机试验调整。

定额编号				H-11-1-37	H-11-1-38	H-11-1-39	H-11-1-40
项目				竖轴电动机			
				设备自重			
				7 t 以内	10 t 以内	12 t 以内	15 t 以内
名称			单位	台	台	台	台
人工	00210107	安装工	工日	228.8458	260.0520	276.0552	300.0600
材料	01150103	热轧型钢 综合	kg	27.0000	30.0000	32.0000	35.0000
	34110301	电	kW·h	910.0000	1 150.0000	1 290.0000	1 500.0000
	03130101	电焊条	kg	10.8000	12.0000	13.2000	15.0000
	01290102	热轧钢板 综合	kg	6.8000	8.0000	8.8000	10.0000
	05030121	木板成材	m^3	0.4920	0.6000	0.7000	0.8500
	13010101	调和漆	kg	3.8000	5.0000	6.2000	8.0000
	14030101	汽油	kg	8.8000	10.0000	12.0000	15.0000
	14390101	氧气	m^3	12.0000	15.0000	17.0000	20.0000
	14390301	乙炔气	m^3	5.1800	6.5000	7.3800	8.7000
		其他材料费	%	20.0000	20.0000	20.8000	22.0000
机械	99090900	桥式起重机	台班	1.7003	2.0004	2.5405	3.3507
	99190150	牛头刨床 刨削长度 650	台班	0.3334	0.8335	1.5003	2.5005
	99190030	普通车床 ϕ400×1 000	台班	1.1669	1.6670	2.3338	3.3340
	99250020	交流弧焊机 32 kV·A	台班	4.0008	5.0010	6.0012	7.5015
	99190270	摇臂钻床 ϕ50	台班	2.0004	2.5005	3.1673	4.1675
	99430230	电动空气压缩机 6 m^3/min	台班	0.8202	1.0002	1.0002	1.0002
		其他机械费	%	20.7400	20.5000	19.1000	17.0000

工作内容：基础埋设，定子、转子、机架、导轴承、推力轴承、冷却器以及随机到货的管路和附件的安装；轴承用油的过滤、注油；转子绕阻、定子绕阻的干燥；与水泵连轴前后的调整；电动机试验调整。

定额编号			H-11-1-41	H-11-1-42	H-11-1-43	H-11-1-44
项目			竖轴电动机			
			设备自重			
			18 t 以内	21 t 以内	25 t 以内	30 t 以内
			台	台	台	台
预算定额编号	预算定额名称	预算定额单位	数量			
50-12-1-41	水泵及电动机安装 竖轴电动机 设备自重 18 t 以内	台	1.0000			
50-12-1-42	水泵及电动机安装 竖轴电动机 设备自重 21 t 以内	台		1.0000		
50-12-1-43	水泵及电动机安装 竖轴电动机 设备自重 25 t 以内	台			1.0000	
50-12-1-44	水泵及电动机安装 竖轴电动机 设备自重 30 t 以内	台				1.0000

工作内容：基础埋设，定子、转子、机架、导轴承、推力轴承、冷却器以及随机到货的管路和附件的安装；轴承用油的过滤、注油；转子绕阻、定子绕阻的干燥；与水泵连轴前后的调整；电动机试验调整。

定额编号				H-11-1-41	H-11-1-42	H-11-1-43	H-11-1-44
项目				竖轴电动机			
				设备自重			
				18 t 以内	21 t 以内	25 t 以内	30 t 以内
名称			单位	台	台	台	台
人工	00210107	安装工	工日	318.0636	386.0772	477.0954	628.1256
材料	01150103	热轧型钢 综合	kg	41.0000	50.0000	60.0000	72.0000
	34110301	电	kW·h	1 730.0000	2 100.0000	2 600.0000	3 070.0000
	03130101	电焊条	kg	17.0000	21.0000	26.0000	31.0000
	01290102	热轧钢板 综合	kg	11.5000	14.0000	17.0000	20.0000
	05030121	木板成材	m^3	0.9800	1.2000	1.4000	1.6000
	13010101	调和漆	kg	12.0000	14.0000	17.0000	20.0000
	14030101	汽油	kg	17.0000	21.0000	26.0000	31.0000
	14390101	氧气	m^3	23.0000	28.0000	35.0000	41.0000
	14390301	乙炔气	m^3	10.0000	12.2000	15.2000	17.8000
		其他材料费	%	22.0000	24.0000	28.0000	28.0000
机械	99090900	桥式起重机	台班	3.4007	4.0508	4.7510	5.4011
	99190150	牛头刨床 刨削长度 650	台班	2.5005	3.0840	3.7508	4.3342
	99190030	普通车床 ϕ400×1 000	台班	3.3340	4.1675	5.0010	5.8345
	99250020	交流弧焊机 32 kV·A	台班	7.5015	9.1685	10.8355	12.5025
	99190270	摇臂钻床 ϕ50	台班	4.1675	5.0010	5.8345	6.8347
	99430230	电动空气压缩机 6 m^3/min	台班	1.0002	1.2004	1.5003	1.8004
		其他机械费	%	17.0000	16.0000	16.0000	16.0000

工作内容：基础埋设，定子、转子、机架、导轴承、推力轴承、冷却器以及随机到货的管路和附件的安装；轴承用油的过滤、注油；转子绕阻、定子绕阻的干燥；与水泵连轴前后的调整；电动机试验调整。

定额编号			H-11-1-45	H-11-1-46	H-11-1-47	H-11-1-48
项目			竖轴电动机			
			设备自重			
			35 t以内	40 t以内	45 t以内	50 t以内
			台	台	台	台
预算定额编号	预算定额名称	预算定额单位	数量			
50-12-1-45	水泵及电动机安装 竖轴电动机 设备自重 35 t以内	台	1.0000			
50-12-1-46	水泵及电动机安装 竖轴电动机 设备自重 40 t以内	台		1.0000		
50-12-1-47	水泵及电动机安装 竖轴电动机 设备自重 45 t以内	台			1.0000	
50-12-1-48	水泵及电动机安装 竖轴电动机 设备自重 50 t以内	台				1.0000

工作内容：基础埋设，定子、转子、机架、导轴承、推力轴承、冷却器以及随机到货的管路和附件的安装；轴承用油的过滤、注油；转子绕阻、定子绕阻的干燥；与水泵连轴前后的调整；电动机试验调整。

定额编号				H-11-1-45	H-11-1-46	H-11-1-47	H-11-1-48
项目				竖轴电动机			
				设备自重			
				35 t 以内	40 t 以内	45 t 以内	50 t 以内
名称			单位	台	台	台	台
人工	00210107	安装工	工日	779.1558	930.1860	1 609.3218	1 666.3332
材料	01150103	热轧型钢 综合	kg	83.0000	95.0000	145.0000	157.0000
	34110301	电	kW·h	3 500.0000	4 050.0000	6 200.0000	6 700.0000
	03130101	电焊条	kg	36.0000	41.0000	62.0000	67.0000
	01290102	热轧钢板 综合	kg	23.0000	27.0000	41.0000	44.0000
	05030121	木板成材	m^3	1.8000	2.0000	3.5000	3.8000
	13010101	调和漆	kg	23.0000	27.0000	41.0000	44.0000
	14030101	汽油	kg	36.0000	41.0000	62.0000	67.0000
	14390101	氧气	m^3	47.0000	54.0000	83.0000	90.0000
	14390301	乙炔气	m^3	20.4000	23.5000	36.1000	39.1000
		其他材料费	%	28.0000	28.0000	28.0000	28.0000
机械	99090900	桥式起重机	台班	6.4013	7.5015	12.1524	12.8526
	99190150	牛头刨床 刨削长度 650	台班	5.0010	5.8345	9.1685	10.8355
	99190030	普通车床 ϕ400×1 000	台班	6.6680	7.5015	11.6690	12.5025
	99250020	交流弧焊机 32 kV·A	台班	14.1695	16.6700	26.6720	28.3390
	99190270	摇臂钻床 ϕ50	台班	7.9183	9.1685	15.0030	15.8365
	99430230	电动空气压缩机 6 m^3/min	台班	2.1004	2.5005	3.5007	3.8008
		其他机械费	%	16.0000	16.0000	16.0000	16.0000

工作内容:基础埋设,定子、转子、机架、导轴承、推力轴承、冷却器以及随机到货的管路和附件的安装;轴承用油的过滤、注油;转子绕阻、定子绕阻的干燥;与水泵连轴前后的调整;电动机试验调整。

定　额　编　号			H-11-1-49	H-11-1-50	H-11-1-51	H-11-1-52
项　　目			竖轴电动机			横轴电动机
			设备自重			
			60 t 以内	80 t 以内	100 t 以内	0.5 t 以内
			台	台	台	台
预算定额编号	预算定额名称	预算定额单位	数　　量			
50-12-1-49	水泵及电动机安装 竖轴电动机 设备自重 60 t 以内	台	1.0000			
50-12-1-50	水泵及电动机安装 竖轴电动机 设备自重 80 t 以内	台		1.0000		
50-12-1-51	水泵及电动机安装 竖轴电动机 设备自重 100 t 以内	台			1.0000	
50-12-1-52	水泵及电动机安装 横轴电动机 设备自重 0.5 t 以内	台				1.0000

工作内容：基础埋设，定子、转子、机架、导轴承、推力轴承、冷却器以及随机到货的管路和附件的安装；轴承用油的过滤、注油；转子绕阻、定子绕阻的干燥；与水泵连轴前后的调整；电动机试验调整。

定额编号				H-11-1-49	H-11-1-50	H-11-1-51	H-11-1-52
项目				竖轴电动机			横轴电动机
				设备自重			
				60 t 以内	80 t 以内	100 t 以内	0.5 t 以内
名称			单位	台	台	台	台
人工	00210107	安装工	工日	1 780.3560	2 009.4018	2 238.4476	28.0056
材料	01150103	热轧型钢 综合	kg	180.0000	228.0000	275.0000	35.4000
	34110301	电	kW·h	7 700.0000	9 760.0000	11 290.0000	130.0000
	03130101	电焊条	kg	77.0000	98.0000	118.0000	1.9000
	01290102	热轧钢板 综合	kg	51.0000	65.0000	79.0000	26.5000
	05030121	木板成材	m^3	4.4000	5.5800	6.6800	0.0800
	13010101	调和漆	kg	51.0000	65.0000	79.0000	0.5000
	14030101	汽油	kg	77.0000	98.0000	118.0000	3.2000
	14390101	氧气	m^3	103.0000	130.0000	157.0000	2.7000
	14390301	乙炔气	m^3	44.8000	56.5000	68.3000	1.7000
		其他材料费	%	28.0000	28.0000	28.0000	5.9000
机械	99090900	桥式起重机	台班	14.5029	17.5535	20.9542	
	99190150	牛头刨床 刨削长度 650	台班	12.5025	14.1695	16.6700	
	99190030	普通车床 ϕ400×1 000	台班	14.1695	17.5035	20.8375	
	99250020	交流弧焊机 32 kV·A	台班	32.5065	39.1745	46.6760	0.5001
	99190270	摇臂钻床 ϕ50	台班	17.9203	21.6710	25.8385	0.5001
	99430230	电动空气压缩机 6 m^3/min	台班	4.3009	5.4011	6.4013	
		其他机械费	%	16.0000	16.0000	16.0000	22.6000

工作内容：基础埋设，定子、转子、机架、导轴承、推力轴承、冷却器以及随机到货的管路和附件的安装；轴承用油的过滤、注油；转子绕阻、定子绕阻的干燥；与水泵连轴前后的调整；电动机试验调整。

定额编号			H-11-1-53	H-11-1-54	H-11-1-55	H-11-1-56
项目			横轴电动机			
			设备自重			
			1 t以内	2 t以内	3 t以内	5 t以内
			台	台	台	台
预算定额编号	预算定额名称	预算定额单位	数量			
50-12-1-53	水泵及电动机安装 横轴电动机 设备自重 1 t以内	台	1.0000			
50-12-1-54	水泵及电动机安装 横轴电动机 设备自重 2 t以内	台		1.0000		
50-12-1-55	水泵及电动机安装 横轴电动机 设备自重 3 t以内	台			1.0000	
50-12-1-56	水泵及电动机安装 横轴电动机 设备自重 5 t以内	台				1.0000

工作内容：基础埋设，定子、转子、机架、导轴承、推力轴承、冷却器以及随机到货的管路和附件的安装；轴承用油的过滤、注油；转子绕阻、定子绕阻的干燥；与水泵连轴前后的调整；电动机试验调整。

定额编号				H-11-1-53	H-11-1-54	H-11-1-55	H-11-1-56
项目				横轴电动机			
				设备自重			
				1 t以内	2 t以内	3 t以内	5 t以内
名称			单位	台	台	台	台
人工	00210107	安装工	工日	40.0080	63.0126	87.0174	111.0222
材料	01150103	热轧型钢 综合	kg	40.2000	49.7000	59.3000	69.3000
	34110301	电	kW·h	189.0000	298.0000	415.0000	586.0000
	03130101	电焊条	kg	2.6000	4.2000	5.8000	7.4000
	01290102	热轧钢板 综合	kg	26.6000	26.7000	26.9000	35.8000
	05030121	木板成材	m^3	0.1100	0.1400	0.1700	0.2200
	13010101	调和漆	kg	0.7000	1.4000	2.4000	3.7000
	14030101	汽油	kg	3.5000	4.0000	4.6000	5.9000
	14390101	氧气	m^3	3.3000	4.2000	5.3000	6.7000
	14390301	乙炔气	m^3	1.9000	2.3000	2.7000	3.5000
		其他材料费	%	6.2000	7.6000	8.6000	10.8000
机械	99190270	摇臂钻床 ϕ50	台班	0.5835	0.6668	0.7502	1.1669
	99250020	交流弧焊机 32 kV·A	台班	0.6668	1.1669	1.5837	2.2505
	99090900	桥式起重机	台班		0.9502	1.0502	1.4503
	99190030	普通车床 ϕ400×1 000	台班			0.7502	1.0836
		其他机械费	%	21.6000	16.6000	15.0000	13.4000

工作内容：基础埋设，定子、转子、机架、导轴承、推力轴承、冷却器以及随机到货的管路和附件的安装；轴承用油的过滤、注油；转子绕阻、定子绕阻的干燥；与水泵连轴前后的调整；电动机试验调整。

定额编号			H-11-1-57	H-11-1-58	H-11-1-59	H-11-1-60
项目			横轴电动机			
			设备自重			
			7 t以内	10 t以内	12 t以内	15 t以内
			台	台	台	台
预算定额编号	预算定额名称	预算定额单位	数量			
50-12-1-57	水泵及电动机安装 横轴电动机 设备自重 7 t以内	台	1.0000			
50-12-1-58	水泵及电动机安装 横轴电动机 设备自重 10 t以内	台		1.0000		
50-12-1-59	水泵及电动机安装 横轴电动机 设备自重 12 t以内	台			1.0000	
50-12-1-60	水泵及电动机安装 横轴电动机 设备自重 15 t以内	台				1.0000

工作内容：基础埋设，定子、转子、机架、导轴承、推力轴承、冷却器以及随机到货的管路和附件的安装；轴承用油的过滤、注油；转子绕阻、定子绕阻的干燥；与水泵连轴前后的调整；电动机试验调整。

定额编号				H-11-1-57	H-11-1-58	H-11-1-59	H-11-1-60
项目				横轴电动机			
				设备自重			
				7 t 以内	10 t 以内	12 t 以内	15 t 以内
名称			单位	台	台	台	台
人工	00210107	安装工	工日	134.3602	167.0334	185.0370	212.0424
材料	01150103	热轧型钢 综合	kg	81.7667	96.6000	104.7600	117.0000
	34110301	电	kW·h	778.0000	1 035.0000	1 198.6000	1 444.0000
	03130101	电焊条	kg	9.0667	11.2000	12.3600	14.1000
	01290102	热轧钢板 综合	kg	50.8667	71.2000	83.9200	103.0000
	05030121	木板成材	m^3	0.2867	0.3800	0.4320	0.5100
	13010101	调和漆	kg	5.1000	6.9000	8.0200	9.7000
	14030101	汽油	kg	7.9000	10.5000	12.1000	14.5000
	14390101	氧气	m^3	8.7000	11.3000	12.8200	15.1000
	14390301	乙炔气	m^3	4.3667	5.6000	6.3200	7.4000
		其他材料费	%	11.8667	13.0000	13.2400	13.6000
机械	99090900	桥式起重机	台班	2.0171	2.7506	3.2104	3.9078
	99190030	普通车床 ϕ400×1 000	台班	1.4725	2.0004	2.3005	2.7506
	99250020	交流弧焊机 32 kV·A	台班	3.0284	4.0842	4.7176	5.6678
	99190270	摇臂钻床 ϕ50	台班	1.6670	2.3338	2.7005	3.2507
	99190150	牛头刨床 刨削长度 650	台班		0.7502	1.1502	1.7535
	99430230	电动空气压缩机 6 m^3/min	台班		0.9002	0.9402	1.0002
		其他机械费	%	13.2000	11.7000	11.5800	11.4000

工作内容：基础埋设，定子、转子、机架、导轴承、推力轴承、冷却器以及随机到货的管路和附件的安装；轴承用油的过滤、注油；转子绕阻、定子绕阻的干燥；与水泵连轴前后的调整；电动机试验调整。

定额编号			H-11-1-61	H-11-1-62	H-11-1-63	H-11-1-64
项目			横轴电动机			
			设备自重			
			18 t以内	20 t以内	25 t以内	30 t以内
			台	台	台	台
预算定额编号	预算定额名称	预算定额单位	数量			
50-12-1-61	水泵及电动机安装 横轴电动机 设备自重 18 t以内	台	1.0000			
50-12-1-62	水泵及电动机安装 横轴电动机 设备自重 20 t以内	台		1.0000		
50-12-1-63	水泵及电动机安装 横轴电动机 设备自重 25 t以内	台			1.0000	
50-12-1-64	水泵及电动机安装 横轴电动机 设备自重 30 t以内	台				1.0000

工作内容：基础埋设，定子、转子、机架、导轴承、推力轴承、冷却器以及随机到货的管路和附件的安装；轴承用油的过滤、注油；转子绕阻、定子绕阻的干燥；与水泵连轴前后的调整；电动机试验调整。

定额编号				H-11-1-61	H-11-1-62	H-11-1-63	H-11-1-64
项目				横轴电动机			
				设备自重			
				18 t 以内	20 t 以内	25 t 以内	30 t 以内
名称			单位	台	台	台	台
人工	00210107	安装工	工日	239.0478	258.0516	304.0608	348.0696
材料	01150103	热轧型钢 综合	kg	129.0000	138.0000	155.0000	173.0000
	34110301	电	kW·h	1 679.0000	1 840.0000	2 230.0000	2 620.0000
	03130101	电焊条	kg	16.0000	17.3000	20.4000	23.5000
	01290102	热轧钢板 综合	kg	122.0000	133.0000	150.0000	167.0000
	05030121	木板成材	m^3	0.5900	0.6400	0.7700	0.9000
	13010101	调和漆	kg	11.4000	12.4000	15.1000	17.8000
	14030101	汽油	kg	16.9000	18.4000	22.4000	26.3000
	14390101	氧气	m^3	17.4000	19.0000	22.9000	26.8000
	14390301	乙炔气	m^3	8.5000	9.3000	11.2000	13.0000
		其他材料费	%	14.2000	14.5000	15.0000	15.5000
机械	99090900	桥式起重机	台班	4.6009	5.0510	6.2012	7.3515
	99190150	牛头刨床 刨削长度 650	台班	2.1671	2.5839	3.6674	4.6676
	99190030	普通车床 ϕ400×1 000	台班	3.2507	3.5841	4.3342	5.1677
	99250020	交流弧焊机 32 kV·A	台班	6.5847	7.2515	8.8351	10.4188
	99190270	摇臂钻床 ϕ50	台班	3.9175	4.3342	5.4178	6.5013
	99430230	电动空气压缩机 6 m^3/min	台班	1.2002	1.2002	1.4003	1.5003
		其他机械费	%	11.4000	11.3000	11.3000	11.2000

工作内容：1，2，3. 基础埋设，定子、转子、机架、导轴承、推力轴承、冷却器以及随机到货的管路和附件的安装；轴承用油的过滤、注油；转子绕阻、定子绕阻的干燥；与水泵连轴前后的调整；电动机试验调整。
4. 设备及附件的开箱、检查、场内运输、就位、安装、试验等内容。

定 额 编 号			H-11-1-65	H-11-1-66	H-11-1-67	H-11-1-68
项 目			横轴电动机			潜水泵
			设备自重			
			35 t以内	40 t以内	50 t以内	1 t以内
			台	台	台	台
预算定额编号	预算定额名称	预算定额单位	数 量			
50-12-1-65	水泵及电动机安装 横轴电动机 设备自重 35 t以内	台	1.0000			
50-12-1-66	水泵及电动机安装 横轴电动机 设备自重 40 t以内	台		1.0000		
50-12-1-67	水泵及电动机安装 横轴电动机 设备自重 50 t以内	台			1.0000	
50-12-1-68	水泵及电动机安装 潜水泵 设备自重 1 t以内	台				1.0000

工作内容：1，2，3. 基础埋设，定子、转子、机架、导轴承、推力轴承、冷却器以及随机到货的管路和附件的安装；轴承用油的过滤、注油；转子绕阻、定子绕阻的干燥；与水泵连轴前后的调整；电动机试验调整。

4. 设备及附件的开箱、检查、场内运输、就位、安装、试验等内容。

定额编号				H-11-1-65	H-11-1-66	H-11-1-67	H-11-1-68
项目				横轴电动机			潜水泵
				设备自重			
				35 t以内	40 t以内	50 t以内	1 t以内
名称			单位	台	台	台	台
人工	00210107	安装工	工日	393.0786	438.0876	528.1056	28.3557
材料	01150103	热轧型钢 综合	kg	190.5000	208.0000	243.0000	
	34110301	电	kW·h	3 010.0000	3 400.0000	4 180.0000	
	05030121	木板成材	m^3	1.0300	1.1600	1.4200	
	13010101	调和漆	kg	20.5000	23.2000	28.6000	0.4000
	03130101	电焊条	kg	26.6000	29.7000	35.9000	0.3300
	01290102	热轧钢板 综合	kg	184.0000	201.0000	235.0000	0.1600
	14030101	汽油	kg	30.3000	34.2000	42.1000	0.2000
	14390101	氧气	m^3	30.7000	34.6000	42.4000	0.2800
	14390301	乙炔气	m^3	14.9000	16.7000	20.4000	0.0900
	03152501	镀锌铁丝	kg				1.7000
	05030101	成材	m^3				0.0040
	14090101	黄油	kg				0.7200
	14070101	机油	kg				1.1100
	33332310	钢垫板	kg				8.1400
	14030501	煤油	kg				3.4100
	34090101	棉纱头	kg				1.5200
	15012101	油浸石棉绳	kg				1.6000
		其他材料费	%	16.0000	16.2000	16.7000	4.4000
机械	99190150	牛头刨床 刨削长度 650	台班	5.7178	6.7514	8.8351	
	99190030	普通车床 ϕ400×1 000	台班	5.9679	6.7514	8.3350	
	99190270	摇臂钻床 ϕ50	台班	7.5849	8.6684	10.8355	
	99090900	桥式起重机	台班	8.5017	9.6519	11.9524	
	99250020	交流弧焊机 32 kV·A	台班	12.0024	13.5861	16.7534	0.1850
	99430230	电动空气压缩机 6 m^3/min	台班	1.6503	1.8004	2.1004	
	99090650	叉式起重机 6 t	台班				0.1700
		其他机械费	%	11.2000	11.2000	11.1000	

工作内容：设备及附件的开箱、检查、场内运输、就位、安装、试验等内容。

定额编号			H-11-1-69	H-11-1-70	H-11-1-71	H-11-1-72
项目			潜水泵			
			设备自重			
			2 t以内	3 t以内	5 t以内	8 t以内
			台	台	台	台
预算定额编号	预算定额名称	预算定额单位	数量			
50-12-1-69	水泵及电动机安装 潜水泵 设备自重 2 t以内	台	1.0000			
50-12-1-70	水泵及电动机安装 潜水泵 设备自重 3 t以内	台		1.0000		
50-12-1-71	水泵及电动机安装 潜水泵 设备自重 5 t以内	台			1.0000	
50-12-1-72	水泵及电动机安装 潜水泵 设备自重 8 t以内	台				1.0000

工作内容:设备及附件的开箱、检查、场内运输、就位、安装、试验等内容。

定额编号				H-11-1-69	H-11-1-70	H-11-1-71	H-11-1-72
项目				潜水泵			
				设备自重			
				2 t以内	3 t以内	5 t以内	8 t以内
名称			单位	台	台	台	台
人工	00210107	安装工	工日	32.5065	48.0429	60.4954	93.7354
材料	03130101	电焊条	kg	0.3300	0.3300	0.3600	1.0500
	03152501	镀锌铁丝	kg	1.7000	1.7000	2.2000	3.0000
	01290102	热轧钢板 综合	kg	0.1900	0.2600	0.3300	2.0000
	05030101	成材	m^3	0.0060	0.0080	0.0090	0.0130
	13010101	调和漆	kg	0.4500	0.6200	0.9500	1.2000
	14090101	黄油	kg	0.8200	1.1100	1.5200	1.8200
	14070101	机油	kg	1.2100	1.5700	2.0700	3.5400
	14030501	煤油	kg	3.7800	4.2000	4.8800	6.3000
	34090101	棉纱头	kg	1.6300	1.8900	2.2700	3.5300
	14030101	汽油	kg	0.2000	0.3100	0.4100	3.0600
	14390101	氧气	m^3	0.2800	0.4800	0.9000	1.5300
	14390301	乙炔气	m^3	0.0900	0.1600	0.3000	0.5100
	33332310	钢垫板	kg	8.1400	8.1400	14.9800	29.9400
	15012101	油浸石棉绳	kg	1.8000	2.2000	3.0000	3.0000
		其他材料费	%	4.3000	4.2000	4.2000	4.2000
机械	99090650	叉式起重机 6 t	台班	0.2551	0.3401		
	99250020	交流弧焊机 32 kV·A	台班	0.1850	0.3684	0.4601	0.9219
	99091470	电动卷扬机单筒慢速 50 kN	台班		0.4251	0.4251	0.8502
	99090360	汽车式起重机 8 t	台班			0.4251	
	99070550	载重汽车 8 t	台班				0.4251
	99090390	汽车式起重机 12 t	台班				0.4251

工作内容:设备及附件的开箱、检查、场内运输、就位、安装、试验等内容。

定额编号			H-11-1-73	H-11-1-74	H-11-1-75
项目			潜水泵		
			设备自重		
			10 t以内	12 t以内	15 t以内
			台	台	台
预算定额编号	预算定额名称	预算定额单位	数量		
50-12-1-73	水泵及电动机安装 潜水泵 设备自重 10 t以内	台	1.0000		
50-12-1-74	水泵及电动机安装 潜水泵 设备自重 12 t以内	台		1.0000	
50-12-1-75	水泵及电动机安装 潜水泵 设备自重 15 t以内	台			1.0000

工作内容:设备及附件的开箱、检查、场内运输、就位、安装、试验等内容。

定　额　编　号				H-11-1-73	H-11-1-74	H-11-1-75
项　　目				潜水泵		
				设备自重		
				10 t 以内	12 t 以内	15 t 以内
名　　称			单位	台	台	台
人工	00210107	安装工	工日	121.8560	158.4128	205.9367
材料	03130101	电焊条	kg	1.2600	1.5120	1.8144
	03152501	镀锌铁丝	kg	3.6000	4.3200	5.1840
	01290102	热轧钢板 综合	kg	2.4000	2.8800	3.4560
	05030101	成材	m^3	0.0156	0.0187	0.0225
	13010101	调和漆	kg	1.4400	1.7280	2.0736
	14090101	黄油	kg	2.1840	2.6208	3.1450
	14070101	机油	kg	4.2480	5.0976	6.1171
	14030501	煤油	kg	7.5600	9.0720	10.8864
	34090101	棉纱头	kg	4.2360	5.0832	6.0998
	14030101	汽油	kg	3.6720	4.4064	5.2877
	14390101	氧气	m^3	1.8360	2.2032	2.6438
	14390301	乙炔气	m^3	0.6120	0.7344	0.8813
	33332310	钢垫板	kg	35.9280	43.1136	51.7363
	15012101	油浸石棉绳	kg	3.6000	4.3200	5.1840
		其他材料费	%	4.2000	4.2000	4.2000
机械	99070550	载重汽车 8 t	台班	0.5101	0.6121	0.7345
	99091470	电动卷扬机单筒慢速 50 kN	台班	1.0202	1.2242	1.4691
	99250020	交流弧焊机 32 kV·A	台班	1.1062	1.3275	1.5930
	99090390	汽车式起重机 12 t	台班	0.5101		
	99090400	汽车式起重机 16 t	台班		0.6121	0.7345

第二节　水力机械辅助设备安装

工作内容：机座及基础螺栓安装，机体分解、检查、清扫、安装，电动机安装、联轴，附件安装，单机试运转。

定　额　编　号			H-11-2-1	H-11-2-2	H-11-2-3	H-11-2-4
项　　目			供排水泵			
			0.2 t 以内	0.5 t 以内	1 t 以内	1.5 t 以内
			台	台	台	台
预算定额编号	预算定额名称	预算定额单位	数　　量			
50-12-2-1	水力机械辅助设备安装 供排水泵 0.2 t 以内	台	1.0000			
50-12-2-2	水力机械辅助设备安装 供排水泵 0.5 t 以内	台		1.0000		
50-12-2-3	水力机械辅助设备安装 供排水泵 1 t 以内	台			1.0000	
50-12-2-4	水力机械辅助设备安装 供排水泵 1.5 t 以内	台				1.0000

工作内容：机座及基础螺栓安装，机体分解、检查、清扫、安装，电动机安装、联轴，附件安装，单机试运转。

定　额　编　号				H-11-2-1	H-11-2-2	H-11-2-3	H-11-2-4
项　　目				供排水泵			
				0.2 t 以内	0.5 t 以内	1 t 以内	1.5 t 以内
名　　称			单位	台	台	台	台
人工	00210107	安装工	工日	3.0975	3.7485	5.0925	6.3630
材料	01150103	热轧型钢 综合	kg	3.0000	5.2000	8.8000	12.6000
	34110301	电	kW·h	8.0000	14.0000	24.0000	34.0000
	03130101	电焊条	kg	0.4000	0.7000	1.2000	1.8000
	01290102	热轧钢板 综合	kg	2.1000	3.7000	6.3000	9.1000
	13010101	调和漆	kg	0.7000	1.0000	1.5000	2.0000
	14090101	黄油	kg	0.2000	0.4000	0.6000	0.9000
	14030101	汽油	kg	1.0000	1.7000	2.8000	3.9000
	14390101	氧气	m^3	1.0000	1.7000	3.0000	4.3000
	14390301	乙炔气	m^3	0.4000	0.7000	1.3000	1.9000
		其他材料费	%	25.0000	25.0000	25.0000	25.0000
机械	99190150	牛头刨床 刨削长度 650	台班	0.1500	0.2667	0.5001	0.7502
	99190030	普通车床 ϕ400×1 000	台班	0.0834	0.1334	0.2501	0.3834
	99190270	摇臂钻床 ϕ50	台班	0.0834	0.1334	0.2501	0.3834
	99250020	交流弧焊机 32 kV·A	台班	0.0834	0.1334	0.2501	0.3834
		其他机械费	%	22.6000	20.2000	19.4000	19.2000

工作内容：1. 机座及基础螺栓安装，机体分解、检查、清扫、安装，电动机安装、联轴，附件安装，单机试运转。

2，3，4. 切割、煨弯，弯头、三通、异径管制作，法兰焊接，管路支架、管卡子制作与安装，管路安装，阀门、表计等器具安装，系统管路试压，涂漆。

定　额　编　号			H-11-2-5	H-11-2-6	H-11-2-7	H-11-2-8
项　　目			供排水泵	系统管路		
			2 t 以内	公称直径 50 mm 以内	公称直径 100 mm 以内	公称直径 150 mm 以内
			台	m	m	m
预算定额编号	预算定额名称	预算定额单位	数　　量			
50-12-2-5	水力机械辅助设备安装 供排水泵 2 t 以内	台	1.0000			
50-12-2-8	水力机械辅助设备安装 系统管路 公称直径 50 mm 以内	m		1.0000		
50-12-2-10	水力机械辅助设备安装 系统管路 公称直径 100 mm 以内	m			1.0000	
50-12-2-11	水力机械辅助设备安装 系统管路 公称直径 150 mm 以内	m				1.0000

工作内容：1．机座及基础螺栓安装，机体分解、检查、清扫、安装，电动机安装、联轴，附件安装，单机试运转。

2，3，4．切割、煨弯，弯头、三通、异径管制作，法兰焊接，管路支架、管卡子制作与安装，管路安装，阀门、表计等器具安装，系统管路试压，涂漆。

定额编号				H-11-2-5	H-11-2-6	H-11-2-7	H-11-2-8
项目				供排水泵	系统管路		
				2 t 以内	公称直径 50 mm 以内	公称直径 100 mm 以内	公称直径 150 mm 以内
名称			单位	台	m	m	m
人工	00210107	安装工	工日	7.6545	0.6721	1.2291	1.8820
材料	01150103	热轧型钢 综合	kg	16.6000	0.7900	1.3160	1.7800
	34110301	电	kW·h	45.0000			
	01290102	热轧钢板 综合	kg	12.0000			
	14090101	黄油	kg	1.2000			
	13010101	调和漆	kg	2.5000	0.1040	0.1740	0.2330
	03130101	电焊条	kg	2.4000	0.0500	0.0830	0.1100
	14030101	汽油	kg	5.1000	0.2160	0.3590	0.4800
	14390101	氧气	m^3	5.6000	0.2020	0.3360	0.4530
	14390301	乙炔气	m^3	2.4000	0.0670	0.1110	0.1510
	02010101	橡胶板	kg		0.0250	0.0410	0.0550
	17010801	钢管	m		0.1580	0.2630	0.3560
	14070101	机油	kg		0.0180	0.0290	0.0410
	34090101	棉纱头	kg		0.0550	0.0920	0.1210
		其他材料费	%	25.0000	20.0000	20.0000	20.0000
机械	99190150	牛头刨床 刨削长度 650	台班	1.0002			
	99190030	普通车床 ϕ400×1 000	台班	0.5001			
	99190270	摇臂钻床 ϕ50	台班	0.5001			
	99250020	交流弧焊机 32 kV·A	台班	0.5001	0.0128	0.0213	0.0377
	99090350	汽车式起重机 5 t	台班		0.0023	0.0038	0.0062
	99190905	弯管机 ϕ300	台班		0.0052	0.0078	0.0128
	99430300	内燃空气压缩机 9 m^3/min	台班		0.0058	0.0100	0.0178
		其他机械费	%	19.2000	13.0000	13.0000	13.0000

工作内容:切割、煨弯,弯头、三通、异径管制作,法兰焊接,管路支架、管卡子制作与安装,管路安装,阀门、表计等器具安装,系统管路试压,涂漆。

定额编号			H-11-2-9	H-11-2-10	H-11-2-11	H-11-2-12
项目			系统管路			测压系统
			公称直径 200 mm 以内	公称直径 250 mm 以内	公称直径 300 mm 以内	
			m	m	m	m
预算定额编号	预算定额名称	预算定额单位	数量			
50-12-2-12	水力机械辅助设备安装 系统管路 公称直径 200 mm 以内	m	1.0000			
50-12-2-13	水力机械辅助设备安装 系统管路 公称直径 250 mm 以内	m		1.0000		
50-12-2-14	水力机械辅助设备安装 系统管路 公称直径 300 mm 以内	m			1.0000	
50-12-2-15	水力机械辅助设备安装 测压系统	m				1.0000

工作内容:切割、煨弯,弯头、三通、异径管制作,法兰焊接,管路支架、管卡子制作与安装,管路安装,阀门、表计等器具安装,系统管路试压,涂漆。

定额编号				H-11-2-9	H-11-2-10	H-11-2-11	H-11-2-12
项目				系统管路			测压系统
				公称直径 200 mm 以内	公称直径 250 mm 以内	公称直径 300 mm 以内	
名称			单位	m	m	m	m
人工	00210107	安装工	工日	3.1686	4.6089	6.0492	0.6683
材料	01150103	热轧型钢 综合	kg	2.7140	3.2660	3.8180	0.4596
	03130101	电焊条	kg	0.1680	0.2020	0.2300	0.0288
	02010101	橡胶板	kg	0.0830	0.1000	0.1170	0.0144
	17010801	钢管	m	0.5430	0.6530	0.7630	0.0912
	14070101	机油	kg	0.0620	0.0750	0.0880	0.0108
	13010101	调和漆	kg	0.3560	0.4280	0.5000	0.0612
	14030101	汽油	kg	0.7320	0.8810	1.0300	0.1260
	14390101	氧气	m^3	0.6900	0.8300	0.9700	0.1176
	14390301	乙炔气	m^3	0.2300	0.2770	0.3240	0.0384
	34090101	棉纱头	kg	0.1850	0.2230	0.2610	0.0324
		其他材料费	%	20.0000	20.0000	20.0000	20.0000
机械	99090350	汽车式起重机 5 t	台班	0.0110	0.0157	0.0203	
	99190905	弯管机 ϕ300	台班	0.0213			0.0020
	99430300	内燃空气压缩机 9 m^3/min	台班	0.0288	0.0397	0.0580	0.0012
	99250020	交流弧焊机 32 kV·A	台班	0.0625	0.0874	0.1122	0.0052
	99070530	载重汽车 5 t	台班		0.0098	0.0098	
		其他机械费	%	13.0000	12.0000	12.0000	13.0000

工作内容：阀门解体检查，研磨、调试，阀门压力试验，运输、安装。

定　额　编　号			H-11-2-13	H-11-2-14	H-11-2-15	H-11-2-16
项　　目			法兰阀门			
			公称直径 400 mm 以内	公称直径 500 mm 以内	公称直径 1 000 mm 以内	公称直径 1 500 mm 以内
			个	个	个	个
预算定额编号	预算定额名称	预算定额单位	数　　量			
50-12-2-16	水力机械辅助设备安装 法兰阀门 公称直径 400 mm 以内	个	1.0000			
50-12-2-17	水力机械辅助设备安装 法兰阀门 公称直径 500 mm 以内	个		1.0000		
50-12-2-18	水力机械辅助设备安装 法兰阀门 公称直径 1 000 mm 以内	个			1.0000	
50-12-2-19	水力机械辅助设备安装 法兰阀门 公称直径 1 500 mm 以内	个				1.0000

工作内容：阀门解体检查，研磨、调试，阀门压力试验，运输、安装。

定　额　编　号				H-11-2-13	H-11-2-14	H-11-2-15	H-11-2-16
项　　目				法兰阀门			
				公称直径 400 mm 以内	公称直径 500 mm 以内	公称直径 1 000 mm 以内	公称直径 1 500 mm 以内
名　　称			单位	个	个	个	个
人工	00210107	安装工	工日	4.4342	5.7845	15.8365	27.7556
材料	02010101	橡胶板	kg	0.6900	0.8300	1.3100	1.6850
	13010101	调和漆	kg	1.3000	1.7000	4.0000	6.5000
	03130101	电焊条	kg	0.1700	0.1700	0.1700	0.4700
	14030101	汽油	kg	0.4000	0.7000	2.2000	4.2000
	14390101	氧气	m^3	0.5000	0.7000	2.4000	3.9000
	14390301	乙炔气	m^3	0.2000	0.3000	1.0000	1.5000
		其他材料费	%	16.0000	25.0000	25.0000	25.0000
机械	99070550	载重汽车 8 t	台班	0.0250	0.0267	0.1150	0.2150
	99090350	汽车式起重机 5 t	台班	0.1067	0.1317	0.4434	0.8143
	99250020	交流弧焊机 32 kV·A	台班	0.0283	0.0283	0.0283	1.1786
	99440405	试压泵(手动)	台班	0.1184	0.1434	0.1667	0.1959
		其他机械费	%	8.0000	8.0000	8.0000	8.0000

工作内容：阀门解体检查，研磨、调试，阀门压力试验，运输、安装。

定额编号			H-11-2-17	H-11-2-18	H-11-2-19	H-11-2-20
项目			法兰阀门	电动阀门		
			公称直径 2 000 mm 以内	公称直径 400 mm 以内	公称直径 500 mm 以内	公称直径 1 000 mm 以内
			个	个	个	个
预算定额编号	预算定额名称	预算定额单位	数量			
50-12-2-20	水力机械辅助设备安装 法兰阀门 公称直径 2 000 mm 以内	个	1.0000			
50-12-2-21	水力机械辅 7 助设备安装 电动阀门 公称直径 400 mm 以内	个		1.0000		
50-12-2-22	水力机械辅助设备安装 电动阀门 公称直径 500 mm 以内	个			1.0000	
50-12-2-23	水力机械辅助设备安装 电动阀门 公称直径 1 000 mm 以内	个				1.0000

工作内容：阀门解体检查，研磨、调试，阀门压力试验，运输、安装。

定额编号				H-11-2-17	H-11-2-18	H-11-2-19	H-11-2-20
项目				法兰阀门	电动阀门		
				公称直径 2 000 mm 以内	公称直径 400 mm 以内	公称直径 500 mm 以内	公称直径 1 000 mm 以内
名称			单位	个	个	个	个
人工	00210107	安装工	工日	39.6746	6.3679	8.1516	22.2378
材料	02010101	橡胶板	kg	2.0600	0.6900	0.8300	1.3100
	03130101	电焊条	kg	0.7700	0.1700	0.1700	0.1700
	14030101	汽油	kg	6.2000	0.6000	0.9000	2.8000
	13010101	调和漆	kg	9.0000	1.5000	2.0000	6.0000
	14390101	氧气	m^3	5.4000	0.6000	0.9000	2.6000
	14390301	乙炔气	m^3	2.0000	0.2000	0.4000	1.0000
		其他材料费	%	25.0000	8.0000	8.0000	8.0000
机械	99070550	载重汽车 8 t	台班	0.3151	0.0250	0.0267	0.1150
	99090350	汽车式起重机 5 t	台班	1.1852	0.1284	0.1484	0.4984
	99250020	交流弧焊机 32 kV·A	台班	2.3288	0.0283	0.0283	0.0283
	99440405	试压泵(手动)	台班	0.2250	0.1184	0.1434	0.1667
		其他机械费	%	8.0000	6.0000	6.0000	6.0000

工作内容:1, 2. 阀门解体检查,研磨、调试,阀门压力试验,运输、安装。

3, 4. 机座及基础螺栓安装,机体分解、检查、清扫、安装,电动机安装、联轴,附件安装,单机试运行。

定 额 编 号			H-11-2-21	H-11-2-22	H-11-2-23	H-11-2-24
项 目			电动阀门		空压机	
			公称直径 1 500 mm 以内	公称直径 2 000 mm 以内	0.5 t 以内	1 t 以内
			个	个	台	台
预算定额编号	预算定额名称	预算定额单位	数 量			
50-12-2-24	水力机械辅助设备安装 电动阀门 公称直径 1 500 mm 以内	个	1.0000			
50-12-2-25	水力机械辅助设备安装 电动阀门 公称直径 2 000 mm 以内	个		1.0000		
50-12-2-28	水力机械辅助设备安装 空压机 0.5 t以内	台			1.0000	
50-12-2-30	水力机械辅助设备安装 空压机 1 t 以内	台				1.0000

工作内容:1，2. 阀门解体检查，研磨、调试，阀门压力试验，运输、安装。
3，4. 机座及基础螺栓安装，机体分解、检查、清扫、安装，电动机安装、联轴，附件安装，单机试运行。

定额编号				H-11-2-21	H-11-2-22	H-11-2-23	H-11-2-24
项目				电动阀门		空压机	
				公称直径 1 500 mm 以内	公称直径 2 000 mm 以内	0.5 t 以内	1 t 以内
名称			单位	个	个	台	台
人工	00210107	安装工	工日	37.6575	53.0773	25.0050	45.0090
材料	02010101	橡胶板	kg	1.6850	2.0600		
	03130101	电焊条	kg	0.4700	0.7700	3.0000	6.7000
	14030101	汽油	kg	4.8000	6.8000	3.0000	4.5000
	13010101	调和漆	kg	10.5000	15.0000	1.3000	3.0000
	14390101	氧气	m^3	4.1000	5.6000		
	14390301	乙炔气	m^3	1.5000	2.0000		
	34110301	电	kW·h			46.0000	75.0000
	14330115	乙醇(酒精) 500 ml	瓶			2.0000	3.0000
	01290102	热轧钢板 综合	kg			6.0000	9.0000
	14090101	黄油	kg			1.3000	2.0000
	14070101	机油	kg			1.1000	2.1000
		其他材料费	%	8.0000	8.0000	25.0000	25.0000
机械	99070550	载重汽车 8 t	台班	0.2150	0.3151		
	99090350	汽车式起重机 5 t	台班	0.9944	1.4903		
	99250020	交流弧焊机 32 kV·A	台班	1.1786	2.3288	0.4168	0.9335
	99440405	试压泵(手动)	台班	0.1959	0.2250		
		其他机械费	%	6.0000	6.0000	15.3000	10.6000

工作内容：机座及基础螺栓安装，机体分解、检查、清扫、安装，电动机安装、联轴，附件安装，单机试运行。

定额编号			H-11-2-25	H-11-2-26	H-11-2-27	H-11-2-28
项目			空压机			油泵
			1.25 t以内	1.5 t以内	2.0 t以内	1.0 t以内
			台	台	台	台
预算定额编号	预算定额名称	预算定额单位	数量			
50-12-2-31	水力机械辅助设备安装 空压机 1.25 t以内	台	1.0000			
50-12-2-32	水力机械辅助设备安装 空压机 1.5 t以内	台		1.0000		
50-12-2-33	水力机械辅助设备安装 空压机 2.0 t以内	台			1.0000	
50-12-2-36	水力机械辅助设备安装 油泵 1.0 t以内	台				1.0000

工作内容:机座及基础螺栓安装,机体分解、检查、清扫、安装,电动机安装、联轴,附件安装,单机试运行。

定额编号				H-11-2-25	H-11-2-26	H-11-2-27	H-11-2-28
项目				空压机			油泵
				1.25 t以内	1.5 t以内	2.0 t以内	1.0 t以内
名称			单位	台	台	台	台
人工	00210107	安装工	工日	54.0108	61.0122	88.0176	18.0036
材料	34110301	电	kW·h	85.0000	97.0000	125.0000	24.0000
	03130101	电焊条	kg	8.2000	10.0000	16.5000	0.4000
	01290102	热轧钢板 综合	kg	10.0000	11.0000	15.0000	0.3000
	13010101	调和漆	kg	3.6000	4.2000	6.0000	
	14090101	黄油	kg	2.5000	3.0000	4.5000	0.7000
	14070101	机油	kg	2.4000	2.5000	4.0000	0.6000
	14030101	汽油	kg	6.0000	7.2000	13.5000	0.2000
	14330115	乙醇(酒精) 500 ml	瓶	3.0000	4.0000	4.0000	
	05030121	木板成材	m^3				0.0500
	14030501	煤油	kg				0.8000
	34090101	棉纱头	kg				0.4000
	13050201	铅油	kg				0.2000
	03131572	铜焊粉(气剂 301 瓶装)	kg				0.1000
	03130601	铜焊条	kg				0.1000
	14390101	氧气	m^3				3.0000
	33332310	钢垫板	kg				4.6000
	14390301	乙炔气	m^3				1.3000
		其他材料费	%	25.0000	25.0000	25.0000	10.0000
机械	99250020	交流弧焊机 32 kV·A	台班	1.1169	1.3669	2.5005	0.0834
	99090630	叉式起重机 3 t	台班				0.0834
		其他机械费	%	9.5000	9.4000	6.5000	10.0000

工作内容：基础螺栓安装，制作、焊接吊挂，水平和垂直运输，就位、固定，附件安装。

定额编号			H-11-2-29	H-11-2-30
项目			油桶	
			容量 5 m³ 以内	容量 10 m³ 以内
			t	t
预算定额编号	预算定额名称	预算定额单位	数量	
50-12-2-39	水力机械辅助设备安装 油桶 容量 5 m³ 以内	t	1.0000	
50-12-2-40	水力机械辅助设备安装 油桶 容量 10 m³ 以内	t		1.0000

工作内容：基础螺栓安装，制作、焊接吊挂，水平和垂直运输，就位、固定，附件安装。

定额编号				H-11-2-29	H-11-2-30
项目				油桶	
				容量 5 m³ 以内	容量 10 m³ 以内
名称			单位	t	t
人工	00210107	安装工	工日	20.0040	24.1715
材料	01150103	热轧型钢 综合	kg	17.0000	20.4000
	03130101	电焊条	kg	3.3000	3.9000
	17010802	钢管	kg	28.0000	33.6000
	14390101	氧气	m³	4.2000	5.0000
	14390301	乙炔气	m³	1.8000	2.0000
		其他材料费	%	5.0000	5.0000
机械	99090650	叉式起重机 6 t	台班	0.2334	0.2667
	99250020	交流弧焊机 32 kV·A	台班	0.8335	1.0002
		其他机械费	%	12.0000	12.0000

第三节　起重设备安装

工作内容：设备清点、检查，大车架及行走机构安装，小车架及运行机构安装，起重机构安装，操作室、梯子、栏杆、行程限制器及其附件安装，电气设备安装和调整，空载和负荷实验。

定额编号			H-11-3-1	H-11-3-2	H-11-3-3	H-11-3-4
项目			桥式起重机			
			起重能力 5 t 以内	起重能力 10 t 以内	起重能力 15 t 以内	起重能力 20 t 以内
			台	台	台	台
预算定额编号	预算定额名称	预算定额单位	数量			
50-12-3-1	起重设备安装 桥式起重机 起重能力 5 t 以内	台	1.0000			
50-12-3-2	起重设备安装 桥式起重机 起重能力 10 t 以内	台		1.0000		
50-12-3-3	起重设备安装 桥式起重机 起重能力 15 t 以内	台			1.0000	
50-12-3-4	起重设备安装 桥式起重机 起重能力 20 t 以内	台				1.0000

工作内容：设备清点、检查，大车架及行走机构安装，小车架及运行机构安装，起重机构安装，操作室、梯子、栏杆、行程限制器及其附件安装，电气设备安装和调整，空载和负荷实验。

定额编号				H-11-3-1	H-11-3-2	H-11-3-3	H-11-3-4
项目				桥式起重机			
				起重能力 5 t 以内	起重能力 10 t 以内	起重能力 15 t 以内	起重能力 20 t 以内
名称			单位	台	台	台	台
人工	00210107	安装工	工日	224.3782	268.0536	297.5595	326.8987
材料	01150103	热轧型钢 综合	kg	107.5000	122.0000	136.5000	151.0000
	14030401	柴油	kg	13.0000	15.0000	17.0000	19.0000
	03130101	电焊条	kg	9.0000	10.0000	11.0000	12.0000
	01290102	热轧钢板 综合	kg	67.0000	76.0000	85.0000	94.0000
	05030121	木板成材	m^3	0.4500	0.5000	0.5500	0.6000
	13010101	调和漆	kg	8.0000	9.0000	10.0000	11.0000
	14090101	黄油	kg	12.5000	14.0000	15.5000	17.0000
	14070101	机油	kg	8.0000	9.0000	10.0000	11.0000
	28030101	绝缘导线	m	35.5000	40.0000	44.5000	49.0000
	34090101	棉纱头	kg	10.5000	12.0000	13.5000	15.0000
	14030101	汽油	kg	6.0000	7.0000	8.0000	9.0000
	14390101	氧气	m^3	9.0000	10.0000	11.0000	12.0000
	14390301	乙炔气	m^3	3.5000	4.0000	4.5000	5.0000
	33332310	钢垫板	kg	33.5000	38.0000	42.5000	47.0000
		其他材料费	%	25.0000	25.0000	25.0000	25.0000
机械	99090350	汽车式起重机 5 t	台班	2.2505	2.5005	2.7506	3.0006
	99070530	载重汽车 5 t	台班	0.9169	1.0002	1.0836	1.1669
	99430300	内燃空气压缩机 9 m^3/min	台班	1.3336	1.5003	1.6670	1.8337
	99091470	电动卷扬机单筒慢速 50 kN	台班	4.3342	4.8343	5.3344	5.8345
	99250020	交流弧焊机 32 kV·A	台班	1.3336	1.5003	1.6670	1.8337
		其他机械费	%	10.0000	10.0000	10.0000	10.0000

工作内容：1，2. 设备清点、检查，大车架及行走机构安装，小车架及运行机构安装，起重机构安装，操作室、梯子、栏杆、行程限制器及其附件安装，电气设备安装和调整，空载和负荷实验。
3，4. 设备清点、检查，行走机构安装，门架安装，起重机构安装，操作室和梯子、栏杆安装，行程限制器及附件安装，电气设备安装和调整，空载和负荷实验。

定　额　编　号			H-11-3-5	H-11-3-6	H-11-3-7	H-11-3-8
项　　目			桥式起重机		门式起重机	
			起重能力 30 t 以内	起重能力 50 t 以内	设备自重 30 t 以内	设备自重 50 t 以内
			台	台	台	台
预算定额编号	预算定额名称	预算定额单位	数　　量			
50-12-3-5	起重设备安装 桥式起重机 起重能力 30 t 以内	台	1.0000			
50-12-3-6	起重设备安装 桥式起重机 起重能力 50 t 以内	台		1.0000		
50-12-3-7	起重设备安装 门式起重机 设备自重 30 t 以内	台			1.0000	
50-12-3-8	起重设备安装 门式起重机 设备自重 50 t 以内	台				1.0000

工作内容： 1，2. 设备清点、检查，大车架及行走机构安装，小车架及运行机构安装，起重机构安装，操作室、梯子、栏杆、行程限制器及其附件安装，电气设备安装和调整，空载和负荷实验。

3，4. 设备清点、检查，行走机构安装，门架安装，起重机构安装，操作室和梯子、栏杆安装，行程限制器及附件安装，电气设备安装和调整，空载和负荷实验。

定额编号				H-11-3-5	H-11-3-6	H-11-3-7	H-11-3-8
项目				桥式起重机		门式起重机	
				起重能力 30 t 以内	起重能力 50 t 以内	设备自重 30 t 以内	设备自重 50 t 以内
名称			单位	台	台	台	台
人工	00210107	安装工	工日	388.4110	479.4292	313.8628	523.1046
材料	01150103	热轧型钢 综合	kg	180.0000	253.0000	252.6000	421.0000
	14030401	柴油	kg	22.0000	32.0000	30.0000	50.0000
	03130101	电焊条	kg	15.0000	21.0000	24.0000	40.0000
	01290102	热轧钢板 综合	kg	112.0000	158.0000	157.8000	263.0000
	05030121	木板成材	m^3	0.7000	0.9000	1.0200	1.7000
	13010101	调和漆	kg	13.0000	18.0000	18.0000	30.0000
	14090101	黄油	kg	20.0000	28.0000	27.0000	45.0000
	14070101	机油	kg	13.0000	19.0000	18.0000	30.0000
	34090101	棉纱头	kg	18.0000	25.0000	24.0000	40.0000
	14030101	汽油	kg	10.0000	15.0000	15.0000	25.0000
	14390101	氧气	m^3	15.0000	21.0000	21.0000	35.0000
	33332310	钢垫板	kg	56.0000	79.0000	77.4000	129.0000
	14390301	乙炔气	m^3	6.0000	9.0000	9.0000	15.0000
	28030101	绝缘导线	m	58.0000	82.0000		
		其他材料费	%	25.0000	25.0000	15.0000	25.0000
机械	99070530	载重汽车 5 t	台班	1.5003	2.0004	2.2004	3.6674
	99090350	汽车式起重机 5 t	台班	3.5007	4.5009		
	99430300	内燃空气压缩机 9 m^3/min	台班	2.1671	2.8339	3.2006	5.3344
	99091470	电动卷扬机单筒慢速 50 kN	台班	7.3348	9.5019	9.5019	15.8365
	99250020	交流弧焊机 32 kV·A	台班	2.1671	2.8339	3.2006	5.3344
	99090300	轮胎式起重机 25 t	台班			2.7005	4.5009
	99090380	汽车式起重机 10 t	台班			1.8004	3.0006
		其他机械费	%	10.0000	10.0000	6.0000	10.0000

工作内容：设备清点、检查，设备本体及附件安装，电气设备安装和调整，空载及负荷试验。

定额编号			H-11-3-9	H-11-3-10	H-11-3-11	H-11-3-12
项目			电动葫芦			
			起重能力 1.0 t 以内	起重能力 3.0 t 以内	起重能力 5.0 t 以内	起重能力 10.0 t 以内
			台	台	台	台
预算定额编号	预算定额名称	预算定额单位	数量			
50-12-3-10	起重设备安装 电动葫芦 起重能力 1.0 t 以内	台	1.0000			
50-12-3-11	起重设备安装 电动葫芦 起重能力 3.0 t 以内	台		1.0000		
50-12-3-12	起重设备安装 电动葫芦 起重能力 5.0 t 以内	台			1.0000	
50-12-3-13	起重设备安装 电动葫芦 起重能力 10.0 t 以内	台				1.0000

工作内容：设备清点、检查，设备本体及附件安装，电气设备安装和调整，空载及负荷试验。

定额编号				H-11-3-9	H-11-3-10	H-11-3-11	H-11-3-12
项目				电动葫芦			
				起重能力 1.0 t 以内	起重能力 3.0 t 以内	起重能力 5.0 t 以内	起重能力 10.0 t 以内
名称			单位	台	台	台	台
人工	00210107	安装工	工日	10.1687	15.1697	21.3376	35.1737
材料	05030121	木板成材	m^3	0.0220	0.0240	0.0230	0.0230
	34110301	电	kW·h	19.2000	19.2000	19.2000	19.2000
	13010101	调和漆	kg	1.0000	1.4000	1.7000	2.0000
	14090101	黄油	kg	1.4500	1.4700	1.4900	1.5000
	14070101	机油	kg	0.9000	0.9000	0.9000	0.9000
	28030101	绝缘导线	m	12.0000	12.0000	12.0000	12.0000
	14030501	煤油	kg	1.6000	1.6000	1.6000	1.6000
	14030101	汽油	kg	0.9000	1.0500	1.2000	1.7300
		其他材料费	%	26.0000	26.0000	26.0000	26.0000
机械	99070530	载重汽车 5 t	台班	0.0750	0.0750	0.1134	0.1500
	99090350	汽车式起重机 5 t	台班	0.0750	0.0750	0.1134	0.1500
	99091470	电动卷扬机单筒慢速 50 kN	台班	0.7502	0.7502	1.1252	1.5003
		其他机械费	%				2.3000

工作内容：基础埋设、轨道校正安装、附件安装、接地连接等。

定　额　编　号			H-11-3-13	H-11-3-14	H-11-3-15	H-11-3-16
项　　目			轨道			
			型号 24 (kg/m)	型号 38 (kg/m)	型号 43 (kg/m)	型号 QU50
			双 10 m	双 10 m	双 10 m	双 10 m
预算定额编号	预算定额名称	预算定额单位	数　　量			
50-12-3-14	起重设备安装 轨道 轨道型号 24(kg/m)	双 10 m	1.0000			
50-12-3-15	起重设备安装 轨道 轨道型号 38(kg/m)	双 10 m		1.0000		
50-12-3-16	起重设备安装 轨道 轨道型号 43(kg/m)	双 10 m			1.0000	
50-12-3-17	起重设备安装 轨道 轨道型号 QU50	双 10 m				1.0000

工作内容：基础埋设、轨道校正安装、附件安装、接地连接等。

定　额　编　号				H-11-3-13	H-11-3-14	H-11-3-15	H-11-3-16
项　　目				轨道			
				型号 24 (kg/m)	型号 38 (kg/m)	型号 43 (kg/m)	型号 QU50
名　　称			单位	双 10 m	双 10 m	双 10 m	双 10 m
人工	00210107	安装工	工日	27.0054	34.6069	38.0076	41.0082
材料	01150103	热轧型钢 综合	kg	25.0000	25.0000	26.7000	30.0000
	03130101	电焊条	kg	4.0000	5.1000	5.4000	6.0000
	01290102	热轧钢板 综合	kg	25.0000	29.5000	31.5000	35.0000
	14390101	氧气	m^3	6.0000	7.6000	8.1000	9.0000
	14390301	乙炔气	m^3	2.6000	3.3000	3.5000	3.9000
		其他材料费	%	6.9000	7.2000	7.5000	7.7000
机械	99090350	汽车式起重机 5 t	台班	0.2334	0.2334	0.2334	0.2334
	99250050	交流弧焊机 50 kV·A	台班	1.0836	1.0836	1.0836	1.0836

工作内容：基础埋设、轨道校正安装、附件安装、接地连接等。

定　额　编　号			H-11-3-17	H-11-3-18	H-11-3-19	H-11-3-20
项　　目			轨道		工字钢轨道	
			型号 QU70	型号 QU80	工字钢型号	
					I18	I22
			双 10 m	双 10 m	10 m	10 m
预算定额编号	预算定额名称	预算定额单位	数　　量			
50-12-3-18	起重设备安装 轨道 轨道型号 QU70	双 10 m	1.0000			
50-12-3-19	起重设备安装 轨道 轨道型号 QU80	双 10 m		1.0000		
50-12-3-20	起重设备安装 工字钢轨道 工字钢型号 I18	10 m			1.0000	
50-12-3-21	起重设备安装 工字钢轨道 工字钢型号 I22	10 m				1.0000

工作内容：基础埋设、轨道校正安装、附件安装、接地连接等。

定　额　编　号				H-11-3-17	H-11-3-18	H-11-3-19	H-11-3-20
项　　目				轨道		工字钢轨道	
				型号 QU70	型号 QU80	工字钢型号	
						I18	I22
名　　称			单位	双 10 m	双 10 m	10 m	10 m
人工	00210107	安装工	工日	44.8090	50.0100	9.0018	10.2020
材料	01150103	热轧型钢 综合	kg	33.0000	35.0000		
	03130101	电焊条	kg	6.6000	8.0000	2.6700	3.9200
	01290102	热轧钢板 综合	kg	38.5000	50.0000	3.4000	4.9000
	14390101	氧气	m^3	9.9000	12.0000	1.3500	1.8000
	14390301	乙炔气	m^3	4.3000	5.2000	0.6000	0.8000
	05030121	木板成材	m^3			0.1000	0.1000
	13010101	调和漆	kg			2.7700	3.2900
		其他材料费	%	4.6000	3.8000	13.7000	15.8000
机械	99090350	汽车式起重机 5 t	台班	0.2334	0.3001		
	99250050	交流弧焊机 50 kV·A	台班	1.0836	1.6670	0.4168	0.5918
	99091470	电动卷扬机单筒慢速 50 kN	台班			0.1734	0.1884
	99190955	摩擦压力机	台班			0.1167	0.1584
		其他机械费	%			21.0000	16.3000

工作内容：1，2. 基础埋设、轨道校正安装、附件安装、接地连接等。
3. 基础埋设、支架安装、滑触线及附件安装、集电器安装、与电缆连接、辅助母线安装。

定额编号			H-11-3-21	H-11-3-22	H-11-3-23
项目			工字钢轨道		滑触线
			工字钢型号		起重能力 50 t 以内
			I28	I36	
			10 m	10 m	三相 10 m
预算定额编号	预算定额名称	预算定额单位	数量		
50-12-3-22	起重设备安装 工字钢轨道 工字钢型号 I28	10 m	1.0000		
50-12-3-23	起重设备安装 工字钢轨道 工字钢型号 I36	10 m		1.0000	
50-12-3-24	起重设备安装 滑触线 起重能力 50t 以内	三相 10 m			1.0000

工作内容：1，2. 基础埋设、轨道校正安装、附件安装、接地连接等。
3. 基础埋设、支架安装、滑触线及附件安装、集电器安装、与电缆连接、辅助母线安装。

定额编号				H-11-3-21	H-11-3-22	H-11-3-23
项目				工字钢轨道		滑触线
				工字钢型号		起重能力 50 t 以内
				I28	I36	
名称			单位	10 m	10 m	三相 10 m
人工	00210107	安装工	工日	11.5023	13.3027	11.0022
材料	01290102	热轧钢板 综合	kg	6.7000	11.3000	
	05030121	木板成材	m^3	0.1000	0.1000	
	13010101	调和漆	kg	3.9300	4.7900	
	03130101	电焊条	kg	4.9500	7.8400	3.5000
	14390101	氧气	m^3	2.2500	2.7000	4.0000
	14390301	乙炔气	m^3	1.0000	1.2000	1.7000
	01150103	热轧型钢 综合	kg			25.0000
		其他材料费	%	18.2000	18.3000	23.9000
机械	99091470	电动卷扬机单筒慢速 50 kN	台班	0.2100	0.2334	
	99190955	摩擦压力机	台班	0.2000	0.2584	
	99250050	交流弧焊机 50 kV·A	台班	0.7418	1.1836	0.5001
	99190270	摇臂钻床 ϕ50	台班			0.4168
		其他机械费	%	13.9000	10.7000	

第十二章　其 他 工 程

说　　明

一、本章定额包括泥结碎石路面、沥青混凝土路面、混凝土路面、预制块路面、拆除工程、滤层、铺设土工织物，共7节内容。

二、路面定额适用于水利工程中闸上公路桥接坡道路、堤顶道路、闸区道路及防汛通道等道路工程。

三、道路面层铺筑厚度均为压实厚度。

四、混凝土路面的钢筋网、传力杆、边缘(角隅)加固筋、纵向拉杆等钢筋均套用路面钢筋定额。

五、铺筑预制块路面按连锁型预制块计入，实际与其不符可进行调整。

六、拆除工程中已包括废料的场内运输，但不包括场外运输，发生时，可另计。废料容重统一按2.2 t/m^3 计算。

七、拆除混凝土结构定额中未考虑用爆破拆除，如发生，另行计算。

八、本定额未包括水中拆除，如需潜水员配合时，另行计算。

工程量计算规则

一、滤层及排水棱体体积按设计断面乘以长度按体积以立方米计算。

二、各类土工布垫层工程量按设计铺设面积以平方米计算。

三、路面工程量计算：

1. 道路面层铺筑按实铺面积以平方米计算，不包括平石面积。
2. 铺筑预制块按设计面积以平方米计算。
3. 混凝土路面钢筋根据设计图纸按重量以吨计算。

四、拆除石砌体及混凝土结构按拆除体积以立方米计算。

第一节　泥结碎石路面

工作内容：1，2. 清扫整理下承层、铺料、整平、调浆、灌浆、撒铺嵌缝料、整形、洒水、碾压、找补。
3. 洒水、铺料、拌和、整平、碾压。

<table>
<tr><td colspan="3">定　额　编　号</td><td>H-12-1-1</td><td>H-12-1-2</td><td>H-12-1-3</td></tr>
<tr><td colspan="3" rowspan="3">项　　目</td><td colspan="2">泥结碎石路面</td><td rowspan="2">级配磨耗层</td></tr>
<tr><td>20 cm</td><td>每增加 1 cm</td></tr>
<tr><td>100 m²</td><td>100 m²</td><td>100 m²</td></tr>
<tr><td>预算定额编号</td><td>预算定额名称</td><td>预算定额单位</td><td colspan="3">数　　量</td></tr>
<tr><td>50-13-1-1</td><td>泥结碎石路面 压实厚度 20 cm</td><td>100 m²</td><td>1.0000</td><td></td><td></td></tr>
<tr><td>50-13-1-2</td><td>泥结碎石路面 每增减 1 cm</td><td>100 m²</td><td></td><td>1.0000</td><td></td></tr>
<tr><td>50-13-1-4</td><td>泥结碎石路面 级配磨耗层 压实厚度 3 cm</td><td>100 m²</td><td></td><td></td><td>1.0000</td></tr>
</table>

工作内容：1，2. 清扫整理下承层、铺料、整平、调浆、灌浆、撒铺嵌缝料、整形、洒水、碾压、找补。
3. 洒水、铺料、拌和、整平、碾压。

<table>
<tr><td colspan="4">定　额　编　号</td><td>H-12-1-1</td><td>H-12-1-2</td><td>H-12-1-3</td></tr>
<tr><td colspan="4" rowspan="2">项　　目</td><td colspan="2">泥结碎石路面</td><td rowspan="2">级配磨耗层</td></tr>
<tr><td>20 cm</td><td>每增加 1 cm</td></tr>
<tr><td colspan="3">名　　称</td><td>单位</td><td>100 m²</td><td>100 m²</td><td>100 m²</td></tr>
<tr><td>人工</td><td>00210103</td><td>综合工</td><td>工日</td><td>8.0240</td><td>0.3740</td><td>2.2610</td></tr>
<tr><td rowspan="5">材料</td><td>04050217</td><td>碎石 5～40</td><td>t</td><td>32.2600</td><td>1.6100</td><td></td></tr>
<tr><td>04070525</td><td>石屑 0～3,0～6</td><td>t</td><td>3.0900</td><td>0.1600</td><td></td></tr>
<tr><td>34110101</td><td>水</td><td>m³</td><td>6.2000</td><td>0.3000</td><td>1.0000</td></tr>
<tr><td>04093502</td><td>黏土</td><td>m³</td><td>(5.8800)</td><td>(0.2900)</td><td>0.8200</td></tr>
<tr><td>04050206</td><td>碎石 3～6</td><td>t</td><td></td><td></td><td>4.9200</td></tr>
<tr><td rowspan="2">机械</td><td>99130120</td><td>内燃光轮压路机 重型</td><td>台班</td><td>0.0900</td><td></td><td></td></tr>
<tr><td>99130110</td><td>内燃光轮压路机 轻型</td><td>台班</td><td>0.0400</td><td></td><td>0.0400</td></tr>
</table>

第二节 沥青混凝土路面

工作内容:清扫浮松杂物、放样、凿边、烘工具、涂乳化沥青、铺筑、碾压、封边及清理场地等。

定额编号			H-12-2-1	H-12-2-2	H-12-2-3	H-12-2-4
项目			沥青混凝土路面			
			粗粒式沥青混凝土(AC-25)		中粒式沥青混凝土(AC-20)	
			8 cm	每增减 1 cm	4 cm	每增减 1 cm
			100 m^2	100 m^2	100 m^2	100 m^2
预算定额编号	预算定额名称	预算定额单位	数量			
50-13-2-1	粗粒式沥青混凝土(AC-25) 8 cm	100 m^2	1.0000			
50-13-2-2	粗粒式沥青混凝土(AC-25) 每增减 1 cm	100 m^2		1.0000		
50-13-2-3	中粒式沥青混凝土(AC-20) 4 cm	100 m^2			1.0000	
50-13-2-4	中粒式沥青混凝土(AC-20) 每增减 1 cm	100 m^2				1.0000

工作内容:清扫浮松杂物、放样、凿边、烘工具、涂乳化沥青、铺筑、碾压、封边及清理场地等。

定额编号				H-12-2-1	H-12-2-2	H-12-2-3	H-12-2-4
项目				沥青混凝土路面			
				粗粒式沥青混凝土(AC-25)		中粒式沥青混凝土(AC-20)	
				8 cm	每增减 1 cm	4 cm	每增减 1 cm
名称			单位	100 m^2	100 m^2	100 m^2	100 m^2
人工	00210103	综合工	工日	1.2070	0.0808	0.9919	0.0833
材料	34110101	水	m^3	0.1375	0.0126	0.0876	0.0126
	14030301	重质柴油	kg	1.2600	0.1575	0.6300	0.1575
	80250526	中粒式沥青混凝土 AC-25	t	19.2038	2.4005		
	80250523	中粒式沥青混凝土 AC-20	t			9.5410	2.3852
		其他材料费	%	0.1200	0.1200	0.1100	0.1100
机械	99130280	钢轮振动压路机 10 t	台班	0.0536	0.0048	0.0357	0.0048
	99130500	沥青混凝土摊铺机(带自动找平) 8 t	台班	0.0498	0.0066	0.0495	0.0135

工作内容: 清扫浮松杂物、放样、凿边、烘工具、涂乳化沥青、遮护各种井盖、铺筑、碾压、封边及清理场地等。

定额编号			H-12-2-5	H-12-2-6
项目			沥青混凝土路面	
			细粒式沥青混凝土(AC-13)	
			3 cm	每增减 1 cm
			100 m^2	100 m^2
预算定额编号	预算定额名称	预算定额单位	数量	
50-13-2-5	细粒式沥青混凝土(AC-13) 3 cm	100 m^2	1.0000	
50-13-2-6	细粒式沥青混凝土(AC-13) 每增减 1 cm	100 m^2		1.0000

工作内容: 清扫浮松杂物、放样、凿边、烘工具、涂乳化沥青、遮护各种井盖、铺筑、碾压、封边及清理场地等。

定额编号				H-12-2-5	H-12-2-6
项目				沥青混凝土路面	
				细粒式沥青混凝土(AC-13)	
				3 cm	每增减 1 cm
名称			单位	100 m^2	100 m^2
人工	00210103	综合工	工日	0.9378	0.0255
材料	34110101	水	m^3	0.1051	0.0252
	80250311	细粒式沥青混凝土 AC-13	t	7.0035	2.3345
	14030301	重质柴油	kg	0.4724	0.1680
		其他材料费	%	0.1100	0.1100
机械	99130280	钢轮振动压路机 10 t	台班	0.0357	0.0048
	99130500	沥青混凝土摊铺机(带自动找平) 8 t	台班	0.0319	0.0072

第三节 混凝土路面

工作内容:1，2. 制作模板、放样、安装模板、刷油、基层洒水、涂脱模剂、浇筑、抹平、切缝、灌缝、养护、模板拆除、机械锯改、清理场地、模板修理及整堆。

3. 钢筋除锈、制作、运输、安装、绑扎、焊接、清理。

定额编号			H-12-3-1	H-12-3-2	H-12-3-3
项目			混凝土路面		
			厚 22 cm	每增减 1 cm	钢筋
			100 m^2	100 m^2	t
预算定额编号	预算定额名称	预算定额单位	数量		
50-13-3-1	混凝土路面 厚 22 cm	100 m^2	1.0000		
50-13-3-5	混凝土路面 锯纹	100 m^2	1.0000		
50-14-10-52	现浇混凝土模板 混凝土路面	m^2	16.3200	0.7400	
50-13-3-2	混凝土路面 每增减 1 cm	100 m^2		1.0000	
50-13-3-4	混凝土路面 钢筋网	t			1.0000

工作内容：1，2. 制作模板、放样、安装模板、刷油、基层洒水、涂脱模剂、浇筑、抹平、切缝、灌缝、养护、模板拆除、机械锯改、清理场地、模板修理及整堆。

3. 钢筋除锈、制作、运输、安装、绑扎、焊接、清理。

定额编号				H-12-3-1	H-12-3-2	H-12-3-3
项目				混凝土路面		
				厚 22 cm	每增减 1 cm	钢筋
名称			单位	100 m^2	100 m^2	t
人工	00210103	综合工	工日	12.4554	0.2987	10.0990
材料	15130216	泡沫条 ϕ30	m	15.4675		
	05150101	木丝板	m^2	2.7833	0.1540	
	15130214	泡沫条 ϕ8	m	20.9021		
	03210901	切缝机刀片	片	0.0190		
	13310401	石油沥青	kg	26.7827	0.8241	
	14412911	PG 道路封缝胶	kg	18.4675		
	34110101	水	m^3	16.6744	0.4305	
	36030252	涤纶针刺土工布 200 g/m^2	m^2	35.0035		
	80210501	预拌混凝土(非泵送型)	m^3	22.2222	1.0101	
	03210902	锯纹机刀片	片	0.8333		
	35020401	钢模零配件	kg	38.6784	1.7538	
	03154701	金属帽	个	32.6400	1.4800	
	35010101	钢模板	kg	10.7989	0.4897	
	35010703	木模板成材	m^3	0.0065	0.0003	
	03150101	圆钉	kg	0.2171	0.0098	
	03152501	镀锌铁丝	kg			4.0000
	03130101	电焊条	kg			0.3361
	01010101	钢筋 综合	t			1.0250
机械	99430200	电动空气压缩机 0.6 m^3/min	台班	0.0331		
	99190010	混凝土磨光机	台班	0.6667		
	99050870	混凝土切缝机	台班	0.1382		
	99050930	混凝土振捣器 插入式	台班	1.4667	0.0667	
	99050940	混凝土振捣器 平板式	台班	0.7333	0.0333	
	99050980	混凝土振动梁	台班	0.6667		
	99130600	混凝土路面刻槽机	台班	0.5500		
	99070540	载重汽车 6 t	台班	0.0228	0.0010	
	99090360	汽车式起重机 8 t	台班	0.0131	0.0006	
	99210010	木工圆锯机 ϕ500	台班	0.7132	0.0323	
	99210060	木工平刨床 刨削宽度 300	台班	0.7132	0.0323	
	99170030	钢筋切断机 ϕ40	台班			0.0288
	99170050	钢筋弯曲机 ϕ40	台班			0.0480
	99250020	交流弧焊机 32 kV·A	台班			0.1230

第四节 预 制 块 路 面

工作内容：放样、铺砂垫层、铺砌、扫缝、清理场地。

定 额 编 号			H-12-4-1	H-12-4-2	H-12-4-3
项 目			铺砌预制块（干拌水泥黄砂）	铺砌预制块（黄砂）	铺筑预制混凝土人行道板
			100 m^2	100 m^2	100 m^2
预算定额编号	预算定额名称	预算定额单位	数 量		
50-13-4-3	预制块路面 铺筑连锁型预制块干拌水泥黄砂	100 m^2	1.0000		
50-13-4-4	预制块路面 铺筑连锁型预制块黄砂	100 m^2		1.0000	
50-13-4-5	预制块路面 铺筑预制混凝土人行道板	100 m^2			1.0000

工作内容：放样、铺砂垫层、铺砌、扫缝、清理场地。

定 额 编 号				H-12-4-1	H-12-4-2	H-12-4-3
项 目				铺砌预制块（干拌水泥黄砂）	铺砌预制块（黄砂）	铺筑预制混凝土人行道板
名 称			单位	100 m^2	100 m^2	100 m^2
人工	00210103	综合工	工日	13.9069	9.1808	5.8396
材料	04030115	黄砂 中粗	t	0.7429	5.9449	9.8592
	36050902	连锁型预制块	m^2	102.0000	102.0000	
	80060113	干混砌筑砂浆 DM M10.0	m^3	3.0750		
	36050101	预制混凝土人行道板	m^2			104.0000

第五节　拆 除 工 程

工作内容：1．拆除砖结构、清理、现场将旧料分类就近堆放、旧料场内运输。
2，3．拆除块石结构、清理现场、旧料场内运输。
4．拆除混凝土结构、旧料场内运输、清理现场等。

定　额　编　号			H-12-5-1	H-12-5-2	H-12-5-3	H-12-5-4
项　　目			人工拆除		拆除浆、灌砌块石	拆除混凝土结构
			拆除砖结构	拆除干砌块石		
			m^3	m^3	m^3	m^3
预算定额编号	预算定额名称	预算定额单位	数　　量			
50-13-6-1	人工拆除 拆除砖结构	m^3	1.0000			
50-13-6-2	人工拆除 拆除干砌块石	m^3		1.0000		
50-13-6-3	拆除工程 拆除浆、灌砌石	m^3			1.0000	
50-13-6-4	拆除工程 拆除混凝土结构	m^3				1.0000

工作内容：1．拆除砖结构、清理、现场将旧料分类就近堆放、旧料场内运输。
2，3．拆除块石结构、清理现场、旧料场内运输。
4．拆除混凝土结构、旧料场内运输、清理现场等。

定　额　编　号				H-12-5-1	H-12-5-2	H-12-5-3	H-12-5-4
项　　目				人工拆除		拆除浆、灌砌块石	拆除混凝土结构
				拆除砖结构	拆除干砌块石		
名　　称			单位	m^3	m^3	m^3	m^3
人工	00210103	综合工	工日	0.9377	0.6174	0.8078	0.7128
材料	03211101	风镐凿子	根			0.3000	0.2400
	03211121	破碎锤钎杆 ϕ140	根				0.0014
		其他材料费	%				2.0000
机械	99330010	风镐	台班			0.2608	0.1691
	99430290	内燃空气压缩机 6 m^3/min	台班			0.1304	0.0846
	99010060	履带式单斗液压挖掘机 1 m^3	台班				0.0322
	99010610	液压镐头	台班				0.0217

工作内容：1. 拆除钢筋混凝土结构、旧料场内运输、清理现场等。
2，3. 挖捞石、抬运、堆存。

定额编号			H-12-5-5	H-12-5-6	H-12-5-7
项目			拆除钢筋混凝土结构	人工滩地捞石	
				运距 30 m	每增运 10 m
			m^3	m^3	m^3
预算定额编号	预算定额名称	预算定额单位	数量		
50-13-6-5	拆除工程 拆除钢筋混凝土	m^3	1.0000		
50-13-6-8	拆除工程 人工滩地捞石 运距 30 m	m^3		1.0000	
50-13-6-9	拆除工程 人工滩地捞石 每增运 10 m	m^3			1.0000

工作内容：1. 拆除钢筋混凝土结构、旧料场内运输、清理现场等。
2，3. 挖捞石、抬运、堆存。

定额编号				H-12-5-5	H-12-5-6	H-12-5-7
项目				拆除钢筋混凝土结构	人工滩地捞石	
					运距 30 m	每增运 10 m
名称			单位	m^3	m^3	m^3
人工	00210103	综合工	工日	1.1533	0.6514	0.0723
材料	03211101	风镐凿子	根	0.2800		
	03211121	破碎锤钎杆 ϕ140	根	0.0035		
	14390101	氧气	m^3	0.3661		
	14390301	乙炔气	m^3	0.1431		
		其他材料费	%	5.0000		
机械	99330010	风镐	台班	0.2508		
	99010060	履带式单斗液压挖掘机 1 m^3	台班	0.0597		
	99010610	液压镐头	台班	0.0442		
	99430290	内燃空气压缩机 6 m^3/min	台班	0.1254		

第六节 滤 层

工作内容：1. 筛选砂石、分层铺填、夯实、整平、材料场内运输。
2，3. 筛选砂石、装袋、缝口、堆筑、材料运输。
4. 筛选砂石、分层铺填、堆筑、材料场内运输。

定额编号			H-12-6-1	H-12-6-2	H-12-6-3	H-12-6-4
项目			反滤层	袋装碎石垫层	袋装砂垫层	排水棱体 土工布包碎石
			m^3	m^3	m^3	m^3
预算定额编号	预算定额名称	预算定额单位	数量			
50-13-7-1	反滤层	m^3	1.0000			
50-13-7-2	袋装碎石滤层	m^3		1.0000		
50-13-7-3	袋装砂滤层	m^3			1.0000	
50-13-7-4	滤层 排水棱体 土工布包碎石	m^3				1.0000

工作内容：1. 筛选砂石、分层铺填、夯实、整平、材料场内运输。
2，3. 筛选砂石、装袋、缝口、堆筑、材料运输。
4. 筛选砂石、分层铺填、堆筑、材料场内运输。

定额编号				H-12-6-1	H-12-6-2	H-12-6-3	H-12-6-4
项目				反滤层	袋装碎石垫层	袋装砂垫层	排水棱体 土工布包碎石
名称			单位	m^3	m^3	m^3	m^3
人工	00210103	综合工	工日	0.8906	0.9756	0.9756	0.8347
材料	04030115	黄砂 中粗	t	0.6450		1.5558	
	04050217	碎石 5～40	t	1.1000	1.5484		1.5484
	02190201	尼龙绳	kg		0.0220	0.0220	
	36030261	编织布	m^2				14.1600
	02311201	聚丙烯编织袋	只		40.2584	40.4508	
		其他材料费	%	1.5800	1.5800	1.5800	1.8500

工作内容：筛选砂石、分层铺填、堆筑、材料场内运输。

定额编号			H-12-6-5
项目			排水棱体
			土工布包碎石、砂
			m^3
预算定额编号	预算定额名称	预算定额单位	数量
50-13-7-5	滤层 排水棱体 土工布包碎石、砂	m^3	1.0000

工作内容：筛选砂石、分层铺填、堆筑、材料场内运输。

定额编号				H-12-6-5
项目				排水棱体
				土工布包碎石、砂
名称			单位	m^3
人工	00210103	综合工	工日	1.1235
材料	36030261	编织布	m^2	14.1600
	04030115	黄砂 中粗	t	0.7379
	04050217	碎石 5～40	t	1.2342
		其他材料费	%	1.8500

第七节　铺设土工织物

工作内容: 1，2. 粘接拼宽、场内运输、铺设、粘接压缝等。
3，4. 断料、拼接、缝制、编织布叠缝、铺设、固定。

定额编号			H-12-7-1	H-12-7-2	H-12-7-3	H-12-7-4
项目			塑料薄膜铺设	土工膜铺设	编织布垫层 陆上、滩地铺设 双层	编织布垫层 陆上、滩地铺设 单层
			m^2	m^2	m^2	m^2
预算定额编号	预算定额名称	预算定额单位	数量			
50-13-8-1	铺设土工织物 塑料薄膜铺设 平铺	m^2	0.2500			
50-13-8-2	铺设土工织物 塑料薄膜铺设 斜铺	m^2	0.7500			
50-13-8-3	铺设土工织物 土工膜铺设 平铺	m^2		0.2500		
50-13-8-4	铺设土工织物 土工膜铺设 斜铺	m^2		0.7500		
50-13-8-5	铺设土工织物 编织布垫层 陆上、滩地铺设 双层	m^2			1.0000	
50-13-8-6	铺设土工织物 编织布垫层 陆上、滩地铺设 单层	m^2				1.0000

工作内容: 1，2. 粘接拼宽、场内运输、铺设、粘接压缝等。
3，4. 断料、拼接、缝制、编织布叠缝、铺设、固定。

定额编号				H-12-7-1	H-12-7-2	H-12-7-3	H-12-7-4
项目				塑料薄膜铺设	土工膜铺设	编织布垫层 陆上、滩地铺设 双层	编织布垫层 陆上、滩地铺设 单层
名称			单位	m^2	m^2	m^2	m^2
人工	00210103	综合工	工日	0.0091	0.0291	0.0170	0.0113
材料	02090101	塑料薄膜	m^2	1.1300			
	36030221	复合土工布	m^2		1.0600		
	14414005	热熔土工膜胶 KS	kg		0.0200		
	36030261	编织布	m^2			2.3600	1.1800
		其他材料费	%	0.5000	1.0000	6.9900	6.9900

工作内容：1，2. 断料、拼接、缝制、编织布叠缝、铺设、沉放、压石。
3. 断料、拼接、缝制、无纺布叠缝、铺设、固定。
4. 断料、拼接、缝制、无纺布叠缝、铺设、沉放。

定额编号			H-12-7-5	H-12-7-6	H-12-7-7	H-12-7-8
项目			编织布垫层、滤层		无纺布垫层	
			船上铺设		陆上、滩地铺设	船铺
			双层	单层		
			m^2	m^2	m^2	m^2
预算定额编号	预算定额名称	预算定额单位	数量			
50-13-8-7	铺设土工织物 编织布垫层、滤层 船上铺设 双层	m^2	1.0000			
50-13-8-8	铺设土工织物 编织布垫层、滤层 船上铺设 单层	m^2		1.0000		
50-13-8-9	铺设土工织物 无纺布垫层 陆上、滩地铺设	m^2			1.0000	
50-13-8-10	铺设土工织物 无纺布垫层 船铺	m^2				1.0000

工作内容：1，2. 断料、拼接、缝制、编织布叠缝、铺设、沉放、压石。
3. 断料、拼接、缝制、无纺布叠缝、铺设、固定。
4. 断料、拼接、缝制、无纺布叠缝、铺设、沉放。

定额编号				H-12-7-5	H-12-7-6	H-12-7-7	H-12-7-8
项目				编织布垫层、滤层		无纺布垫层	
				船上铺设		陆上、滩地铺设	船铺
				双层	单层		
名称			单位	m^2	m^2	m^2	m^2
人工	00210103	综合工	工日	0.0850	0.0567	0.0123	0.0612
材料	02190201	尼龙绳	kg	0.0631	0.0631		0.0631
	36030201	土工布	m^2	2.6000	1.3000		
	02310101	无纺布	m^2			1.1800	1.3000
		其他材料费	%	1.8000	1.8000	3.1800	1.0500
机械	99410320	锚艇 35 kW	艘班	0.0150	0.0150		0.0150
	99410525	铁驳船 50 t	艘班	0.0050	0.0050		0.0050

工作内容：1. 断料、铺设、固定。
2. 断料、铺设、固定、沉放。

定额编号			H-12-7-9	H-12-7-10
项目			土工格栅	
			人工铺	船铺
			m^2	m^2
预算定额编号	预算定额名称	预算定额单位	数量	
50-13-8-11	铺设土工织物 土工格栅 人工铺	m^2	1.0000	
50-13-8-12	铺设土工织物 土工格栅 船铺	m^2		1.0000

工作内容：1. 断料、铺设、固定。
2. 断料、铺设、固定、沉放。

定额编号				H-12-7-9	H-12-7-10
项目				土工格栅	
				人工铺	船铺
名称			单位	m^2	m^2
人工	00210103	综合工	工日	0.0118	0.0590
材料	36030301	土工格栅	m^2	1.1300	1.1865
	02190201	尼龙绳	kg		0.0631
		其他材料费	%	5.0850	1.4250
机械	99410320	锚艇 35 kW	艘班		0.0150
	99410525	铁驳船 50 t	艘班		0.0050

第十三章　措 施 工 程

说 明

一、本章定额包括袋装土围堰，圆木桩围堰，钢板桩围堰，拉森钢板桩围堰，筑排泥场围堰，砖砌围堰，拦河土坝，明排水，井点降水，搭、拆工作平台，施工便道、便桥，共11节内容。

二、施工围堰

1. 围堰形式的选择

围堰可分为拦河围堰和沿江河围堰。与水流方向垂直的围堰称拦河围堰，主围堰与水流方向平行的围堰称沿江河围堰。

(1) 沿江河围堰根据围堰高度选择形式和相应断面尺寸，见表13-1。

表13-1 沿江河围堰形式和断面尺寸

围堰高(m)	选择形式	围堰断面尺寸(m)
1.00～3.00	袋装土围堰	顶宽1.5，边坡：内侧1∶1，外侧临水面1∶1.5
3.01～5.00	圆木桩围堰	坝身宽2.50
4.01～6.00	钢板桩围堰	坝身宽3.00
6.00以上	拉森钢板桩围堰	坝身宽3.35

注：1. 围堰高=(当地施工期的最高潮水位－设计图的实测围堰中心河床底高程)+0.5 m。

2. 围堰中心河床底高程是指构筑物基础底的外边线增加0.5 m，以1∶1的坡线与原河床线的交点向外平移0.3 m为围堰内侧(或围堰内坡脚)，再增加围堰底宽一半处的原河床底高程即为围堰中心河床底高程，见图13-1。

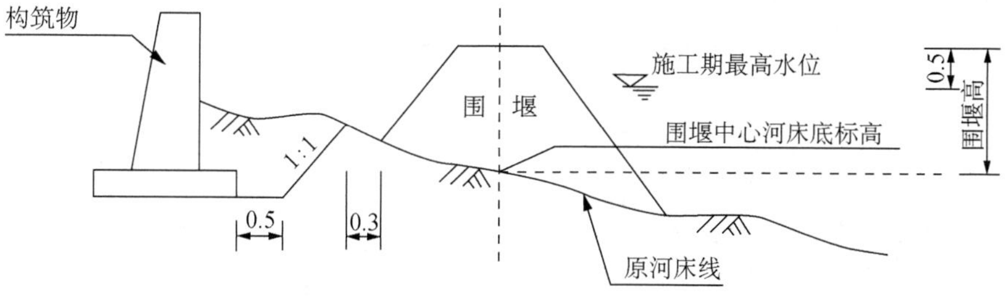

图13-1 围堰剖面示意图(单位：m)

(2) 拦河围堰形式由设计确定。

(3) 特殊条件下选择围堰形式的规定：

① 遇有航运要求的河道，选择围堰形式时首先应考虑不影响河道航运。

② 河床坡度陡于1∶1或河床坡度有突变者以及河水流速大于2 m/s时，应视不同施工方法决定围堰形式。

2. 筑拆围堰定额中已包括组装、拆卸船排和桩架的工作内容。

3. 沿江河围堰定额中已包括土方的场内运输，拦河围堰定额中未包括土方的场内运输。围堰缺土需另行计算。

4. 筑、拆拦河土坝中的草袋围堰、编织袋围堰是指土坝迎水面的保护体结构。

5. 筑排泥场围堰定额适用于现场取土筑围堰，土方的场内运输已包含在定额中。如采用外来土方，则土方来源费另行计算。

三、施工排水

1. 施工排水有明排水和井点降水两种。其中，明排水分为抽水和坑内排水。

2. 井点降水的适用范围

当开挖深度在 3 m 以上，根据地质钻探和土质分析报告，遇到下列情况会产生流砂现象时，可采用井点降水：

(1) 土壤组成颗粒中，黏土含量＜10%，粉砂含量＞75%；

(2) 土壤不均匀系数 $D_{60}/D_{10}<5$（D_{60}—限定颗粒，D_{10}—有效颗粒）；

(3) 土壤含水量＞30%；

(4) 土壤孔隙率＞43%或土壤孔隙比＞0.75；

(5) 在黏性土层中夹薄层粉砂，其厚度超过 25 cm。

3. 开挖深度（从原地面至沟槽或基坑底面）在 6 m 以内时，采用轻型井点；开挖深度在 6 m 以上时，采用喷射井点；采用其他类型井点时，应按施工组织设计执行。

4. 当采用其他施工技术措施能起隔水帷幕作用时，不再计算井点降水费用。

5. 定额中井管长度包括滤网在内，并已包括观测孔。定额中未包括挖槽工作内容，可另行计算。

6. 采用井点降水后，不再计取坑内排水费。

四、打桩工作平台

1. 打桩工作平台适用于陆上、支架上打桩及钻孔桩。工作平台分陆上与水上两种，其划分范围如下：

(1) 水上工作平台：凡从河道原有河岸线向陆地延伸 2.5 m 范围均属水上工作平台，但不包括护岸斜坡段。

护岸斜坡段入桩位置处距离常水位平均水深超过 2 m 时，套用水上工作平台定额，平均水深低于 2 m 时，按水上工作平台定额的 50%计算。

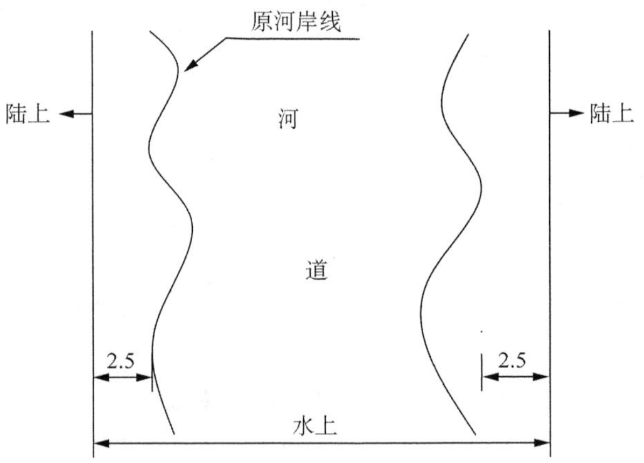

图 13-2　水上工作平台（单位：m）

(2) 陆上工作平台：水上工作平台范围以外的陆地部分，均属陆上工作平台，但不包括河塘坑洼地段。

在河塘坑洼地段，平均水深超过 2 m 时，套用水上工作平台定额；平均水深在 1～2 m 范围内时，按水上工作平台定额的 50%计算；平均水深在 1 m 以内时，按陆上工作平台计算。

(3) 在拦河围堰内施工的桩基工程（除斜坡上护岸桩基外），均按陆上工作平台计算。

2. 打桩工作平台应根据相应的打桩定额中柴油打桩机的锤重进行选择。对钻孔灌注桩的工作平台，孔径 $\phi \leqslant 1\ 000$ mm 时，套用锤重 $\leqslant 2.5$ t 的桩基础工作平台；孔径 $\phi > 1\ 000$ mm 时，套用锤重 $\leqslant 4.0$ t 的桩基础工作平台。当钻孔灌注桩采用硬地法施工时，按施工组织设计另行计算，陆上工作平台不再计算；若原有道路可利用时，则不计陆上工作平台。

3. 搭、拆水上工作平台定额中已综合考虑了组装、拆卸船排，组装、拆卸打拔桩架等工作内容。

4. 搭、拆水上工作平台定额适用于水深 3 m 以内；若水深超过 3 m，应另行计算。

五、便道及便桥

1. 普通便桥适用于跨河道或沟槽宽度大于 5 m 的临时便桥。

2. 机动车道普通便桥适用于汽－10 以下的车辆通行。

3. 新建防汛墙基础内侧(背水侧)距原有道路边 30 m 以上时,可按规定计算修筑施工临时便道。原有道路不能满足运输工程材料需要需加固拓宽时,另行计算。

4. 施工便道结构分 20 cm 厚道碴及 20 cm 厚商品混凝土两种,实际结构不同时,应按实调整。

工程量计算规则

一、围堰工程量计算

沿江河围堰工程量:筑拆按围堰长度以米计算;使用按围堰长度乘以使用天数计算;养护或使用养护按围堰长度乘以养护或使用养护次数(一个汛期 15 天为 1 次)计算。

拦河土坝工程量:按围堰实体积计算。

1. 沿江河围堰长度计算

$$L = L_1 + 2 \times (L_2 + L_3 + L_4)$$

式中:L_1 为构筑物基础长度(m),L_2 为构筑物基础端边到坝体内侧距离(m),L_3 为坝体的内侧至坝中的距离(m),L_4 为平行构筑物基础的坝体底部(坝中)与岸边的衔接距离(m),见图 13-3。

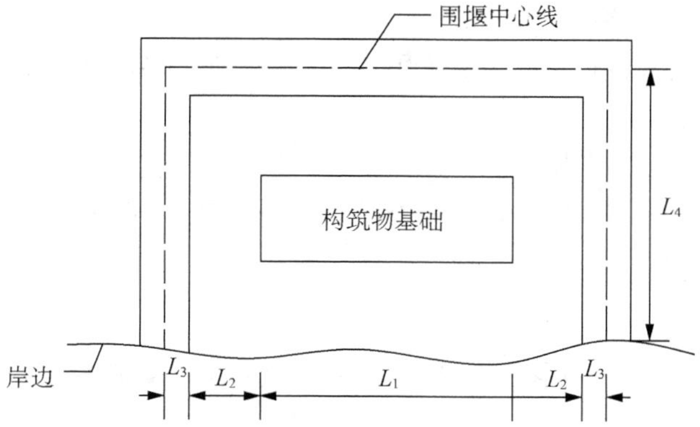

图 13-3　围堰平面示意图(单位:m)

当平行构筑物的围堰长度大于 100 m 时,以 100 m 长为准可设腰围堰一道,而后每 50 m 另增一道,均以袋装土围堰计算。

2. 拦河围堰长度和高度计算

拦河围堰长度和高度按初步设计图纸计算。

3. 围堰的使用养护次数

(1) 拦河围堰一般用于水闸、泵站等水工建筑物,其使用养护次数由施工组织设计确定,一般为主体结构的施工工期(天数)除以 15 天计算。

(2) 沿江河围堰一般用于驳岸、防汛墙、桥台、海塘堤岸等工程施工。其使用养护次数规定如下:

① 新建、翻建、改建结构工程,围堰使用养护次数均为 2 次;

② 驳岸、防汛墙工程采用高桩承台结构形式时不考虑围堰,但如需拆除原驳岸、防汛墙,其临时围堰使用养护次数为 1 次。

4. 筑沿江河围堰缺土数量计算

(1) 围堰长度在 150 m 以内时,缺土(外来土方)数量按下式计算:

缺土数量＝围堰需要土方数量－本地可利用的土方数量

(2) 当围堰长度大于 150 m 时，其中 150 m 长的缺土数量按上式计算，超出 150 m 部分的缺土数量，则按超出长度的围堰需要土方数量的 50%计算。如有可利用的土方，则不再计算。

5. 筑拦河围堰缺土数量计算

缺土数量＝围堰需要土方数量－本地可利用的土方数量

6. 围堰需要土方数量(自然方)可按定额规定计算。

7. 排泥场围堰：如有设计图纸(包括施工组织设计)，则按设计图示尺寸计算；如无设计图纸，则按顶宽 1.0 m，边坡：内侧 1：1.5，外侧 1：1 计算；长度按围堰中心线长度计算。工程量按断面面积乘以长度以体积计算。

二、施工排水工程量计算

1. 抽水

抽水量根据筑坝时实测水量按体积以立方米计算。施工期流入坝内的水量按施工组织设计划定的集水面积乘以施工期平均降雨量按体积以立方米计算。

2. 坑内排水

(1) 工程量按基坑及沟渠槽常水位以下的开挖土方数量以立方米计算。

(2) 护砌开挖及田间管道工程一般不计坑内排水。

3. 井点降水

(1) 轻型井点管间距为 1.2 m，以 50 根井管、相应总管 60 m 及排水设备为 1 套。

(2) 喷射井点管间距为 2.5 m，以 30 根井管、相应总管 75 m 及排水设备为 1 套。

(3) 井点布置按初步设计图纸确定。

(4) 井点使用天数：水闸、泵站工程(包括上下游防冲槽之间的结构)按 45 天使用期计；引航道(防冲槽以外)工程按 30 天使用期计。

(5) 驳岸、防汛墙工程一般不采用井点降水。

(6) 井点使用定额计量单位为套·天。累计尾数不足 1 套时计作 1 套，一天按 24h 计。

三、打桩工作平台工程量计算

1. 水闸、套闸、泵站底板打桩

$$F=(B+2)\times(L+2)\quad\text{(满堂桩基础)}$$

式中：B——底板净宽(m)；

L——底板净长(m)。

或

$$F=6.5\times L\quad\text{(}L\text{ 为底板封闭板桩周长)}$$

2. 驳岸、防汛墙、岸墙、翼墙打桩　　$F=(6.5+D)\times(L+6)$

3. 桥梁打桩　　$F=N_1F_1+N_2F_2$

每座桥台(桥墩)　　$F_1=(5.5+A+2.5)\times(6.5+D)$

每条通道　　$F_2=6.5\times[L-(6.5+D)]$

4. 钻孔灌注桩　　$F=N_1F_1+N_2F_2$

每座桥台(桥墩)　　$F_1=(A+6.5)\times(6.5+D)$

每条通道　　$F_2=6.5\times[L-(6.5+D)]$

上列公式中(除注明外)：

F——工作平台总面积；

F_1——每座桥台(桥墩)工作平台面积；

F_2——桥台至桥墩间或桥墩至桥墩间通道工作平台面积；

N_1——桥台和桥墩总数量；

N_2——通道总数量；

D——两排桩之间的中心距离(m)；

L——桥梁跨径或驳岸、防汛墙、岸墙、翼墙、护岸的第一根桩中心至最后一根桩中心之间的距离(m)；

A——桥台(桥墩)每排桩的第一根桩中心至最后一根桩中心之间的距离(m)。

工作平台面积计算图如图 13-4 所示。

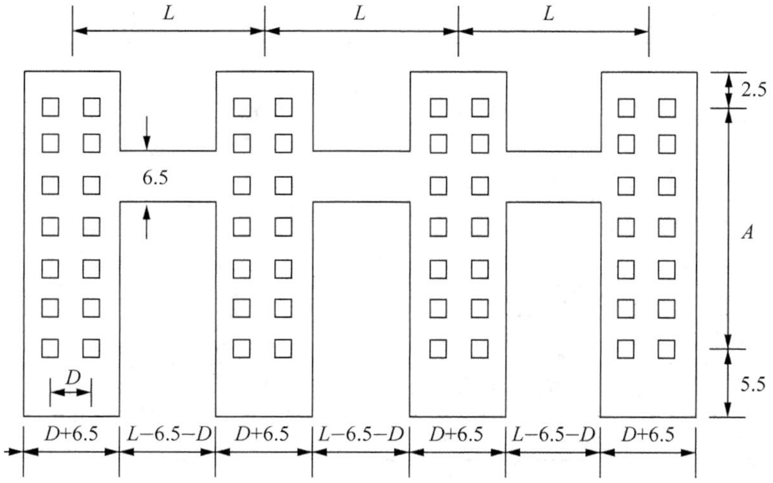

图 13-4 工作平台面积计算图(单位:m)

四、便道、便桥工程量计算

1. 普通便桥工程量按便桥桥面面积计算。

2. 施工便道面积计算规定:

(1) 便道长度:泵站、套闸、节制闸、涵洞等水工构筑物,可按基坑开挖边坡上边缘周长计算;驳岸、防汛墙工程按岸线长度计算。

(2) 便道宽度:泵站、套闸、节制闸、涵洞等水工构筑物,便道宽度取 4 m;驳岸、防汛墙工程便道宽度取 3 m。

(3) 新修筑便道面积按上述规定计算,当结合新建道路设计线(如防汛墙抢险通道等)筑便道时,便道工程量按上述规定面积的 50%计算。

第一节　袋装土围堰

工作内容：1，3. 挖土、装土、清理基底、筑围堰夯实、拆围堰、材料运输等。
2，4. 围堰检查巡查，必要的加高加固等。

定　额　编　号			H-13-1-1	H-13-1-2	H-13-1-3	H-13-1-4
项　　目			高 1 m 以内		高 2 m 以内	
			筑、拆	养护	筑、拆	养护
			m	米・次	m	米・次
预算定额编号	预算定额名称	预算定额单位	数　量			
50-14-1-1	袋装土围堰 高 1 m 以内 筑、拆	m	1.0000			
50-14-1-2	袋装土围堰 高 1 m 以内 养护	米・次		1.0000		
50-14-1-3	袋装土围堰 高 2 m 以内 筑、拆	m			1.0000	
50-14-1-4	袋装土围堰 高 2 m 以内 养护	米・次				1.0000

工作内容：1，3. 挖土、装土、清理基底、筑围堰夯实、拆围堰、材料运输等。
2，4. 围堰检查巡查，必要的加高加固等。

定　额　编　号				H-13-1-1	H-13-1-2	H-13-1-3	H-13-1-4
项　　目				高 1 m 以内		高 2 m 以内	
				筑、拆	养护	筑、拆	养护
名　　称			单位	m	米・次	m	米・次
人工	00210103	综合工	工日	4.6938	0.1210	14.7018	0.1540
材料	02311201	聚丙烯编织袋	只	11.5825	1.0000	33.7064	2.0000
	03152501	镀锌铁丝	kg	0.1751	0.0150	0.5047	0.0300
	04093502	黏土	m^3	(2.8677)	(0.0303)	(8.3414)	(0.0682)
机械	99440010	电动单级离心清水泵 ϕ50	台班		0.2000		0.2000

工作内容:1. 挖土、装土、清理基底、筑围堰夯实、拆围堰、材料运输等。
2. 围堰检查巡查,必要的加高加固等。

定 额 编 号			H-13-1-5	H-13-1-6
项 目			高 3 m 以内	
			筑、拆	养护
			m	米·次
预算定额编号	预算定额名称	预算定额单位	数 量	
50-14-1-5	袋装土围堰 高 3 m 以内 筑、拆	m	1.0000	
50-14-1-6	袋装土围堰 高 3 m 以内 养护	米·次		1.0000

工作内容:1. 挖土、装土、清理基底、筑围堰夯实、拆围堰、材料运输等。
2. 围堰检查巡查,必要的加高加固等。

定 额 编 号				H-13-1-5	H-13-1-6
项 目				高 3 m 以内	
				筑、拆	养护
名 称			单位	m	米·次
人工	00210103	综合工	工日	31.2472	0.3520
材料	02311201	聚丙烯编织袋	只	66.3572	4.0000
	03152501	镀锌铁丝	kg	0.9991	0.0600
	04093502	黏土	m^3	(16.4155)	(0.1288)
机械	99440010	电动单级离心清水泵 $\phi50$	台班		0.4000

第二节 圆木桩围堰

工作内容：1，3. 组装、拆卸船排，组装、拆卸柴油打桩机，打、拔圆木桩，安、拆围檩、拉杆，挂、拆篱笆草片，筑拆围堰，材料运输等全部操作过程。

2，4. 围堰检查巡查，必要的加高加固等。

定额编号			H-13-2-1	H-13-2-2	H-13-2-3	H-13-2-4
项目			高 3 m 以内		高 4 m 以内	
			筑、拆	养护	筑、拆	养护
			m	米·次	m	米·次
预算定额编号	预算定额名称	预算定额单位	数量			
50-14-2-1	圆木桩围堰 高 3 m 以内 筑、拆	m	1.0000			
50-14-2-2	圆木桩围堰 高 3 m 以内 养护	米·次		1.0000		
50-14-2-3	圆木桩围堰 高 4 m 以内 筑、拆	m			1.0000	
50-14-2-4	圆木桩围堰 高 4 m 以内 养护	米·次				1.0000

工作内容：1，3. 组装、拆卸船排，组装、拆卸柴油打桩机，打、拔圆木桩，安、拆围檩、拉杆，挂、拆篱笆草片，筑拆围堰，材料运输等全部操作过程。

2，4. 围堰检查巡查，必要的加高加固等。

定额编号				H-13-2-1	H-13-2-2	H-13-2-3	H-13-2-4
项目				高 3 m 以内		高 4 m 以内	
				筑、拆	养护	筑、拆	养护
名称			单位	m	米·次	m	米·次
人工	00210103	综合工	工日	10.9140	0.8415	14.7520	0.9911
材料	02291501	白棕绳	kg	0.8137		1.1330	
	02311201	聚丙烯编织袋	只	7.7064	2.0000	10.2752	4.0000
	03152501	镀锌铁丝	kg	1.1443	0.0300	1.7036	0.0600
	03154813	铁件	kg	2.8866		5.7722	
	04093502	黏土	m^3	(10.1973)	(0.0682)	(14.3489)	(0.1288)
	05030011	圆木	m^3	0.0561		0.0823	
	05031801	枕木	m^3	0.0074		0.0074	
	05330101	竹笆	m^2	6.2400		8.3200	
	35091901	钢桩帽摊销	kg	0.4240		0.5936	
		其他材料费	%	0.1000		0.1000	
机械	99030080	轨道式柴油打桩机 0.6 t	台班	0.1000		0.1100	
	99090360	汽车式起重机 8 t	台班	0.0142		0.0142	
	99091380	电动卷扬机单筒快速 10 kN	台班	0.1400		0.1600	
	99091440	电动卷扬机双筒快速 50 kN	台班	0.1400		0.1600	
	99410530	铁驳船 80 t	t·d	16.8000		18.6000	
	99440010	电动单级离心清水泵 $\phi 50$	台班		0.0600		0.0600

工作内容：1. 组装、拆卸船排，组装、拆卸柴油打桩机，打、拔圆木桩，安、拆围檩、拉杆，挂、拆篱笆草片，筑拆围堰，材料运输等全部操作过程。
2. 围堰检查巡查，必要的加高加固等。

定额编号			H-13-2-5	H-13-2-6
项目			高 5 m 以内	
			筑、拆	养护
			m	米·次
预算定额编号	预算定额名称	预算定额单位	数量	
50-14-2-5	圆木桩围堰 高 5 m 以内 筑、拆	m	1.0000	
50-14-2-6	圆木桩围堰 高 5 m 以内 养护	米·次		1.0000

工作内容：1. 组装、拆卸船排，组装、拆卸柴油打桩机，打、拔圆木桩，安、拆围檩、拉杆，挂、拆篱笆草片，筑拆围堰，材料运输等全部操作过程。
2. 围堰检查巡查，必要的加高加固等。

定额编号				H-13-2-5	H-13-2-6
项目				高 5 m 以内	
				筑、拆	养护
名称			单位	m	米·次
人工	00210103	综合工	工日	18.5900	1.1407
材料	02291501	白棕绳	kg	1.4523	
	02311201	聚丙烯编织袋	只	12.8440	6.0000
	03152501	镀锌铁丝	kg	2.2629	0.0900
	03154813	铁件	kg	8.6578	
	04093502	黏土	m^3	(18.5006)	(0.1894)
	05030011	圆木	m^3	0.1347	
	05031801	枕木	m^3	0.0074	
	05330101	竹笆	m^2	10.4000	
	35091901	钢桩帽摊销	kg	0.7632	
		其他材料费	%	0.1000	
机械	99030080	轨道式柴油打桩机 0.6 t	台班	0.1200	
	99090360	汽车式起重机 8 t	台班	0.0142	
	99091380	电动卷扬机单筒快速 10 kN	台班	0.1800	
	99091440	电动卷扬机双筒快速 50 kN	台班	0.1800	
	99410530	铁驳船 80 t	t·d	20.4000	
	99440010	电动单级离心清水泵 ϕ50	台班		0.0600

第三节　钢板桩围堰

工作内容：1，3. 组装、拆卸船排，组装、拆卸柴油打桩机，打、拔钢板桩，安、拆围檩、拉杆，挂、拆草片，筑拆围堰，材料运输等全部操作过程。

2，4. 钢板桩使用，围堰检查巡查，必要的加高加固等。

定额编号			H-13-3-1	H-13-3-2	H-13-3-3	H-13-3-4
项目			高 3 m 以内		高 4 m 以内	
			筑、拆	使用养护	筑、拆	使用养护
			m	米・次	m	米・次
预算定额编号	预算定额名称	预算定额单位	数量			
50-14-3-1	钢板桩围堰 高 3 m 以内 筑、拆	m	1.0000			
50-14-3-2	钢板桩围堰 高 3 m 以内 使用	m・d		15.0000		
50-14-3-3	钢板桩围堰 高 3 m 以内 养护	米・次		1.0000		
50-14-3-4	钢板桩围堰 高 4 m 以内 筑、拆	m			1.0000	
50-14-3-5	钢板桩围堰 高 4 m 以内 使用	m・d				15.0000
50-14-3-6	钢板桩围堰 高 4 m 以内 养护	米・次				1.0000

工作内容：1，3. 组装、拆卸船排，组装、拆卸柴油打桩机，打、拔钢板桩，安、拆围檩、拉杆，挂、拆草片，筑拆围堰，材料运输等全部操作过程。

2，4. 钢板桩使用，围堰检查巡查，必要的加高加固等。

定额编号				H-13-3-1	H-13-3-2	H-13-3-3	H-13-3-4
项目				高 3 m 以内		高 4 m 以内	
				筑、拆	使用养护	筑、拆	使用养护
名称			单位	m	米·次	m	米·次
人工	00210103	综合工	工日	12.4873	3.0193	16.5334	3.0193
材料	02291501	白棕绳	kg	1.4008		1.8746	
	02311201	聚丙烯编织袋	只	7.7064	2.0000	10.2752	2.0000
	03152501	镀锌铁丝	kg	0.2843	0.0200	0.3791	0.0200
	03154813	铁件	kg	5.4419		10.0647	
	04093502	黏土	m^3	(12.2822)	(0.0682)	(16.3789)	(0.0682)
	05030011	圆木	m^3	0.0126		0.0252	
	05031801	枕木	m^3	0.0063		0.0074	
	35090121	槽型钢板桩摊销	t	0.0249		0.0332	
	35090131	槽型钢板桩使用费	t·d	49.7838	31.1490	85.4072	41.5320
	35091901	钢桩帽摊销	kg	1.0920		1.4490	
		其他材料费	%	0.2000		0.2000	
机械	99030080	轨道式柴油打桩机 0.6 t	台班	0.1800		0.2000	
	99030970	震动锤 45 kW	台班	0.0900		0.1000	
	99090090	履带式起重机 15 t	台班	0.0900		0.1000	
	99090360	汽车式起重机 8 t	台班	0.0071		0.0071	
	99410530	铁驳船 80 t	t·d	18.0000		19.8000	
	99440010	电动单级离心清水泵 ϕ50	台班		0.1000		0.1000

工作内容:1,3. 组装、拆卸船排,组装、拆卸柴油打桩机,打、拔钢板桩,安、拆围檩、拉杆,挂、拆草片,筑拆围堰,材料运输等全部操作过程。
2,4. 钢板桩使用,围堰检查巡查,必要的加高加固等。

定额编号			H-13-3-5	H-13-3-6	H-13-3-7	H-13-3-8
项目			高 5 m 以内		高 6 m 以内	
			筑、拆	使用养护	筑、拆	使用养护
			m	米·次	m	米·次
预算定额编号	预算定额名称	预算定额单位	数量			
50-14-3-7	钢板桩围堰 高 5 m 以内 筑、拆	m	1.0000			
50-14-3-8	钢板桩围堰 高 5 m 以内 使用	m·d		15.0000		
50-14-3-9	钢板桩围堰 高 5 m 以内 养护	米·次		1.0000		
50-14-3-10	钢板桩围堰 高 6 m 以内 筑、拆	m			1.0000	
50-14-3-11	钢板桩围堰 高 6 m 以内 使用	m·d				15.0000
50-14-3-12	钢板桩围堰 高 6 m 以内 养护	米·次				1.0000

工作内容:1,3. 组装、拆卸船排,组装、拆卸柴油打桩机,打、拔钢板桩,安、拆围檩、拉杆,挂、拆草片,筑拆围堰,材料运输等全部操作过程。
2,4. 钢板桩使用,围堰检查、巡查,必要的加高、加固等。

定额编号				H-13-3-5	H-13-3-6	H-13-3-7	H-13-3-8
项目				高 5 m 以内		高 6 m 以内	
				筑、拆	使用养护	筑、拆	使用养护
名称			单位	m	米·次	m	米·次
人工	00210103	综合工	工日	20.8742	3.0193	25.5272	3.0193
材料	02291501	白棕绳	kg	2.3381		2.8119	
	02311201	聚丙烯编织袋	只	12.8440	2.0000	15.4024	2.0000
	03152501	镀锌铁丝	kg	0.4738	0.0300	0.5682	0.0300
	03154813	铁件	kg	15.0975		20.1293	
	04093502	黏土	m^3	(20.4757)	(0.0682)	(24.5724)	(0.0682)
	05030011	圆木	m^3	0.0378		0.0504	
	05031801	枕木	m^3	0.0074		0.0084	
	35090121	槽型钢板桩摊销	t	0.0415		0.0498	
	35090131	槽型钢板桩使用费	t·d	132.0420	51.9150	190.7590	62.2980
	35091901	钢桩帽摊销	kg	1.8165		2.1840	
		其他材料费	%	0.1000		0.1000	
机械	99030080	轨道式柴油打桩机 0.6 t	台班	0.2200			
	99030100	轨道式柴油打桩机 1.2 t	台班			0.2500	
	99030970	震动锤 45 kW	台班	0.1100		0.1100	
	99090090	履带式起重机 15 t	台班	0.1100		0.1100	
	99090360	汽车式起重机 8 t	台班	0.0071		0.0071	
	99410530	铁驳船 80 t	t·d	19.8000		23.4000	
	99440010	电动单级离心清水泵 ϕ50	台班		0.1000		0.1000

第四节 拉森钢板桩围堰

工作内容:1,3. 组装、拆卸船排,组装、拆卸柴油打桩机,打、拔拉森钢板桩,安、拆围檩、拉杆、垫木,筑拆围堰,材料运输等全部操作过程。

2. 拉森钢板桩使用,围堰检查巡查,必要的加高加固等。

4. 拉森钢板桩使用。

定额编号			H-13-4-1	H-13-4-2	H-13-4-3	H-13-4-4
项目			高 7 m 以内		高每增减 1 m	
			筑、拆	使用养护	筑、拆	使用
			m	米·次	m	m·d
预算定额编号	预算定额名称	预算定额单位	数量			
50-14-4-1	拉森钢板桩围堰 高 7 m 以内 筑、拆	m	1.0000			
50-14-4-2	拉森钢板桩围堰 高 7 m 以内 使用	m·d		15.0000		
50-14-4-3	拉森钢板桩围堰 高 7 m 以内 养护	米·次		1.0000		
50-14-4-4	拉森钢板桩围堰 高每增减 1 m 筑、拆	m			1.0000	
50-14-4-5	拉森钢板桩围堰 高每增减 1 m 使用	m·d				1.0000

工作内容：1，3. 组装、拆卸船排，组装、拆卸柴油打桩机，打、拔拉森钢板桩，安、拆围檩、拉杆、垫木，筑拆围堰，材料运输等全部操作过程。

2. 拉森钢板桩使用，围堰检查巡查，必要的加高加固等。

4. 拉森钢板桩使用。

定额编号				H-13-4-1	H-13-4-2	H-13-4-3	H-13-4-4
项目				高 7 m 以内		高每增减 1 m	
				筑、拆	使用养护	筑、拆	使用
名称			单位	m	米·次	m	m·d
人工	00210103	综合工	工日	40.8952	3.0193	4.3140	
材料	02291501	白棕绳	kg	5.0676			
	02311201	聚丙烯编织袋	只		2.0000		
	03152501	镀锌铁丝	kg	0.2905	0.0300		
	03154813	铁件	kg	5.0328			
	04093502	黏土	m^3	(30.5544)	(0.0682)	(4.3672)	
	05030011	圆木	m^3	0.0126			
	05031801	枕木	m^3	0.0368			
	35090141	拉森钢板桩摊销	t	0.1125		0.0075	
	35090151	拉森钢板桩使用费	t·d	600.8250	112.5000	85.8321	0.5000
	35091901	钢桩帽摊销	kg	11.8125			
		其他材料费	%	0.1000		0.1000	
机械	99030110	轨道式柴油打桩机 1.8 t	台班	0.6600		0.0200	
	99030980	震动锤 90 kW	台班	0.4200		0.0100	
	99090090	履带式起重机 15 t	台班	0.4200		0.0100	
	99090390	汽车式起重机 12 t	台班	0.0200			
	99410530	铁驳船 80 t	t·d	112.0000		3.0000	
	99440010	电动单级离心清水泵 $\phi 50$	台班		0.1000		

第五节　筑排泥场围堰

工作内容：就地挖土堆筑、拍实、维护。

定　额　编　号			H-13-5-1
项　　目			排泥场围堰
			m^3
预算定额编号	预算定额名称	预算定额单位	数　　量
50-14-5-1	筑排泥场围堰 人工就地取土	m^3	0.1000
50-14-5-2	筑排泥场围堰 机械就地取土	m^3	0.9000

工作内容：就地挖土堆筑、拍实、维护。

定　额　编　号				H-13-5-1
项　　目				排泥场围堰
名　　称			单位	m^3
人工	00210103	综合工	工日	0.0844
机械	99010060	履带式单斗液压挖掘机 1 m^3	台班	0.0047

第六节　砖 砌 围 堰

工作内容：放样、浸砖、砌砖、粉刷、养护、场地清理等。

定额编号			H-13-6-1
项目			砖砌围堰
			m^3
预算定额编号	预算定额名称	预算定额单位	数量
50-14-6-1	砖砌围堰	m^3	1.0000
50-14-6-2	砖砌围堰粉刷	m^2	5.4000

工作内容：放样、浸砖、砌砖、粉刷、养护、场地清理等。

定额编号				H-13-6-1
项目				砖砌围堰
名称			单位	m^3
人工	00210103	综合工	工日	1.8704
材料	04131754	蒸压灰砂砖 240×115×53	千块	0.5231
	34110101	水	m^3	0.7140
	80060113	干混砌筑砂浆 DM M10.0	m^3	0.2634
	80060214	干混抹灰砂浆 DP M20.0	m^3	0.0859
机械	99090080	履带式起重机 10 t	台班	0.1200

第七节 拦 河 土 坝

工作内容：1. 清理坝基、筑土坝、夯实、拆土坝、清理场地等。
2. 清理坝基，草袋装土封包，堆筑围堰或土坝贴面，检查巡查围堰、养护，必要的加高加固，拆坝，清理场地等。
3. 装土、封包、堆筑围堰或土坝贴面，检查巡查围堰、养护，必要的加高加固，拆坝、清理场地等。

定 额 编 号			H-13-7-1	H-13-7-2	H-13-7-3
项 目			筑拆土围堰	筑拆草袋围堰	筑拆编织袋围堰
			m^3	m^3	m^3
预算定额编号	预算定额名称	预算定额单位	数 量		
50-14-7-6	拦河土坝 坝体拆除 水上部分	m^3	0.4000	0.4000	0.4000
50-14-7-1	拦河土坝 筑土围堰	m^3	1.0000		
50-3-1-2	内河船舶疏浚 0.3 m^3 抓斗式挖泥船 3 级土	10 000 m^3	0.0001	0.0001	0.0001
50-14-7-2	拦河土坝 筑草袋围堰	m^3		1.0000	
50-14-7-3	拦河土坝 草袋围堰养护	立方米·次		6.0000	
50-14-7-4	拦河土坝 筑编织袋围堰	m^3			1.0000
50-14-7-5	拦河土坝 编织袋围堰养护	立方米·次			6.0000

工作内容：1. 清理坝基、筑土坝、夯实、拆土坝、清理场地等。

2. 清理坝基，草袋装土封包，堆筑围堰或土坝贴面，检查巡查围堰、养护，必要的加高加固，拆坝，清理场地等。

3. 装土、封包、堆筑围堰或土坝贴面，检查巡查围堰、养护，必要的加高加固，拆坝、清理场地等。

定额编号				H-13-7-1	H-13-7-2	H-13-7-3
项目				筑拆土围堰	筑拆草袋围堰	筑拆编织袋围堰
名称			单位	m^3	m^3	m^3
人工	00210103	综合工	工日	0.4176	1.4446	1.4302
	00210105	土方工	工日	0.0035	0.0035	0.0035
材料	02190201	尼龙绳	kg			0.0199
	02311201	聚丙烯编织袋	只			39.0317
	02330212	草袋 700×800	只		20.6512	
	03152501	镀锌铁丝	kg		0.2044	
	04093502	黏土	m^3	(1.4983)	(1.4546)	(1.4569)
机械	99010060	履带式单斗液压挖掘机 1 m^3	台班	0.0085	0.0042	0.0042
	99011020	抓斗式挖泥船 0.3 m^3	艘班	0.0018	0.0018	0.0018
	99070050	履带式推土机 90 kW	台班	0.0054		
	99130660	蛙式打夯机	台班	0.0405		
	99410050	泥驳 60 m^3	艘班	0.0056	0.0056	0.0056
	99410195	拖轮 90 kW	艘班	0.0018	0.0018	0.0018
	99410445	机艇 30 kW	艘班	0.0006	0.0006	0.0006

第八节　明　排　水

工作内容：1，2. 抽水泵就位、抽水、移动等。
　　　3. 施工期间的全部排水。

定　额　编　号			H-13-8-1	H-13-8-2	H-13-8-3
项　目			抽水		坑内排水
			ϕ100 管	ϕ150 管	
			m^3	m^3	m^3
预算定额编号	预算定额名称	预算定额单位	数　量		
50-14-8-1	排水 抽水 ϕ100 管	m^3	1.0000		
50-14-8-2	排水 抽水 ϕ150 管	m^3		1.0000	
50-14-8-3	坑内排水	m^3			1.0000

工作内容：1，2. 抽水泵就位、抽水、移动等。
　　　3. 施工期间的全部排水。

定　额　编　号				H-13-8-1	H-13-8-2	H-13-8-3
项　目				抽水		坑内排水
				ϕ100 管	ϕ150 管	
名　称			单位	m^3	m^3	m^3
人工	00210103	综合工	工日	0.0043	0.0025	0.0023
机械	99440010	电动单级离心清水泵 ϕ50	台班			0.0291
	99440030	电动单级离心清水泵 ϕ100	台班	0.0048		
	99440040	电动单级离心清水泵 ϕ150	台班		0.0040	

第九节　井 点 降 水

工作内容：1，3. 井管装配、地面试管、铺总管、装拆水泵、钻机安拆、钻孔沉管、灌沙封口、连接、试抽、拔管、拆管、灌砂、清洗整理、堆放等。

2，4. 抽水、井管堵漏等。

定　额　编　号			H-13-9-1	H-13-9-2	H-13-9-3	H-13-9-4
项　　目			轻型井点		喷射井点(10 m)	
			安装、拆除	使用	安装、拆除	使用
			根	套·天	根	套·天
预算定额编号	预算定额名称	预算定额单位	数　　量			
50-14-9-1	井点降水 轻型井点 安装	根	1.0000			
50-14-9-2	井点降水 轻型井点 拆除	根	1.0000			
50-14-9-3	井点降水 轻型井点 使用	套·天		1.0000		
50-14-9-4	井点降水 喷射井点(10 m) 安装	根			1.0000	
50-14-9-5	井点降水 喷射井点(10 m) 拆除	根			1.0000	
50-14-9-6	井点降水 喷射井点(10 m) 使用	套·天				1.0000

工作内容:1，3. 井管装配、地面试管、铺总管、装拆水泵、钻机安拆、钻孔沉管、灌沙封口、连接、试抽、拔管、拆管、灌砂、清洗整理、堆放等。

2，4. 抽水、井管堵漏等。

定额编号				H-13-9-1	H-13-9-2	H-13-9-3	H-13-9-4
项目				轻型井点		喷射井点(10 m)	
				安装、拆除	使用	安装、拆除	使用
名称			单位	根	套·天	根	套·天
人工	00210103	综合工	工日	0.5051	0.5750	3.7596	2.2200
材料	04030119	黄砂 中粗	kg	113.7595		2 385.5951	
	17030102	镀锌焊接钢管	kg			0.0010	0.0050
	17270201	普通橡胶管	m	0.1716			
	34110101	水	m^3	1.8353		14.1722	
	35040911	轻型井点总管 ϕ108×4	m	0.0011	0.0400		
	35040921	轻型井点井管 ϕ40	m	0.0222	0.8300		
	35040961	喷射井点总管 ϕ159	m			0.0046	0.1300
	35040971	喷射井点井管 ϕ76	m			0.0290	0.9300
	35041011	喷射井点滤网管	根			0.0036	0.1070
	35041021	喷射井点回水连接件	副			0.0022	0.0670
	35041031	喷射井点腰子法兰	副			0.0013	0.0300
	35041041	喷射井点水箱	kg			0.0356	1.0700
	35041051	喷射井点喷射器	只			0.0048	0.1430
		其他材料费	%		7.3400		1.1200
机械	99090080	履带式起重机 10 t	台班			0.2880	
	99091380	电动卷扬机单筒快速 10 kN	台班	0.0240			
	99350050	轻便钻机 XJ-100	台班	0.0570			
	99350120	液压钻机 G-2A	台班			0.1104	
	99440150	电动多级离心清水泵 ϕ 150×180 m以下	台班	0.0480		0.1880	1.1100
	99440210	污水泵 ϕ100	台班			0.2760	
	99440510	射流井点泵 9.5 m	台班	0.0240	1.1500		

第十节 搭、拆工作平台

工作内容：平整场地、放样定位、搭设枕木、铺设脚手板、骑马钉固定、拆除等。

定额编号			H-13-10-1	H-13-10-2	H-13-10-3	H-13-10-4
项目			陆上工作平台			
			锤重≤0.6 t	锤重≤1.2 t	锤重≤1.8 t	锤重≤2.5 t
			m^2	m^2	m^2	m^2
预算定额编号	预算定额名称	预算定额单位	数量			
50-14-13-1	搭、拆工作平台 陆上工作平台 锤重≤0.6 t	m^2	1.0000			
50-14-13-2	搭、拆工作平台 陆上工作平台 锤重≤1.2 t	m^2		1.0000		
50-14-13-3	搭、拆工作平台 陆上工作平台 锤重≤1.8 t	m^2			1.0000	
50-14-13-4	搭、拆工作平台 陆上工作平台 锤重≤2.5 t	m^2				1.0000

工作内容：平整场地、放样定位、搭设枕木、铺设脚手板、骑马钉固定、拆除等。

定额编号				H-13-10-1	H-13-10-2	H-13-10-3	H-13-10-4
项目				陆上工作平台			
				锤重≤0.6 t	锤重≤1.2 t	锤重≤1.8 t	锤重≤2.5 t
名称			单位	m^2	m^2	m^2	m^2
人工	00210103	综合工	工日	0.1213	0.1213	0.1465	0.1467
材料	03150501	骑马钉	kg	0.0307	0.0347	0.0400	0.0475
	05030101	成材	m^3	0.0017	0.0017	0.0017	0.0017
	05031801	枕木	m^3	0.0022	0.0025	0.0028	0.0034

工作内容:1. 平整场地、放样定位、搭设枕木、铺设脚手板、骑马钉固定、拆除等。
2，3，4. 竖拆简易桩架、制桩、打桩、装拆桩箍、装钉支柱、盖木、斜撑、搁梁及铺板、拆除脚手板及拔桩、搬运材料、堆放、组装拆卸船排、清理等。

定额编号			H-13-10-5	H-13-10-6	H-13-10-7	H-13-10-8
项目			陆上工作平台	水上工作平台		
			锤重≤4.0 t	锤重≤0.6 t	锤重≤1.2 t	锤重≤1.8 t
			m^2	m^2	m^2	m^2
预算定额编号	预算定额名称	预算定额单位	数量			
50-14-13-5	搭、拆工作平台 陆上工作平台 锤重≤4.0 t	m^2	1.0000			
50-14-13-6	搭、拆工作平台 水上工作平台 锤重≤0.6 t	m^2		1.0000		
50-14-13-7	搭、拆工作平台 水上工作平台 锤重≤1.2 t	m^2			1.0000	
50-14-13-8	搭、拆工作平台 水上工作平台 锤重≤1.8 t	m^2				1.0000

工作内容:1. 平整场地、放样定位、搭设枕木、铺设脚手板、骑马钉固定、拆除等。
2，3，4. 竖拆简易桩架、制桩、打桩、装拆桩箍、装钉支柱、盖木、斜撑、搁梁及铺板、拆除脚手板及拔桩、搬运材料、堆放、组装拆卸船排、清理等。

定额编号				H-13-10-5	H-13-10-6	H-13-10-7	H-13-10-8
项目				陆上工作平台	水上工作平台		
				锤重≤4.0 t	锤重≤0.6 t	锤重≤1.2 t	锤重≤1.8 t
名称			单位	m^2	m^2	m^2	m^2
人工	00210103	综合工	工日	0.2018	0.7891	0.9070	1.1703
材料	01150103	热轧型钢 综合	kg		0.5640	0.6418	0.7458
	03014101	六角螺栓连母垫	kg		0.0850	0.1097	0.1621
	03150101	圆钉	kg		0.0001	0.0001	0.0001
	03150501	骑马钉	kg	0.0586			
	03152501	镀锌铁丝	kg		0.0025	0.0025	0.0025
	03154813	铁件	kg		0.1740	0.2083	0.2869
	05030011	圆木	m^3		0.0101	0.0130	0.0175
	05030101	成材	m^3	0.0017			
	05031801	枕木	m^3	0.0042	0.0083	0.0090	0.0099
机械	99030080	轨道式柴油打桩机 0.6 t	台班		0.0173	0.0217	0.0284
	99090080	履带式起重机 10 t	台班		0.0396	0.0396	0.0493
	99091440	电动卷扬机双筒快速 50 kN	台班		0.0264	0.0330	0.0433
	99410530	铁驳船 80 t	t·d		8.4000	10.3800	13.4400

工作内容：竖拆简易桩架、制桩、打桩、装拆桩箍、装钉支柱、盖木、斜撑、搁梁及铺板、拆除脚手板及拔桩、搬运材料、堆放、组装拆卸船排、清理等。

定额编号			H-13-10-9	H-13-10-10
项目			水上工作平台	
			锤重≤2.5 t	锤重≤4.0 t
			m^2	m^2
预算定额编号	预算定额名称	预算定额单位	数量	
50-14-13-9	搭、拆工作平台 水上工作平台 锤重≤2.5 t	m^2	1.0000	
50-14-13-10	搭、拆工作平台 水上工作平台 锤重≤4.0 t	m^2		1.0000

工作内容：竖拆简易桩架、制桩、打桩、装拆桩箍、装钉支柱、盖木、斜撑、搁梁及铺板、拆除脚手板及拔桩、搬运材料、堆放、组装拆卸船排、清理等。

定额编号				H-13-10-9	H-13-10-10
项目				水上工作平台	
				锤重≤2.5 t	锤重≤4.0 t
名称			单位	m^2	m^2
人工	00210103	综合工	工日	1.4668	2.1791
材料	01150103	热轧型钢 综合	kg	0.8910	1.1057
	03014101	六角螺栓连母垫	kg	0.2514	0.3859
	03150101	圆钉	kg	0.0001	0.0001
	03152501	镀锌铁丝	kg	0.0025	0.0025
	03154813	铁件	kg	0.4095	0.6263
	05030011	圆木	m^3	0.0249	0.0383
	05031801	枕木	m^3	0.0112	0.0132
机械	99030080	轨道式柴油打桩机 0.6 t	台班	0.0396	0.0597
	99090080	履带式起重机 10 t	台班	0.0493	0.0704
	99091440	电动卷扬机双筒快速 50 kN	台班	0.0601	0.0904
	99410530	铁驳船 80 t	t·d	18.4800	27.5700

第十一节 施工便道、便桥

工作内容：1，2. 打拔圆木桩；安拆盖枋飞、围檩、剪刀撑；安拆垫木；安拆钢木桥面；安拆钢、木栏杆及扶手；切割、焊接、除渣；过桥道板安装、拆除、使用、养护、清理等。

3. 平整场地、摊铺碎石、碾压、抹平、养护、清理等。

4. 放样、刷油、基层洒水、浇筑、抹平、切缝、灌缝、养护、清理场地等。

定额编号			H-13-11-1	H-13-11-2	H-13-11-3	H-13-11-4
项目			搭、拆普通便桥		铺筑施工便道	
			机动车道	非机动车道	道碴	混凝土
			m^2	m^2	m^2	m^2
预算定额编号	预算定额名称	预算定额单位	数量			
50-14-14-1	施工便道便桥及堆料场地 搭、拆普通便桥 机动车道	m^2	1.0000			
50-14-14-2	施工便道便桥及堆料场地 搭、拆普通便桥 非机动车道	m^2		1.0000		
50-14-14-3	施工便道便桥及堆料场地 铺筑施工便道 道碴	m^2			1.0000	
50-14-14-4	施工便道便桥及堆料场地 铺筑施工便道 混凝土	m^2				1.0000

工作内容：1，2. 打拔圆木桩；安拆盖枋飞、围檩、剪刀撑；安拆垫木；安拆钢木桥面；安拆钢、木栏杆及扶手；切割、焊接、除渣；过桥道板安装、拆除、使用、养护、清理等。

3. 平整场地、摊铺碎石、碾压、抹平、养护、清理等。

4. 放样、刷油、基层洒水、浇筑、抹平、切缝、灌缝、养护、清理场地等。

定额编号				H-13-11-1	H-13-11-2	H-13-11-3	H-13-11-4
项目				搭、拆普通便桥		铺筑施工便道	
				机动车道	非机动车道	道碴	混凝土
名称			单位	m^2	m^2	m^2	m^2
人工	00210103	综合工	工日	0.5002	0.1513	0.1686	0.0562
材料	01010101	钢筋 综合	t	0.0002	0.0002		
	03130101	电焊条	kg	0.0436	0.0300		
	03150101	圆钉	kg	0.0359	0.0557		
	03150501	骑马钉	kg	0.1035	0.0725		
	03152501	镀锌铁丝	kg		0.0131		
	03210901	切缝机刀片	片				0.0002
	04050209	碎石 5～15	t			0.0310	
	04050313	道碴 50～70	t			0.2652	
	05030011	圆木	m^3	0.0032			
	05030101	成材	m^3	0.0033	0.0026		
	05031801	枕木	m^3	0.0035	0.0009		
	05150101	木丝板	m^2				0.0253
	13310401	石油沥青	kg				0.2435
	14390101	氧气	m^3	0.0274	0.0224		
	14390301	乙炔气	m^3	0.0098	0.0080		
	17010102	焊接钢管	kg	0.0210	0.0375		
	34110101	水	m^3				0.0401
	35090121	槽型钢板桩摊销	t	0.0015	0.0006		
	35090131	槽型钢板桩使用费	t·d	21.0300	4.0600		
	36030252	涤纶针刺土工布 200 g/m^2	m^2				0.3500
	80210501	预拌混凝土(非泵送型)	m^3				0.2030
机械	99010040	履带式单斗液压挖掘机 0.6 m^3	台班			0.0562	
	99050870	混凝土切缝机	台班				0.0013
	99050930	混凝土振捣器 插入式	台班				0.0133
	99050940	混凝土振捣器 平板式	台班				0.0067
	99050980	混凝土振动梁	台班				0.0061
	99090080	履带式起重机 10 t	台班	0.0625	0.0176		
	99130110	内燃光轮压路机 轻型	台班			0.0030	
	99190010	混凝土磨光机	台班				0.0061
	99250020	交流弧焊机 32 kV·A	台班	0.0073	0.0080		

上海市水利工程概算定额

SH R1—21—2021

宣 贯 材 料

上海市水务工程定额管理站　　主编

同济大学出版社

2021　上　海

前　言

为进一步完善本市建设工程计价依据，满足工程建设全生命周期的计价需求，根据上海市住房和城乡建设管理委员会《关于批准发布〈上海市民防工程概算定额（SH A7—21—2021）〉和〈上海市水利工程概算定额（SH R1—21—2021）〉的通知》（沪建标定〔2021〕497 号）文件要求，《上海市水利工程概算定额（SH R1—21—2021）》（以下简称“2021 水利概算定额”）自 2021 年 11 月 1 日起实施。

《上海市水利工程概算定额（2010）》（以下简称“2010 水利概算定额”）是统一本市水利工程概算工程量计算规则、项目划分与计量单位的依据，是水利工程项目建设投资评审、编制设计概算（书）和多种设计方案进行技术经济分析的主要依据，是编制概算概算指标、估算指标和计算主要材料需要量的基础，对于控制工程造价、提高投资效益发挥了重要的作用。2018 年，上海市水务工程定额管理站开始组织修编“2010 水利概算定额”。修编中，分析了“2010 水利概算定额”存在的问题，总结使用过程中的经验，广泛征求各方意见，按照定额修编的程序和要求完成了“2021 水利概算定额”。

为配合“2021 水利概算定额”的宣贯实施，上海市水务工程定额管理站组织有关修编专家编写了《上海市水利工程概算定额 SH R1—21—2021 宣贯资料》，作为本市各有关部门开展概算定额宣贯培训的辅导材料。该材料系统介绍了“2021 水利概算定额”的特点、与“2010 水利概算定额”的不同之处以及使用时需要注意的问题等，有助于造价人员准确把握“2021 水利概算定额”的内容，尽快熟悉、掌握和使用。

上海市水务工程定额管理站

2021 年 8 月

目　　录

第一部分　定额编制概况

一、修编概况

《上海市水利工程概算定额(2010)》(以下简称"2010 概算定额")自执行以来，对于有效控制水利投资规模、合理确定水利工程造价起到了积极作用。近年来，随着新技术、新工艺、新材料、新设备等"四新技术"的不断发展及广泛应用，以及《上海市水利工程预算定额(SH R1—31—2016)》(以下简称"2016 预算定额")的正式执行，"2010 概算定额"已不能满足新形势的需要。在上海市水务局的领导及上海市建筑建材业市场管理总站(以下简称"总站")的指导下，上海市水务工程定额管理站组织上海事通工程造价咨询监理有限公司负责具体修编工作。

"2010 概算定额"的修编工作自 2018 年 6 月至 2021 年 3 月，历时近 3 年。在各级领导、相关部门的大力支持、关心、帮助和配合下，在相关专家以及相关建设单位、施工单位、设计单位的帮助与配合下，完成了上海市水利工程概算定额的修编工作。

二、修编过程

(一) 项目启动会

2018 年 6 月 8 日，上海市水务工程定额管理站组织召开了"2010 概算定额"修编工作启动会，会议初步确定了修编的组织形式及修编时间节点。

(二) 大纲编制

2018 年 9 月 26 日，召开"2010 概算定额"修编大纲评审会并通过了专家评审。大纲明确了"2010 概算定额"修编需调整的内容、定额章节设置、费率标准及完成的主要时间节点。

(三) 定额子目设置(含定额消耗量)

根据总站编制总纲要求，"2010 概算定额"修编是在"2016 预算定额"定额子目基础上进行组合，不考虑扩大系数，故完成定额子目设置即完成消耗量设定。

根据以上原则，于 2019 年 1 月 22 日、1 月 29 日、3 月 5 日、4 月 25 日四次召开专家咨询会，对拟定的概算定额从章节设置、章节名称和定额子目以及说明、计算规则等进行了专家咨询。会后，根据专家意见，修编组均及时进行了修改和完善。

(四) 水平测算阶段

1. 2019 年 5 月开始进行定额水平测算，2019 年 7 月对水平测算初稿进行讨论。根据水平测算初稿成果情况，增加了各类别典型工程的数量，并重新梳理测算表，调整和增加特征等内容。

2. 2019 年 8 月 29 日，对"2021 概算定额"、造价水平测算成果召开水平测算专家咨询会。会后，根据专家咨询意见进一步作修改完善：一是调整完善典型工程的样本；二是在造价水平表中增加原因分析等；三是增加"2021 概算定额"与"2016 预算定额"的定额水平及造价水平的比较。

3. 2019 年 9 月 17 日，召开水平测算专家咨询会，专家原则上同意测算成果，即"2021 概算定额"比"2016 预算定额"造价费用平均增加 6%左右。根据专家意见，修编组对桥梁工程和土方疏浚工程的造价费用提高较少的原因进行了分析并作了适当调整。

4. 2019 年 11 月 20 日，召开"2021 概算定额"(送审稿)专家评审会。根据专家评审意见，修编组复核了水平测算成果，形成了“2021 概算定额”审定稿。

在整个修编过程中，修编组多次召开各方的座谈会及咨询会，就章节划分、定额子目设置、定额子目组合工作内容、计量单位和消耗量取定等内容广泛征求意见和建议，对所有定额子目都进行了修编和对比分析。

在各章定额编制初稿完成后，及时组织相关专家进行咨询或审查，解决了修编过程中的疑点和难点。

（五）征求意见阶段

根据专家咨询意见修改完善后，于 2019 年 4 月 30 日完成了全部定额子目的设置（含定额消耗量及说明等），形成概算定额征求意见稿，并于 2019 年 5 月由上海市水务定额管理站网上公示，征求意见。

网上意见征询过程中，征求意见稿得到了社会的关注，截至 2019 年 10 月，累计收到 4 家单位共 10 条意见，修编组逐条对意见进行了回复。

（六）定额送审阶段

2019 年 11 月 9 日，完成“2021 概算定额”送审稿。

2019 年 11 月 20 日，“2021 概算定额”送审稿通过专家评审。

（七）局长办公会议

2020 年 9 月 30 日，“2021 概算定额”经上海市水务局局长办公会议审议通过。

（八）通过住建委评审

2021 年 3 月 25 日，“2021 概算定额”通过上海市住房和城乡建设管理委员会评审。

三、指导思想

根据总站《关于印发〈上海市建设工程概算定额编制总纲〉的通知》，此次修编的指导思想是在“2016 预算定额”的基础上，通过调研和收集资料，结合本市水利工程实际，对“2010 概算定额”进行梳理，淘汰落后于现有施工水平的项目，调整与实际不符合的项目，新增“四新技术”项目。本次修编定额应充分反映本市水利工程施工实际，体现“政府宏观调控、企业自主报价、市场形成价格、监管规范有效”的宗旨，从而规范水利工程造价计价行为。

四、修编原则

1. 符合国家、行业及本市法律、法规、行政规范文件和现行各类建设标准及技术规范的要求。

2. 本次修编与“2016 预算定额”、水利部《水利工程量清单计价规范》(GB 50501—2007)及《上海市水利工程工程量清单计价应用规则(2017)》(以下简称“水利清单应用规则”)的项目划分、项目编码、项目名称、计量单位、工程量计算规则等合理衔接，对主要的分部分项工程相关子目进行适当综合。

3. 修编后的水利工程概算定额子目与初步设计深度相适应，能反映水利工程建设市场实际施工水平，体现上海地区社会平均水平、施工实际水平等情况。根据《关于发布〈上海市建设工程概算定额编制总纲〉的通知》(沪建市管(2017)67 号)的要求，本次修编的水利工程概算定额与“2016 预算定额”之间的定额水平控制在 5%左右。

4. 水利工程概算定额项目设立应满足本市水利工程初步设计阶段对工程计价的需要，遵循统一性、科学性、简明性的原则，兼顾项目齐全、覆盖面广、简明适用，并有利于水利工程计价和计算机的开发应用。

五、修编依据

1.《水利工程工程量清单计价规范》(GB 50501—2007)、《建设工程量清单计价规范》(GB 50500—2013)。

2. 水利部现行概算定额标准《水利建筑工程概算定额(上、下册)》(2002 版)。

3.《全国统一施工机械台班费用编制规则》(2015)。

4.《建设工程人工材料设备机械数据标准》(GB/T 50851—2013)及"上海市建设工程人工材料设备机械编码表"。

5.《上海市建设工程概算定额编制总纲》。

6.《上海市水利工程预算定额(SH R1—31—2016)》及工程量计算规则、费用标准。

7.《上海市水利工程概算定额(2010)》及工程量计算规则、费用标准。

8.《上海市水利工程工程量清单计价应用规则》(2017)。

9. 本市及邻近省市相关专业现行概算定额标准。

10.《建筑安装工程费用项目组成》(建标〔2013〕44 号)及概算编制办法。

11.《关于印发〈上海市水利工程安全防护、文明施工措施项目清单〉等 3 个文件的通知》(沪水务〔2017〕738 号)。

12.《关于实施建筑业营业税改增值税调整本市水利工程计价依据的通知》(沪水务定额〔2016〕2 号)和《关于调整本市基本建设工程和维修养护造价中社会保险费及住房公积金费率的通知》(沪水务定额〔2019〕1 号)。

13. 国家、行业和地方现行建设工程技术标准及规范。

14. 收集的水利工程初步设计典型案例资料等。

六、定额的主要内容

"2021 概算定额"章节子目汇总表

章	节	子目数	
		节子目数	合计
第一章　土方开挖工程	第一节　挖一般土方	5	35
	第二节　挖沟渠槽土方	4	
	第三节　挖基坑土方	10	
	第四节　运　土	7	
	第五节　推土机推土	2	
	第六节　土地整理	5	
	第七节　土方及泥浆外运	2	
第二章　土石方填筑工程	第一节　回填土	6	
	第二节　回填砂、碎石	2	

（续表）

章	节	子目数	
		节子目数	合计
第二章　土石方填筑工程	第三节　原槽土掺灰	2	35
	第四节　碎石及三渣基层	10	
	第五节　筑土堤	3	
	第六节　内河抛石	2	
	第七节　笼装块石	6	
	第八节　江海抛沉块体(块石)	4	
第三章　疏浚和吹填工程	第一节　内河船舶疏浚	17	251
	第二节　水力冲挖土方(ϕ100 泥浆泵)	40	
	第三节　水力冲挖土方(ϕ150 泥浆泵)	36	
	第四节　绞吸式挖泥船取土	64	
	第五节　抓斗式挖泥船取土	14	
	第六节　链斗式挖泥船取土	16	
	第七节　吹泥船	16	
	第八节　充泥管袋	20	
	第九节　填芯吹填土	8	
	第十节　闭气吹填土	8	
	第十一节　其他工程	12	
第四章　砌筑工程	第一节　垫　层	4	20
	第二节　干砌块石	3	
	第三节　浆砌块石(砖)	9	
	第四节　灌砌块石	2	
	第五节　块石护坡改建	2	
第五章　桩基和地基处理工程	第一节　打　桩	19	75
	第二节　钻孔灌注桩	11	
	第三节　地基加固	11	
	第四节　基坑围护	22	
	第五节　混凝土块联锁排	3	
	第六节　砂肋软体排	9	
第六章　现浇混凝土工程	第一节　垫　层	3	70
	第二节　底部结构	13	
	第三节　墩、柱、墙结构	16	
	第四节　板、梁、帽结构	12	
	第五节　其他结构	18	
	第六节　渠　道	5	
	第七节　植　筋	3	

（续表）

章	节	子目数	
		节子目数	合计
第七章　预制混凝土工程	第一节　桩、柱	4	90
	第二节　梁、板	7	
	第三节　其他结构	11	
	第四节　预制构件场内、外运输	5	
	第五节　预制构件安装	56	
	第六节　混凝土砌块制作、铺砌	7	
第八章　田间管道工程	第一节　PVC 管铺设(粘接)	13	66
	第二节　PE 管铺设(热熔)	18	
	第三节　塑料管铺设(承插)	9	
	第四节　混凝土管铺设	7	
	第五节　窨　井	12	
	第六节　喷微灌地面系统及管网	7	
第九章　生态植物工程	第一节　乔、灌木	13	27
	第二节　绿　篱	6	
	第三节　地被植物	2	
	第四节　水生植物	3	
	第五节　其　他	3	
第十章　金属结构及设备安装工程	第一节　铸铁闸门安装	28	96
	第二节　钢闸门安装	22	
	第三节　闸门埋设件安装	1	
	第四节　启闭机安装	25	
	第五节　拦污栅制作及安装	2	
	第六节　清污机安装	10	
	第七节　其他金属构件制作及安装	8	
第十一章　机械设备安装工程	第一节　水泵及电动机安装	75	128
	第二节　水力机械辅助设备安装	30	
	第三节　起重设备安装	23	
第十二章　其他工程	第一节　泥结碎石路面	3	37
	第二节　沥青混凝土路面	6	
	第三节　混凝土路面	3	
	第四节　预制块路面	3	
	第五节　拆除工程	7	
	第六节　滤　层	5	
	第七节　铺设土工织物	10	

(续表)

章	节	子目数	
		节子目数	合计
第十三章　措施工程	第一节　袋装土围堰	6	50
	第二节　圆木桩围堰	6	
	第三节　钢板桩围堰	8	
	第四节　拉森钢板桩围堰	4	
	第五节　筑排泥场围堰	1	
	第六节　砖砌围堰	1	
	第七节　拦河土坝	3	
	第八节　明排水	3	
	第九节　井点降水	4	
	第十节　搭、拆工作平台	10	
	第十一节　施工便道、便桥	4	

七、定额组成内容及表现形式

(一) 总说明

1. 本定额的修编依据、指导思想、定额作用、适用范围。
2. 使用本定额必须遵循的规则及条件。
3. 本定额所采用的材料品种规格、材料质量标准。
4. 本定额在修编过程中已经包括的内容，可以换算的原则。
5. 各章共性问题的有关统一规定。
6. 本定额的使用方法及其他。

(二) 章(节)说明及工程量计算规则

1. 本章(节)所包括的定额项目内容说明。
2. 本章(节)定额内容可以换算的界限和换算的规则。
3. 本章(节)允许增减系数范围的界定及其规则。
4. 其他需要说明的内容。
5. 与本章定额有关的工程量计算规则。

(三) 章、节、子目的划分

1. 章——按结构形式划分。
2. 节——按分部分项工程划分。
3. 子目——按工程结构、材料品质、机械类型、使用要求不同划分。

(四) 定额子目表头说明

1. 定额子目的工作内容。

2. 定额子目包括的主要工序及操作方法。

(五) 定额编号

定额编号根据总站统一的编码设置原则保持一致。具体表现形式如下：

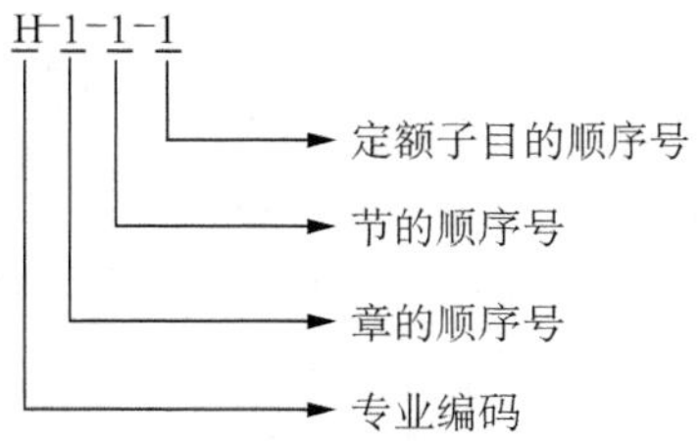

(六) 定额表现形式样表(采用 A4 竖表)

1. 表一：定额项目含量取定表。

节名称

工作内容：……

定　额　编　号			H—×—×—×	H—×—×—×
项　　目			概算定额名称 1	概算定额名称 2
名　　称			定额计量单位	定额计量单位
预算定额编号	预算定额名称	预算定额单位		
50—×—×—×	××××	×		
……	××××	×		

2. 表二：人材机消耗量表。

节名称

工作内容：……

定　额　编　号				H—×—×—×	H—×—×—×
项　　目				概算定额名称 1	概算定额名称 2
名称			单位	定额计量单位	定额计量单位
人工	编码	综合人工	工日		
材料	××	材料 1	m^3		
	××	×××			
	××	其他材料费	%		
机械	××	机械 1	台班		
	××	×××			
	××	其他机械费	%		

八、定额修编章节及子目变化

“2021 概算定额”由“2010 概算定额”的 10 章 52 节 661 个定额子目调整为 13 章 89 节 980 个定额子目。

"2021 概算定额"与"2010 概算定额"章设置及子目数对比表

2021 概算定额		2010 概算定额	
章名称	子目数	章名称	子目数
第一章　土方开挖工程	35	第一章　土方工程	32
第二章　土石方填筑工程	35	第二章　围堰及施工排水工程	30
第三章　疏浚和吹填工程	251	第三章　桩基及地基处理工程	61
第四章　砌筑工程	20	第四章　现浇混凝土及钢筋混凝土工程	75
第五章　桩基和地基处理工程	75	第五章　预制混凝土及钢筋混凝土工程	36
第六章　现浇混凝土工程	70	第六章　砂石垫层及砌石工程	19
第七章　预制混凝土工程	90	第七章　金属结构制作安装及机械设备安装工程	59
第八章　田间管道工程	66	第八章　塘堤围涂工程	110
第九章　生态植物工程	27	第九章　疏浚工程	214
第十章　金属结构及设备安装工程	96	第十章　其他工程	25
第十一章　机械设备安装工程	128		
第十二章　其他工程	37		
第十三章　措施工程	50		
合计	980	合计	661

"2021 概算定额"与"2010 概算定额"章调整情况表

序号	2021 概算定额	2010 概算定额	备注
1	第一章　土方开挖工程	第一章　土方工程 （第一节　挖沟渠河土方、第二节　挖运基坑土方）	
2	第二章　土石方填筑工程	第一章　土方工程 （第三节　回填土、第四节　筑土堤）	
		第六章　砂石垫层及砌石工程 （第六节　内河抛石定额）	
		第八章　塘堤围涂工程 （第六节　保滩、护滩、护坡）	
3	第三章　疏浚和吹填工程	第九章　疏浚工程	
		第八章　塘堤围涂工程 （第三节　充泥管袋、第四节　填芯吹填土、第五节　闭气吹填土）	
4	第四章　砌筑工程	第六章　砂石垫层及砌石工程 （第一节　垫层、第三节　干砌块石、第四节　浆砌块石、第五节　灌砌块石）	
5	第五章　桩基和地基处理工程	第三章　桩基及地基处理工程 （除第一节　搭拆工作平台）	
		第八章　塘堤围涂工程 （第二节　铺设软体排）	

（续表）

<table>
<tr><th>序号</th><th>2021 概算定额</th><th>2010 概算定额</th><th>备注</th></tr>
<tr><td rowspan="2">6</td><td rowspan="2">第六章　现浇混凝土工程</td><td>第四章　现浇混凝土及钢筋混凝土工程</td><td></td></tr>
<tr><td>第八章　塘堤围涂工程
（第八节　现浇混凝土）</td><td></td></tr>
<tr><td rowspan="2">7</td><td rowspan="2">第七章　预制混凝土工程</td><td>第五章　预制混凝土及钢筋混凝土工程</td><td></td></tr>
<tr><td>第八章　塘堤围涂工程
（第九节　预制混凝土构件、第十节　安装混凝土构件）</td><td></td></tr>
<tr><td>8</td><td>第八章　田间管道工程</td><td></td><td>新增</td></tr>
<tr><td>9</td><td>第九章　生态植物工程</td><td></td><td>新增</td></tr>
<tr><td>10</td><td>第十章　金属结构及设备安装工程</td><td rowspan="2">第七章　金属结构制作安装及机械设备安装工程</td><td></td></tr>
<tr><td>11</td><td>第十一章　机械设备安装工程</td><td></td></tr>
<tr><td rowspan="3">12</td><td rowspan="3">第十二章　其他工程</td><td>第十章　其他工程
（除第三节　临时工程）</td><td></td></tr>
<tr><td>第八章　塘堤围涂工程
（第一节　铺设土工织物）</td><td></td></tr>
<tr><td>第六章　砂石垫层及砌石工程
（第二节　滤层）</td><td></td></tr>
<tr><td rowspan="3">13</td><td rowspan="3">第十三章　措施工程</td><td>第二章　围堰及施工排水工程</td><td></td></tr>
<tr><td>第三章　桩基及地基处理工程
（第一节　搭拆工作平台）</td><td></td></tr>
<tr><td>第十章　其他工程
（第三节　临时工程）</td><td></td></tr>
<tr><td>14</td><td></td><td>第八章　塘堤围涂工程
（第七节　堤防钻孔灌浆）</td><td>删除</td></tr>
</table>

九、定额水平情况

“2021 概算定额”与“2010 概算定额”相比，综合定额水平提高了 11.26％，综合造价水平提高了 13.51％。

泵站（泵闸结合）工程定额水平提高了 13.89％，水闸（节制闸、套闸）工程定额水平提高了 11.44％，护岸工程定额水平提高了 6.35％，桥梁工程定额水平提高了 7.09％，主要是由于人工水平的大幅度提高以及机械水平的提高。

塘堤工程定额水平提高 9.06％，主要原因是由于商品混凝土及预拌砂浆广泛使用，使人工及机械费耗量下降。

围涂工程定额水平提高 9.98％，主要原因有充泥管袋、填芯吹填土的泥浆泵由ϕ100 调整为ϕ150，效率大幅度提高，使人工及机械费耗量下降。

疏浚工程定额水平提高 27.55％，主要原因是增加了水力冲挖机的ϕ150 的定额以及抓斗式挖泥船水平的提高。

农田水利工程定额水平提高 4.82％，主要原因是挖沟槽土方定额水平的提高。

第二部分　各章节编制说明

第一章　土方开挖工程

一、概　况

本章定额分为 7 节，共 35 个子目。

第一节　挖一般土方　5 个子目

第二节　挖沟渠槽土方　4 个子目

第三节　挖基坑土方　10 个子目

第四节　运土　7 个子目

第五节　推土机推土　2 个子目

第六节　土地整理　5 个子目

第七节　土方及泥浆外运　2 个子目

二、本章特点

由“2010 概算定额”的“沟渠河土方开挖”及“基坑土方开挖”两个类别，调整为“2021 概算定额”的“一般土方开挖”“沟渠槽土方开挖”“基坑土方开挖”三个类别，并对以上三种土方开挖类别作了明确界定。

三、定额主要变化情况

（一）适用范围的调整

“2010 概算定额”的“挖沟、渠、河土方”调整为“2021 概算定额”的“挖一般土方”和“挖沟渠槽土方”。

（二）节内容的调整

“2010 概算定额”包括 4 节，“2021 概算定额”为 7 节，且内容已调整。将“2010 概算定额”中的“回填土”“筑土堤”2 节归到“2021 概算定额”的第二章土石方填筑工程；挖土方由 2 节调整为 5 节；增加“土地整理”和“土方及泥浆外运”2 节。

（三）定额子目调整

本章定额主要依据“2016 预算定额”，对“2010 概算定额”进行章节调整并根据“2010 概算定额”应用实际情况对定额子目及耗量作了增减和调整。与“2010 概算定额”相比，主要变化如下。

序号	2021 概算定额	2010 概算定额	备注
一	第一节　挖一般土方 第二节　挖沟渠槽土方	第一节　挖沟渠河土方	“2010 概算定额”包含运土，“2021 概算定额”运土单列节
1	划分为挖一般土方和挖沟、渠、槽土方两节	包括人工挖土，人工挖淤泥、流砂和机械挖土	
2	挖一般土方增加机械挖淤泥、流砂；挖沟、渠、槽土方分挖土(需修坡)和挖土(不需修坡)两类		
3	9 个子目	13 个子目	
二	第三节　挖基坑土方	第二节　挖基坑土方	“2010 概算定额”包含运土，“2021 概算定额”运土单列节
1	人工挖基坑土、无支护机械挖基坑土和有支护机械挖基坑土	人工挖基坑土和机械挖基坑土	有支护机械挖土为新增
2	机械挖基坑土，细化分 4 m 内和 6 m 内	机械挖基坑土　深 6 m 内	
3	10 个子目	13 个子目	
三		第三节　回填土(2 个子目)	调至第二章
四		第四节　筑土堤(4 个子目)	删除人工填筑 1 个子目，其余调至第二章
五	第四节　运土(7 个子目)		“2010 概算定额”包含在第一节、第二节挖土定额中
六	第五节　推土机推土(2 个子目)		“2010 概算定额”包含在第一节挖土定额中
七	第六节　土地整理(5 个子目)		新增
八	第七节　土方及泥浆外运(2 个子目)		新增

四、定额子目组合情况

本章定额子目编制主要为移植“2016 预算定额”与组合“2016 预算定额”，定额中人、材、机耗量均不做扩大调整。其中：

1. 挖土定额土壤Ⅲ类土与Ⅳ类土按一定比例进行了组合，土地平整定额人工平土与机械平土按一定比例进行了组合。

2. 其余子目均直接移植“2016 预算定额”。

五、说明及工程量计算规则

1. 第二条适用范围略有调整，“……适用于沟、渠、河土方工程，构筑物基坑土方工程，围堤土方及堤坝土方工程等……”调整为“……适用于一般土方、沟渠槽土方、构筑物基坑土方等……”。

2. 增加了“一般土方”“沟渠槽土方”“基坑土方”的界定说明。

3. 增加了"人工运土与挖土定额配套使用时，人工运土基本运距定额乘以 0.8 系数"的说明。

六、定额使用中应注意的问题

1. 一般规定：按说明中一般土方、沟渠槽土方与基坑土方的划分。

2. 特殊规定：护砌开挖土方为沟渠槽土方；沟渠设计断面内的土方为一般土方或沟渠槽土方；沟渠槽土方与一般土方交叉部分，计入一般土方。

第二章　土石方填筑工程

一、概　况

本章定额分为8节，共计35个子目
第一节　回填土　6个子目
第二节　回填砂、碎石　2个子目
第三节　原槽土掺灰　2个子目
第四节　碎石及三渣基层　10个子目
第五节　筑土堤　3个子目
第六节　内河抛石　2个子目
第七节　笼装块石　6个子目
第八节　江海抛沉块体(块石)　4个子目

二、本章特点

本定额适用于本市范围内新建、扩建、改建及大修的水利工程中的土石方填筑专业工程。

三、定额主要变化情况

本章定额主要依据“2016预算定额”，对“2010概算定额”进行章节调整并根据“2010概算定额”应用实际情况对定额子目及耗量作了增减和调整。与“2010概算定额”相比，主要变化内容如下。

序号	2021概算定额	2010概算定额	备注
一	第一节　回填土	第一章　土方工程 第三节　回填土	
1	间隔填土分道碴：土=1：1、道碴：土=1：2	间隔填土	
2	新增回填袋装土、回填水泥土等3个子目		
3	6个子目	2个子目	
二	第二节　回填砂、碎石(2个子目)		新增
三	第三节　原槽土掺灰(2个子目)		新增
四	第四节　碎石及三渣基层	第十章　其他工程 第一节　道路工程	
1	新增厂拌石灰稳定土基层、路拌水泥稳定土基层、砾石砂垫层等6个子目		

（续表）

序号	2021 概算定额	2010 概算定额	备注
2	取消路拌粉煤灰粗粒径三渣基层厚度 25 cm 及路拌粉煤灰粗粒径三渣基层每增减 1 cm 2 个子目		
3	10 个子目	6 个子目	
五	第五节　筑土堤	第一章　土方工程 第四节　筑土堤	
1	取消人工填筑		
2	3 个子目	4 个子目	
六	第六节　内河抛石(2 个子目)	第六章　砂石垫层及砌石工程 第六节　内河抛石(2 个子目)	
七	第七节　笼装块石	第八章　塘堤围涂工程 第六节　保摊、护滩、护岸	
1	新增合金钢丝笼成笼挡墙、金钢丝笼成笼护坡、笼装块石挡墙、笼装块石护坡、铺铁丝网、铺合金钢丝网等 6 个子目	铅丝笼块石水上抛沉 1×1×2 m、铅丝笼块石陆上滩地装封 1×1×1 m、铺铅丝网	
2	6 个子目	3 个子目	
八	第八节　江海抛沉块体(块石)	第八章　塘堤围涂工程 第六节　保摊、护滩、护岸	
1	新增江海船上抛沉袋装碎石		
2	4 个子目	3 个子目	

四、定额子目组合情况

本章定额子目编制主要为移植“2016 预算定额”与组合“2016 预算定额”，定额中人、材、机耗量均不作扩大调整。其中：

1. 回填土中“回填土”定额由“2016 预算定额”的“人工夯实”与“人填机夯”2 个子目组合。

2. 江海船上抛沉中“异形块体、实心方块”定额由“2016 预算定额”的“江海船上抛沉　异形砌体”与“江海船上抛沉　实心方块”2 个子目组合。

3. 其余子目均直接移植“2016 预算定额”。

五、说明及工程量计算规则

(一) 说明

序号	2021 概算定额	2010 概算定额
1	本章定额回填土按 5 m 以内取土编制。如无取土，人工每立方米减 0.0967 工日	
2	回填土土方及堤坝土方系指设计断面内经压实后的实方	回填土土方及堤坝土方系指设计断面内经压实后的实方

（续表）

序号	2021 概算定额	2010 概算定额
3	间隔填土中的道碴含量及路拌水泥稳定土基层水泥掺量不同时，可对道碴及水泥用量进行调整，人工及机械含量不作调整	
4	厂拌石灰土中石灰含量为 10%，如设计配合比与定额标明配合比不同时，有关材料可以调整换算	
5	道路基层铺筑为压实厚度。定额中已包含因压实厚度大于 20 cm 而需分层摊铺的底层清理和扎毛等工作内容，不得重复计算	道路基层及面层铺筑厚度均为压实厚度。定额中已包括因压实厚度大于 20 cm 而需分层摊铺的底层清理和扎毛等工作内容，不得重复计算
6	河道回填土套用"筑土堤机械填筑"定额	
7	根据设计要求清除堤基表层腐殖土，如设计未对清基厚度作说明，厚度按 0.3 m 计算	
8	筑土堤中仅考虑机械填筑，要求干密度≥1.45 t/m^3	
9	挡墙生态石笼编笼按成品网片现场编笼计算。挡墙石笼按成笼定位后装块石封口固定计算，如为装笼后整体安装就位，定额不作调整	挡墙生态石笼编笼按成品合金（或镀塑铁丝）网片现场编笼计算。 挡墙石笼按成笼定位后装块石封口固定计算，如为装笼后整体安装就位，定额不作调整
10	滩地高程－1.0 m 以下的江海抛沉块石工程，人工及机械（船舶）乘以 0.50 系数	

（二）工程量计算规则

序号	2021 概算定额	2010 概算定额
1	回填土、砂、碎石等按设计图纸体积以立方米计算	
2	碎石及三渣基层工程量按设计图中铺设面积以平方米计算。横断面宽度： 1. 当路堑施工时，按侧石内侧宽度计算； 2. 当路堤施工时，按侧石内侧宽度每侧增加 15 cm 计算（设计图纸已注明加宽除外）	道路基层及垫层按设计长度或横断面宽度计算，挖路槽施工时，其横断面宽度以侧石内侧宽度计算；当不挖路槽施工时，其横断面宽度每侧增加 15 厘米计算（设计图已注明加宽者除外）
3	筑土堤清除堤基表层腐殖土按挖除体积以立方米计算，原土夯实按夯实面积以平方米计算，机械填筑按设计图纸体积以立方米计算	
4	合金钢丝笼成笼数量，按设计图示展开面积以平方米计算	
5	生态石笼装块石按设计体积以立方米计算	
6	铺铁丝网（合金铅丝网）按实际铺设面积以平方米计算	
7	抛沉块石、抛沉袋装碎石工程量按设计尺寸以立方米计算	江海船上抛石工程量按设计断面以"m^3"计算
8	抛沉实心方块、翼形块体工程量按抛沉体的实体积以立方米计算	实心方块、异形块体江海船上抛沉工程量按抛沉体的实体积以"m^3"计算
9	理砌块石按所理砌表面积以平方米计算	理砌块石工程量按设计理砌面面积以"m^2"计算

第三章　疏浚和吹填工程

一、概　况

本章定额分为 11 节，共 251 个子目
第一节　内河船舶疏浚　17 个子目
第二节　水力冲挖土方(ϕ100 泥浆泵)　40 个子目
第三节　水力冲挖土方(ϕ150 泥浆泵)　36 个子目
第四节　绞吸式挖泥船取土　64 个子目
第五节　抓斗式挖泥船取土　14 个子目
第六节　链斗式挖泥船取土　16 个子目
第七节　吹泥船　16 个子目
第八节　充泥管袋　20 个子目
第九节　填芯吹填土　8 个子目
第十节　闭气吹填土　8 个子目
第十一节　其他工程　12 个子目

二、本章特点

1. 本章定额适用于本市内河河道、湖泊、港池以及码头等的开挖、清淤、拓宽以及围涂造地中的取土、吹填土方等工程。

2. 河道疏浚开挖、清淤、拓宽等如采用土方机械挖土或人工挖土，则套用第一章土方开挖工程中相应定额。

3. 本章定额修编在“2010 概算定额”的基础上增加外海取土船舶种类、规格及吹填土方内容。

三、定额主要变化情况

本章定额主要依据“2016 预算定额”，对“2010 概算定额”进行章节调整并根据“2010 概算定额”应用实际情况对定额子目及耗量作了增减和调整。与“2010 概算定额”相比，主要变化如下。

序号	2021 概算定额	2010 概算定额	备注
一	第一节　内河船舶疏浚	第九章　疏浚工程 第二节　抓斗式挖泥船	
1	均配置了满底泥驳，并根据实际工艺，对土方上岸由吹泥船调整为水力冲挖土作业方式	分为满底泥驳、封底泥驳两种配置，其中满底泥驳中配置了吹泥船	

（续表）

序号	2021 概算定额	2010 概算定额	备注
2	仅适用于内河船舶疏浚，删除了相关配套船舶	适用于内河、外海，定额内配置了油驳、交通艇、生活船等	
3	增加了两栖式挖泥船的定额		
4	17 个子目	20 个子目	
二	第二节　水力冲挖土方（ϕ100 泥浆泵）	第九章　疏浚工程 第五节　水力冲挖土方	
1	水枪、排泥管、泥浆泵、高压水泵分列耗量	水力冲挖机组	
2	排距按 100 m 一档，适用于排距 2 km 以内，其中排距 1 km 以内设置定额，排距 1～2 km 通过定额说明处理	排距按 50 m 一档，适用于排距 1 km 以内	
3	适用于电网电、柴油机发电	适用于电网电	
4	40 个子目	80 个子目	
三	第三节　水力冲挖土方（ϕ150 泥浆泵）（36 个子目）		新增
四	第四节　绞吸式挖泥船取土（64 个子目）		新增
五	第五节　抓斗式挖泥船取土（14 个子目）		新增
六	第六节　链斗式挖泥船取土（16 个子目）		新增
七	第七节　吹泥船（16 个子目）		新增
八	第八节　充泥管袋	第八章　塘堤围涂工程 第三节　充泥管袋	
1	增加深水抛投充泥管袋		
2	ϕ150 泥浆泵、水枪、高压水泵分列	水力冲挖机组（ϕ100 泥浆泵）	
3	20 个子目	17 个子目	
九	第九节　填芯吹填土	第八章　塘堤围涂工程 第四节　填芯吹填土	
1	ϕ150 泥浆泵、水枪、高压水泵分列	水力冲挖机组（ϕ100 泥浆泵）	
2	8 个子目	8 个子目	
十	第十节　闭气吹填土	第八章　塘堤围涂工程 第五节　闭气吹填土	
1	ϕ150 泥浆泵、水枪、高压水泵分列	水力冲挖机组（ϕ100 泥浆泵）	
2	8 个子目	8 个子目	
十一	第十一节　其他工程	第九章　疏浚工程 第四节　配套工程	
1	增加了外海取土中绞吸式挖泥船、链斗式挖泥船、抓斗式挖泥船、吹泥船以及排泥管的开工展布收工集合定额	删除了疏浚定额中绞吸式挖泥船、链斗式挖泥船配套的开工展布收工集合定额	
2	12 个子目	1 个子目	
十二		删除了第九章疏浚工程第一节绞吸式挖泥船、第三节链斗式挖泥船两节疏浚内容	

四、定额子目组合情况

本章定额子目编制主要为移植“2016 预算定额”与组合“2016 预算定额”，定额中人、材、机耗量均不作扩大调整。其中：

1. 内河船舶疏浚中“3、4 级土”定额由“2016 预算定额”的“3 级土”与“4 级土”2 个子目组合，“5、6 级土”定额由“2016 预算定额”的“5 级土”与“6 级土”2 个子目组合；其他工程中“开工展布、收工集合艘班”由“2016 预算定额”的“开工展布”和“收工集合”2 个子目组合。

2. 本章第二、三节概算子目按“2016 预算定额”子目采用扩大步距的形式进行综合编制。

3. 其余子目均直接移植“2016 预算定额”。

五、说明及工程量计算规则

（一）说明

序号	2021 概算定额	2010 概算定额
1	抓斗式挖泥船配封底泥驳；卸泥根据不同卸泥方式套用相应定额	抓斗式挖泥船与吹泥船配套施工时，配用封底泥驳；若拖至指定地点卸泥时，则配用开底泥驳
2	抓斗式挖泥船内河疏浚及沿海取土分别设置子目，并调整了辅助船舶的配置	抓斗式挖泥船的施工标准配套是指一艘挖泥船、一艘吹泥船、一艘拖轮、三艘泥驳及其辅助船舶。如施工组织的实际配套与标准配套不同时，一般不作调整
3	1. 内河船舶疏浚：适用挖深在 5 m 以内，在实际施工时上海地区不存在挖深超 5 m 的内河，故删除超 5 m 挖深的系数调整说明。 2. 沿海取土：抓斗式挖泥船基本挖深按 5 m 编制，挖深超过基本挖深时，每增深 1 m，定额增加 0.035 系数，8.0 m^3 抓斗式挖泥船最大挖深为 40 m，13.0 m^3 抓斗式挖泥船最大挖深为 50 m	抓斗式挖泥船定额按挖深 4 m 编制，挖深超过 4 m 时，每增加 1 m，定额按相应系数调整。1.0 m^3 及 1.5 m^3抓斗式挖泥船挖深大于 10 m 时，0.5 m^3 及 0.7 m^3抓斗式挖泥船挖深大于 8 m 时，不执行本定额
4	无此条	本定额按开挖厚度不小于 0.7 m 编制，泥层厚度小于 0.7 m 时不执行本定额
5	内河船舶疏浚：运距超过 10 km 时，超过部分按增运 1 km 的拖轮、泥驳艘班乘以 0.90 系数	无此条
6	水力冲挖土方定额按排高 5 m 制定。排高每增（减）1 m，折合成排距增（减）25 m	水力冲挖土方定额按排高 5 m 制定。排高每增 1 m，折合成排距增 25 m
7	水力冲挖按电网电编制，如实际采用柴油机发电，应计算柴油发电机台班数，柴油发电机按 120 kW 配置，实际与定额不同不作调整，台班耗量＝泥浆泵台班耗量×系数	无此条
8	水力冲挖土方（ϕ100 泥浆泵）定额适用于排泥长度 2 km 以内的水力冲挖土方。 排距按实际必需铺设的排泥管长度计算。排泥管长度超过 1 km 时，超过部分按每增加 250 m 调整定额耗量	无此条，定额仅设置到 1 km
9	充泥管袋（外棱体中心滩地标高在－0.5 m 以上）、填芯吹填土、闭气吹填土定额按就地取土编制；如采用外来土方，则取土费用或土方来源费另计，同时人工和机械乘以 0.80 系数	围涂工程定额按就地取土编制，如需外来土方，则土方来源费另计

（续表）

序号	2021 概算定额	2010 概算定额
10	充泥管袋、填芯吹填土及闭气吹填土定额仅适用于土料含泥量（颗粒直径≤0.005 mm）≤10%、砂性土细颗粒（颗粒直径≤0.03 mm）含量≤40%的塘堤围涂工程	充泥管袋、填芯吹填土及闭气吹填土定额仅适用于外棱体中心滩地标高在－0.5 m 及以上，土料含泥量（颗粒直径≤0.005 mm）≤10%、砂性土细颗粒（颗粒直径≤0.03 mm）含量≤40%的塘堤围涂工程

（二）工程量计算规则

序号	2021 概算定额	2010 概算定额
1	删除此条	在计算疏浚工程量时，根据设计断面加上规定的超深、超宽值和施工期间的回淤量计算

六、定额使用中应注意的问题

1. 内河船舶疏浚说明中“抓斗式挖泥船配封底泥驳；卸泥根据不同卸泥方式套用相应定额”。一般情况根据实际排距套用本章水力冲挖定额；排泥时，泥驳等待的艘班已含在定额消耗量中。

2. 内河船舶疏浚抓斗式挖泥船运距超过 10 km 时，超过部分按增运 1 km 的拖轮、泥驳艘班乘以 0.90 系数。

3. 两栖式清淤机疏浚为就近堆放，如疏浚的淤泥采用水上运输，拖轮及泥驳可套用 0.3 m^3 抓斗式挖泥船中相应规格船舶的耗量，两栖式挖泥船的耗量不作调整。

4. 外海取土工程的船舶根据不同工况及不同土壤等级取定艘班费用、排泥管根据不同土壤等级选取台班费用。

外海取土工程的船舶开工展布、收工集合按四级工况挖泥艘班单价，排泥管按（1～5 级土）单价，实际不同时不作调整。

5. 绞吸式挖泥船取土及吹泥船两节定额子目名称中的排泥管长度为根据定额说明计算的标准岸管长度，岸管、水下管及浮管的数量根据实际长度计算。

6. 吹泥船节说明中“工况级别及工况系数表”中仅有工况系数，未明确平均艘班影响时间，实际使用时，吹泥船的平均艘班影响时间根据其所配套的取土船舶确定。如吹泥船吹土的来源是抓斗式挖泥船取土，则吹泥船的平均艘班影响时间按抓斗式挖泥船的平均艘班影响时间计算。

7. 吹泥船 800 m^3/h 吹泥船标准岸管长度为 3 km；1 000 m^3/h 吹泥船标准岸管长度为 5.5 km。当标准岸管长度超过额定的标准岸管长度时，应计算接力泵站台班数（定额按 1 000 m^3/h 泵站配套），每座接力泵站的台班数按吹泥船的艘班数乘 1.0 系数。接力泵站的使用费在信息价中发布，每台接力泵站的标准岸管长度为 5.5 km。

第四章　砌 筑 工 程

一、概　况

本章定额分为5节，共计20个子目

第一节　垫层　4个子目

第二节　干砌块石　3个子目

第三节　浆砌块石(砖)　9个子目

第四节　灌砌块石　2个子目

第五节　块石护坡改建　2个子目

二、本章特点

本定额适用于本市范围内新建、扩建、改建及大修的水利工程中的砌筑专业工程。

三、定额主要变化情况

本章定额主要依据“2016预算定额”，对“2010概算定额”进行章节调整并根据“2010概算定额”应用实际情况对定额子目及耗量作了增减和调整。与“2010概算定额”相比，主要变化内容如下。

序号	2021概算定额	2010概算定额	备注
一	第一节　垫层(4个子目)	第六章　砂石垫层及砌石工程 第一节　垫层(4个子目)	
二	第二节　干砌块石(3个子目)	第六章　砂石垫层及砌石工程 第三节　干砌块石(3个子目)	
三	第三节　浆砌块石(砖)	第六章　砂石垫层及砌石工程 第四节　浆砌块石	
1	增加浆砌块石　压顶、浆砌条石　台式及挡墙、浆砌砖基础、浆砌砖　墩台身及挡墙、砌体砂浆抹面等6个子目		
2	9个子目	3个子目	
四	第四节　灌砌块石(2个子目)	第六章　砂石垫层及砌石工程 第五节　灌砌块石(2个子目)	
五	第五节　块石护坡改建(2个子目)		新增

四、定额子目组合情况

本章定额子目编制主要为移植“2016 预算定额”与组合“2016 预算定额”，定额中人、材、机耗量均不作扩大调整。其中：

1. 干砌块石中“护坡”定额由“2016 预算定额”的“干砌块石　护坡”“干砌块石锥坡”与“干砌块石　平台”3 个子目组合。

2. 浆砌块石中“基础”定额由“2016 预算定额”的“浆砌块石　基础”“浆砌块石护底”“浆砌块石护脚”与“浆砌块石　填腹石”4 个子目组合。

3. 浆砌块石中“护坡”定额由“2016 预算定额”的“浆砌块石　护坡”“浆砌块石　锥坡”“浆砌块石　台阶”“浆砌块石　平台”“圬工勾缝浆灌砌块石勾缝　平缝”5 个子目组合。

4. 浆砌块石中“墩台身”定额由“2016 预算定额”的“浆砌块石　墩身”与“浆砌块石台身及挡墙”2 个子目组合。

5. 浆砌条石中“台身及挡墙”定额由“2016 预算定额”的“浆砌条石台身及挡墙”与“圬工勾缝浆、灌砌块石勾缝　平缝”2 个子目组合。

6. 其余子目均直接移植“2016 预算定额”。

五、说明及工程量计算规则

（一）说明

序号	2021 概算定额	2010 概算定额
1	本章定额适用于砌筑高度 8 m 以内的工程	
2	干砌块石、浆砌块石和灌砌块石中的护坡砌筑定额适用于曲面砌体	曲面砌体可套用护坡定额
3	圬工勾缝已组合至相关定额中	砌石定额中已包括勾缝工作内容
4		本章抛石定额适用于内河工程，江、海抛石套用第八章中相应子目

（二）工程量计算规则

序号	2021 概算定额	2010 概算定额
1	各类垫层工程量均按设计图示尺寸以立方米计算	各类砂、碎石垫层工程量以设计图中垫层铺设面积乘以垫层厚度，以“m^3”计算
2	砌筑工程量均按设计图示尺寸以立方米计算，嵌入砌体中的钢管、铁件、沉降缝、伸缩缝及 0.3 m^2 以内的预留孔所占体积不予扣除	砌筑体工程量以设计图纸尺寸按体积以“m^3”计算。嵌入砌体中的钢管、铁件、沉降缝、伸缩缝及 0.3 m^2 以内的预留孔所占体积不予扣除
3	砌体砂浆抹面按设计图示尺寸分平面和立面以平方米计算	
4	块石护坡改建工程量按设计砌体体积以立方米计算	
5		碎石、砂垫层及排水棱体体积按设计断面乘以长度，以“m^3”计算
6		抛石工程量按设计图示尺寸以“m^3”计算

第五章　桩基和地基处理工程

一、概　况

本章定额分为 6 节，共 75 个子目
第一节　打桩　19 个子目
第二节　钻孔灌注桩　11 个子目
第三节　地基加固　11 个子目
第四节　基坑围护　22 个子目
第五节　混凝土块联锁排　3 个子目
第六节　砂肋软体排　9 个子目

二、本章特点

1. 本章定额适用于本市水利工程的基础处理、地基加固、基坑围护、保滩、护滩等专业工程。
2. 桩基工程搭、拆工作平台执行第十三章措施工程中第十节搭、拆工作平台的相应项目。

三、定额主要变化情况

本章定额主要依据“2016 预算定额”，对“2010 概算定额”进行章节调整并根据“2010 概算定额”应用实际情况对定额子目及耗量作了增减和调整。与“2010 概算定额”相比，主要变化如下。

序号	2021 概算定额	2010 概算定额	备注
一	第一节　打桩	第三章　桩基及地基处理工程 第二节　打钢筋砼方桩 第三节　打钢筋砼板桩	
1	取消船上打桩子目	包括陆上、支架上、船上打桩子目	
2	19 个子目	27 个子目	
二	第二节　钻孔灌注桩	第三章　桩基及地基处理工程 第五节　钻孔灌注桩	
1	设$\phi \leqslant 600$、$\phi \leqslant 800$、$\phi \leqslant 1\,000$、$\phi \leqslant 1\,200$，增加桩底注浆、声测管子目	设$\phi \leqslant 600$、$\phi \leqslant 800$、$\phi > 800$	
2	取消现拌混凝土子目		
3	11 个子目	13 个子目	

（续表）

序号	2021 概算定额	2010 概算定额	备注
三	第三节　地基加固	第三章　桩基及地基处理工程 第六节　其他地基处理	
1	搅拌桩分单轴、二轴、三轴 旋喷桩分单重管、双重管、三重管	搅拌桩综合为 1 个子目 旋喷桩综合为 1 个子目	
2	11 个子目	8 个子目	
四	第四节　基坑围护	第三章　桩基及地基处理工程 第四节　打拔钢板桩	
1	增加安拆钢板桩支撑、咬合灌注桩、型钢水泥土搅拌墙(三轴)、基坑大型支撑安拆、格构柱等定额子目		
2	22 个子目	6 个子目	
五	第五节　混凝土块联锁排(3 个子目)	第八章　塘堤围涂工程 第二节　铺设软体排-混凝土块联锁排(3 个子目)	
六	第六节　砂肋软体排(9 个子目)	第八章　塘堤围涂工程 第二节　铺设软体排-砂肋软体排(9 个子目)	

四、定额子目组合情况

1. 本章打桩定额子目主要综合组合了“2016 预算定额”相关预算子目，包括打预制钢筋混凝土桩、打送桩、预制构件场内运输、凿桩、凿桩废料外运等，送桩深度定额中已综合考虑。

2. 本章钻孔灌注桩子目主要综合组合了“2016 预算定额”中埋设钢护筒、回旋钻机钻孔、灌注混凝土、泥浆场外运输、凿桩、凿桩废料外运等相关定额子目。

3. 水泥土搅拌桩子目主要综合组合了“2016 预算定额”中钻进空搅、水泥土搅拌桩，组合中钻进空搅深度编制时已进行综合考虑。

4. 压密注浆、高压旋喷桩综合组合了“2016 预算定额”中钻孔及成桩子目，定额中钻孔深度编制时已进行综合考虑。

5. 本章混凝土联锁排定额子目综合组合了“2016 预算定额”中混凝土联锁排预制及堆放、土工布针刺复合、铺设混凝土联锁块等相应定额子目。

6. 砂肋软体排定额子目综合组合了“2016 预算定额”中土工布针刺复合、铺设砂肋软体排定额子目。

五、说明及工程量计算规则

根据“2016 预算定额”说明及工程量计算规则结合“2021 概算定额”组合情况，编制了定额说明及计算规则。

1. 钻孔灌注桩混凝土工程量计算，“2021 概算定额”耗量已考虑充盈系数。陆上钻孔灌注桩混凝土“2010 概算定额”按桩长增加 0.25 m 后乘以桩截面面积计算，“2021 概算定额”不增加 0.25 m，为设计桩长乘以桩截面面积计算。水上钻孔灌注桩混凝土“2010 概算定额”按桩长增加 1.0 m，“2021 概算定额”

为桩长增加 0.75 m 后乘以桩截面面积计算。其计算规则跟“2016 预算定额”一致。

2. 型钢水泥土三轴搅拌桩(SMW 工法)成孔中重复套钻部分已在定额中考虑,不计工程量。

3. 高压旋喷桩按设计图示桩截面面积乘以设计桩长以立方米计算,水泥搅拌桩按设计图示桩截面面积乘以桩长以立方米计算。水泥土搅拌桩如设计采用全断面套打时,套用本章型钢水泥土搅拌墙定额,并执行相应规则。

4. 本次修编,砂肋软体排及混凝土连锁块软体排材料中基垫土工布(或砂肋土工布)如采用复合土工布,土工布复合已包含在定额中,“2010 概算定额”未包含土工布复合。

第六章 现浇混凝土工程

一、概 况

本章定额分为 7 节，共 70 个子目
第一节 垫 层 3 个子目
第二节 底部结构 13 个子目
第三节 墩、柱、墙结构 16 个子目
第四节 板、梁、帽结构 12 个子目
第五节 其他结构 18 个子目
第六节 渠 道 5 个子目
第七节 植 筋 3 个子目

二、本章特点

1. 本章定额适用于本市范围内新建、扩建、改建及大修的水闸、泵闸、桥涵、护岸、塘堤围涂、农田水利工程中的现浇混凝土工程及钢筋工程。
2. 混凝土路面套用第十二章其他工程中相应定额。
3. 本章混凝土定额已包括模板含量。
4. 增加了“垫层”“植筋”及农田水利工程中的“渠道”等三节内容。

三、定额主要变化情况

本章定额子目修编主要依照《水利工程工程量清单计价规范》(GB 50501—2007)的项目设置。与“2010 概算定额”相比，主要变化如下。

<table>
<tr><th>序号</th><th>2021 概算定额</th><th>2010 概算定额</th><th>备注</th></tr>
<tr><td>一</td><td>第一节 垫层</td><td rowspan="3">第四章 现浇混凝土及钢筋混凝土工程
第一节 底部结构
第八章 塘堤围涂工程
第八节 现浇混凝土工程</td><td rowspan="3"></td></tr>
<tr><td>1</td><td>增加回填素混凝土(陆上)、(水下)2 个子目</td></tr>
<tr><td>2</td><td>3 个子目</td></tr>
<tr><td>二</td><td>第二节 底部结构</td><td rowspan="3">取消现场现拌混凝土 6 个子目，
共 16+3=19 个子目</td><td rowspan="3"></td></tr>
<tr><td>1</td><td>增加桥头搭板及枕梁、基坑混凝土支撑嵌石混凝土基础 3 个子目</td></tr>
<tr><td>2</td><td>13 个子目</td></tr>
</table>

（续表）

序号	2021 概算定额	2010 概算定额	备注
三	第三节　墩、柱、墙结构	第四章　现浇混凝土及钢筋混凝土工程 第二节　墩柱墙结构 第八章　塘堤围涂工程 第八节　现浇混凝土工程	
1		取消现场现拌混凝土 11 个子目	
2	16 个子目	23＋4＝27 个子目	
四	第四节　板、梁、帽结构	第四章　现浇混凝土及钢筋混凝土工程 第三节　板梁帽结构 第八章　塘堤围涂工程 第八节　现浇混凝土工程	
1	增加实体式板梁混凝土 1 个子目	取消现场现拌混凝土 9 个子目	
2	12 个子目	19＋1＝20 个子目	
五	第五节　其他结构	第四章　现浇混凝土及钢筋混凝土工程 第四节　其他结构 第八章　塘堤围涂工程 第八节　现浇混凝土工程	
1	增加台阶及排水沟 2 个子目 栏杆、侧石、桥面铺装（人行道）等 3 个子目按预拌混凝土调整	取消现场现拌混凝土 3 个子目 取消预拌混凝土输送 5 个子目	
2	18 个子目	16＋8＝24 个子目	
六	第六节　渠道		
	新增内容，包括 5 个子目		
七	第七节　植筋		
	新增内容，包括 3 个子目		

四、定额子目组合情况

本章定额子目编制主要为移植“2016 预算定额”与组合“2016 预算定额”，定额中人、材、机耗量均不作扩大调整。其中：

1. 现浇混凝土引用“2016 预算定额”中含量，将混凝土与模板子目进行组合，定额中已包含模板制作及安拆、浇筑混凝土等内容。

2. 明渠、矩形渠底、U 形渠引用“2016 预算定额”中含量，将渠道与混凝土运输（机动翻斗车运）子目进行组合，定额中已包含模板制作及安拆、浇筑混凝土、混凝土运输（机动翻斗车运 500 m）等内容。

3. 混凝土垫层、回填素混凝土、桥面铺装、泵车输送、模袋混凝土护坡、植筋等定额子目直接引用“2016 预算定额”，不作调整。

五、说明及工程量计算规则

（一）说明

序号	2021 概算定额	2010 概算定额
1	本章定额不包括预拌混凝土泵送费用，泵送费用按相应定额执行	未作说明
2	本章定额中嵌石混凝土的块石含量为 15%，如与设计不同，可以换算，但人工与机械不予调整	未作说明
3	二期混凝土浇筑，套用现浇混凝土立柱、端柱、灯柱定额	未作说明
4	现浇小型混凝土排水沟适用于大堤（或其他）坡面上沟槽口宽≤1 m 的现浇混凝土整体式排水沟	无此内容
5	模袋混凝土护坡适用于沿海、沿河岸坡防护	未作说明
6	渠道混凝土适用于引水、泄水灌溉渠道，不适用于渠边有重力式挡墙的明渠	无此内容
7	钢筋按结构部位套用相应定额	未作说明
8	植筋定额不包括钢筋本身，按设计植筋长度乘以单位理论重量并入相应定额内计算。如使用化学螺栓，可另行计算，但应扣除定额内的植筋胶消耗量	无此内容

（二）工程量计算规则

序号	2021 概算定额	2010 概算定额
1	各类混凝土及钢筋混凝土结构内的孔洞（包括门洞、检修孔、工作桥面板闸门吊孔，泵、闸底板集水井、阀门井等），单孔面积（或井坑截面积）在 0.3 m^2 以内的孔洞体积不予扣除，单孔面积在 0.3 m^2 以外的应予扣除	未作说明
2	台阶按设计图示尺寸的水平投影面积以平方米计算。台阶与平台连接时，以最上层踏步外沿加 300 mm 计算。架空式混凝土台阶按现浇混凝土楼梯计算	无此内容
3	植筋不分孔深，按钢筋规格以根计算	无此内容

六、定额使用中应注意的问题

1. 定额内的泵送预拌混凝土子目，如采用非泵送预拌混凝土的，按相应泵送预拌混凝土子目人工乘以 1.18 系数，机械乘以 1.25 系数。

2. 明渠、矩形渠底、U 形渠定额子目中已包含混凝土运输（机动翻斗车运）500 m。

第七章　预制混凝土工程

一、概　况

本章定额分为 6 节，共 90 个子目

第一节　桩、柱　4 个子目

第二节　梁、板　7 个子目

第三节　其他结构　11 个子目

第四节　预制构件场内、外运输　5 个子目

第五节　预制构件安装　56 个子目

第六节　混凝土砌块制作、铺砌　7 个子目

二、本章特点

1. 本章定额适用于本市范围内新建、扩建、改建及大修的水闸、泵闸、桥涵、护岸、塘堤围涂、农田水利工程中的预制混凝土工程及钢筋工程。

2. 本章混凝土定额已包括模板及地模，预制构件安装定额已包含构件场内运输。

3. 增加了农田水利工程中渡槽、渠道的预制及安装的相关子目。

4. 增加 30 m 预制 T 形梁及 16～25 m 预制板梁安装的相关子目。

三、定额主要变化情况

本章定额子目修编主要依照《水利工程工程量清单计价规范》(GB 50501—2007)的项目设置。与“2010 概算定额”相比，主要变化如下。

<table>
<tr><th>序号</th><th>2021 概算定额</th><th>2010 概算定额</th><th>备注</th></tr>
<tr><td>一</td><td>第一节　桩、柱</td><td rowspan="8">第五章　预制混凝土及钢筋混凝土工程
第一节　预制混凝土构件
第八章　塘堤围涂工程
第九节　预制混凝土
取消工型梁、槽型梁、护坡面板等 3 个子目。
共 11＋8＝19 个子目</td><td rowspan="8"></td></tr>
<tr><td>1</td><td>4 个子目</td></tr>
<tr><td>二</td><td>第二节　梁、板</td></tr>
<tr><td>1</td><td>增加实心板梁、预制整体渡槽、钢筋等 3 个子目</td></tr>
<tr><td>2</td><td>7 个子目</td></tr>
<tr><td>三</td><td>第三节　其他结构</td></tr>
<tr><td>1</td><td>增加预制渠道板、U 形板、嵌石混凝土实心方块等 3 个子目</td></tr>
<tr><td>2</td><td>11 个子目</td></tr>
</table>

（续表）

序号	2021 概算定额	2010 概算定额	备注
四	第四节　预制构件场内、外运输	第八章　塘堤围涂工程 第十节　安装混凝土构件	
1	新增小型预制构件场外运输及预制构件水上运输等 3 个子目		
2	5 个子目	2 个子目	
五	第五节　预制构件安装	第五章　预制混凝土及钢筋混凝土工程 第二节　安装混凝土构件 第八章　塘堤围涂工程 第十节　安装混凝土构件	
1	增加 30 m T 形梁、16～25 m 板梁、渡槽、仿木桩、道路侧石、渠道板、挡土板安装、异形块体水上安放等 31 个子目	取消工型梁、槽型梁安装 6 个子目，预制构件增运距移至第四节 2 个子目	
2	56 个子目	18＋15＝33 个子目	
六	第六节　混凝土砌块制作、铺砌（7 个子目）	第五章　预制混凝土及钢筋混凝土工程 第三节　混凝土砌块制作、铺砌（7 个子目）	

四、定额子目组合情况

本章定额子目编制主要为移植“2016 预算定额”与组合“2016 预算定额”，定额中人、材、机耗量均不作扩大调整。其中：

1. 预制混凝土引用“2016 预算定额”中含量，将混凝土与模板、筑拆地模等子目进行组合，定额中已包含筑拆地模、模板制作及安拆、浇筑混凝土等内容。

2. 预制构件安装引用“2016 预算定额”中含量，将预制构件安装与预制构件场内运输子目进行组合，定额中已包含预制构件场内运输、预制构件安装等内容。其中侧石、平石、侧平石、预制混凝土砌块为小型构件，定额中已包含场内运输；预制混凝土板铺砌定额中已考虑 20 m 场内运输；预制栅栏板梁、翼形块、扭工（王）字块、四脚锥体、蛙式块、螺母块等安装定额中已考虑 1 km 场内运输；其余预制构件安装定额中已考虑 500 m 场内运输。

3. 混凝土砌块制作与铺砌定额子目合并。

4. 预制整体渡槽、渠道板、U 形板、翼形块、预制构件场内外运输、排砌预制混凝土 侧石、平石、侧平石、预制混凝土板铺砌、预制栅栏板、梁安装、翼形块安装等直接引用“2016 预算定额”，不作调整。

五、说明及工程量计算规则

（一）说明

序号	2021 概算定额	2010 概算定额
1	预制生态植被混凝土砌块定额按六角螺母外框内填无砂混凝土砌块编制，当采用其他形式预制生态植被混凝土砌块时，可参照执行	未作说明

（续表）

序号	2021 概算定额	2010 概算定额
2	预制构件安装： 1. 小型构件（小型构件指单件混凝土体积≤0.5 m^3 的构件）场内运输已包括在安装定额中。 2. 预制混凝土连锁护坡砌块、生态植被混凝土砌块铺设定额中不包括整坡、垫层、生态植被混凝土砌块中的种植土及绿化，此费用可另行计算。 3. 陆上安装的混凝土预制构件定额中，混凝土板铺砌已考虑 20 m 的场内运输，T 形梁、板梁、排架、立柱、端柱、灯柱、人行道板、栏杆、缘石、仿木桩、锚锭板、U 形板、渠道板、挡土板已考虑 500 m 场内运输；预制栅栏板梁、翼形块、扭工（王）字块、四脚锥体、蛙式块、螺母块安装已考虑 1 km 场内运输。超运距套本章预制构件运输定额，超运距不足 500 m 的按 500 m 计	预制构件安装定额中，除预制梁考虑了 500 m 场内运输外，其他构件均考虑 150 m 场内运输。陆上安装的混凝土预制构件定额中，混凝土板铺砌已考虑 20 m 场内运输，其他构件已考虑 1 000 m 场内运输，超运距套预制构件运输定额，超运距不足 500 m 的按 500 m 计
3	本章定额中渡槽安装仅适用于分段式渡槽，整体式渡槽安装按不同规格套用安装板梁定额	无此内容
4	翼形块、扭工（王）字块、四脚锥体、蛙式块水上安放定额中已包括装船、水上 1 km 运输及起重船安放等工作内容。水上运距大于 1 km，按预制构件水上运输（每增运 1 km）子目计算。定额中已综合考虑了潮汐影响、移船定位、开工收工等因素	无此内容

（二）工程量计算规则

序号	2021 概算定额	2010 概算定额
1	取消	预制空心板梁，凡采用橡胶囊做内模的，考虑其变形因素，可按设计体积增计 7% 的混凝土数量，如设计图计算数量注明已考虑橡胶囊变型时，不得再增加计算
2	翼形块、扭工（王）字块、四脚锥体、蛙式块水上安放按安放量的实体积以立方米计算	无此内容

六、定额使用中应注意的问题

1. 第四节翼形块场内运输及水上运输所指的翼形块包括塘堤围涂工程中实心方块、翼形块、四脚锥体、蛙式块、螺母块的场内及水上运输。

2. 整体渡槽的安装根据渡槽的不同长度，套用相应长度的板梁安装定额。

3. 渡槽安装定额适用于分段式渡槽的安装。配合渡槽梁的安装，按照渡槽口径套用相应定额。

第八章　田间管道工程

一、概　况

本章定额分为 6 节，共 66 个子目
第一节　PVC 管铺设(粘接)　13 个子目
第二节　PE 管铺设(热熔)　18 个子目
第三节　塑料管铺设(承插)　9 个子目
第四节　混凝土管铺设　7 个子目
第五节　窨井　12 个子目
第六节　喷微灌地面系统及管网　7 个子目

二、本章特点

本章定额适用于本市范围内的农田水利工程。

三、定额主要变化情况

本章定额为新增内容，与“2010 概算定额”相比，主要变化如下。

序号	2021 概算定额	2010 概算定额	备注
一	第一节　PVC 管铺设(粘接)		新增
二	第二节　PE 管铺设(热熔)		新增
三	第三节　塑料管铺设(承插)		新增
四	第四节　混凝土管铺设		新增
五	第五节　窨井		新增
六	第六节　喷微灌地面系统及管网		新增

四、定额子目组合情况

本章定额管件材料及安装费在对应材质规格的管材安装中综合考虑。

五、说明及工程量计算规则

详见定额第八章，其中要注意管道安装均按施工图中心线的长度计算（支管长度从主管中心开始计算到支管末端交接处的中心），管件阀门所占长度已综合考虑，计算工程量时均不扣除其所占长度。

六、定额使用中应注意的问题

窨井为综合定额，包括垫层、基础、窨井砌筑内容，土方工程包括在管道工程中，不再单独计列。

第九章　生态植物工程

一、概　况

本章定额分为 5 节，共 27 个子目
第一节　乔、灌木　13 个子目
第二节　绿篱　6 个子目
第三节　地被植物　2 个子目
第四节　水生植物　3 个子目
第五节　其他　3 个子目

二、本章特点

本章定额适用于本市范围内水利工程及管理区域内绿化的种植。

三、定额主要变化情况

本章定额为新增内容，与“2010 概算定额”相比，主要变化如下。

序号	2021 概算定额	2010 概算定额	备注
一	第一节　乔、灌木		新增
二	第二节　绿篱		新增
三	第三节　地被植物		新增
四	第四节　水生植物		新增
五	第五节　其他		新增

四、定额子目组合情况

本章第一、二节概算子目按“2016 预算定额”子目采用扩大步距的形式进行综合编制。

五、说明及工程量计算规则

详见定额第九章。

六、定额使用中应注意的问题

1. 本章定额中为胸径、地径、高度偏小的苗木种植；涉及大树种植的，套用园林定额。

2. 水生植物种植，工程量以“株(丛)”为计量单位，设计图纸以“丛”(每丛有若干株)为单位的，每丛含有的株数仅用于计算苗木费。

第十章　金属结构及设备安装工程

一、概　况

本章定额分为 7 节，共 96 个子目
第一节　铸铁闸门安装　28 个子目
第二节　钢闸门安装　22 个子目
第三节　闸门埋设件安装　1 个子目
第四节　启闭机安装　25 个子目
第五节　拦污栅制作及安装　2 个子目
第六节　清污机安装　10 个子目
第七节　其他金属构件制作及安装　8 个子目

二、本章特点

本章定额适用于本市范围水闸、泵站涉及的金属结构构件及水工机械设备的安装工程。

三、定额主要变化情况

本章定额子目修编和“2010 概算定额”相比，主要变化如下。

序号	2021 概算定额	2010 概算定额	备注
一	第一节　铸铁闸门安装	第七章　金属结构制作安装及机械设备安装工程 第五节　铸铁门安装	
1	铸铁方闸门安装 1 600×1 600～4 000×4 000 闸门 9 个子目		新增
2	铸铁圆闸门安装φ2 000 闸门 1 个子目		新增
3	铸铁拍门安装 6 个子目		新增
4	28 个子目	12 个子目	
二	第二节　钢闸门安装	第七章　金属结构制作安装及机械设备安装工程 第一节　平面钢闸门制作安装	
1		防汛墙钢闸门	删除(改为系数)
2		平面闸门制作	删除

（续表）

序号	2021 概算定额	2010 概算定额	备注
3	钢闸门安装 1 t、3 t、5 t、10 t、20 t、30 t、40 t、50 t、60 t、70 t、80 t、100 t 12 个子目		新增
4	弧形闸门安装		新增
5	22 个子目	12 个子目	
三	第三节　闸门埋设件安装	第七章　金属结构制作安装及机械设备安装工程 第二节　闸门埋设件制作安装	
1		闸门埋设件制作	删除
2	1 个子目	2 个子目	
四	第四节　启闭机安装	第七章　金属结构制作安装及机械设备安装工程 第六节　闸门启闭机安装	
1	液压式启闭机 2 t、3 t、4 t 启闭机 3 个子目		新增
2	卷扬式启闭机 1 t、3 t、5 t、7 t、9 t 启闭机 5 个子目		新增
3	螺杆式启闭机 0.1 t、0.3 t、1.5 t 启闭机 3 个子目		新增
4		螺杆式启闭机手动式、双螺杆式启闭机 4 个子目	删除（改为系数）
5	25 个子目	18 个子目	
五	第五节　拦污栅制作及安装（2 个子目）	第七章　金属结构制作安装及机械设备安装工程 第三节　拦污栅制作及安装（2 个子目）	
六	第六节　清污机安装	第七章　金属结构制作安装及机械设备安装工程 第七节　清污机安装	
1	移动式格栅清污机 1 t、2 t、4 t 3 个子目	移动式格栅清污机 1 个子目	分三个子目
2	垃圾压榨机 2 个子目		新增
3	皮带输送机 2 个子目		新增
4		回转式格栅清污机及扁钢进水格栅组片 2 个子目	删除
5	10 个子目	6 个子目	
七	第七节　其他金属构件制作及安装	第七章　金属结构制作安装及机械设备安装工程 第四节　其他金属构件制作及安装	
1	格构柱制作 1 个子目		新增
2	零星构件制作、安装 1 个子目		新增
		删除护航木制作安装 1 个子目	
3	8 个子目	7 个子目	

四、定额子目组合情况

本章定额涉及构件制作子目的,已综合构件防腐内容。

五、说明及工程量计算规则

详见定额第十章。

六、定额使用中应注意的问题

部分使用较少的子目取消,采用系数的方式计算费用。如手动螺杆启闭机安装子目取消,费用按手、电两用的乘以 0.6 系数进行计算。

第十一章　机械设备安装工程

一、概　况

本章定额分为 3 节，共 128 个子目
第一节　水泵及电动机安装　75 个子目
第二节　水力机械辅助设备安装　30 个子目
第三节　起重设备安装　23 个子目

二、本章特点

本章定额适用于本市水闸、泵站等设施中水泵、电动机、辅助设施、起重设备的安装。

三、定额主要变化情况

本章定额主要依据“2016 预算定额”，对“2010 概算定额”进行章节调整并根据“2010 概算定额”应用实际情况对定额子目及耗量作了增减和调整。与“2010 概算定额”相比，主要变化如下。

序号	2021 概算定额	2010 概算定额	备注
一	第一节　水泵及电动机安装		新增
1	75 个子目		
二	第二节　水力机械辅助设备安装		新增
1	30 个子目		
三	第三节　起重设备安装		新增
1	23 个子目		

四、定额子目组合情况

本章定额子目编制主要为移植“2016 预算定额”，定额中人、材、机耗量均不作扩大调整。

五、说明及工程量计算规则

根据“2016 预算定额”说明及工程量计算规则结合“2021 概算定额”组合情况，编制了定额说明及计算规则。

六、定额使用中应注意的问题

1. 本章定额未计价材料包括系统管路中的管材、阀门及附件、轨道及附件、滑触线、辅助母线及附件。

2. 本章定额不包括以下内容：

（1）水泵进出水管及附件的安装。

（2）辅助设备本体以外的电气设备安装、接线、干燥和试验。

（3）桥式起重机及门式起重机中轨道和滑触线安装及负荷试验所用荷重物的制作和运输。

（4）设备基础支架的制作、安装。

（5）系统管路防凝结水等防护层的安装。

（6）联合试运转。

第十二章　其 他 工 程

一、概　况

本章定额分为 7 节，共 37 个子目

第一节　泥结碎石路面　3 个子目

第二节　沥青混凝土路面　6 个子目

第三节　混凝土路面　3 个子目

第四节　预制块路面　3 个子目

第五节　拆除工程　7 个子目

第六节　滤　层　5 个子目

第七节　铺设土工织物　10 个子目

二、本章特点

1. “道路工程”由原先的一个类别调整为按结构材料“混凝土路面”“沥青混凝土路面”“泥结石路面”和“铺筑预制块路面”四节分别设置。

2. 按工程类别划分，将“道路工程”中的基层及掺灰等子目移至第二章　土石方填筑工程；“临时工程”中的搭拆便桥、便道及堆料场子目调至第十四章　措施工程。

三、定额主要变化情况

本章定额主要依据“2016 预算定额”，对“2010 概算定额”进行章节调整并根据“2010 概算定额”应用实际情况对定额子目及耗量作了增减和调整。与“2010 概算定额”相比，主要变化如下。

<table>
<tr><th>序号</th><th>2021 概算定额</th><th>2010 概算定额</th><th>备注</th></tr>
<tr><td>一</td><td>第一节　泥结碎石路面(3 个子目)</td><td rowspan="4">第十章　其他工程
第一节　道路工程</td><td></td></tr>
<tr><td>二</td><td>第二节　沥青混凝土路面(6 个子目)</td><td></td></tr>
<tr><td>三</td><td>第三节　混凝土路面(3 个子目)</td><td></td></tr>
<tr><td>四</td><td>第四节　预制块路面</td><td></td></tr>
<tr><td></td><td>增加预制块路面子目、沥青混凝土路面子目；
基层子目调整至第二章；
排砌侧平石子目调整至第七章</td><td rowspan="2"></td><td rowspan="2"></td></tr>
<tr><td></td><td>3 个子目</td></tr>
<tr><td>五</td><td>第五节　拆除工程</td><td>第十章　其他工程
第四节　拆除工程</td><td></td></tr>
</table>

（续表）

序号	2021 概算定额	2010 概算定额	备注
	增加人工滩地捞石子目		
	7 个子目	5 个子目	
六	第六节　滤层(5 个子目)	第六章　砂石垫层及砌石工程 第二节　滤层(5 个子目)	
七	第七节　铺设土工织物	第八章　塘堤围涂工程 第一节　铺设土工织物	
	增加塑料薄膜、土工膜、土工格栅铺设 4 个子目		
	10 个子目	6 个子目	

四、定额子目组合情况

本章定额子目编制主要为移植“2016 预算定额”,定额中人、材、机耗量均不作扩大调整。其中:

1. 定额中混凝土路面由预算定额混凝土路面、路面模板、锯纹组合。塑料薄膜铺设由预算定额塑料薄膜铺设平铺、塑料薄膜铺设斜铺组合。土工膜铺设由预算定额土工膜铺设平铺、土工膜铺设斜铺组合。

2. 其余子目均直接移植“2016 预算定额”。

五、说明及工程量计算规则

(一) 说明

序号	2021 概算定额	2010 概算定额	备注
1	路面定额适用于水利工程中闸上公路桥接坡道路、堤顶道路、闸区道路及防汛通道等道路工程	道路定额适用于水利工程中闸上公路桥接坡道路、堤顶道路、闸区道路及防汛通道等道路工程	
2	道路面层铺筑厚度均为压实厚度	道路基层及面层铺筑厚度均为压实厚度。定额中已包含因压实厚度大于 20 cm 需要分层摊铺的底层清理和扎毛等工作内容,不得重复计算	
3	混凝土路面的钢筋网、传力杆、边缘(角隅)加固筋、纵向拉杆等钢筋均套用路面钢筋定额	水泥混凝土路面的钢筋网、传力杆、边缘(角隅)加固筋、纵向拉杆等钢筋均套用混凝土路面钢筋定额	
4	拆除工程中已包括废料的场内运输,但不包括场外运输,发生时,可另计。废料容重统一按 2.2 t/m^3 计算	拆除工程中已包括废料的场内运输,但不包括场外运输,发生时,可另计。废料容重统一按 2.2 t/m^3 计算	
5	铺筑预制块均按连锁型预制块计入,实际与其不符可进行调整		
6	拆除混凝土结构定额中未考虑用爆破拆除,如发生,另行计算	拆除混凝土结构定额中未考虑用爆破拆除,如发生,另行计算	
7	本定额未包括水中拆除,如需潜水员配合时另行计算	本定额未包括水中拆除,如需潜水员配合时另行计算	

（二）工程量计算规则

序号	2021 概算定额	2010 概算定额	备注
1	滤层及排水棱体体积按设计断面乘以长度按体积以立方米计算	碎石、砂垫层及排水棱体体积按设计断面乘以长度，以“m^3”计算	
2	各类土工布垫层工程量按设计铺设面积以平方米计算	各类土工布垫层及软体排工程量按设计铺设面积以“m^2”计算	
3	路面工程量计算： 1. 道路面层铺筑按实铺面积以平方米计算，不包括平石面积。 2. 铺筑预制块按设计面积以平方米计算。 3. 混凝土路面钢筋根据设计图纸按重量以吨计算	道路面层铺筑按实铺面积以“m^2”计算，不包括平石面积	
4	拆除石砌体及混凝土结构按拆除体积以立方米计算	拆除石砌体及混凝土结构按拆除体积以“m^3”计算	

第十三章　措 施 工 程

一、概　况

本章定额分为11节，共50个子目
第一节　袋装土围堰　6个子目
第二节　圆木桩围堰　6个子目
第三节　钢板桩围堰　8个子目
第四节　拉森钢板桩围堰　4个子目
第五节　筑排泥场围堰　1个子目
第六节　砖砌围堰　1个子目
第七节　拦河土坝　3个子目
第八节　明排水　3个子目
第九节　井点降水　4个子目
第十节　搭、拆工作平台　10个子目
第十一节　施工便道、便桥　4个子目

二、本章特点

1. 本章定额适用于本市范围内新建、扩建、改建及大修的水利工程中的措施项目。
2. 本章包括围堰、排水、打桩工作平台、施工便道等四部分内容。

三、定额主要变化情况

本章定额主要依据“2016预算定额”，对“2010概算定额”进行章节调整并根据“2010概算定额”应用实际情况对定额子目及耗量作了增减和调整。与“2010概算定额”相比，主要变化如下。

	2021概算定额	2010概算定额	备注
一	第一节　袋装土围堰(6个子目)	第二章　围堰及施工排水工程 第一节　筑拆围堰(6个子目)	
二	第二节　圆木桩围堰	第二章　围堰及施工排水工程 第一节　筑拆围堰	
1	增加5 m圆木桩围堰2个子目		
2	6个子目	4个子目	
三	第三节　钢板桩围堰(8个子目)	第二章　围堰及施工排水工程 第一节　筑拆围堰(8个子目)	

（续表）

	2021 概算定额	2010 概算定额	备注
四	第四节　拉森钢板桩围堰	第二章　围堰及施工排水工程 第一节　筑拆围堰	
1	增加高 7 m 以上每增加 1 m 筑拆及使用 2 个子目		
2	4 个子目	2 个子目	
五	第五节　筑排泥场围堰(1 个子目)	新增	
六	第六节　砖砌围堰	第二章　围堰及施工排水工程 第一节　筑拆围堰	
1	采用预拌砂浆	采用现场现拌砂浆	
2	1 个子目	1 个子目	
七	第七节　拦河土坝(3 个子目)	第二章　围堰及施工排水工程 第一节　筑拆围堰(3 个子目)	
八	第八节　明排水	第二章　围堰及施工排水工程 第二节　明排水	
1	增加排除积水ϕ150 管 1 个子目		
2	3 个子目	2 个子目	
九	第九节　井点降水(4 个子目)	第二章　围堰及施工排水工程 第三节　井点降水(4 个子目)	
十	第十节　搭、拆工作平台	第三章　桩基及地基处理工程 第一节　搭、拆工作平台	
1	增加陆上工作平台锤重≤0.6 t、锤重≤1.2 t、锤重≤1.8 t 3 个子目		
2	10 个子目	7 个子目	
十一	第十一节　施工便道、便桥	第十章　其他工程 第三节　临时工程	
1	增加混凝土施工便道 1 个子目		
2	4 个子目	3 个子目	

四、定额子目组合情况

本章定额子目编制主要为移植“2016 预算定额”与组合“2016 预算定额”，定额中人、材、机耗量均不作扩大调整。其中：

1. 钢板桩围堰及拉森钢板桩围堰中“使用养护”定额由“2016 预算定额”的“使用”“养护”2 个子目组合。

2. “排泥场围堰”定额由“2016 预算定额”中“人工就地取土”“机械就地取土”2 个子目组合。

3. “砖砌围堰”定额由“2016 预算定额”的“砖砌围堰”“砖砌围堰粉刷”2 个子目组合。

4. 拦河土坝中“筑拆围堰”定额由“2016 预算定额”的“筑围堰”“坝体拆除水上部分”“内河船舶疏浚 0.3 m^3抓斗式挖泥船 3 级土”3 个子目组合。

5. 井点降水“安装、拆除”定额由“2016 预算定额”的“安装”“拆除”2 个子目组合。

6. 其余子目均直接移植“2016 预算定额”。

五、说明及工程量计算规则

（一）说明

序号	2021 概算定额	2010 概算定额
1	施工排水有明排水和井点降水两种。其中，明排水分为抽水和坑内排水	第二章　施工排水分明排水和井点排水两种。井点降水及湿土排水适用于基坑降排水
2	采用井点排水后，不再计取坑内排水费	第二章　采用井点排水后，不再计取湿土排水费
3	新建防汛墙基础内侧（背水侧）距原有道路边 30 m 以上时，可按规定计算修筑施工临时便道。原有道路不能满足运输工程材料需要需加固拓宽时，另行计算	无此内容
4	施工便道结构分 20 cm 厚道碴及 20 cm 厚商品混凝土两种，实际结构不同时，应按实调整	第十章　施工便道结构按 20 cm 厚道碴取定，实际结构不同时，定额应按实调整

（二）工程量计算规则

序号	2021 概算定额	2010 概算定额
1	当围堰长度大于 150 m 时，其中 150 m 长的缺土数量按上式计算，超出 150 m 部分的缺土数量，则按超出长度的围堰需要土方数量的 50%计算。如有可利用的土方，则不再计算	第二章　当围堰长度大于 150 m 时，其中 150 m 长的缺土数量按上式计算，超出 150 m 部分的缺土数量，则按超出长度的围堰需用土方数量的 50%计算
2	坑内排水： 1. 工程量按基坑及沟渠槽常水位以下的开挖土方数量以立方米计算。 2. 护砌开挖及田间管道工程一般不计坑内排水	第二章　湿土排水： 湿土排水工程量按湿土体积计算。 一般基坑开挖的湿土体积为原地面 1.0 m（地下水位深度）以下所挖的土方数。 河边基坑开挖的湿土体积为河流常水位以下所挖的土方数

六、定额使用中应注意的问题

沿河围堰按围堰的结构形式、围堰高度套用相应的定额子目；拦河土坝中的草袋围堰及编织袋围堰仅适用于拦河土坝迎水面的保护结构。